# Digitale Markenführung

Ralf T. Kreutzer · Karl-Heinz Land

# Digitale Markenführung

## Digital Branding im Zeitalter des digitalen Darwinismus. Das Think!Book

Mit Gastbeiträgen von Christian Bachem, Juliane Bahl, Jens Cornelsen, Amelie Deiters, Herbert Flath, Marie-Rose Ghazaryan, Antoaneta Grigorova, Heike Jochims, Karsten Kilian, Philipp Köster, Uli Mayer-Johanssen, Uwe Munzinger, Matthias Rech, Linda Schab und Meik-Oliver Vogler

Springer Gabler

Ralf T. Kreutzer
Hochschule für Wirtschaft und Recht
Berlin, Deutschland

Karl-Heinz Land
neuland GmbH & Co. KG
Köln, Deutschland

ISBN 978-3-658-08546-9
ISBN 978-3-658-08547-6 (eBook)
DOI 10.1007/978-3-658-08547-6

Die Deutsche Nationalbibliothek verzeichnet diese Publikation in der Deutschen Nationalbibliografie; detaillierte bibliografische Daten sind im Internet über http://dnb.d-nb.de abrufbar.

Springer Gabler


Lektorat: Angela Meffert

Springer Gabler ist Teil von Springer Nature
Die eingetragene Gesellschaft ist Springer Fachmedien Wiesbaden GmbH
Die Anschrift der Gesellschaft ist: Abraham-Lincoln-Str. 46, 65189 Wiesbaden, Germany

*Unsere Kunden werden zu unseren Gästen. Sie besuchen uns online und/oder offline. Wir sollten sie deshalb nicht nur wie Gäste begrüßen, sondern auch ihre Wünsche und Bedürfnisse kennen – oder zumindest zu erahnen suchen. Um sie möglichst persönlich und individuell anzusprechen, um Angebote zu unterbreiten, die sie sich wünschen. Online wie offline – besser noline! So kann Kundenbindung – oder viel besser Kundenverbindung – entstehen: über* ***Relevanz und Wertschätzung!***

# Vorwort

Liebe Leserin, lieber Leser,

wie wir in vielen Gesprächen immer wieder feststellen konnten, treiben die folgenden **Fragen der Markenführung** die verantwortlichen Manager und Managerinnen heute um:

- Wie ist die Markenführung im digitalen Zeitalter auszugestalten?
- Welche Bedeutung kommt der Markenführung angesichts der Kommunikationsdominanz durch die Nutzer heute noch zu?
- Müssen Markenverantwortliche sich vielleicht eher als „Moderatoren der Marke" verstehen und bei der Markenführung stärker die Impulse aus dem Markt berücksichtigen?
- Oder müssen sie – im Gegensatz dazu – sogar stärker darauf hinwirken, dass ihre Marke angesichts der hohen Informationskonkurrenz tatsächlich so wahrgenommen wird, wie das aus Unternehmenssicht notwendig erscheint?

Bei entsprechenden Analysen zu diesen Fragekomplexen stößt man immer wieder auf Zitate wie diese: „Marketer müssen sich von dem Gedanken verabschieden, dass sie eine Marke steuern oder führen oder inszenieren können" (Hermes 2011, S. 36). Andere Autoren meinen: „Das macht digitale Kanäle zum Mekka der Marktforschung: Diktieren Sie kein in Stein gemeißeltes Marken-Image, definieren Sie es gemeinsam mit Ihren Nutzern" (Mattgey 2013). Weitere Aussagen lauten sinngemäß: „Marke ist das, was die Kunden über die Marke sagen."

Unsere Meinung – nach vielen Gesprächen mit Experten der unterschiedlichsten Disziplinen – ist ganz eindeutig: Eine Orientierung an diesen Aussagen würde u. E. eine **Resignation vor der Masse** und den **Verzicht auf eine Markenführung durch das Brand-Management** darstellen. Dies kann und darf nicht im Interesse der Unternehmen sein!

Andere Marketing-Spezialisten vertreten die Meinung, dass sich das Marketing im Online-Zeitalter weg vom Bowlingspiel hin zum Flipperspiel entwickelt hat. Beim **Bowlingspiel** versuchen die Marketers noch, die Zielkunden genau anzuvisieren und diese auf der Bahn mit den Bowlingkugeln zu treffen. Im Idealfall wird dadurch ein Interessent oder ein Kunde gewonnen. Diese geradlinige Vorgehensweise haben Marketing-Flipperspieler

„überwunden". Beim **Flippern** haben sich das Spielfeld und die Mechaniken gänzlich verändert. Das Ziel des Marketings bzw. präziser der Kommunikation besteht darin, dass die unterschiedlichen Kommunikationsmaßnahmen (hier: die Flipperkugeln), möglichst viele (potenzielle) Kundenkontakte erreichen, um diese so – Kontakt für Kontakt – zum Kauf oder Wiederkauf zu führen. Eine zentrale Veränderung besteht darin, dass die Interessenten und Kunden bei diesem Spiel – stärker als bisher – selbst aktiv werden (bspw. in den sozialen Medien). Hierdurch können sich sowohl die Richtung wie auch die Intensität der initialen Kommunikation verändern (vgl. Hennig-Thurau et al. 2012, S. 9).

Viele der bei dieser Metapher beschriebenen Elemente werden in der weiteren Diskussion des Digital Brandings sichtbar werden. Allerdings weist das Flippern entscheidende Aspekte auf, die bei einer gezielten Markenführung zu vermeiden sind: **Beliebigkeit** und **Zufälligkeit.** Wo die Flipperkugel letztendlich landet, welche Kundenkontakte hergestellt werden, wer wie wo erreicht wird und wann das Spiel zu Ende geht, ist in hohem Maße zufallsabhängig. Dies sollte eine Markenführung – auch wenn es immer schwerer wird – zu vermeiden suchen. Beliebigkeit und Zufälligkeit sind keine Eckpunkte, auf denen die Markenführung aufzubauen ist.

Die **Verantwortung für die Markenführung** insgesamt sollte und muss u. E. bei den internen Stakeholdern verbleiben. Diese sind für eine langfristige und werthaltige Entwicklung der Marke verantwortlich und werden genau hierfür bezahlt. Sie dürfen deshalb ihre Verantwortung für die Marke nicht an „die Masse" oder an ein Flipperspiel abgeben. Viel zu häufig wurde in der Vergangenheit schon sichtbar, dass sich die Masse schnell anderen Marken, Themen, Personen etc. zuwendet oder „neue" Ideen zur kreativen Markenführung präsentiert, die den Anforderungen der gleichen Menschen von gestern diametral gegenüberstehen.

Dieses **Postulat zur konsequenten Markenführung** bedeutet allerdings nicht, dass **Anregungen, Wünsche und Ideen einer aktiven Brand-Community** nicht in den Prozess der Markenführung einfließen können und sollen – ganz im Gegenteil. Nur die Letztentscheidung über die Einbindung in die Markenführung bleibt – auch im digitalen Zeitalter – den Unternehmensvertretern vorbehalten.

Deshalb darf auch die Gesamtverantwortung für Innovationen nicht auf die „(digitale) Fußgängerzone" oder auf eine (anonyme) Masse verlagert werden. Es ist empfehlenswert, die Menschen durch ein **Crowdsourcing** in Überlegungen und Entscheidungsprozesse der Markenführung einzubeziehen. Aber die Verantwortlichkeit für die finalen Entscheidungen dürfen die Manager auch hier nicht abgeben.

Es gilt: **Mut zur Innovation** bleibt nach wie vor eine Kernaufgabe der Markenführung. „Das perfekt vermarktbare Produkt braucht Menschen mit unternehmerischem Mut, die ihre Entscheidungen nicht alleine an Marktforschung und Einsparungsmöglichkeiten ausrichten. Sie müssen die Kraft haben, ihren Visionen und Vorstellungen treu zu bleiben, auch wenn vieles erst einmal dagegen spricht" (Mayer-Johanssen 2007, S. 25 f.).

Natürlich tun Unternehmen gut daran, die Kunden zur **Schaffung von (positivem) User-Generated Content** zu motivieren. Dies ist nicht nur der Anstoß zu einem Like oder Share, sondern auch die Aufforderung, Bewertungen der eigenen Leistungen zu verfassen, an Kreativprozessen teilzunehmen oder Ideen der Nutzer oder der Unternehmen selbst bewerten zu lassen.

Vor diesem Hintergrund kann schon hier angedeutet werden, wie wir **digitale Markenführung** verstehen: als Prozess der Entwicklung und emotionalen Aufladung einer Marke sowie der Kommunikation zentraler Nutzenelemente einer Marke zur Erreichung einer Differenzierung im Wettbewerb durch relevante Kundenvorteile (Customer Advantages) unter Einsatz digitaler Medien bei gleichzeitiger (partieller) Einbindung relevanter Stakeholder (insb. der Kunden) – als integraler Bestandteil eines ganzheitlichen Markenführungsansatzes. Uns ist dieser **ganzheitliche Markenführungsansatz** besonders wichtig, weil im Zuge der digitalen Markenführung keine zusätzlichen Silos in den Unternehmen aufgebaut werden dürfen. Durch ein integratives Handeln wird im Idealfall eines erreicht: **(Digital) Customer Delight!**

Vor diesem Hintergrund sind die Handlungsfelder der digitalen Markenführung auszugestalten, die wir wie folgt definiert haben:

- Customer-Experience-Management,
- Customer Engagement und User-Generated Content,
- Content-Marketing,
- Rating- und Review-Management,
- Influencer-Marketing,
- Eco-Systems,
- Sharing Economy.

Zur Umsetzung dieses Konzeptes möchten wir mit unseren Ausführungen und den spannenden **Gastbeiträgen** einen wichtigen Anstoß zur thematischen Auseinandersetzung geben. Wir danken an dieser Stelle allen unseren Gastautoren, die mit ihren Ausführungen einen wichtigen Beitrag zum Gelingen dieses Werkes geleistet haben. Außerdem danken wir unseren Lektorinnen vom *SpringerGabler* Verlag, *Barbara Roscher* und *Angela Meffert*, ganz herzlich, die durch ihre konstruktive und partnerschaftliche Begleitung wesentlich zum Gelingen dieses Werkes beigetragen haben.

Die Marke ist es wert, dass ihre Ausgestaltungsmöglichkeiten im digitalen Zeitalter umfassend beleuchtet werden. Hierzu möchten wir mit diesem Werk unterstützen!

Wir freuen uns auf einen spannenden Dialog mit Ihnen!

Ralf T. Kreutzer und Karl-Heinz Land Mai 2017

# Inhaltsverzeichnis

# Abbildungsverzeichnis

# Tabellenverzeichnis

# Die Autoren

**Prof. Dr. Ralf T. Kreutzer** ist seit 2005 Professor für Marketing an der Berlin School of Economics and Law sowie Marketing und Management Consultant, Trainer und Coach. Er war 15 Jahre in verschiedenen Führungspositionen bei Bertelsmann, Volkswagen und der Deutschen Post tätig, bevor er 2005 zum Professor für Marketing berufen wurde.

Herr Professor Kreutzer hat durch regelmäßige Publikationen und Vorträge maßgebliche Impulse zu verschiedenen Themen rund um Marketing, Dialog-Marketing, CRM/Kundenbindungssysteme, Database-Marketing, Online-Marketing, den digitalen Darwinismus, Dematerialisierung, digitale Transformation, Change-Management, strategisches sowie internationales Marketing gesetzt und eine Vielzahl von Unternehmen im In- und Ausland in diesen Themenfeldern beraten und Führungskräfte auf Middle- und Top-Management-Ebene trainiert und gecoacht. Professor Kreutzer ist ein gefragter Keynote-Speaker auf nationalen und internationalen Konferenzen.

Seine jüngsten Buchveröffentlichungen sind „Die neue Macht des Marketing“ (2008, zusammen mit Wolfgang Merkle), „Praxisorientiertes Dialog-Marketing“ (2009), „Praxisorientiertes Marketing“ (4. Auflage, 2013), „Praxisorientiertes Online-Marketing“ (2. Auflage, 2014), „B2B-Online-Marketing und Social Media (2015, zusammen mit Andrea Rumler und Benjamin Wille-Baumkauff), „Dematerialisierung – Die Neuverteilung der Welt“ (2015, zusammen mit Karl-Heinz Land), „Digital Darwinism – Branding and Business Models in Jeopardy“ (2015, zusammen mit Karl-Heinz Land), „Digitaler Darwinismus – der stille Angriff auf Ihr Geschäftsmodell und Ihre Marke“ (2. Auflage, 2016, zusammen mit Karl-Heinz Land), „Online-Marketing – Studienwissen kompakt (2016), „Kundenbeziehungsmanagement in digitalen Zeitalter“ (2016) und „Digital Business Leadership – Digitale Transformation – Geschäftsmodell-Innovation – aglie Organisation – Change-Management“ (2017, zusammen mit Tim Neugebauer und Annette Pattloch).

Kontakt:
Prof. Dr. Ralf T. Kreutzer
Professor für Marketing an der Berlin School of Economics and Law sowie Marketing und Management Consultant
Alter Heeresweg
3653639 Königswinter
kreutzer.r@t-online.de

**Karl-Heinz Land** ist Gründer und CEO, Digital Darwinist & Evangelist bei neuland. Er gilt als Visionär und berät Unternehmen in Fragen der digitalen Transformation und Vision. Schwerpunkte: Social Media, Mobile, Big Data, Analytics und e-Commerce. Der vielfach ausgezeichnete Unternehmer und Vordenker wurde 2006 vom World Economic Forum in Davos und dem Time Magazin zum „Technological Pioneer“ gewählt. In mehr als 25 Jahren war Karl-Heinz Land als Senior Executive, General Manager, CEO und Executive Vice President EMEA in weltweit führenden Technologieunternehmen – darunter u. a. Oracle, BusinessObjects, Microstrategy und VoiceObjects – tätig.

Kontakt:
Karl-Heinz Land
Goebenstr. 3
50672 Köln
khl@neuland.me
http://www.neuland.me

# Teil I

# Grundlagen und Rahmenbedingungen der digitalen Markenführung

# 1 Notwendigkeit und Hintergrund einer digitalen Markenführung

Ein Blick auf die **Hitliste der wertvollsten Marken 2016** zeigt, dass mit *Apple* eine Marke auf Platz 1 gelandet ist, die die Online- und Offline-Welt in einer für die Nutzer besonders überzeugenden Weise miteinander verwoben hat (vgl. Abb. 1.1). *Apple* ist es gelungen, ein Eco-System aufzubauen, um die Kunden in der eigenen Welt „gefangen" zu halten. Auf Platz 2 findet sich mit *Google* – jetzt präziser *Alphabet* – eine Marke, die ursprünglich nur im Online-Markt aktiv war und jetzt immer stärker in die Offline-Welt vorstößt (Stichworte: selbstfahrendes Auto, *Android*-Produkte). Auf Platz 8 und 15

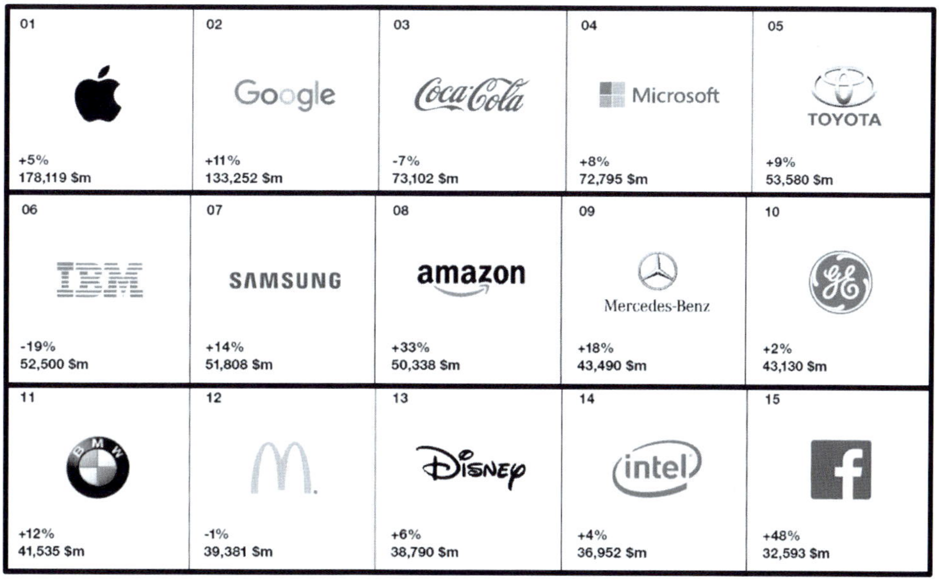


**Abb. 1.1** Wertvollste Marken der Welt – 2016 (in Millionen US-$). (Quelle: Interbrand 2016, S. 13)



R. T. Kreutzer und K.-H. Land, *Digitale Markenführung*, DOI 10.1007/978-3-658-08547-6_1

finden sich zwei weitere ursprünglich reine Online-Marken: *Amazon* und *Facebook*. Die genannten Unternehmen weisen hinsichtlich ihres Markenwertes auch die größten Steigerungsraten auf. Hiermit wird deutlich, welche offenkundigen Erfolge erzielt werden können, wenn man ein **überzeugendes Geschäftsmodell** aufweist und gleichzeitig die **Macht der digitalen Markenführung** bzw. des **Digital Brandings** beherrscht. Langjährige analoge „Abonnenten" der vorderen Rangplätze – wie bspw. *Coca-Cola* und *IBM* – haben dagegen an Bedeutung verloren.

► **Merk-Box** Allerdings gilt: Wenn das Geschäftsmodell nicht überzeugt, kann auch eine starke Marke alleine das Überleben nicht sichern. Im sich hier abzeichnenden Überlebenskampf, den wir mit dem Begriff **digitaler Darwinismus** überschrieben haben, gilt nach wie vor nur eines: **adapt or die!**

Unternehmen, die nicht in der Lage oder nicht willens sind, die mit der zunehmenden Digitalisierung einhergehenden Herausforderungen aufzugreifen und auch im Branding in überzeugende Lösungen zu transferieren, werden den darwinistischen Auswahlprozess nicht überleben (vgl. vertiefend Kreutzer und Land 2015, 2016; Kreutzer et al. 2017). Dabei gilt: Jedes Unternehmen kann sich wandeln. Die Frage ist nur, ob dies schnell genug gelingt.

## 1.1 Grundverständnis von „Marke"

Aus der Innensicht eines Unternehmens ist **Marke** zu verstehen als das Zielbild, das bei den relevanten Zielgruppen entstehen soll (i. S. der **Markenidentität**). In der Außensicht bezeichnet Marke die Art und Weise, wie diese in den Augen der Zielpersonen wahrgenommen und erlebt wird (i. S. des **Markenimages**). Die Zielsetzung der Markenführung besteht darin, die definierte Markenidentität nach außen erlebbar zu machen, um durch relevanten Kundennutzen (Customer Advantage) einer Marke eine (positive) Differenzierung im Wettbewerb zu erreichen und Präferenzen für das eigene Angebot aufzubauen.

Für den **Aufbau der Marke** können verschiedene Elemente zum Einsatz kommen. Hierzu zählen der Name, eingesetzte Begriffe, Abbildungen, Zeichen, Symbole, Logos (visuell/akustisch), Düfte, Symbole oder eine Kombinationen von diesen. Zusätzlich geht es darum, wie eine Marke in der On- und Offline-Welt inszeniert wird, welche Promotoren eingesetzt werden und wie die gesamte markenbezogene Kommunikation ausgestaltet wird. Hierdurch soll zum einen ein entscheidender Beitrag zur **Identifikation von Angeboten** und damit eine **Orientierungshilfe beim Kauf** geschaffen werden. Um sich positiv von Wettbewerbsangeboten abzuheben, sind mit der Marke zum anderen konkrete Nutzenbündel zu verbinden, die für die Nachfrager eine Relevanz aufweisen. Die Gesamtheit dieser Aufgaben wird als **Markenführung** bzw. **Branding** bezeichnet (vgl. zu weiteren Definitionen Schmidt 2016, S. 4–8, Meffert et al. 2015, S. 328; Baumgarth 2014, S. 1–7).

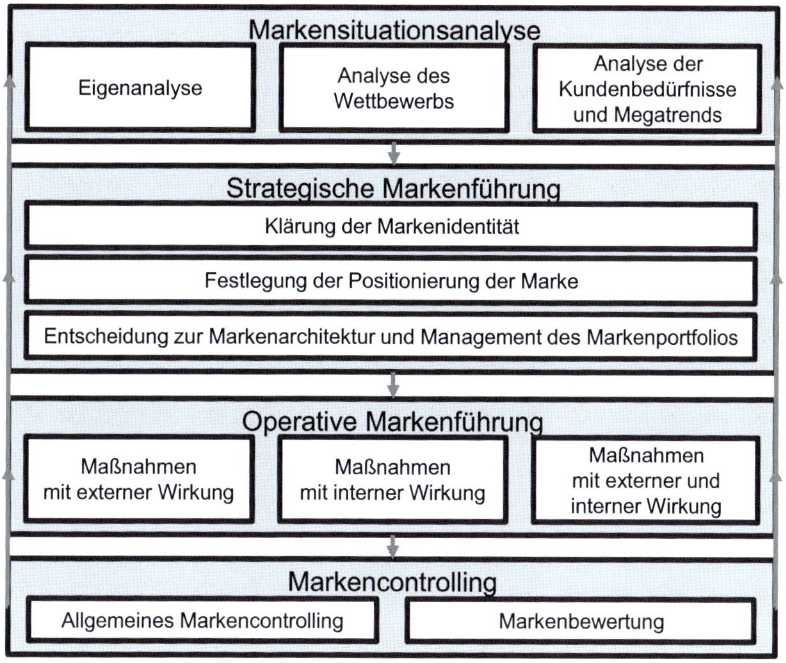


**Abb. 1.2** Bezugsrahmen der Markenführung. (Quelle: Schmidt 2016, S. 24)

Die **Aufgabenfelder der Markenführung** sind in Abb. 1.2 zu finden. Basierend auf einer umfassenden **Markensituationsanalyse** ist die **strategische Markenführung** zu konzipieren. Hier geht es im Kern um die Klärung der eigenen Markenidentität, die Erarbeitung der angestrebten Positionierung sowie die Festlegungen von Markenarchitektur und Markenportfolio. Im Zuge der **operativen Markenführung** wird die Gesamtheit der markenbezogenen Maßnahmen konkret erarbeitet und umgesetzt. Die Brandbreite reicht hier von der Verpackungsgestaltung, der Präsentation am POS über die Kommunikation in den Online- und Offline-Medien bis hin zu markenbezogenen Events. Alle derartigen Maßnahmen sind in ein umfassendes **Markencontrolling** einzubinden, um die jeweiligen Wirkungen dieser Maßnahmen zu erfassen und die Beiträge der Marke zur Wertschöpfung für das gesamte Unternehmen zu ermitteln (vgl. weiterführend Schmidt 2016, S. 23–25; Burmann et al. 2015, S. 95–184, 253–303).

### 1.1.1 Der Kern der digitalen Markenführung

Doch was versteht man unter digitaler Markenführung bzw. Digital Branding? Die **digitale Markenführung** umfasst die Definition, den Aufbau, die Entwicklung und die Kommunikation einer Marke im digitalen Kontext, um durch diese Maßnahmen zur Erreichung von Marketing-Zielen des Unternehmens beizutragen. Wie in Kap. 3 zu zeigen sein wird, sind bei dieser Art der Markenführung viele weitere Gestaltungselemente zu berücksichtigen, die der klassischen Markenführung weitgehend fremd waren. An dieser Stelle sei bereits an die **Unabhängigkeit der Kommunikation von Raum, Zeit und Device**, an die **Vielzahl der zur Verfügung stehenden Kommunikationskanäle** (Stichwort: Omni-Channel) sowie an die **Möglichkeiten zum besseren „Zuhören“** zu denken.

Unternehmen sehen sich mit der zusätzlichen Aufgabe konfrontiert, viel schneller auf Veränderungen zu reagieren, als dies in der Vergangenheit der Fall war. Schnelligkeit wird von den Kunden geradezu eingefordert! Deshalb stellt sich hier die **Herausforderung einer agilen Markenführung**, d. h. einer Markenführung, die schneller auf diese Veränderungen reagieren kann (vgl. weiterführend Kap. 5). Gleichzeitig gilt es aber auch weiterhin, die strategische Positionierung einer Marke auch langfristig sicherzustellen, um Glaubwürdigkeit, Vertrauen und Verlässlichkeit der Marke nicht zu gefährden. Ein Spannungsfeld, das nicht leicht zu gestalten ist (vgl. auch Merkle und Kreutzer 2014; Kreutzer und Merkle, 2015).

### 1.1.2 Was die digitale Markenführung bedeuten kann

Vor diesem Hintergrund sind die Ergebnisse zu interpretieren, die von Brandoffice (2015) durch eine Befragung von 100 Markenentscheidern in Deutschland gewonnen wurden. Ein zentrales Ergebnis besteht darin, dass sich die Markenführung deutlich verändern wird und verändern muss. Im Zuge der zunehmenden Digitalisierung entwickeln 50 % der Unternehmen ihr Geschäftsmodell und sogar über 59 % ihr jeweiliges Produktangebot weiter. Ein Teilergebnis ist aus Sicht der digitalen Markenführung besonders hervorzuheben: Bei jeder zweiten Marke werden angesichts der neuen Herausforderungen **Vision und Mission überarbeitet**. Bei jeder vierten Marke werden sogar die **Markenwerte neu definiert**. Parallel dazu planen mehr als 50 % der befragten Manager eine **Modernisierung des Markendesigns**. Zusätzlich wurden folgende Erkenntnisse gewonnen (vgl. Brandoffice 2015):

- Die Notwendigkeit der digitalen Markenführung basiert auf der Tatsache, dass 70,3 % der Unternehmen von einem **Bedeutungsgewinn der digitalen Vertriebskanäle** ausgehen.
- Deshalb streben auch 59,4 % der Manager eine **Aufwertung bestehender Produkte durch digitale Innovationen** an.
- Zusätzlich zielen 56,3 % auf die **Entwicklung neuer digitaler Produkte** ab.
- Dabei gilt für 97 % der Unternehmen, dass eine **konsistente Visualität der Marke** sichergestellt werden muss – auch bei einer Kommunikation in unterschiedlichen Kanälen und auf verschiedenen Plattformen.
- Gleichzeitig stellen 75 % der Manager fest, dass für die digitalen Kanäle das **Markendesign flexibler einsetzbar** werden muss.

Folgende **Werkzeuge der digitalen Markenführung** sollen in Zukunft verstärkt eingesetzt werden (vgl. Brandoffice 2015):

- 68 % der befragten Unternehmen wollen **Tablets in der Kundenberatung** einsetzen.
- 49 % experimentieren mit **QR-Codes**, 46 % mit **digitalem Instant Customer Feedback**, 34 % mit **Web-Terminals** und 31 % mit **Augmented Reality**.
- Mit ***iBeacons*** setzen sich momentan 25 % auseinander.

Angesichts dieser Aufgabenstellungen ist es erschreckend zu sehen, dass in vielen Unternehmen das zur Umsetzung einer digitalen Markenführung notwendige Know-how, die erforderlichen Instrumente sowie die Konsequenz in der Umsetzung fehlen (vgl. Brandoffice 2015):

- 52 % der befragten Unternehmen konstatieren das **Fehlen von „Digitalwissen"** sowie das **Fehlen einer „Digital-Strategie"**.
- 45 % der Unternehmen weisen auf **unzureichendes Budget** und **unvollständige Kundendaten** hin.
- 43 % weisen **keine vernetzten Datenbanken** auf.

Wie soll angesichts dieser Limitierungen eine digitale Markenführung gelingen, die eine überzeugende Strategie voraussetzt und zur Umsetzung zwingend auf Know-how, Budget und die notwendigen Daten angewiesen ist?

**Think-Box**

- Ist in meinem Unternehmen ein Bedeutungsgewinn der digitalen Vertriebskanäle und damit auch des Digital Brandings zu erwarten?
- In welchem Ausmaß besteht bei uns die Notwendigkeit, bestehende Produkte durch digitale Innovationen aufzuwerten oder sogar zu ersetzen?
- Müssen wir neue digitale Produkte und Marken entwickeln?
- Welche Bedeutung wird in meinem Unternehmen der Sicherstellung einer konsistenten Visualität der Marke über unterschiedliche Kanäle und verschiedene Plattformen hinweg beigemessen?
- Mit welchen Werkzeugen der digitalen Markenführung haben wir schon Erfahrungen gesammelt?
- Welche Tools sollen verstärkt eingesetzt bzw. ausprobiert werden (u. a. Tablets in der Kundenberatung, Apps, QR-Codes, Instant Customer Feedback, Web-Terminals, Augmented Reality, Beacons)?
- Wie ausgeprägt ist unser „Digitalwissen" zur Fundierung einer digitalen Markenführung?

- Wo ist dieses „Digitalwissen“ in unserer Organisation angesiedelt – konzentriert oder verteilt?
- Haben wir – auch für unsere Marken – bereits Digitalstrategien erarbeitet?
- Wie leistungsstark sind unsere Datengrundlagen und IT-Prozesse, um eine markenbasierte Kundenführung auch in den digitalen Kanälen sicherzustellen?
- Stehen für die Aufgabenstellungen entsprechende Ressourcen bereit (Personal und Budget)?
- Wo liegt die Verantwortung für die verschiedenen Aufgabenbereiche?
- Wurde in meinem Unternehmen eine Gesamtverantwortlichkeit hierfür definiert?

Wichtig ist an dieser Stelle schon der Hinweis, dass die digitale Markenführung nicht isoliert betrieben werden darf. Das anzustrebende Ziel besteht in einer **ganzheitlichen Markenführung**, die online- und offline-basierte Aktivitäten zu einem konsistenten Gesamtbild zusammenführt. Die digitale Markenführung hat – quasi als Teilmenge der ganzheitlichen Markenführung – die Aufgabe, die zugrunde liegende Brandstory über die Online-Touchpoints in einer konsistenten Form weiterzuführen und idealerweise zusätzliche spannende Inhalte und Formen der Begegnung mit der Marke bereitzustellen (vgl. vertiefend Kap. 2).

### 1.1.3 (Klassische) Brands und E-Brands

Im Kontext der digitalen Markenführung wird teilweise noch zwischen **(klassischen) Brands** und **E-Brands** unterschieden (vgl. Suckow 2011, S. 10–14). Auch wenn es viele im Online-Kontext geborene Marken auf die Top-Plätze der wertvollsten Marken geschafft haben, stellt sich die Frage nach (klassischen) Brands und E-Brands nicht mehr! Denn auch die im Online-Umfeld geborenen Marken (bspw. *eBay*, *Amazon*, *Alphabet/Google*, *Facebook*, *TripAdvisor*) sind selbst alle längst in der Offline-Welt angekommen – nicht nur über PR-Berichte und Werbung in den klassischen Medien, wie TV, Rundfunk, Zeitschriften und Zeitungen. *eBay* setzt auf stationäre Pop-up-Stores, *Amazon* hat 2015 den ersten Offline-Store eröffnet und *Alphabet/Google* entwickelt physische Produkte (neben *Android*- und *Kindl*-Produkten auch selbstfahrende Autos, die natürlich auch eine starke Online-Komponente aufweisen). Und die Sticker von *Facebook* und *TripAdvisor* finden sich in vielen Restaurants und Hotels.

Das bedeutet nichts anderes, als dass alle E-Brands auch Brand-Touchpoints im Offline-Bereich aufweisen und aufweisen müssen, um auch im Offline-Alltag der Kunden Präsenz zu zeigen. Genauso weisen alle klassischen Brands häufig viele Touchpoints im Online-Kontext auf – ob gewollt oder nicht. Deshalb wird im Folgenden auf eine Unterscheidung zwischen (klassischen) Brands und E-Brands verzichtet.

► **Merk-Box** Im digitalen Zeitalter verschwimmen die Unterschiede zwischen Brands und E-Brands. Es gibt nur noch Marken, über die on- **und** offline kommuniziert wird. Und Marken, die on- und offline eine konsistente und spannende Brandstory erzählen können – oder eben nicht!

### 1.1.4 Stellenwert von Online-Buzz

Ein Aspekt der digitalen Markenführung soll hier gleich verdeutlicht werden: **Online-Buzz** alleine kann nicht das dominante Ziel der digitalen Markenführung darstellen. So berichtet *Eric Schmidt*, Senior Manager Marketing Strategy and Insights bei *Coca-Cola*, das Folgende: Wenn die Daten bzgl. **Online-Buzz** mit den gleichen Metriken ausgewertet werden wie andere digitale Medien, gilt: „We didn't see any statistically significant relationship between our buzz and our short-term sales [...] At most, social media buzz only impacted sales by a factor of 0.01 %" (McKendrick 2013).

Wie wird ein solches – selbst für Profis überraschendes – Ergebnis bei *Coca-Cola* bewertet? Warum ist das Unternehmen überhaupt in den sozialen Medien aktiv, wenn keinerlei Auswirkungen auf das „große Ziel" des Unternehmens – den **Verkauf** – gesehen werden? Hierzu heißt es aus dem Hause *Coca-Cola*, dass keine ihrer Aktivitäten einseitig auf die sozialen Medien, TV oder den mobilen Kanal ausgerichtet sind. Es gehe vielmehr um eine bestmögliche **Kombination der verschiedenen Kanäle und Inhalte**. Die sozialen Medien werden bei *Coca-Cola* primär zur **Aktivierung der Kunden** eingesetzt (vgl. McKendrick 2013). Es wird versucht, einen „Verkauf über Bande" zu erreichen.

## 1.2 Herausforderung: Informationskonkurrenz im digitalen Zeitalter

Wer heute Kommunikation gestaltet, sollte sich in jedem Moment der massiven **Informationskonkurrenz** bewusst sein, die zu überwinden ist, damit Botschaften ihre Empfänger erreichen. Damit wir Menschen die Informationsflut unbeschadet „überstehen" können, haben wir alle einen **Wahrnehmungsfilter** aufgebaut. Dieser verhindert, dass wir im Informationsozean ertrinken! Abb. 1.3 zeigt die zu beobachtenden Effekte. Von den hier durch die klassischen Medien präsentierten Informationen werden lediglich 2 % wahrgenommen. Die Betonung liegt auf **„wahrgenommen"**. Die entsprechenden Inhalte wurden demnach keineswegs bereits gelernt oder in aktives Handeln umgesetzt, sondern lediglich wahrgenommen. Dies bedeutet, dass alle anderen Botschaften, d. h. 98 % der gesendeten Informationen, bereits das erste kommunikative Ziel – nämlich zumindest wahrgenommen zu werden – verfehlen.

Wenn in Abb. 1.3 für die Kennzeichnung der Medien „alte" Motive verwendet wurden, hat dies den folgenden Grund: Der dort ausgewiesene Wert von 2 % stammt aus einer umfassenden Studie, die *Kroeber-Riel* im Jahre 1987 veröffentlicht hat. Seit dieser Zeit hat sich das Informationsangebot massiv verändert, denn Ende der 1980er-Jahre befan-

**Abb. 1.3** Einsatz eines Informationsfilters bei der Wahrnehmung

den wir uns noch im „Vor-Internet-Zeitalter“. Trotzdem finden sich diese „2 %“ in vielen Publikationen auch im Jahr 2016 wieder!

Tatsächlich ist heute jedoch eher mit einer Situation wie in Abb. 1.4 zu rechnen. Dort ist zum einen die Vielfalt der zu berücksichtigenden Medien zu finden, die alle um unsere Aufmerksamkeit buhlen. Es wird sichtbar, dass die klassischen Medien nur noch einen kleinen Beitrag zum gesamten Informationsangebot leisten. Zum anderen weist dies darauf hin, dass der tatsächliche Anteil der wahrgenommenen Informationen an der gigantisch großen Zahl der Informationsangebote heute signifikant kleiner als 1 % ist. Der Empfänger droht in dieser **Informationsflut** regelrecht unterzugehen. Wir kennen das alle: Ein Blick in unsere E-Mail-Inbox oder auf unser Smartphone genügt!

Ein paar Beispiele sollen diese **gigantische Informationskonkurrenz** verdeutlichen. Bei der Wahrnehmung von Online-Bannern wird von einer regelrechten **Banner-Blindness** (auch: „Banner-Blindheit“) gesprochen. Hierbei blenden die Online-Nutzer Werbebanner aus ihrem Sichtfeld einfach komplett aus, weil diese vielfach keine relevanten

**Abb. 1.4** Effekte der Informationskonkurrenz – heute

**Tab. 1.1** Click-Through-Rates ausgewählter Bannerformate in Europa. (Quelle: In Anlehnung an Sizmek 2014, S. 4 f., 7 f.)

| Bannerformat | Click-Through-Rate (CTR) |
|---|---|
| Standard Banner | 0,11 % |
| Flash Banner | 0,18 % |
| Flash Rich Media | 0,45 % |
| Interactive Video | 0,80 % |

Informationen bereithalten. Der Effekt: Diese Online-Banner werden gar nicht mehr wahrgenommen. Deshalb versuchen die Werbetreibenden mit Animationen wie blinkendem Text, bewegten Bildern, mithilfe von selbst anlaufenden Videos sowie durch Ton und andere aggressive Animationen (wie bspw. Pop-ups), den Nutzer zur Wahrnehmung regelrecht zu „zwingen".

Wie gering die **Wahrnehmung und Nutzung der Werbebanner** trotz dieser Versuche ist, zeigt Tab. 1.1 für mehrere europäische Länder. Unter der **Click-Through-Rate** (auch Klickrate) wird die prozentuale Relation zwischen den Ad-Clicks und den Ad-Impressions verstanden. Dieser Wert liegt bei Standard-Bannern bei 0,11 %. Das bedeutet, dass bei 1000 Werbeeinblendungen tatsächlich nur 1,1-mal geklickt wird. Es ist allerdings darauf hinzuweisen, dass ein Klick schon deutlich über die reine Wahrnehmung hinausgeht.

Das **Ausmaß der Informationskonkurrenz** wird am Beispiel der Suchergebnisse bei *Google* noch deutlicher. Während sich bei Suchanfragen nach „Marketing" 1.640.000.000 Treffer finden, sind es bei „High Heels" immerhin noch 89.300.000. Selbst wenn bei diesen Ergebnissen die ersten drei Trefferseiten ausgewertet würden – was extrem selten vorkommt – wäre die Wahrnehmungsquote selbst in Promilleangaben extrem niedrig.

► **Food for Thought** Die Abb. 1.4 kann als **Demuts-Folie** bezeichnet werden. Jeder, der für die Ausgestaltung von Kommunikation verantwortlich ist, sollte sich immer vor Augen führen, wie stark der Informationsfilter wirkt – und dass natürlich alle Anbieter darauf abzielen, zu dem niedrigen Prozentsatz der wahrgenommenen Botschaften zu gehören. So wie alle Unternehmen unter den Top 10 auf der Trefferliste von *Google* landen wollen!

Dabei stehen wir hinsichtlich der Informationskonkurrenz erst am Anfang! Denn die **Anforderungen an die Markenführung im digitalen Zeitalter** haben sich massiv verändert (vgl. auch Burmann et al. 2015, S. 209–252). Während in den 1980er-Jahren pro Tag noch 700 Werbebotschaften um die Aufmerksamkeit der Kunden rangen, sind es heute schon zwischen 8000 und 12.000 Botschaften – pro Tag. Die Bandbreite der entsprechenden Schätzung ist sehr groß. Zusätzlich dokumentiert ein Blick auf die **Kommunikationsdynamik in den Online-Kanälen** sehr eindrucksvoll, welche zusätzliche **Aufmerksamkeits- und Informationskonkurrenz** heute besteht. Abb. 1.5 zeigt, welche Dynamik in den sozialen Medien herrscht und welche Datenmengen hier innerhalb von 60 s hochgeladen werden. Es sind bei *Facebook* über 300.000 Status-Updates, bei *tumblr*

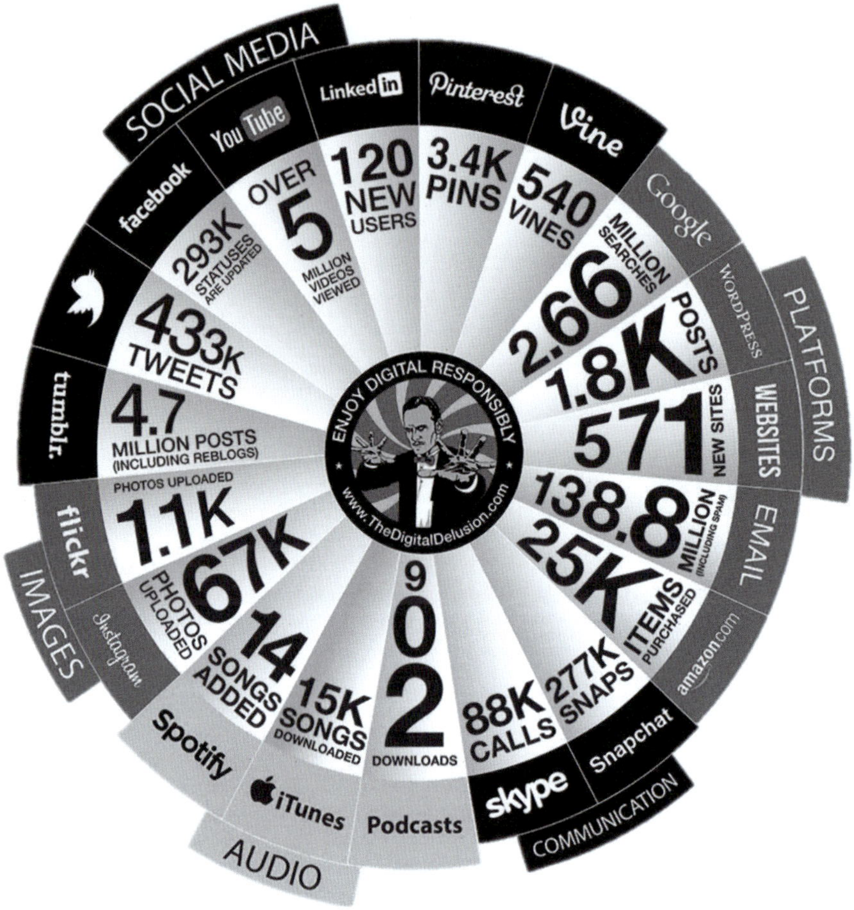


**Abb. 1.5** Informationskonkurrenz in zentralen Online-Medien in 60 s. (Quelle: Buehler 2015)

werden fünf Millionen Posts platziert und bei *Twitter* über 430.000 Tweets eingestellt. Bei *YouTube* werden pro Minute über fünf Millionen Videos angeschaut. Bei *LinkedIn* kommen pro Minute 120 Nutzer dazu und bei *Pinterest* werden 3400 Pins vergeben. Auch die Bewegungen auf anderen Plattformen können sich sehen lassen: Bei *Google* werden pro Minute knapp drei Millionen Suchanfragen gestellt, und *Amazon* verkauft in diesem Zeitraum 25.000 Artikel.

Zusätzlich werden im Minutentakt 600 neue Websites eröffnet und knapp 140 Mio. E-Mails versandt. Angesichts dieser Zahlen sollten manche Prophezeiungen über das Ende des E-Mail-Zeitalters überdacht werden! Auch die Plattformen für Images (wie *Instagram*), Audio (hier vor allem *iTunes*) und Kommunikation (neben *skype* in der jungen Generation vor allem *Snapchat*) erfreuen sich eine großen und überwiegend steigenden Bedeutung. Die Liste ließe sich beliebig fortsetzen, ohne dass die beeindruckenden Zahlen abnehmen würden.

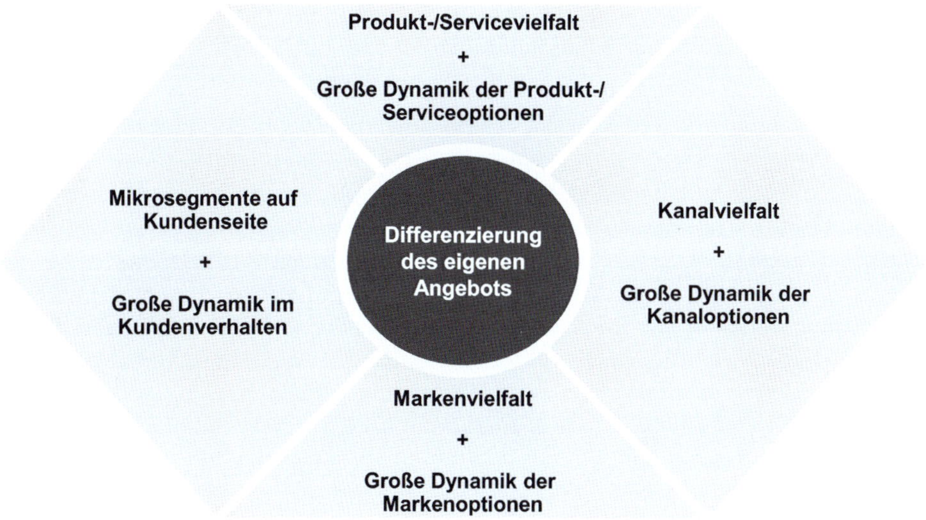


**Abb. 1.6** Herausforderungen für die Differenzierung des eigenen Angebots und zur Kommunikation von Kundennutzen

In dieser Informationsflut erfreuen sich insb. **Videos** und damit **Bewegtbild-Angebote** einer immer größeren Beliebtheit – bei Nutzern und Unternehmen gleichermaßen. Zum einen zwingen selbstanlaufende Videos – sei es als Banner-Ads oder im Newsfeed von *Facebook* – den Betrachter automatisch zur Aufmerksamkeit. Zum anderen bieten sie etwas, was generell zur größeren Akzeptanz führt: Bequemlichkeit! Statt sich einen längeren Text zu erschließen, schaut man sich ein 90-Sekunden-Video an. Es ist zu erwarten, dass sich die Lerngewohnheiten hierdurch kontinuierlich verändern werden (vgl. vertiefend Opresnik und Yilmaz 2016; Göbel und Bartsch 2016).

Diese Entwicklung deckt aber nur einen Teilbereich der Herausforderungen ab, die in der Markenführung zu berücksichtigen sind. Die Gesamtheit der wichtigen Entwicklungen zeigt Abb. 1.6. Wir haben es auf der **Kundenseite** oft mit immer kleineren Segmenten zu tun – bei hochindividualisierten Angeboten sind wir beim Segment of One angekommen. Gleichzeitig nehmen die **Produkt-/Servicevielfalt** und die Markenvielfalt zu, weil sich alle Unternehmen mehr oder weniger gezwungen sehen, mit neuen Produkten/Services und neuen Marken im Wettbewerb zu bestehen. Gleichzeitig gibt es eine hohe **Kanalvielfalt**. Verschärft wird diese gesamte Entwicklung dadurch, dass in allen vier Feldern eine **hohe Veränderungsdynamik** besteht. Die Kundensegmente werden immer kleiner, die Produkt- und Markenvarianten nehmen bei einer generellen Verkürzung der Produktlebenszyklen zu. Gleichzeitig gibt es nicht nur laufend neue Kommunikations- und Werbeplattformen; auch die Anzahl der Werbeoptionen steigt kontinuierlich (vgl. hierzu den Gastbeitrag von Uli Mayer-Johanssen in Abschn. 1.4).

► Ein Ende dieser Dynamiken ist momentan nicht absehbar!

### 1.2.1 Relevanz von Marken und Medienmarken als Orientierungspunkt

Eines muss kritisch festgestellt werden: Durch die Vielfalt der Informationsquellen hat primär die **Quantität der verfügbaren Informationen** und damit der **Information-Overload** der Nutzer zugenommen. Denn nicht nur die Anzahl der Informationsquellen steigt, sondern auch der Informationsfluss pro Quelle selbst. Die **Qualität der verfügbaren Informationen** hat sich allerdings nicht in gleichem Maße erhöht, weil online wirklich jeder zum Sender von Informationen werden kann – unabhängig von Qualifikationen.

Deshalb erscheint u. E. eine **Renaissance der Marken** geboten – und möglich. Denn dem – zumindest dem kritischen – Nutzer stellen sich bei vielen (Online-)Angeboten immer wieder die folgenden Fragen:

- Wem soll ich glauben?
- Wem kann ich vertrauen?
- Wem darf ich folgen?
- Mit wem kann und will ich eine längerfristige Beziehung eingehen?

► **Food for Thought** Es ist nicht nur Aufgabe der klassischen Bildungsinstitutionen, sondern auch aller Unternehmen und insb. der Eltern, auf einen kritischen Medienkonsum hinzuwirken. Zu viele Menschen lassen sich durch reißerische Storys oder verschrobene Verschwörungstheorien verführen!
Wie heißt es so treffend? **Wer nichts weiß, muss alles glauben!**

Das angesprochene offline und online stark zunehmende Informationsangebot führt u. E. langfristig dazu, dass **Marken generell und auch Medienmarken als Orientierungspunkte** immer wichtiger und zum **Überleben in der Informationsflut** sogar unverzichtbar werden (vgl. auch Regier et al. 2016; Munzinger und Wenhart 2012, S. 171 f.). Heute gilt *Google* als Synonym für die klassische Online-Suche – und nur, was dort auf den ersten Plätzen zu finden ist, wird vielfach als relevant wahrgenommen. Parallel dazu entwickeln sich *Facebook, YouTube*, *Amazon* (Stichwort *Alexa*) und – mit dynamischem Wachstum – auch *Instagram*, *SoundCloud* und *Pinterest* zu interessanten und relevanten Content-Sharing-Plattformen. Vor diesem Hintergrund stellen sich spannende Fragen: Welche Anbieter werden in drei Jahren für „relevante Suchergebnisse“ stehen, wenn es etwa um Streaming von Musik und Film, Mode- und Schmink-Tipps, Location-Based Services und/oder E-Commerce in den unterschiedlichen Angebotsfeldern geht? Wem gelingt es hier, die höchste Relevanz für die Nutzer zu erzielen – und damit auch für die werbenden Unternehmen besonders relevant zu sein?

- Werden leistungsstarke **Medienmarken** wie *Der Spiegel*, die *FAZ, Wall Street Journal*, *Handelsblatt* und *Die Zeit* für eine Orientierung im kontinuierlich wachsenden Informationsdschungel sorgen? Wird dies eher als Online- oder Offline-Ausgabe gelingen? Oder werden *Facebook* und *YouTube* zum wichtigsten Informationskanal, wie das in Teilen der jüngeren Bevölkerung heute schon der Fall ist?

- Wird man stärker auf online verfügbare **Freunde** oder **„selbsterklärte" Online-Spezialisten** hören, deren Kompetenz in der Tiefe man nur abschätzen kann, wenn man selbst im jeweiligen Fachgebiet ein Spezialist ist? Und wer ist das schon?
- Vertraut man sich noch stärker den **Recommendation Engines** und damit **kraftvollen Algorithmen** an? Die vielleicht sogar präziser ermitteln können als ich selbst, wohin meine nächste Reise gehen, welches Buch ich lesen, welches modische Accessoire ich kaufen, welche Musik ich in welcher Stimmung hören und welchen Film ich unbedingt sehen sollte? Und die auch aus dem gigantischen Informationsangebot jeden Tag, jede Stunde, jede Minute, jede Sekunde auswählen, welche Nachricht für mich besonders wichtig ist? Und dies in Realtime!
- Wird es eine **Rückbesinnung auf bewährte TV-Kanäle** geben, die es über die Zeit geschafft haben, ein Fundament aus Vertrauen, Glaubwürdigkeit und damit Seriosität bzw. eine Plattform für Unterhaltung, Spaß und Zeitvertreib aufzubauen? Wird sich TV vom reinen Reichweiten-Kanal zu einem Interaktions-Kanal (mit Second Screen) weiterentwickeln? Wird der Zugriff linear bleiben oder noch stärker zeitversetzt über Mediatheken erfolgen? Oder übernehmen Anbieter wie *YouTube*, *Netflix*, *Amazon Prime* & Co. die Federführung, die Inhalte on demand verfügbar und damit jeden Nutzer zum Programmdirektor machen?
- Wird sich eine noch weitergehende **Fragmentierung der Medien und damit der Informationsbereitstellung** einstellen? Oder ist in den nächsten Jahren eine **Konsolidierung der Medienlandschaft** zu erwarten, weil auch die Kunden mit der Vielfalt nicht mehr umgehen können?
- Wird die **Informationsgewinnung immer oberflächlicher**, weil Online-Medien das Suchen nach Headlines und Keywords unterstreichen? Werden Sinnzusammenhänge und komplexere Informationsstrukturen auf der Strecke bleiben, weil man dafür auf der Suche nach dem nächsten Informationshappen keine Zeit mehr hat? Oder wird die Vielfalt des Informationsangebots genutzt, um sich durch eine **Cross-Validierung** ein möglichst realistisches Bild über Angebote und Anbieter zu machen?

► **Food for Thought** Für die Markenverantwortlichen ist es eine spannende Aufgabe, einmal konkret zu prüfen, in welchem Ausmaß ihre Marke zu einem **Peace of Mind** bzw. einem **Seelenfrieden** beitragen kann. Eine Marke, deren Nutzung dazu beiträgt, dass man sagt, ich habe (alles) richtig gemacht! Und gut ist!

### 1.2.2 Gewandeltes Nutzerverhalten

Mit den aufgezeigten Entwicklungen gehen einschneidende **Veränderungen im Nutzerverhalten** einher. Viele Menschen legen ihr Smartphone gar nicht mehr aus der Hand. Früher wurde dieses zum Einsatz aus der Tasche gezogen und eingeschaltet. Heute ist es für viele Menschen zum Smart Service Terminal geworden, das man am besten nicht mehr aus der Hand gibt – unabhängig davon, was man gerade tut. **„Always on, always connec-**

**ted“** ist in immer weiteren Bevölkerungskreisen der Normalzustand – und nicht nur bei jungen Menschen. Selbst während des Essens im Restaurant oder während der Zugfahrt werden E-Mails gecheckt und *Facebook*-Updates vorgenommen, *WhatsApp*-Nachrichten geschrieben und Fotos gezeigt. Eltern schauen oft nicht mehr interessiert in den Kinderwagen hinein, sondern lieber auf das Display ihres Smartphones, wie man heute bei jedem Spaziergang feststellen kann. Auch sonst trifft man auf den Bürgersteigen der Welt immer mehr Menschen, die den Kopf gesenkt halten, um der Online-Kommunikation zu folgen. Mancher Unfall wurde so verursacht! Selbst bei Gesprächen auf Managerebene liegen häufig mehrere Smart Devices auf den Tisch – die häufig noch mit einem Info-Ping oder dem Vibrationsalarm anzeigen, wenn neue Nachrichten eingegangen sind, sodass jeder tiefgehendere Dialog unmöglich wird. Dass man während persönlicher Gespräche auf den Flug-Modus umschalten kann, scheint vielen nicht mehr bekannt oder nicht mehr angemessen! Schade eigentlich, wenn man sich voll auf ein Gespräch oder einen Gesprächspartner konzentrieren möchte! So muss man feststellen, dass der Mensch nur noch zwei Aggregatzustände aufweist: Schlafen oder Online! Nicht umsonst gibt es immer mehr Hotels, die damit werben, „WLAN-frei“ zu sein, und damit ein **Digital Detox** zur „digitalen Entgiftung“ ermöglichen!

### 1.2.3 Verschiebung der Gewichte im Media-Budget

Angesichts des gewandelten Nutzerverhaltens wird die **Verschiebung der Mediengewichte** nachvollziehbar, die vom *Schicker Media Index* festgestellt wurde (vgl. Paperlein 2015, S. 4). Hierbei wurden folgende Erkenntnisse gewonnen:

- Das **Gesamtbudget für Werbung** im Jahr 2015 wurde mit rund 42 Mrd. € ermittelt.
- 2015 überstieg der Nettowerbeumsatz für **Online-Werbung** mit 7,1 Mrd. € erstmals den Umsatz der **Print-Werbung** von 6,6 Mrd. €. Zur Online-Werbung zählen insb. die Investitionen für Werbung in den Umfeldern von Suchmaschinen, Content-/Preisvergleichs-Portalen und Social Media, der Verzeichnisdienst sowie Online-Kleinanzeigen (Classifieds). Zur Print-Werbung zählt die Schaltung von Zeitungen, Zeitschriften und Anzeigenblättern.
- **TV-Werbung** findet sich mit einem Umsatz von 4,4 Mrd. € nach **Sponsoring** und **Dialog-Marketing** auf Platz 5.

**Zwei wichtige Entwicklungen** konnten festgestellt werden: Zum einen läuft die **Budgetverlagerung von der stationären zur mobilen Werbung** viel schneller ab als alle anderen Veränderungen (vgl. Paperlein 2015, S. 4); gleichzeitig hat die Relevanz der mobilen Kanäle weiter zugenommen (vgl. ARD und ZDF 2016):

- 2015 wurden bereits 1,26 Mrd. € für **mobile Werbung** eingesetzt – 53 % mehr als im Vorjahr. Damit stieg der Mobile-Anteil an der Online-Werbung von 8 auf 22 %.
- Es ist ein dramatischer **Bedeutungszuwachs der Video-Werbung** festzustellen. Die Umsätze für Video-Werbung stiegen 2015 um 40 % auf inzwischen mehr als 430 Mio. €. Mehr als 70 % dieser Umsätze wurden durch *YouTube*, *Facebook* und *Instagram* erzielt.
- Gleichzeitig zeigt sich auch hier die **Relevanz der mobilen Auslieferung:** 30 % der Video-Inhalte werden über mobile Devices abgerufen.
- 2016 war das **Smartphone** mit 66 % und einem Zuwachs von 16 Prozentpunkten erstmals das **meistgenutzte Gerät für den Zugang zum Internet;** der Wert für Laptops liegt bei „nur" 57 %.
- In Summe verbringen die Deutschen jeden Tag **2:08 h im Internet**. Diese Zeitdauer hat sich von 2015 auf 2016 um 20 min erhöht. Wer mit mobilen Geräten online geht, verbringt sogar 2:43 h im Internet.

► **Food for Thought** Eines muss an dieser Stelle deutlich herausgestellt werden: Im internationalen Vergleich nimmt Deutschland bei der **Social-Media-Nutzung** nach wie vor einen der letzten Rangplätze ein. Die Nutzung dieser Plattformen erfolgt nach wie vor primär durch Jugendliche und junge Erwachsene (vgl. Paperlein 2015, S. 4). Diese „Einschränkungen" sind vor dem Hintergrund der eigenen Zielgruppe zu berücksichtigen, um nicht einem sträflichen **Social-Media-Hype** zu unterliegen, nur weil in allen Veranstaltungen rund um Kommunikation und Werbung die sozialen Medien dominieren! Wir müssen folglich genau ermitteln, wo unsere (Ziel-)Kunden unterwegs sind.

## 1.3 Herausforderung: Gewinnung von Aufmerksamkeit

Die große Fragestellung lautet: Wie kann **Aufmerksamkeit in der relevanten Zielgruppe** sichergestellt und eine möglichst intensive **Beschäftigung mit der eigenen Marke** erreicht werden – on- und offline-übergreifend? Damit dies gelingt, müssen sich die Markenverantwortliche viel umfassender als bisher überlegen, welche Ziele, Werte, Erwartungen und Verhaltensmuster die eigenen Interessenten und Kunden bewegen, um einen entsprechenden Markenauftritt zu entwickeln und an den relevanten Touchpoints präsent zu sein.

Ein Blick auf eine typische **Customer Journey** zeigt Abb. 1.7 (vgl. auch Edelman und Singer 2015; Böcker 2015; Flocke und Holland 2014). Hier wird sichtbar, welche **On- und Offline-Touchpoints** genutzt werden können. Die dort gezeigten Touchpoints stellen allerdings nur eine kleine Auswahl der zur Verfügung stehenden Möglichkeiten dar. Gleichzeitig wird deutlich, dass die Grenze zwischen Online und Offline an Bedeutung

**Abb. 1.7** Beispiel einer Customer Journey – von Online und Offline zu Noline

verliert, weil Interessenten und Kunden – auch mobil – kontinuierlich zwischen den verschiedenen Welten hin- und herwechseln können. Deswegen ist heute besser von **Noline** zu sprechen. Und „noline" müssen Markenkonzepte heute entwickelt und implementiert werden. Damit nicht erst die Empfänger die einzelnen Kommunikationshappen zusammensetzen müssen – um ggf. festzustellen, dass diese gar nicht zusammenpassen.

**Think-Box**

- Unsere Interessenten und Kunden sind heute schon viel digitaler, vernetzter und mobiler unterwegs als die meisten Unternehmen und ihre Marken. Wenn wir hier nicht schnell handeln, wird der Abstand immer größer – und damit die Gefahr, dass Wettbewerber in genau diese Lücke stoßen.
- Wie lange wollen wir die Kunden noch vorausmarschieren lassen und mühsam hinterher hecheln?
- Unsere Kunden bilden sich – häufig unbewusst – ihre Meinung über unsere Marke – unabhängig davon, ob wir eine **digitale Markenstrategie** haben oder nicht!
- Wenn unser Unternehmen jedoch eine digitale Markenstrategie aufweist und diese auch konsequent implementiert wird, ist die Wahrscheinlichkeit größer, dass bei den Zielpersonen das gewünschte Markenimage entsteht. Eine Garantie dafür gibt es allerdings nicht!

**Die Master-Aufgaben der digitalen Markenführung**
Im Zuge der digitalen Markenführung sind die folgenden Fragestellungen zu bearbeiten:

- Wie kann es in diesem dynamischen Umfeld gelingen, **Marken mit einer prägnanten und überzeugenden Markenpersönlichkeit** aufzubauen, auf die die Menschen im Idealfall direkt zugehen?
- Wie muss dafür der **Markenaufbau** in einer zunehmend digitalisierten Welt aussehen?
- Wie können – alte wie neue – **Marken als Scouts und Dolmetscher** den Menschen helfen, um den Informations- und Leistungsdschungel des Internets zu überleben? Die klassischen Suchmaschinen liefern hier bisher eine in zunehmendem Maße auch inhaltlich wertende, algorithmenbasierte **Blackbox-Navigation**, die selbst für Interessierte nicht en détail nachvollziehbar ist.
- Warum sollen nicht gerade **starke Marken** den Menschen dabei helfen, die jeden Tag wachsende Komplexität des Informations- und Güterangebots zu reduzieren – durch eine prägnante (digitale) Markenpersönlichkeit?

Die Antworten auf diese Fragen werden darüber entscheiden, welchen Angeboten – die bspw. durch Suchmaschinen oder Online-Banner sichtbar werden – gefolgt und vertraut wird. Ist dies der Blog-Eintrag oder ein *YouTube-Video* von *Mr. Nobody* bzw. der *Wikipedia*-Eintrag einer unbekannten Masse – oder doch der Beitrag, der von einer überzeugenden Marke präsentiert wird? Oder ist *Mr. Nobody* bereits selbst zur Marke geworden, der ggf. mehr vertraut wird als anderen Medien und etablierten Marken? Ist *Wikipedia* der neue *Brockhaus*, weil hier Hunderttausende von Nutzern und Content-Partnern (scheinbar) für eine hohe Qualität sorgen?

Bei dieser sehr komplexen Aufgabenstellung ist immer zu berücksichtigen, was eine Marke für das Unternehmen vor allem anderen darzustellen hat: **Marke als Wertschöpfungstreiber** (vgl. Baumgarth 2014, S. 8 f.). Dabei ist zwischen zwei Ausrichtungen der Wertschöpfung zu unterscheiden:

- **Schaffung von Markenwert für das Unternehmen** sowie
- **Schaffung von Markenwert für die Kunden**.

Auf beide Arten von Markenwert muss auch die digitale Markenführung einzahlen und sich an der jeweiligen Zielerreichung messen lassen.

**Think-Box**

- Welcher Stellenwert wird der digitalen Markenführung heute in meinem Unternehmen bereits zugemessen?
- Unterscheiden wir noch zwischen (klassischen) Brands und E-Brands?

- Welche konkreten Überlegungen haben wir schon angestellt, um in der Informationsflut mit unseren Botschaften anzukommen?
- Haben wir schon Überlegungen angestellt, wie wir Noline-Kommunikation konzeptionell und prozessual in meinem Unternehmen erreichen können – trotz möglicher Daten- und Prozess-Silos?
- Wie intensiv haben wir uns mit dem Trend von stationärer zu mobiler Werbung hinsichtlich ihrer Relevanz für unsere Zielgruppe auseinandergesetzt?
- Welche Bedeutung müssen wir dem Trend hin zur Video-Werbung – auch in ihrer mobilen Ausprägung – beimessen?
- Welche sind für unsere Zielgruppen die Informationskanäle mit der höchsten Relevanz und Glaubwürdigkeit?
- Wie werden sich diese in den nächsten Jahren vermutlich verändern?
- Wie gut sind wir hierauf schon vorbereitet?
- Wo liegt die Verantwortung für diese Fragestellungen in meinem Unternehmen?

Die (digitale) Markenführung muss in den **Gesamtprozess der digitalen Transformation** eingebunden werden. Die damit einhergehenden Herausforderungen sind in Abb. 1.8 dargestellt. Wie jeder Strategieprozess muss auch bei der digitalen Transformation eine **kritische Analyse des Status quo** den Anfangspunkt darstellen. Deshalb bildet dieser Schritt das Erdgeschoss des **Hauses der digitalen Transformation**. Die Analyse muss sich dabei nach innen und außen gleichermaßen ausrichten. Im **Innenverhältnis des Unternehmens** geht es darum, den erlebten Handlungsdruck und die Bereitschaft der Mitar-

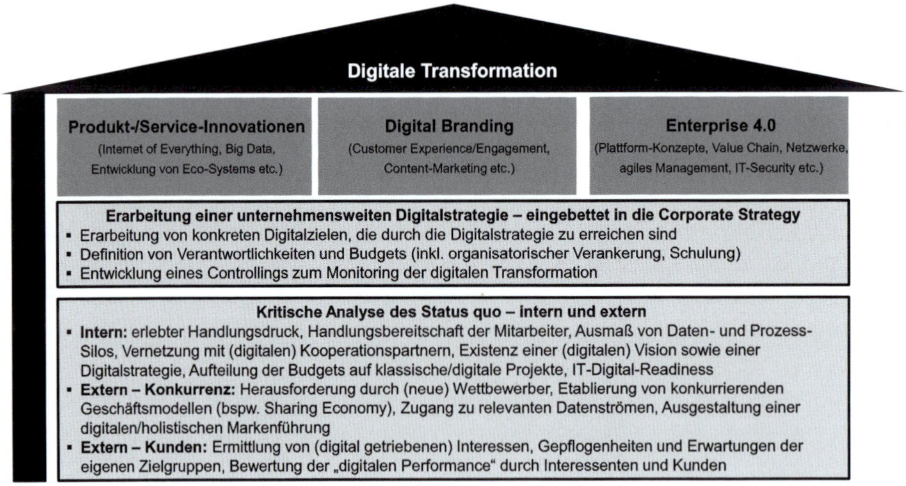


**Abb. 1.8** Haus der digitalen Transformation

beiter zu Veränderungen zu erkennen. Zusätzlich ist das Ausmaß der Nichtausschöpfung von Werten durch Daten- und Prozess-Silos zu ermitteln. Es ist zu prüfen, wie umfassend oder fehlend eine Vernetzung mit (digitalen) Kooperationspartnern ausgeprägt ist. Liegen eine (digitale) Vision und/oder eine Digitalstrategie bereits vor oder müssen diese erst noch umfassend erarbeitet werden? Wie groß ist bereits der Budgetanteil, der auf digitale Projekte entfällt? Wie „fit" ist die eigene IT, um die vor uns liegenden Herausforderungen zu bewältigen (Stichwort IT-Digital-Readiness). Hier geht es bspw. um die Frage, wie professionell bereits auf die im Unternehmen vorhandenen Daten über Interessenten, Kunden, Produkte/Services und den Wertschöpfungsprozess integriert zugegriffen werden kann (**Small Data**), um bspw. Kundenwerte zu ermitteln und Vorhersagen über Kundenverhalten zu erarbeiten oder um Fertigungsprozesse zu optimieren (**Predictive Analytics**). Zusätzlich ist zu ermitteln, in welchem Umfang zusätzlich auf **Big Data** zugegriffen werden kann, um diese Berechnungen zu verfeinern und zusätzliche Erkenntnisse zu gewinnen.

Im **Außenverhältnis des Unternehmens** haben zwei Stoßrichtungen besondere Bedeutung: die Wettbewerber und die Kunden. Welche Herausforderungen durch (neue) **Wettbewerber** sind bereits feststellbar? Haben sich in der eigenen Branche bereits konkurrierende Geschäftsmodelle (bspw. Sharing Economy) etabliert? Welchen Zugang hat das eigene Unternehmen zu relevanten Datenströmen – etwa im Vergleich zu anderen Anbietern? In welchem Ausmaß wird bereits eine digitale/ganzheitliche Markenführung umgesetzt?

Die **Kategorie „Wettbewerber"** sollte dabei deutlich breiter definiert werden. Über entsprechende Plattformen – wie *Uber* und *Airbnb* – können Privatpersonen mit ihren eigenen Fahrzeugen bzw. Wohnungen zum Wettbewerber etablierter Taxi- bzw. Hotelunternehmen werden. Natürlich stellen auch die Plattformen selbst eine neue Kategorie von Wettbewerbern dar, weil sie weder über eigene Fahrzeuge noch über eigene Übernachtungsangebote verfügen. Andere Unternehmen verlassen ihre angestammten Branchen. So entwickelt sich *Amazon* vom Einzelhändler zum Medienkonzern; *Google* vom Suchmaschinen-Unternehmen zum Automobilhersteller und IT-Dienstleister mit Cloud-Lösungen. Die Liste ließe sich beliebig erweitern mit Blick auf *AT&T*, *Facebook*, *Apple* etc.

Zur externen Analyse gehört auch, in welchem Ausmaß sich die (digital getriebenen) Interessen, Gepflogenheiten und Erwartungen der **Interessenten und Kunden** verändert haben. Wie bewerten diese Personen die eigene „digitale Performance" – im Lichte relevanter Wettbewerber? Welche Handlungsnotwendigkeiten bestehen – aus Sicht von Interessenten und Kunden?

In Summe gilt es hier zu erkennen, wo das Unternehmen im Wettbewerb um die Kunden steht. Dabei können verschiedene **Stufen des Handlungsdrucks** unterschieden werden:

1. **Kein Handlungsdruck gegeben**
   Besonders bei einem solchen Ergebnis ist kritisch zu prüfen, ob sich das Unternehmen und die Manager selbst „belügen", weil sie keine Veränderungen vornehmen wollen und sich einem notwendigen Change-Prozess deshalb verschließen. So ist u. E. – zumindest teilweise – auch das Ergebnis einer *Cisco*-Studie zu interpretieren. Hierzu wurden 2015 1000 europäische Manager befragt. Ein erstaunliches Kernergebnis dieser Studie lautet: „[...] digital disruption is not seen as worthy of board-level attention in about 45 % of companies (on average across industries). In addition, 43 % of companies either do not acknowledge the risk of digital disruption, or have not addressed it sufficiently. Nearly a third are taking a ‚wait and see' approach, in hopes of emulating successful competitors. Only 25 % describe their approach to digital disruption as proactive – willing to disrupt themselves in order to compete" (Bradley et al. 2015, S. 1). Erstaunlicher kann Ignoranz kaum ausfallen!
2. **Erkennung von ersten Handlungsbedarfen**
   Auf Basis einer Analyse, die sich am Haus der digitalen Transformation orientiert, werden hier Handlungsfelder definiert, die in ein erstes Digitalkonzept für das Unternehmen einzubinden sind. Idealerweise beginnt dann ein Change-Prozess. Zeit und Ressourcen stehen zur Verfügung, um in Ruhe die digitale Transformation des Unternehmens kraftvoll zu gestalten. Das Motto hier lautet: „Lasst uns das Dach reparieren, solange die Sonne scheint!"
3. **Bedrohung durch sich abzeichnende Veränderungen**
   Die Status-quo-Analyse zeigt hier schon deutlicheren und dringenderen Handlungsbedarf auf. Jetzt müssen schnell die strategisch wichtigen sowie die kurzfristigen, dringenden Herausforderungen erkannt werden. Eine umfassende Digitalstrategie ist dringend zu erarbeiten und konsequent umzusetzen. Hier müssen schon mehr Ressourcen (Personal und Budget) zur Verfügung gestellt werden, um verlorene Zeit „zu kaufen".
4. **„Burning Platform"**
   In dieser Phase „brennt die Hütte" bereits. Man kann teilweise nur noch reagieren; die Kraft und die Zeit für eine strategische Runderneuerung sind nicht mehr gegeben. Wird Handlungsbedarf erst in dieser Phase erkannt, ist der Untergang häufig vorgezeichnet. Beispiele wie *Neckermann*, *Quelle*, *Weltbild* und *Schlecker* zeugen davon. Auch viele Einzelhändler befinden sich in dieser Phase. Manager, die erst jetzt einen Change-Prozess anstoßen, haben viele wichtige Signale in den Monaten oder oft Jahren davor nicht erkannt oder einfach ignoriert (vgl. auch Anthony 2012).
5. **Lebensbedrohliche Krise**
   Wer erst jetzt versucht, einen Change-Prozess einzuleiten, wird kaum mehr Erfolg haben, weil Wettbewerb und Kunden keine Zeit mehr gewähren. Wird diese Phase erreicht, hat das Management des Unternehmens auf ganzer Linie versagt. Häufig endet häufig der Lebenszyklus des Unternehmens.

Basierend auf diesen Erkenntnissen erfolgt – hoffentlich ohne ignoranzbasierten extremen Zeitdruck – die Erarbeitung einer **unternehmensweiten Digitalstrategie** – eingebettet in die Corporate Strategy. Hierbei geht es um die Definition von konkreten Digitalzielen, die durch diese Digitalstrategie zu erreichen sind. Dafür sind auch die **personellen Verantwortlichkeiten** zu klären und entsprechende **Budgets** bereitzustellen. Zusätzlich ist die organisatorische Verankerung vorzunehmen, und notwendige Schulungen sind anzubieten. Zusätzlich muss ein **Controlling zum Monitoring der digitalen Transformation** etabliert werden.

Auf diesen Entscheidungen aufsetzend ergeben sich drei Handlungsfelder, die – je nach Ausgangssituation – mit unterschiedlicher Intensität anzugehen sind. Bei den **Produkt-/Service-Innovationen** geht es bspw. um die Frage, wie das Internet of Everything, Big Data oder Eco-Systems zum Auf- und Ausbau der eigenen Marktposition eingesetzt werden können. Hier ist auch zu prüfen, in welchem Umfang Social Customer Services zu erbringen sind. Im Bereich des **Digital Brandings** werden unter anderem die in diesem Werk dominierenden Fragestellungen geklärt, wie bspw. der Aufbau eines Customer-Experience-Managements gelingt, das Customer Engagement gesteigert und Content-Marketing für die Kundenakquisition und -bindung genutzt werden können. Unter dem Begriff **Enterprise 4.0** werden die unternehmensweiten Fragen diskutiert, wie etwa eine Digitalisierung der Value Chain vorzunehmen ist, wie Plattform-Konzept und Netzwerke wertschöpfend auszugestalten sind und ein agiles Management zur internen Prozessoptimierung eingesetzt werden kann. Außerdem gehört das immer wichtiger werdende Thema IT-Sicherheit in diesen Bereich. Denn alle mit dem Internet verbundenen Unternehmen können früher oder später Opfer massiver Hackerangriffe werden.

► **Merk-Box** If you digitize a shitty process, you will get a shitty digital process.

Damit wird die Größe und Komplexität des Prozesses „digitale Transformation" sichtbar (vgl. hierzu Kreutzer und Land 2015; Kreutzer et al. 2017). Außerdem wird nachvollziehbar, wie die digitale Markenführung in den Prozess der digitalen Transformation einzubinden ist.

► **Food for Thought** Viele der erfolgreichen Disruptoren weisen eine **digitale DNA** auf – sie wurden als digitale Unternehmen geboren. Die im analogen Zeitalter geborenen Unternehmen müssen sich diese digitale DNA erst aneignen. Dies gelingt nur durch einen umfassenden Prozess, der auch die Unternehmenskultur verändert.
Wie hat *Peter Drucker* so schön formuliert: **„Culture eats strategy for breakfast!"**

**Think-Box**

- Welche Stufe des Handlungsdrucks liegt bei uns vor?
- Welche Phasen im Haus der digitalen Transformation haben wir schon begonnen und/oder erfolgreich abgeschlossen?
- In welchen Feldern sind wir schon gut unterwegs?
- Wo haben sich die größten Handlungsnotwendigkeiten ergeben?
- Wurden die zentralen Erkenntnisse der Entwicklung einer Digitalstrategie zugrunde gelegt – oder verfügen wir noch nicht über eine entsprechende Digitalstrategie?
- Ist diese Digitalstrategie in die Corporate Strategy eingebunden – oder existiert sie parallel dazu – ggf. sogar als Störfaktor?
- Wurden Personen und Budgets für die Umsetzung der Digitalstrategie definiert?
- Wie systematisch haben wir bereits das Aufgabenfeld Produkt- und Service-Innovationen bearbeitet?
- Mit welchen Ergebnissen?
- Wie systematisch haben wir bereits das Aufgabenfeld Digital Branding bearbeitet?
- Mit welchen Ergebnissen?
- Wie systematisch haben wir bereits das Aufgabenfeld Enterprise 4.0 bearbeitet?
- Mit welchen Ergebnissen?
- Verfügen wir über ein Gremium, das alle diese Entwicklungen zusammenführt, um eine ganzheitliche Perspektive einzunehmen?

## 1.4 Gastbeitrag: Marken im digitalen Zeitalter

Uli Mayer-Johanssen

Unsere Informations- und Kommunikationsgesellschaft wird gleichermaßen geprägt von globaler Vernetzung und rasantem Wandel. Dabei steigen die Anforderungen an Unternehmen und Marken in bislang nicht gekanntem Maße. Komplexität, ein Überangebot an Marken, Dienstleistungen, Produkten und Optionen erzeugen mittlerweile ein **Gefühl der Orientierungslosigkeit** und **Überforderung**.

Die zunehmende **Digitalisierung** verändert nicht nur die Formen der Kommunikation, sondern erfasst mittlerweile alle Lebensbereiche. Neue Geschäftsmodelle etablieren sich, und die Erwartungen an die Unternehmen, die Menschen zu entlasten, ihr Leben zu erleichtern und ihnen Entscheidungen abzunehmen, steigen kontinuierlich. Das **Bedürfnis nach Interaktion, Beteiligung und Entertainment** wächst und erhält durch soziale Medien und neue Technologien einen nie gekannten Stellenwert. Neben den vielfältigen

Chancen, die sich für Marken und Unternehmen im Dialog mit ihren Kunden ergeben, erzeugen die Vielzahl an technischen Optionen und das Tempo, in dem sich die Rahmenbedingungen und Verhältnisse am Markt verändern, Verunsicherung, wenn nicht gar Unbehagen. In gleichem Maße steigt die Verantwortung derer, die über Kanäle und Inhalte entscheiden, um Kunden zu erreichen oder für Produkte und Dienstleistungen zu werben.

Spätestens mit der Erweiterung des Internets in Social-Media-Kanäle haben sich die **Erwartungen der Menschen an die Dialogfähigkeit der Unternehmen** nachhaltig gewandelt. Sie setzen voraus, dass Unternehmen diese Form der Ansprache bieten, zielgruppenadäquat kommunizieren und ihre Dienstleistung entsprechend gestalten. Nutzerführung, Logik, Anmutung und Inszenierung unterliegen eigenen Gesetzmäßigkeiten und Erwartungen. Darüber hinaus werden durch den Einsatz und den Umgang mit digitalen Medien Erwartungen geweckt, die weit über den konkreten Informationsaspekt hinausgehen. Zugänglichkeit, Aktualität, Leichtigkeit und spielerischer Umgang mit den Kanälen werden zunehmend zu Kriterien bei der Bewertung und Akzeptanz von Marken.

### 1.4.1 Darum Marke

Eine starke Marke schafft **Vertrauen** und ermöglicht **langfristige Beziehungen**, indem sie **Identifikationspotenzial** bietet und neben **Risikoreduzierung** und **Informationseffizienz** ideelle Werte verkörpert. Eine emotionale Ansprache, die Bedürfnisse und Wünsche der Menschen ins Zentrum stellt, wird immer wichtiger. Unabhängig davon, um welche Dienstleistungen oder Produkte es sich handelt und unabhängig davon, über welche Kanäle die Marke kommuniziert. Insbesondere in einer Konsumgesellschaft, in der Produkte und Dienstleistungen immer weniger Alleinstellungsmerkmale oder reale Unterschiede bieten, werden Kommunikation und Marke als Abgrenzung und Unterscheidung im Wettbewerb zu Schlüsselfaktoren:

- Marke ermöglicht Differenzierung von der Konkurrenz und Identifizierung nach innen wie nach außen.

Strategie, Werte, Positionierung und Ausrichtung der Marke werden zu entscheidenden Prüfkriterien, ob etwas zu Unternehmen und Marke passt oder eben nicht.

### 1.4.2 Chance und Risiko für Marken

Inhalte, die im Web in besonders hohem Maße weiterempfohlen, geteilt oder gelikt werden, gelten zunächst als erfolgreich. In den letzten Jahren hat *Edeka* mit einer ganzen Serie ebenso auffälliger wie mutiger Video-Geschichten kontinuierlich für hohe Aufmerksamkeit wie heftige Diskussionen gesorgt. Die Reihe dreiminütiger, millionenfach gelikter „*Supergeil*"-Videos mit *Friedrich Liechtenstein* war für manchen bereits grenzwertig und warf die Frage nach der Stimmigkeit im Kontext der Neupositionierung *„Wir lieben Lebensmittel"* auf. Der ebenso vieldiskutierte Weihnachtsclip setzte die Konsequenzen emotional in Szene, die mit einer sich immer schneller drehenden, auseinanderstrebenden, karriereorientierten Welt einhergehen: soziale Vereinsamung und Kälte zwischen den Menschen (vgl. auch Kap. 6).

Am Ende bleibt die Frage: Passt die Aussage zur Positionierung der Marke bzw. des Unternehmens, und unterstreicht sie damit die Glaubwürdigkeit und Relevanz der Botschaft. Das Bedürfnis nach Entertainment, Humor und einem gesteigerten Spaßfaktor verdrängt zunehmend den Wunsch nach Daten, Fakten und sachlichen Informationen im Netz.

Die Gründe, warum sich User-fremde Inhalte (also Inhalte, die nicht direkt dem Lebensumfeld der Nutzer entspringen) im Netz verbreiten, sind laut einer Studie der New York Times Customer Insight Group (2011) unterschiedlichster Natur:

- Menschen unterhalten, bilden oder überraschen.
- Sich gegenüber der Community mit Inhalten darstellen und definieren.
- Sich selbst verwirklichen oder Netzwerke ausbauen.

Was die Inhalte allerdings bieten müssen, um geteilt zu werden, bildet ein breites Spektrum: Bildstark, witzig, überraschend oder emotional und ansprechend müssen sie sein. Die Liste ließe sich beliebig fortführen, immer aber sind es **emotional geprägte Aspekte**, die eine zentrale Rolle spielen. Eines jedoch ist sicher:

► Kein User macht sich selbst zum kostenlosen Vermittler platter Werbebotschaften.

Der Content muss für den Nutzer relevant sein und ihm dazu verhelfen, sein Profil innerhalb der Community zu schärfen – erst dann wird geteilt.

Doch Sharen und Liken alleine reicht nicht aus, denn so viele Klicks das amüsante Katzen-Video auf *YouTube* auch einsammeln mag: Wenn die definierte Identität der Marke ihrer Positionierung nicht entspricht oder das Profil verwässert, bleibt der Clip zwar in Erinnerung, der Absender aber gerät in Vergessenheit.

Schlimmer noch: Werden die eigenen Markenwerte in der Kommunikation gar torpediert, kann sich das negativ auf Marke und Image des Unternehmens auswirken. Bei vielen Spots können einem schon Zweifel kommen, ob die Nachhaltigkeit der Botschaft im Wettlauf um Klickraten am Ende nicht zum Bumerang für die Marke wird. Die **Glaubwürdigkeit von Marken** leichtfertig aufs Spiel zu setzen, ist ein Spiel mit dem Feuer und kann über Nacht zum Super-GAU für Marke und Unternehmen werden.

### 1.4.3 Glaubwürdigkeit

Unser Blick auf die Dinge sowie unsere Möglichkeiten, uns einzubringen und zu beteiligen, bringen nachhaltige Veränderungen mit sich. Und so verändern sich nicht nur unser Blick, sondern auch die Rollen, die wir einnehmen. Mal sind wir Teil einer Community, mal Impulsgeber, Konsument oder der, der etwas weiterempfiehlt. Im Zuge der digitalen Manipulationsmöglichkeiten und immer offensichtlicheren Daten-Missbrauchs-Skandale erfährt die **persönliche Empfehlung** eine Renaissance. Weiterempfehlungen durch Freunde, Familie oder Kollegen stehen hoch im Kurs. Eine der ältesten Kommunikationsformen der Welt, die Mundpropaganda, erhält erneut einen zentralen Stellenwert (vgl. auch Kap. 8).

### 1.4.4 Was Kommunikation nicht kann

In vielen Jahren intensiver Auseinandersetzung mit dem Thema Strategie, Kommunikation, Design und Interaktion, wie der rasant steigenden Dynamik technischer Möglichkeiten und somit immer neuer Dimensionen in der Kommunikation, ist die Frage nach den **Grenzen einer virtuellen, digitalen Kommunikation** vielleicht die spannendste. Die Frage nach den **Grenzen der Wahrnehmung** wie den **Grenzen von Machbarkeit und Verständlichkeit** sind beileibe nicht erst seit der Erfindung des Internets von Bedeutung.

► Kommunikation konnte noch nie aus schlechten Produkten bessere machen, Politikverdrossenheit in Politikbegeisterung verwandeln oder den Vorständen unternehmerische Entscheidungen abnehmen.

Wie formulierte die Johanssen + Kretschmer Strategische Kommunikation GmbH (2013, S. 120) so treffend: „Ohne Kommunikation kein Unternehmenserfolg" … und dies unabhängig von den eingesetzten Mitteln, Kanälen oder Medien.

Als ich vor einigen Monaten diesen Beitrag verfasste, rollte die noch junge Marke *ADAC Postbus* mit viel Elan und großen Hoffnungen auf deutschen Autobahnen. Der *ADAC*-Skandal um Manipulation, Bestechung und Amtsmissbrauch bedeutete leider im weiteren Verlauf den Ausstieg des *ADAC* aus den gemeinsamen Aktivitäten, und so wandelte sich die Marke *ADAC Postbus* zu *Postbus*. Mittlerweile hat die Billigpreisspirale auch diese Marke unter sich begraben. Nichtsdestotrotz halte ich das folgende Beispiele für durchaus beachtenswert.

### 1.4.5 *Batman* fährt *ADAC Postbus*

Um das Feature **Onboard-Entertainment** erlebbar zu machen, gleichzeitig eine junge Zielgruppe zu erreichen und das Service-Versprechen Entertainment, Spaß und Spannung einzulösen, fiel die Entscheidung des Auftraggebers auf einen **Online-Clip**. Ausschlaggebend für diese Entscheidung waren die Aspekte Raum und Zeit, die es ermöglichen, die Geschichte dramaturgisch aufzubauen und sukzessive eine Botschaft zu transportieren, die ein nachhaltiges Erinnerungspotenzial bietet.

**Abb. 1.9** Filmhelden warten auf den *ADAC Postbus*

*Batman*, *Superman* sowie *Chewbacca* und *Storm Trooper* aus der Filmreihe *Star Wars* betraten die Bühne: Als Filmhelden verkleidete Statisten mischten sich wie selbstverständlich unter die nichtsahnenden Passanten am *Zentralen Omnibus Bahnhof Berlin* und warteten auf den *ADAC Postbus*, kauften Tickets, verstauten ihr Gepäck und bestiegen schließlich als „normale" Fahrgäste den Bus (vgl. Abb. 1.9).

Eine kurzweilige, spannende und witzige Reise beginnt. Authentische Überraschungsmomente und ein erzählerischer Spannungsbogen vermitteln das Serviceversprechen des beworbenen **Onboard-Entertainment-Angebots** im *ADAC Postbus*. Nicht nur die Gäste im Bus hatten ihren Spaß, sondern auch die Zuschauer vor den Bildschirmen. Spielerisch und unterhaltsam wurden die wesentlichen Inhalte transportiert. Der Clip generiert Spannung, weckt Interesse am Angebot und spricht mittels des Online-Clips in den sozialen Netzwerken insb. die junge Zielgruppe an – wesentlich gezielter als ein klassischer TV-Spot.

### 1.4.6 Fazit

Die **digitalen Medien** sind mittlerweile **integraler Bestandteil unserer Lebenswelt**. Eine Trennung zwischen digital und analog existiert schlicht nicht, es gibt nur ein Sowohl-als-auch (vgl. auch Kap. 2). Homepage, Blog und *Facebook*-Fanpage sind schon lange kein Randphänomen mehr und Klickraten längst nicht mehr die einzig geltende Währung. **Digitale Markenführung** muss deshalb ebenso konsequent aus der Marke gedacht sein wie klassische Kommunikation über analoge Medien und Kanäle, wenn nicht sogar konsequenter und stringenter. Die Grenzen haben sich längst aufgelöst. Botschaften, die einst mittels Print, TV oder Plakat relativ unabhängig voneinander existieren konnten, sind online jederzeit, überall, und zwar 24 h, sieben Tage die Woche kritischen Fragen und Persiflagen ausgesetzt. Beißende Kritik und überbordende Häme können im Zweifelsfalle per *Facebook* oder Tweet in Sekundenschnelle für Marke und Unternehmen zum Bumerang werden – Gefahr und Chance zugleich. Ohne **ganzheitliche Betrachtung** und **Steuerung der Markenkommunikation** werden die Impulse schnell zur Gefahr, und die Mittel, die Unternehmen einsetzen, bewirken unter Umständen genau das Gegenteil von dem, was wir erreichen wollten.

► *Uli Mayer-Johanssen* ist Geschäftsführerin der *Identitätsbasierte Unternehmens- und Markenführung Uli Mayer-Johanssen GmbH.*

**Quick Wins**

# Integration der digitalen Markenführung in der ganzheitlichen Markenführung

2

Die Kernaufgaben der Markenführung bleiben auch bei der Einbindung von digitalen Plattformen erhalten. Allerdings haben sich die Erfolgsparameter deutlich verschoben. Das **klassische Konzept der identitätsorientierten Markenführung im vordigitalen Zeitalter** findet sich in Abb. 2.1 (vgl. auch Burmann et al. 2015, S. 19–93; Kroeber-Riel und Esch 2015, S. 77–88). Die Aufgabe der internen Stakeholder (Management und Mitarbeiter) bestand darin, die **Brand Identity** quasi als **„Selbstbild der Marke"** zu definieren. Die Brand Identity bzw. die Markenidentität umfasst eine Vielzahl von Merkmalen, die aus der Perspektive der internen Zielgruppen den Charakter der Marke prägen

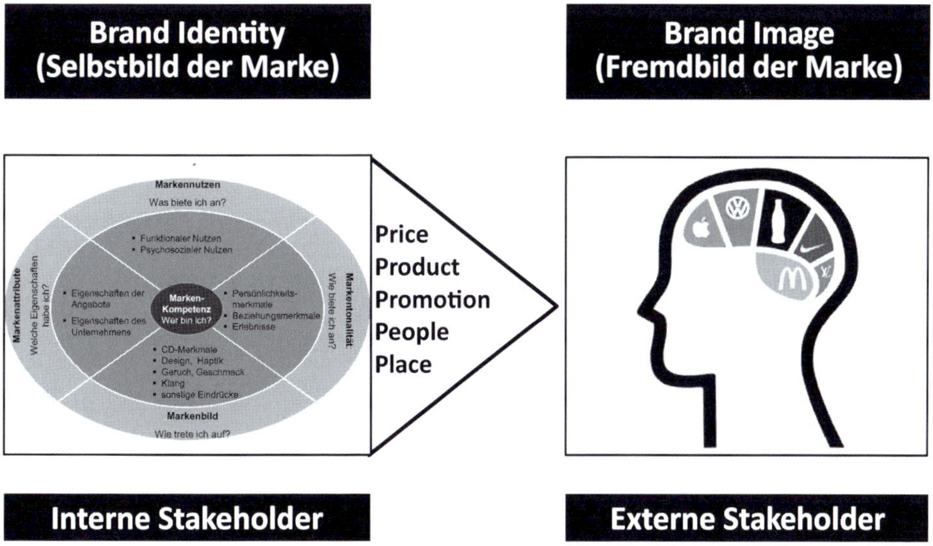


**Abb. 2.1** Identitätsorientierte Markenführung im vordigitalen Zeitalter

 
R. T. Kreutzer und K.-H. Land, *Digitale Markenführung*, DOI 10.1007/978-3-658-08547-6_2

soll. Die **Marke** selbst stellt ein Nutzenbündel dar, welches idealerweise viele – für alle Stakeholder, insb. aber für die Kunden – relevante und differenzierende Merkmale beinhaltet. Diese Brand Identity ist über das Konzept der 5 Ps in den Markt hineinzutragen. Das dort zu schaffende **Brand Image** in den Augen der externen Stakeholder (insb. der Kunden, aber auch bei Investoren, potenziellen Mitarbeitern und Vertriebspartnern) stellt gleichsam das **„Fremdbild der Marke"** dar und sollte der intern definierten Brand Identity möglichst nahe kommen. Das Brand Image bzw. das Markenimage ist ein verdichtetes und häufig auch wertendes Vorstellungsbild der Marke in den Köpfen der verschiedenen Zielgruppen. Aus der Gesamtheit des hier „Gelernten" entsteht der **individuelle Brand Value**, d. h. der Wert einer Marke für eine Person. Aus dem individuellen Brand Value kann der **Brand Value der Marke** für das Unternehmen insgesamt abgeleitet werden.

Diese Situation einer identitätsorientierten Markenführung hat sich im digitalen Zeitalter grundlegend gewandelt. Die Idee, dass es sich bei der Marke um einen umfassend durch das Unternehmen selbst zu kontrollierenden Vermögensgegenstand handelt, gilt schon seit vielen Jahren nicht mehr (vgl. u. a. Allen et al. 2008). Dazu haben sich die Machtverhältnisse zwischen Unternehmen und Kunden in den letzten Jahren zu massiv verschoben.

## 2.1 Veränderung der Kommunikationsprozesse im digitalen Zeitalter

Das ursprüngliche **Massenmedium Internet** hat sich zu einem massenhaft auch für die **Individual- und Gruppenkommunikation** genutzten Medium weiterentwickelt (vgl. auch Heun 2016). Wie sich die Kommunikation insgesamt verändert hat, zeigt Abb. 2.2. Die klassische **lineare Kommunikation** wurde in vielen Bereichen durch eine **zirkuläre Kommunikation** ergänzt bzw. partiell abgelöst. Auf den ersten, bspw. von einem Unter-

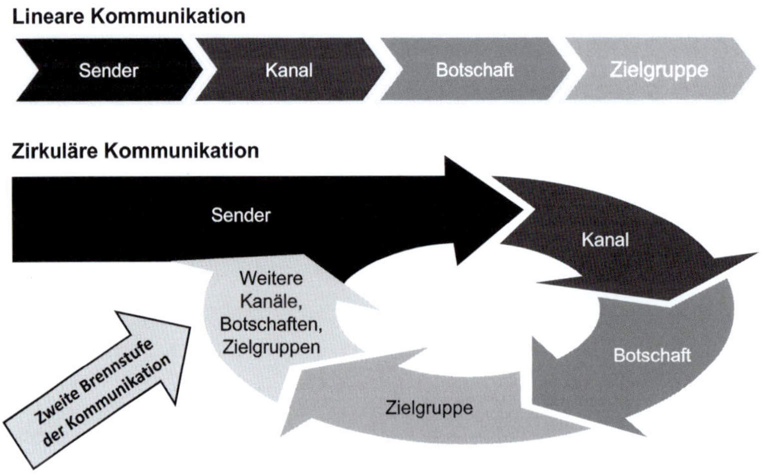


**Abb. 2.2** Veränderung der Kommunikationsprozesse von linear zu zirkulär

nehmen angestoßenen Kommunikationsprozess folgt häufig eine Weiterleitung und ggf. Ergänzung und Verfremdung der initialen Kommunikation auf weiteren Kanälen und an weitere Zielgruppen. Hierbei kann von einer **zweiten Brennstufe der Kommunikation** gesprochen werden, der ggf. viele weitere folgen können. Vor diesem Hintergrund wird es für Unternehmen immer entscheidender, die „richtige" Initialzündung in der Kommunikation zu erreichen, um ggf. gewünschte virale Prozesse auszulösen. Gleichzeitig muss sich jedes Unternehmen aber auch darauf vorbereiten, dass sich auf einmal nicht im Fokus stehende Zielgruppen zu den initial gesendeten Botschaften äußern; und dies ggf. auf Kanälen, die das Unternehmen bisher selbst nicht bespielt hat oder bespielen wollte. Zusätzlich kann die Kommunikation einen ganz anderen Spin (i. S. eines „Drehs") bekommen, als das Unternehmen ursprünglich beabsichtigt hat.

### 2.1.1 Machtverschiebungen in der Kommunikation

Bei Dialogen und Diskussionen – nicht nur, aber insb. in den sozialen Medien – sollten wir uns als Grundprinzip unseres Handelns um eine **Kommunikation auf Augenhöhe** bemühen (vgl. Abb. 2.3). Das belehrende, (vermeintlich) besser informierte und/oder kritisierende Unternehmen bzw. dessen so agierende Repräsentanten werden in der heutigen Zeit immer weniger auf Akzeptanz stoßen. Dies gilt noch stärker für viele Arten der monologischen Kommunikation. Bei jeder Anfrage, bei jedem Dialogbeitrag in einer Community, einem Forum oder einem Blog sollten wir vor einer Reaktion darauf zunächst einmal davon ausgehen, dass dahinter vielleicht ein gut vernetzter Kommunikator steht. Diesem – aber nicht nur diesem, sondern auch allen anderen Diskutanten – sollten wir mit Wertschätzung und Respekt begegnen. Überzeugt das unternehmerische Engagement in den sozialen Medien nicht, kann dies zu einem sogenannten Backlash (Englisch für „Ge-

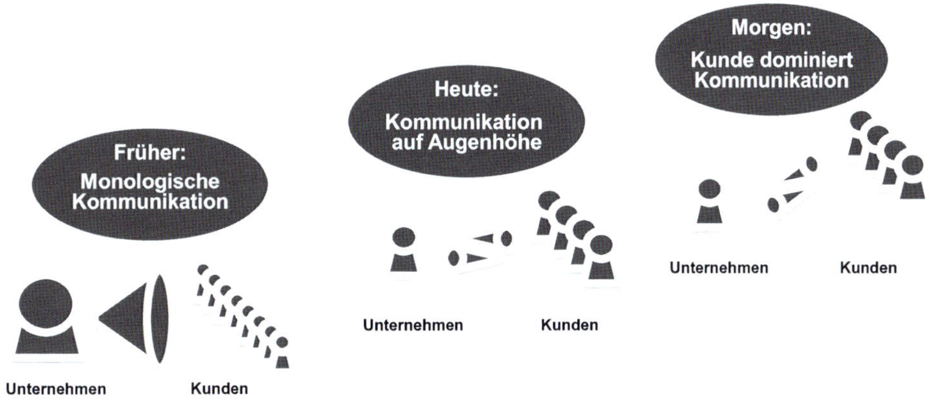


**Abb. 2.3** Von der monologischen Kommunikation über die Kommunikation auf Augenhöhe zur Kundendominanz in der Kommunikation

genreaktion") und damit verbunden zu einer Verschlechterung der Akzeptanz von Marken, Angeboten und/oder des Unternehmens insgesamt führen. Passen sich die Unternehmen den veränderten Bedingungen und Regeln der sozialen Medien nicht an, besteht ein hohes Risiko zu scheitern. Vielleicht kommt sogar die Zeit, in der die Kunden komplett zum **Master of Communication** werden und die Kommunikation dominieren.

Für das „Morgen" zeichnen sich auf Unternehmensebene bereits spannende Veränderungen ab. Heute noch fällt es einem geübten Nutzer relativ leicht festzustellen, ob Botschaften, die ein Unternehmen übermittelt, von Menschen (mit Textbausteinen) oder von Maschinen generiert wurden. Aber die Algorithmen und die Computer lernen schnell dazu. Schon heute werden Kurznachrichten von Computern produziert. Der nächste Schritt besteht darin, im Zuge einer **Marketing-Automation** verstärkt auch computerbasierte Individualkommunikation zu entwickeln (vgl. Schwarz 2014). Dies ist eine der Möglichkeiten, um agil – i. S. der Gewandtheit oder Wendigkeit – individuell auf Kundenanfragen zu reagieren, ggf. sogar in Realtime! Dabei werden die Algorithmen immer besser, weil es sich zunehmend um **Deep-Learning-Konzepte** handelt, die ein Maschinenlernen nutzen, um aus den Ergebnissen in der Vergangenheit für die Zukunft zu lernen. Ganz wie die Menschen selbst! Hier ist gerade ein **Paradigmen-Wechsel** im Gange: von regelbasierten Konzepten (Motto: „IFTTT – If this, then that") zu selbstlernenden Systemen (zum Thema Bot bzw. Social Bot vgl. Kap. 8).

**Think-Box**

- Wie stark merken wir die Verschiebung von der linearen zur zirkulären Kommunikation bereits?
- Sind wir auf die zirkuläre Kommunikation ausreichend organisatorisch vorbereitet – d. h. auf die Kommunikation auf weiteren Kanälen, mit anderen Personengruppen und ggf. mit geändertem Spin?
- In welchem Ausmaß hat sich die Kommunikation bei uns bereits von einer Unternehmens-Dominanz zu einer Kunden-Dominanz verschoben?
- Welche weitere Entwicklung wird hier erwartet?
- Welche Konsequenzen müssen wir daraus ziehen?
- Wer trägt bei uns die Verantwortung für das Monitoring dieser Veränderungen und für die Erarbeitung von Lösungskonzepten?

### 2.1.2 Von Brand-Touchpoints zum Brand-Touchpoint-Management

Für diese **Entwicklung zur Kundendominanz in der Kommunikation** gibt es mehrere Gründe. Eine der wichtigsten Veränderungen bezieht sich auf die von den (potenziellen) Kunden in Anspruch genommenen sogenannten Brand-Touchpoints. Unter **Brand-**

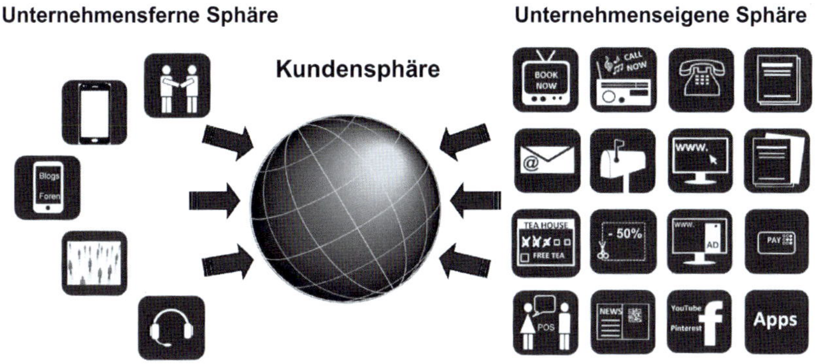


**Abb. 2.4** Erweitertes Konzept der Brand-Touchpoints

**Touchpoints** sind die Berührungspunkte zwischen Interessenten/Kunden und einer Marke zu verstehen. Die bisherigen Ansätze zum **Management der Brand-Touchpoints** konzentrieren sich häufig noch auf die **Kontaktpunkte der unternehmenseigenen Sphäre**, die das Unternehmen selbst „betreut". Dazu zählen die Kontakte zum Verkäufer im Einzelhandel genauso wie zum Außendienst oder zu Mitarbeitern im Customer-Service-Center. Zu Brand-Touchpoints in der Offline-Welt gehören neben den stationären Geschäften auch Flyer, Kataloge, Beilagen, Rechnungen sowie die Verpackungen. Wichtige Online-Touchpoints der Marke sind die eigene Homepage, eigene Apps, ein *YouTube*-Channel sowie Markenauftritte bei *Facebook, Pinterest* etc. Auch E-Mails, E-Newsletter, Werbebanner, Corporate Blogs sowie die von einer Marke betriebenen Online-Foren und -Communitys stellen solche Brand-Touchpoints dar. Gerade E-Mails sollten als Brand-Touchpoint nicht unterschätzt werden – schließlich dringen sie unmittelbar in den persönlichen Bereich des Nutzers ein. Alle diese Touchpoints können in der Pre-Sales-, Sales- und/oder After-Sales-Phase angesprochen werden (vgl. Abb. 2.4; auch Schüller 2012, S. 148).

Konzentriert sich ein Unternehmen nur auf diese Touchpoints, bleiben viele (neue) Touchpoints ungenutzt und ungesteuert, auf die ein Interessent oder Kunde im Vorfeld oder parallel zu einem Kauf oder einer Produktnutzung bzw. der Inanspruchnahme einer Dienstleistung zugreift. Zu den **Kontaktpunkte der unternehmensfernen Sphäre** zählt nicht nur der Austausch im privaten Umfeld, sondern auch die Beschäftigung mit Unternehmen und deren Angeboten im Internet – jenseits der unternehmensgesteuerten Auftritte. Für die Informationsgewinnung der Interessenten und Kunden gewinnen solche Blogs, Communitys und Fangruppen, Bewertungsplattformen oder auch Online-Shopping-Clubs zunehmend an Bedeutung (vgl. Abb. 2.4). Deshalb sind auch diese in das **Brand-Touchpoint-Management** zu integrieren.

Viele Unternehmen vernachlässigen nach wie vor die Kontaktpunkte der unternehmensfernen Sphäre – da sie sich einer direkten Steuerung und Beeinflussung entziehen. Gleichwohl haben diese Kontaktpunkte einen zentralen Einfluss auf das Entscheidungs-

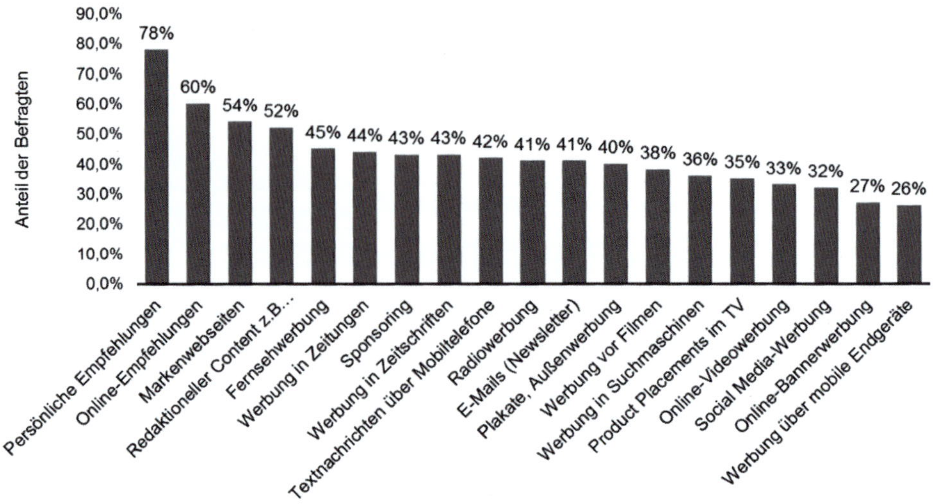


**Abb. 2.5** Vertrauen in verschiedene Werbeformen in Europa – in % (Mehrfachnennungen möglich; n > 30.000 Verbraucher; Top-Two-Box „absolutes/durchaus Vertrauen"). (Quelle: Nielsen 2015)

verhalten der Interessenten und Kunden, weil **Kundenbewertungen und Statements heute in Online-Foren und auf Bewertungsplattformen** eine höhere Glaubwürdigkeit zugeschrieben wird als den Inhalten der Unternehmenskommunikation selbst. Folglich ist das Brand-Touchpoint-Management entsprechend weiterzuentwickeln, um auch diese weiteren Touchpoints in der Unternehmenskommunikation zu berücksichtigen.

Welches **Vertrauen einzelnen Brand-Touchpoints** geschenkt wird, zeigt eine Studie von Nielsen (2015) in Europa. Danach weisen **persönliche Empfehlungen** mit 78 % der Nennungen das höchste Vertrauenspotenzial auf („absolut" und „durchaus Vertrauen"). Doch schon an zweiter Stelle liegen **Online-Empfehlungen**, denen 60 % absolut bzw. durchaus vertrauen. Auf dem dritten Platz liegen **Markenwebsites** mit 54 %, dicht gefolgt von **redaktionellem Content** (bspw. Zeitungsartikeln) mit 52 %. **Fernsehwerbung, Werbung in Zeitungen und Zeitschriften** sowie **Sponsoring** folgen mit einigem Abstand (vgl. Abb. 2.5).

Interessant ist, dass sich heute im Zuge der digitalen Markenführung besonders stark betonte Werbeformen wie **Online-Videowerbung** (33 %), **Social-Media-Werbung** (32 %), **Online-Bannerwerbung** (27 %) sowie **Werbung über mobile Endgeräte** (26 %) nur eines sehr geringen Vertrauens erfreuen können (vgl. Abb. 2.5)! Gerade der Vertrauensaufbau in Unternehmen und deren Kommunikation stellt aber ein zentrales Ziel vieler Kommunikationsverantwortlicher dar. Teilweise wird bereits von **Vertrauen als neuer Währung in Marketing und Management** gesprochen (vgl. Kreutzer und Land 2016, S. 229–259).

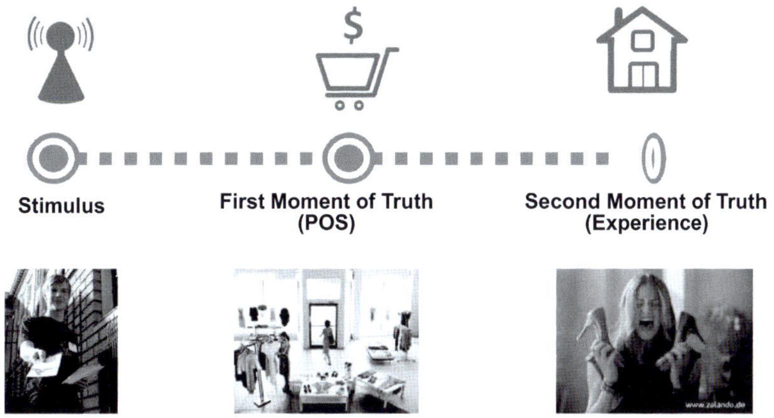


**Abb. 2.6** Klassische Abfolge: Stimulus – FMOT – SMOT. (Quelle: Nach Lecinski 2011, S. 16)

### 2.1.3 Ideengut der Service-Dominant Logic

In diesem Prozess der veränderten Touchpoints sowie der Bedeutungsverschiebung von dort präsentierten Inhalten erfahren die konzeptionellen Überlegungen eine große Relevanz, die unter dem Begriff **Service-Dominant Logic** diskutiert werden. Die Entwicklung dieses theoretischen Konzepts wird getragen von mehreren **Kritikpunkten an der identitätsbasierten Markenführung** (vgl. hierzu Drengner 2014, S. 5; weiterführend Drengner et al. 2013). Der zentrale Ansatzpunkt für Kritik hierbei ist, dass das Markenimage nicht ausschließlich durch die von der Marke selbst ausgesendeten Signale geprägt wird. Diese Signale müssen zunächst um die **individuellen Erlebnisse von Kunden mit den Marken** selbst ergänzt werden. Hier kann insb. an **Service-Erlebnisse mit der Marke** sowie an die **Nutzungs- bzw. Gebrauchsphase** der Marken bzw. der entsprechenden Produkte und Dienstleitungen gedacht werden. Diese Erfahrungen werden in den First und Second Moment of Truth (FMOT und SMOT) genannten Phasen des Kaufprozesses gewonnen (vgl. Abb. 2.6).

Der **First Moment of Truth** (FMOT) bezeichnet den Zeitpunkt, zu dem ein potenzieller Käufer ein Produkt oder eine Dienstleistung zum ersten Mal körperlich in Augenschein nehmen kann. Hier treffen die durch Werbung etc. aufgebauten **Markenerwartungen** auf die „harte Realität" des Produktes oder der Dienstleistung. Der **Second Moment of Truth** (SMOT) umfasst den Zeitpunkt, zu dem der Käufer ein Produkt oder eine Dienstleistung tatsächlich nutzt. Hier kontrastieren sich wiederum die durch Werbung sowie die durch die erste Inaugenscheinnahme aufgebauten Markenerwartungen mit den tatsächlichen Leistungen und Erfahrungen der Produktnutzung bzw. der Inanspruchnahme der Dienstleistung. Vom **„Moment der Wahrheit"** wird jeweils gesprochen, weil sich in diesen beiden „Momenten" zeigt, ob insb. die durch die Werbung, die Angebotspräsentation

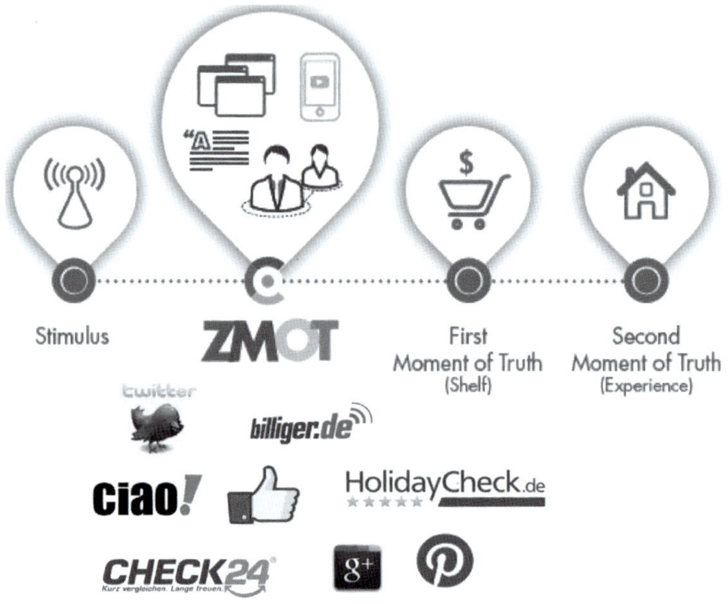


**Abb. 2.7** Positionierung und Quellen des ZMOT. (Quelle: Nach Lecinski 2011, S. 17)

sowie ggf. durch die Beratung am POS geschaffenen Markenerwartungen tatsächlich erfüllt werden.

Zusätzlich wird das Bild einer Marke heute durch die **Erlebnisse anderer mit einer Marke** geprägt. Deren Erfahrungen schlagen sich in dem sogenannten **ZMOT**, dem **Zero Moment of Truth**, nieder (vgl. Abb. 2.7). Hiermit ist der – den beiden anderen „Momenten" vorgelagerte – (Online-)Zugriff auf eine nahezu unüberschaubare Vielzahl von Informationen Dritter über die Marke und den mit dieser gesammelten Erfahrungen gemeint. Ein Teil dieses sogenannten User-Generated Contents sind Berichte anderer Personen, die über ihre Erlebnisse vor, während und nach Kauf- und Nutzungsakten von Marken informieren (vgl. weiterführend Abschn. 3.3).

In diesem Kontext ist auch ein Phänomen zu erwähnen, das mit den Begriffen **Unboxing** bzw. **Unpacking** (von Englisch „to unbox" bzw. „to unpack" für „auspacken") bezeichnet wird. Hierbei handelt es sich primär um **Online-Videos**, die Personen zeigen, wie sie Produkte aus der Verpackung entnehmen und vorstellen. Der gesamte Vorgang wird kommentiert, sodass der Zuschauer quasi aus erster Hand etwas über diesen Teil des Nutzungserlebnisses erfährt. Auch hierdurch werden die Erwartungen geprägt und Präferenzen für oder gegen Anbieter ausgestaltet. Bekannte Kanäle in diesem Kontext sind bspw. die *YouTube*-Kanäle *Unbox Therapy, Miss Glamorazzi* (*Ingrid Nilsen*) und *Sammlungswahn*.

Informationen aus Blogs und Communitys, Kommentare bei *Facebook, Pinterest* oder über *Twitter* sowie der Zugriff auf die angesprochenen Unboxing-Videos ermöglichen einem Kaufinteressenten eine **„Selbstbedienung in fremder Erfahrung“**, die diesen ZMOT inhaltlich ausgestaltet. Hierdurch werden eigene mögliche Erfahrungen durch den Zugriff auf Berichte, Fotos und Videos häufig von unbekannten Dritten „antizipiert“. Noch bevor der potenzielle Käufer sich eigene Eindrücke einer Marke verschafft, kann folglich eine Vielzahl von Informationen über die Pre-Sales-, Sales-, Post-Sales- und Usage-Phase anderer Personen gewonnen werden. Der ZMOT wird folglich gespeist aus den Erfahrungen anderer entlang deren Kundenbeziehungslebenszyklus (vgl. weiterführend Kreutzer 2016, S. 33–38).

► **Food for Thought** **Information ist Macht.** Lange Zeit lag diese Macht beim Unternehmen, welches qua eigener Tätigkeit einen entscheidenden Informationsvorsprung gegenüber dem Kunden hatte. Dieser Vorsprung ist entscheidend abgeschmolzen.
Der Informationsvorsprung liegt heute zunehmend beim Kunden – wie in vielen Verkaufsgesprächen festgestellt werden kann. Somit hat sich auch die Macht zum Kunden verschoben.

Wie wichtig die Berücksichtigung des ZMOT für Unternehmen heute ist, zeigt das schon angesprochene **Vertrauen in Online-Bewertungen** in Abb. 2.5. Wenn hier die Online-Konsumentenbewertungen – auch von unbekannten Dritten – das zweithöchste Vertrauen genießen, müssen diese ZMOT-Quellen konsequent in das Marken-Touchpoint-Management integriert werden.

Deshalb sollten Unternehmen ein **Rating- und Review-Management** installieren, um die Erlangung von (guten) Kundenbewertungen nicht dem Zufall zu überlassen. Die Verantwortlichen aus den Bereichen Marketing und Sales müssen erkennen, dass sie ihre Kunden einladen und nett motivieren sollten, positive Bewertungen über das Unternehmen auf den verschiedenen Plattformen zu hinterlassen. Nach und nach werden wir dann mit guten Informationen auf den einschlägigen Bewertungsportalen vertreten sein. Wenn ein Unternehmen dank einer sehr guten Suchmaschinenoptimierung auf Platz 1 landet, bei der Kundenbewertung aber nur ein Stern von fünfen sichtbar ist, ist das keine erfolgreiche digitale Markenführung (vgl. vertiefend Kap. 7).

Eine große Herausforderung für Unternehmen liegt folglich in der zukünftigen Gestaltung von Suchprozessen (**„Future of Search“**). Die Suche nach Produkten und Dienstleistungen wird sich immer stärker in Richtung **Empfehlung aus dem Freundeskreis** entwickeln. Schon heute praktiziert *Facebook* diese **Empfehlungsmechanik**, indem durch die Anzeige von Freunden, die etwas „gelikt“ haben, nicht nur eine wichtige Orientierungshilfe, sondern ggf. auch sozialer Druck zu Kaufentscheidungen ausgelöst werden kann. Bei der Markenwahl wird diese Empfehlungsmechanik in Zukunft an Bedeutung gewinnen und ist deshalb als zentraler zusätzlicher Kontaktpunkt in die Customer-Journey zu übernehmen.

Teil der **Future of Search** ist eine Entwicklung, die Suchprozesse aus der Sicht der Nutzer noch einfacher machen soll. Mussten bisher noch Worte oder Beschreibungen in

**Abb. 2.8** *Zalando* – Produktsuche via Bilderkennung bzw. über Barcode. (Quelle: Zalando 2016)

Suchmasken eingegeben werden, so reicht heute bei einigen Anbietern bereits ein Foto des „Objekts der Begierde" zum Start des Suchprozesses aus. Die ***Zalando*-App** bietet hierzu eine **Suchfunktion per Bilderkennung** an. Ein Foto als Vorlage reicht aus, um innerhalb der *Zalando*-Kollektion nach Produkten zu suchen, die dem fotografierten Kleidungsstück in Form, Farbe und Musterung möglichst ähnlich sind (vgl. Abb. 2.8; vgl. Zalando 2016). Zusätzlich können entsprechende Produkte über den Scan des Barcodes des gewünschten Produktes ermittelt werden. In der *Zalando*-Datenbank wird nach ähnlichen Angeboten gesucht. Diese Funktionalität trägt dem Aspekt Rechnung, dass immer mehr Online-Käufe mobil angestoßen werden. Da liegt es auf der Hand, den Suchprozess über eine Bilderkennung bzw. das Scannen des Barcodes zu vereinfachen und damit zu mobilisieren!

**Think-Box**

- Welche Brand-Touchpoints haben aus Sicht unserer Kunden die größte Relevanz?
- Wie systematisch wird diese Relevanz ermittelt?
- Wo liegt die Verantwortung für das Touchpoint-Management im Hinblick auf die wichtigsten Brand-Touchpoints?
- Wer zeichnet hierfür verantwortlich – und wie erfolgt eine ggf. notwendige abteilungsübergreifende Abstimmung des Brand-Touchpoint-Managements?

- Wie systematisch haben wir ZMOT, FMOT und SMOT aus der Kundenperspektive analysiert?
- Welche Konsequenzen zur Optimierung wurden bisher abgeleitet?
- Was finden (potenzielle) Kunden über uns im Rahmen des ZMOT?
- Haben wir uns bereits mit dem Unboxing-Phänomen im Hinblick auf unsere Produkte auseinandergesetzt?
- Welche Bedeutung wird in meinem Unternehmen dem Rating- und Review-Management beigemessen?
- Wie verändert sich das Suchverhalten bei unseren Interessenten und Kunden?
- Welche Vereinfachungen in den Suchprozessen können wir anbieten?
- Wie gut sind unsere Wettbewerber hier schon unterwegs?
- Gibt es Benchmarks aus anderen Ländern oder anderen Branchen, die uns inspirieren können?
- Wer trägt in meinem Unternehmen die Verantwortung für die Beantwortung dieser Fragen?

## 2.2 Berücksichtigung des Influence-Mix

Zur Einordnung der Relevanz des Rating- und Review-Managements hilft uns das von Simonson und Rosen (2014, S. 2 f.) entwickelte **Influence-Mix** (vgl. Abb. 2.9). Eine Kaufentscheidung wird grds. von drei Einflusskategorien beeinflusst, die zusammen den Influence-Mix bilden. Den Startpunkt stellen zunächst die eigenen bestehende Präferenzen,

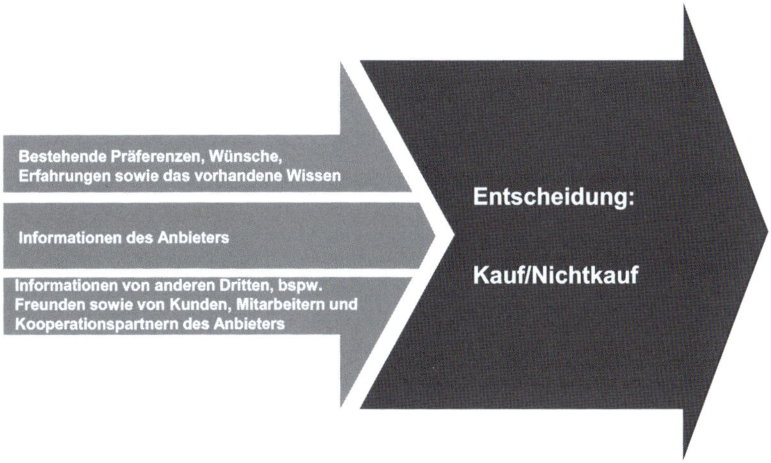


**Abb. 2.9** Influence-Mix. (Quelle: Nach Simonson und Rosen 2014)

Wünsche, Erfahrungen sowie das vorhandene Wissen dar. Weitere Einflüsse stellen die Informationen des Anbieters dar. Schließlich tragen auch die Informationen von anderen Dritten, bspw. von Freunden sowie von Kunden, Mitarbeitern und Kooperationspartnern des anbietenden Unternehmens zur Kauf-/Nicht-Kauf-Entscheidung bei.

Doch welche Einflusssphären sind besonders wichtig? Wenn ein Interessent in hohem Maße auf sein eigenes Wissen vertraut, benötigt er nicht viele weitere Informationen. Ein „Unwissender" wird sich dagegen auf die Informationen des Anbieters sowie von weiteren Dritten stürzen, um die Entscheidung zu fundieren. Die jeweils in Anspruch genommenen Informationsquellen sind in hohem Maße von der Art der Kaufentscheidung abhängig. Bei habitualisierten, d. h. gewohnheitsmäßig durchgeführten Käufen (etwa bei Brot oder Milch), findet häufig keine weitere Informationsgewinnung vor dem jeweiligen Kaufakt statt. Ganz anders sieht das bei komplexen Kaufentscheidungen aus, bspw. für hochwertige Technologieprodukte (Smart TV, Smartphone) oder etwa bei der Wahl des Anbieters für ein MBA-Studium. Hier werden häufig viele verschiedene Informationsquellen zur Absicherung der Entscheidung herangezogen (vgl. Simonson und Rosen 2014, S. 3).

Jedes Unternehmen sollte sich deshalb fragen, in welche Kategorie die eigenen Produkte und Dienstleistungen fallen, um die notwendigen Informationen an den relevanten Touchpoints – so sie im Einflussbereich des Unternehmens liegen – bereitzustellen. Die Unterscheidung von High- und Low-Involvement-Kaufentscheidungen ist dafür sehr hilfreich (vgl. grundlegend Kroeber-Riel und Gröppel-Klein 2013, S. 461–463).

**Think-Box**

- Haben wir schon einmal den Influence-Mix für unsere Angebote untersucht?
- Von welchem Involvement-Level ist beim Kauf unserer Produkte bzw. Dienstleistungen auszugehen?
- Welche Informationsquellen werden von welcher Kategorie von Interessenten bzw. von Kunden besonders häufig genutzt und als relevant erachtet?
- Welche Informationen sind dort über uns und unsere Angebote zu finden?
- In welcher Form wird auf die Bereitstellung relevanter und positiver Informationen hingearbeitet?
- Wo liegt dafür in meinem Unternehmen die Verantwortung?

### 2.2.1 Was hat sich bei der Markenführung im digitalen Zeitalter noch verändert?

Bei der **Markenführung im digitalen Zeitalter** sind die externen Stakeholder nicht mehr auf die reine Rezeption beschränkt, d. h. auf die Aufnahme und Verarbeitung der über die 5 Ps übermittelten Botschaften. Neben die eigene **Brand Experience des Kunden** im

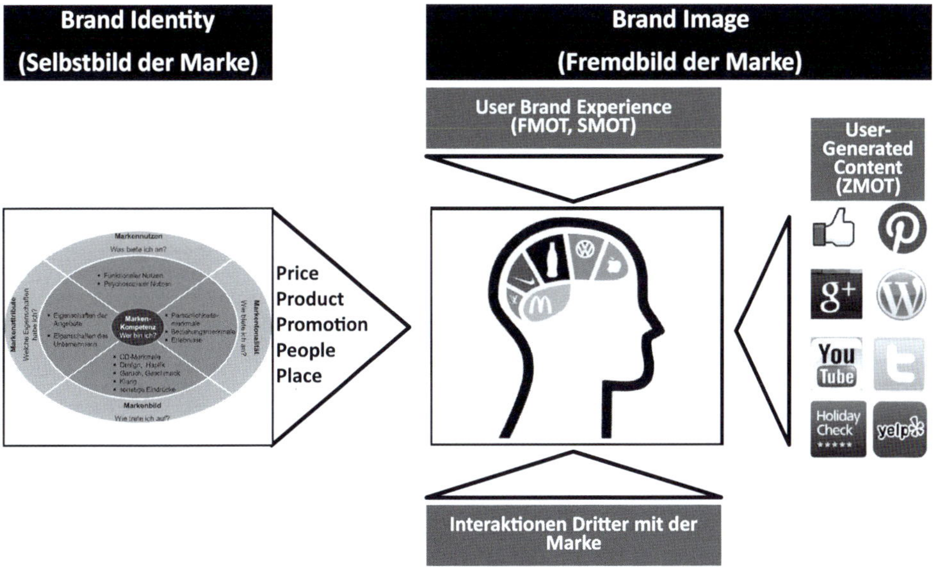


**Abb. 2.10** Einflussfaktoren des Brand Images im digitalen Zeitalter

First und Second Moment of Truth treten die **Interaktionen Dritter mit einer Marke**, die sich über digitale Kanäle in Realtime weltweit verbreiten können. Wenn bspw. Trainingsanzüge von *Adidas* verstärkt von sozialen Randgruppen getragen werden und nicht nur von den Gewinnern der Fußball-Weltmeisterschaft, wirkt sich dies – hier negativ – auf das Markenimage aus. Wenn dagegen Prominente sichtbar zu bestimmten Produkten oder Dienstleistungen greifen, ist mit einem entsprechenden Imagegewinn für die Marke zu rechnen. Durch die sozialen Medien werden diese Arten der Interaktion häufig in Sekunden weltweit sichtbar.

Zusätzlich bieten die digitalen Medien den Stakeholdern – und hier insb. den Kunden – eine Vielzahl von Plattformen für eine eigene markenbezogene Kommunikation, die unabhängig vom Unternehmen erfolgen und das Brand Image massiv mitgestalten und mitprägen kann. Dabei geht es vermehrt um **Erfahrungen Dritter mit einer Marke**. Dieser sogenannte **User-Generated Content** erfolgt über Likes, Comments, Shares, Tweets, durch Bewertungen auf den entsprechenden Plattformen (bspw. *Yelp*, *HolidayCheck, TripAdvisor*), aber auch über anspruchsvollere Kreationen auf *YouTube, Vimeo, Instagram* oder *Pinterest* oder durch Aktivitäten in (kundeneigenen) Blogs oder Communitys. Abb. 2.10 verdeutlicht diese Entwicklung. Damit wird deutlich, dass bei der (digitalen) Markenführung weitere Aspekte zu berücksichtigen sind, weil auch diese einen nachhaltigen **Einfluss auf die Entstehung des Brand Values** haben – für Unternehmen und Stakeholder gleichermaßen.

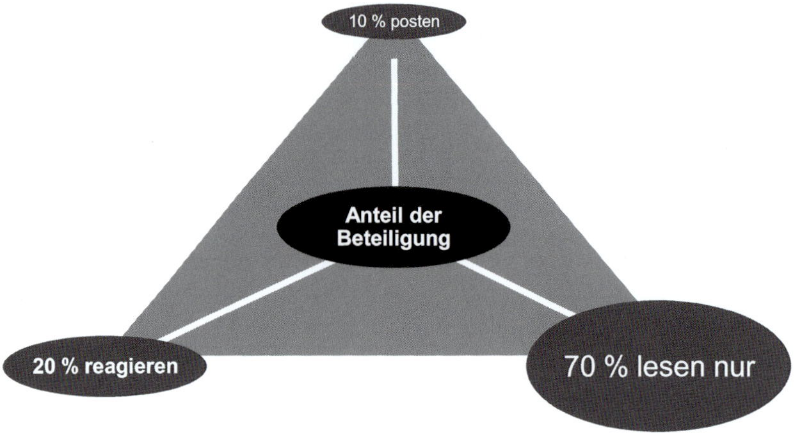


**Abb. 2.11** Die 10:20:70-Regel

### 2.2.2 Stellenwert und Umfang des User-Generated Contents

Wenn es um die Beteiligung von Nutzern an der Kommunikation rund um Unternehmen und Marken geht, muss man sich von der Vorstellung verabschieden, dass alle Nutzer ganz „heiß" darauf sind, aktiv in solche Prozesse einzusteigen. Bei der **Bewertung des Engagements der Internet-Nutzer** in den sozialen Medien müssen wir uns die **10:20:70-Regel** vor Augen führen (vgl. Abb. 2.11). Studien zeigen, dass – länderübergreifend – ca. 10 % der Internet-Nutzer inzwischen sehr aktiv sind und bspw. eigene Beiträge in Blogs oder Online-Communitys posten. Ca. 20 % der Internet-Nutzer reagieren auf solche Einträge, während eine „schweigende Mehrheit" von etwa 70 % lediglich lesend aktiv ist. In Summe ist die Aktivitätsquote damit in den letzten Jahren gestiegen; denn noch vor wenigen Jahren galt die Regel 1:9:90 (vgl. Petouhoff 2011, S. 231). Das bedeutet, dass wir heute insb. die 10 % der **Meinungsführer** im Internet erkennen und idealerweise für uns gewinnen sollten, damit der ZMOT für uns und unser Angebot arbeitet. Allerdings nur, wenn diese Meinungsführer von uns begeistert sind! Diese Personen gilt es auch, bei entsprechenden Markenprojekten als **Co-Produzenten** einzubinden (vgl. vertiefend Kap. 5, 7 und 8).

In Summe wird deutlich, dass das Markenimage im digitalen Zeitalter in sehr hohem Maße durch Aktivitäten in der Sphäre der Kunden und weiterer externer Stakeholder geprägt wird. Deshalb ist – wie in Abb. 2.10 gezeigt, die **User Brand Experience** bei der Markenführung umfassender als bisher zu berücksichtigen.

**Think-Box**

- Welchen Einfluss hat bei unserem Angebot die User Brand Experience auf das Brand Image?
- Können wir hierauf Einfluss ausüben?
- Welche Bedeutung kommt der Interaktion Dritter mit unserer Marke zu?
- Wie wichtig ist User-Generated Content für unsere Marke?
- Wie fällt in unserer Branche generell und bei unserer Marke im Besonderen die 10:20:70-Regel aus – wie viele Personen engagieren sich aktiv (oft 10 %), wie viele kommentieren oder teilen nur (meist 20 %), und wie viele Personen lesen nur, ohne sich sonst zu engagieren (häufig 70 %)?
- Wer analysiert in meinem Unternehmen diese Fragestellungen?

Diese Entwicklung unterstreicht, warum die klassische identitätsorientierte Markenführung orientiert an ausgewählten Ideen der **Service-Dominant Logic** weiterzuentwickeln ist. Ein erster wichtiger Ansatz liegt bereits darin, dass das **5. P für Personal** in den Marketing-Mix aufgenommen wurde (vgl. erstmalig für Deutschland Kreutzer 2006, S. 12). So wird berücksichtigt, dass das Markenerlebnis in hohem Maße dadurch geprägt wird, wie „Marken-Personal" agiert – sei es am POS, am Telefon oder in der E-Kommunikation. Deshalb kommt dem Marken-Service eine zentrale Bedeutung beim Aufbau des Brand Images zu. **Service** ist als Anwendung von Fähigkeiten und Wissen eines anbietenden Unternehmens bzw. von dessen Mitarbeitern zu verstehen, um zur Wertschöpfung des Kunden beizutragen. Es wird deutlich, dass Service kein Selbstzweck ist, sondern zur Generierung von zusätzlichem Wert für den Käufer bzw. Nutzer sowie für das Unternehmen selbst beitragen soll. In welchem Ausmaß eine solche **Wertschöpfung** erfolgen kann, wird auch durch den Nutzungskontext beeinflusst.

### 2.2.3 Was dominiert, Service oder Produkt?

Welche **Bedeutung der Service-Erbringung** bei der Markenführung beizumessen ist, hängt von der Serviceintensität der einzelnen Marken bzw. der dadurch ausgezeichneten Produkte und Dienstleistungen ab. In welchen Bereichen eine niedrige oder hohe **Produkt- bzw. Service-Dominanz** vorliegt, verdeutlicht Abb. 2.12. Es zeigt sich, dass es nach wie vor viele Markenfelder gibt, bei denen dem Service eine geringere Bedeutung beizumessen ist, hier bspw. Softdrinks und Zahnpasta. Dazu zählen viele weitere Produkte aus der Kategorie der **Fast Moving Consumer Goods** (FMCG). Die Leistungen des **Friseurs**

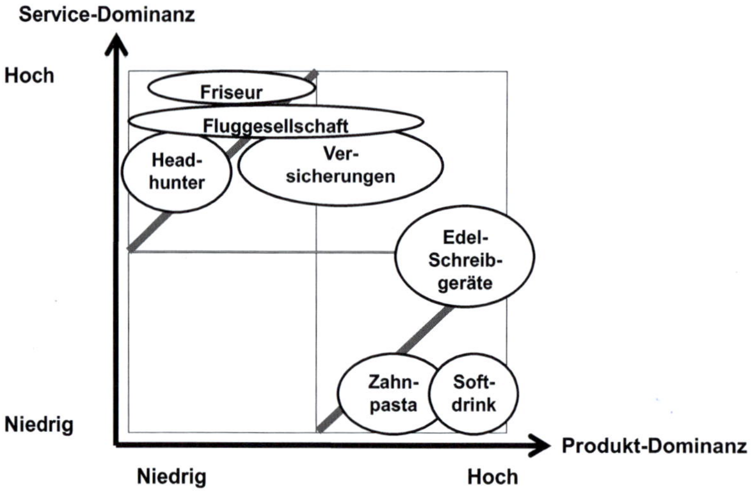


**Abb. 2.12** Portfolio „Produkt- vs. Service-Dominanz"

sind dagegen extrem servicedominiert; in Abhängigkeit von dessen Geschäftsmodell wird dies auch gerne mit hochwertigen und teuren Produkten kombiniert. Bei **Fluggesellschaften** ist ebenfalls eine hohe Service-Dominanz gegeben; mit welchem Flugzeug geflogen wird, ist häufig weniger wichtig. **Headhunter** haben auch einen klaren Fokus auf Service. Bei **Versicherungen** ist es wiederum eher eine Kombination von Produkt und Service, die die Kaufentscheidung dominiert. **Edel-Schreibgeräte** (wie *Montblanc*) weisen zunächst eine hohe Produkt-Dominanz auf. Wenn den Eigentümern von *Montblanc*-Füllern allerdings angeboten wird, diese kostenlos überprüfen zu lassen, halten auch hier Serviceangebote Einzug.

**Think-Box**

- Welcher Stellenwert kommt der Service-Komponente bei unseren Produkten zu?
- Wie gut tragen wir den Erwartungen unserer Kunden Rechnung?
- Wie erfolgreich sind unsere Wettbewerber in diesem Feld?
- Gibt es neue Marktteilnehmer, die über die Service-Schiene in unsere Geschäftsfelder eindringen können?
- Wer überwacht diesen Bereich?

Außerdem gilt es, eine **Besonderheit** zu berücksichtigen. Die in Abb. 2.12 aufgezeigte Positionierung von Angeboten fokussiert auf die Pre-Sales-, Sales- und After-Sales-Serviceleistungen, die mit dem Erwerb von Produkten und Dienstleistungen einhergehen. Heute besteht in vielen Bereichen die Möglichkeit, mit Unternehmen und Marken in

Kontakt zu treten, ohne die entsprechenden Angebote selbst erworben zu haben oder zu nutzen. So dürfte die deutliche Mehrheit der über zehn Millionen *Porsche*-Fans bei *Facebook* heute weder einen *Porsche* fahren noch diesen je erwerben können. Das bedeutet, dass Serviceerwartungen an Unternehmen und Marken auch von Nicht-Käufern herangetragen werden. Jedes Unternehmen ist gut beraten, festzustellen, ob das auch auf die eigenen Marken zutrifft, um zu entscheiden, ob und ggf. in welchem Umfang man diesen Erwartungen auch gerecht werden möchte.

Zusätzlich ist zu prüfen, welche Bedeutung den sogenannten **Social Customer Services** zuzumessen ist (vgl. Bock 2012; Hill-Wilson und Blunt 2013). Unter Social Customer Services versteht man die Bearbeitung von Anliegen der Interessenten und Kunden über die sozialen Medien. Während viele Unternehmen bei der Beantwortung von Kundenanfragen und Reklamationen über die klassischen Wege Brief und E-Mail oft nicht zeitnah antworten, können Nutzer die Unternehmen zu einer höheren Performance gleichsam zwingen. Werden die entsprechenden Anfragen nicht mehr diskret über Brief, E-Mail oder Telefon, sondern über *Facebook*, *Twitter* und Co. in aller Öffentlichkeit gestellt, sehen sich die Unternehmen zu einer schnellen – und oft auch entgegenkommenden – Antwort genötigt. Denn die Öffentlichkeit schaut zu! Jedes Unternehmen ist gut beraten, die eigene Qualität im Bereich Social Customer Services einmal zu ermitteln – aber bitte aus der Perspektive der Nutzer!

Ein zweiter wichtiger Aspekt der **Service-Dominant Logic** ist darin zu sehen, dass das Markenimage – wie in Abb. 2.10 aufgezeigt – in hohem Maße durch die **Interaktion Dritter mit der Marke** geprägt wird. Hierzu zählen bspw. kritische Reportagen, die versuchen, Qualitätsmängel bei bekannten Marken zu identifizieren, um diese publikumswirksam zu inszenieren. Dazu zählen Formate wie *Der Markencheck (ARD)* oder Reportagen des *Team Wallraff (RTL)*. Werden *Wallraff*-Berichte unter der Headline „Undercover bei *Burger King*: Ekel-Zustände und Ausbeutung" oder „Boykottaufruf gegen *Amazon*" ausgestrahlt, ist ein Shitstorm in den sozialen Medien vorprogrammiert.

Solche Nachrichten sind heute schon an der Tagesordnung: Es geht um Kinderarbeit und unmenschliche Arbeitsbedingungen in der Textilproduktion in Bangladesch, um großangelegte Rückrufaktionen von Automobilherstellern, um Selbstmorde in chinesischen Produktionsstädten von Unterhaltungselektronik etc. Solche nicht vom Markeninhaber selbst inszenierten **Markenereignisse** können weltweit nachhaltige Auswirkungen auf das Brand Image und den Brand Value haben. In welchem Maße dies im Einzelfall erfolgt, ist abhängig vom bisher erreichten Markenwert sowie von der Reaktion des Markeninhabers auf entsprechende Vorhaltungen.

► **Merk-Box** Bei negativen Markenereignissen gilt auch: Weil jede Woche eine neue Sau durchs global vernetzte Dorf getrieben wird, sind nur in wenigen Fällen nachhaltige negative Auswirkungen auf das Brand Image zu erwarten. Trotzdem sind Unternehmen gut beraten, sich auf entsprechende Entwicklungen vorzubereiten – und generell ihrer Verantwortung für eine sozialverträgliche und nachhaltige Unternehmenspolitik gerecht zu werden.

Folgende weitere **Aspekte der Service-Dominant Logic** werden in diesem Werk bei der Ausgestaltung der digitalen Markenführung berücksichtigt (vgl. Drengner 2014, S. 17):

- Unternehmen haben **keine umfassende Kontrolle** mehr über die Einflussfaktoren, die auf das Brand Image und den Brand Value einwirken (vgl. Kap. 3).
- **Kunden** werden nicht nur als Käufer und Nutzer, sondern **als Wertschöpfungspartner** angesehen, die fallweise in den Prozess der Markenführung integriert werden können (vgl. Kap. 5).
- **Zusätzliche Stakeholder** sind in den Prozess der Markenführung zu integrieren (bspw. digitale Meinungsführer; vgl. Kap. 7, 8).
- **Mitarbeiter** müssen sich viel stärker als bisher als Markenbotschafter (Brand Ambassadors) begreifen, weil ihr Verhalten in vielen Bereichen nachhaltig auf Brand Image und Brand Value ausstrahlt (vgl. Kap. 7, 8).

► **Merk-Box** Unabhängig davon, ob es den Unternehmen gefällt oder nicht: **Marken werden zu sozialen Systemen**, an deren Erscheinungsbild (dem **Brand Image**) und deren Wert (dem **Brand Value**) externe Stakeholder massiv mitwirken können. Diese Mitwirkung kann ambivalent ausfallen – zum Wohle oder zum Schaden der Marke!

## 2.3 Konzeption einer ganzheitlichen Markenführung

Bei der **(ganzheitlichen) Markenführung** ist zwischen der strategischen und der operativen Ausgestaltung zu unterscheiden (vgl. Abb. 1.2). Das Adjektiv „ganzheitlich" bringt zum Ausdruck, dass es nicht eine Online- und eine Offline-Seite einer Marke geben kann. Die Marke und damit auch die Markenführung muss immer ganzheitlich gedacht, entwickelt, implementiert und bewertet werden. Im Zuge der **strategischen Markenführung** geht es im Kern um die Entwicklung der Brand Identity und damit die Festlegung der angestrebten Positionierung in einem definierten Zielmarkt. Im Zuge der **operativen Markenführung** dominieren die Fragestellungen, wie die definierte Positionierung bspw. über die kommunikative Ausgestaltung von Off- und Online-Werbemaßnahmen zu transferieren ist. Im Folgenden geht es im Kern um **konzeptionelle Ansätze für die strategische Markenführung**, da die zu definierende Markenidentität nach wie vor den Ausgangspunkt der Markenführung darstellt. Ansätze zur operativen (digitalen) Markenführung finden sich in den Kap. 3 und 4.

### 2.3.1 Definition der Markenidentität

Im Zentrum der strategischen Markenführung steht die **Definition der Markenidentität** durch die internen Stakeholder (vgl. Abb. 2.13; vgl. auch den Gastbeitrag von Karsten Kilian in Abschn. 2.6). Die Markenidentität stellt das „Selbstbild der internen Zielgruppe"

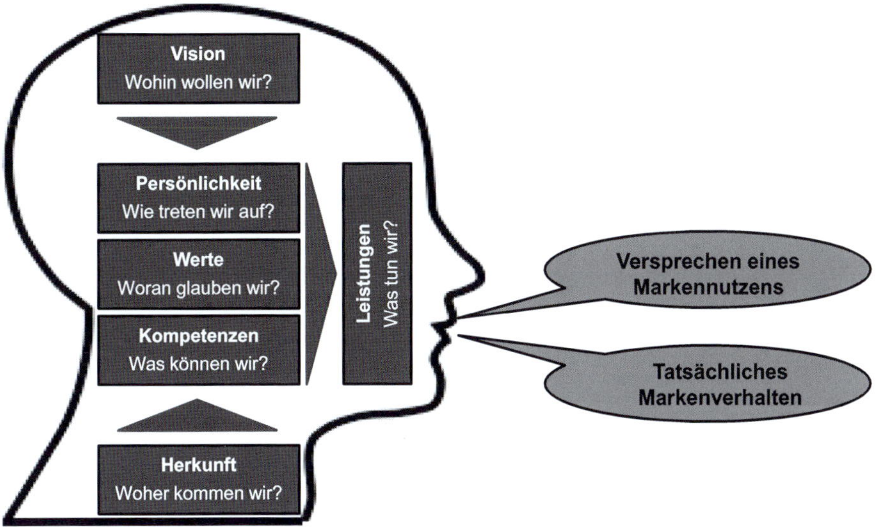


**Abb. 2.13** Definition der Markenidentität durch die internen Stakeholder. (Quelle: Orientiert an Burmann et al. 2016, S. 43)

dar, d. h. der für den Markenaufbau verantwortlichen Mitarbeiter eines Unternehmens. Ihre Aufgabe ist es im Rahmen der Markenführung, diese Markenidentität aufzubauen. Dieser Prozess kann sich an folgenden Kriterien orientieren:

- der **Herkunft** (Woher kommen wir?),
- eigene **Kompetenzen** (Was können wir?),
- den unternehmerischen **Werten** (Woran glauben wir?),
- der unternehmerischen **Persönlichkeit** (Wie treten wir auf?),
- den eigenen **Leistungen** (Was tun wir?) sowie
- der **Vision** (Wohin wollen wir?).

Die so definierten markenspezifischen Leistungen werden anschließend in ein **Markennutzungsversprechen** und ein **Markenverhalten** übersetzt.

Zum **Aufbau der Markenidentität** kann alternativ oder additiv auch eine Orientierung an dem in Abb. 2.14 präsentierten **Markenidentitätsansatz** erfolgen. Orientiert an der eigenen **Markenkompetenz** (Wer bin ich?) werden verschiedene Fragen aufgeworfen, die eine Konkretisierung der Markenidentität im Hinblick auf vier Bereiche ermöglichen (vgl. Burmann und Meffert 2005a, S. 51–66, 2005b):

- Markennutzen,
- Markentonalität,
- Markenbild und
- Markenattribute.

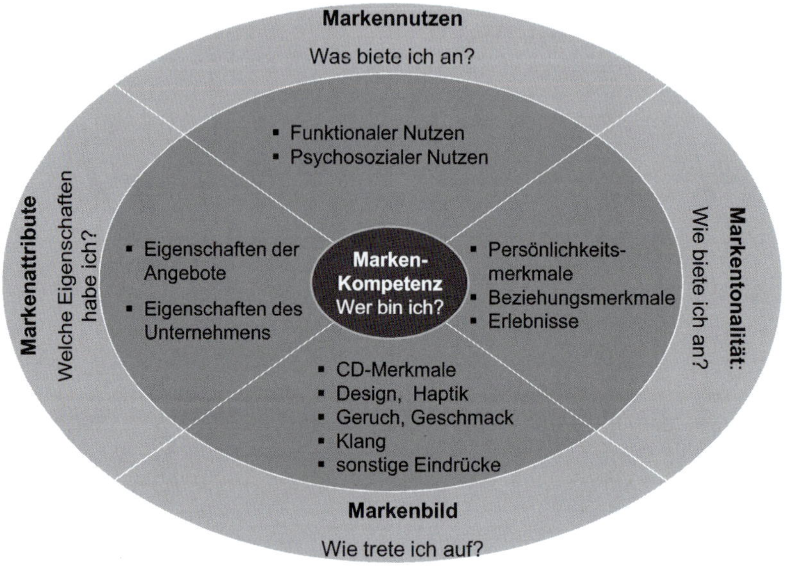


**Abb. 2.14** Markenidentitätsansatz. (Quelle: Nach Esch et al. 2005, S. 211)

Der hier dargestellte Markenidentitätsansatz kann gleichsam als Checkliste genutzt werden, um die Markenidentität auf- bzw. auszubauen.

Im Zuge des Aufbaues einer **Marke-Kunden-Beziehung** entsteht bei den externen Zielgruppen (hier insb. den Kunden, aber auch bei anderen Stakeholdern) ein durch viele Facetten beeinflusstes **Markenimage**, welches das „Fremdbild der externen Zielgruppe" darstellt. In Abhängigkeit vom Aktivitätsniveau der Marke selbst wird zunächst die **Markenbekanntheit** aufgebaut. Die vermittelten **Markenattribute** werden als **funktionale** und **symbolische Nutzenassoziationen** der Marke gelernt. Alle diese Elemente schlagen sich in den **Markenerwartungen** der externen Zielgruppen nieder. Dem Unternehmen stehen für die Markenführung die als **Marketing-Diamant** bezeichneten fünf Instrumente des Marketing-Mix zur Verfügung: Product, Price, Promotion, Place und People (vgl. Abb. 2.15).

## 2.3.2 Ganzheitliche Markenführung im digitalen Zeitalter

Im digitalen Zeitalter müssen im Zuge der operativen Markenführung allerdings noch weitere Einflussfelder des Markenimages berücksichtigt werden, die auf das **Gesamtkonstrukt der User Brand Experience** einwirken. Dazu zählen – wie bereits angesprochen – der **User-Generated Content** und die weiteren **Interaktionen Dritter mit der Marke**. Diese beiden Bereiche haben für die Markenführung in den letzten Jahren enorm an Bedeutung gewonnen, weil die Kommunikation über das Internet und insb. die Verbreitung von Informationen über die sozialen Medien eine bisher nicht bekannte Schnelligkeit und

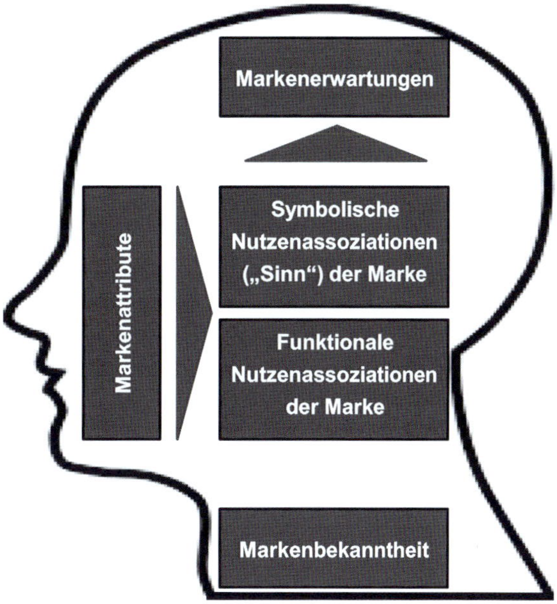


**Abb. 2.15** Entwicklung des Brand Images im Kopf der Zielpersonen. (Quelle: Orientiert an Burmann et al. 2015, S. 57)

Durchschlagskraft erzielt haben. In Realtime breiten sich Informationen über „Markenversagen", aber auch über „Markenerfolge" aus.

Vor diesem Hintergrund sind die Unternehmen aufgerufen, in ihrer Markenführung auch die Bereiche **User-Generated Content** und **Interaktionen Dritter mit der Marke** durch die eigene Markenkommunikation zu beeinflussen, damit die User Brand Experience in möglichst hohem Maße der definierten Brand Identity entspricht. Es ist allerdings zu berücksichtigen, dass Unternehmen keine unmittelbare Kontrolle auf diese Felder ausüben können. Die deutlich komplexere Aufgabenstellung der Markenführung im digitalen Zeitalter zeigt Abb. 2.16.

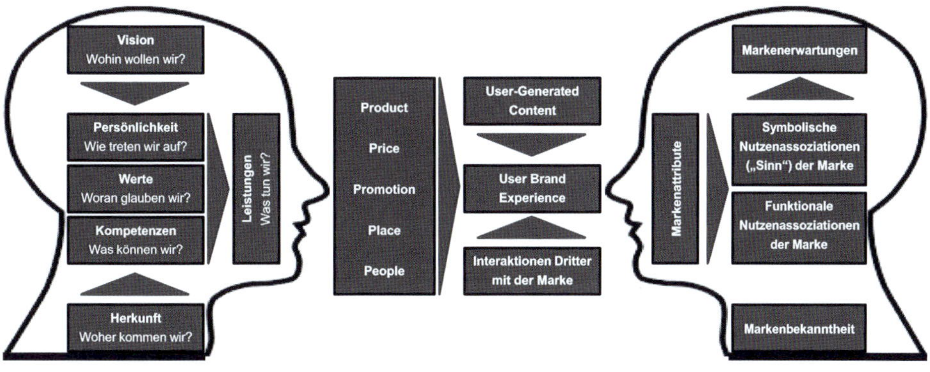


**Abb. 2.16** Ganzheitliche Markenführung im digitalen Zeitalter

Unternehmen müssen folglich viel mehr **Wirkungsfaktoren der Entstehung der User Brand Experience** berücksichtigen, als das früher erforderlich war. Hierzu zählen zunächst die bereits angesprochenen fünf Ps des Marketing-Diamanten. Wichtig sind vor allem die Botschaften, die vom Produkt bzw. der Produktverpackung selbst ausgehen, und ob diese mit den am POS oder in Werbung und PR übermittelten Kommunikationsinhalten übereinstimmen. Außerdem beeinflussen die Art der Vertriebspräsenz (online und/oder offline) sowie die Preisgestaltung das Markenimage. Auch Farbcodes und das Logo wirken sich nachhaltig auf das Markenimage aus. Einen besonderen Stellenwert nimmt – wie schon erwähnt – die persönliche Betreuung der Kunden (Stichwort „Service") ein, weil hier häufig ein direkter und damit auch sehr emotionaler Kontakt zwischen der Marke und dem Nutzer stattfindet. Schließlich wirken sich auch die Nutzer, die die entsprechende Marke schon erworben haben, als Teil der **Interaktion Dritter mit der Marke** positiv oder negativ auf das Markenimage aus, weil darüber online und offline in hohem Maße berichtet werden kann. Teilweise können sich diese Erfahrungen auch im **User-Generated Content** niederschlagen, den Unternehmen zumindest zu beeinflussen suchen sollten.

► **Merk-Box** Der Begriff **User Brand Experience** macht deutlich: Es geht bei der digitalen Markenführung nicht mehr vorrangig um den Aufbau eines **Brand Images**, das im Kopf des Kunden verankert werden soll. Es geht vielmehr darum, eine möglichst überzeugende und in sich schlüssige, ganzheitliche Erfahrung mit der Marke sicherzustellen, um zum Kauf zu motivieren und eine stabile **Marke-Kunde-Beziehung** aufzubauen. Dieses Feld zu bearbeiten, ist der Kern des **Customer-Experience-Managements** (vgl. Kap. 4).

## 2.4 Einbindung der sozialen Medien in die digitale Markenführung

Bei der digitalen Markenführung kommt den **sozialen Medien** eine besondere Bedeutung zu. Zur Gruppe der sozialen Medien zählen die Online-Medien und -Technologien, die es den Internet-Nutzern ermöglichen, einen Informationsaustausch online durchzuführen, der weit über die klassische E-Mail-Kommunikation hinausgeht. Zu den sozialen Medien zählen neben **sozialen Netzwerken** und **Media-Sharing-Plattformen** auch **Blogs, Online-Foren** und **Online-Communitys**.

Es stellt sich die Frage, in welcher Form diese verschiedenen Medien und Medienkanäle in den **Aufbau einer positiven Brand Experience** eingebunden werden können. Um die unterschiedliche **Beeinflussbarkeit verschiedener Medienbereiche** deutlich zu machen, ist die Orientierung an den Begriffen Owned Media, Paid Media und Earned Media hilfreich (vgl. auch Burcher 2012). Die in der Verantwortung des markenführenden Unternehmens selbst liegenden (Online-)Aktivitäten werden als **Owned Media** bezeichnet (vgl. Abb. 2.17). Hierzu gehören im Online-Umfeld u. a. die Corporate Website, die E-Kommunikation sowie ein Online-Shop. Auch die Angebote zur Kommunikation mit den Nutzern über das eigene Corporate Blog und eigene Foren und Communitys zählen dazu.

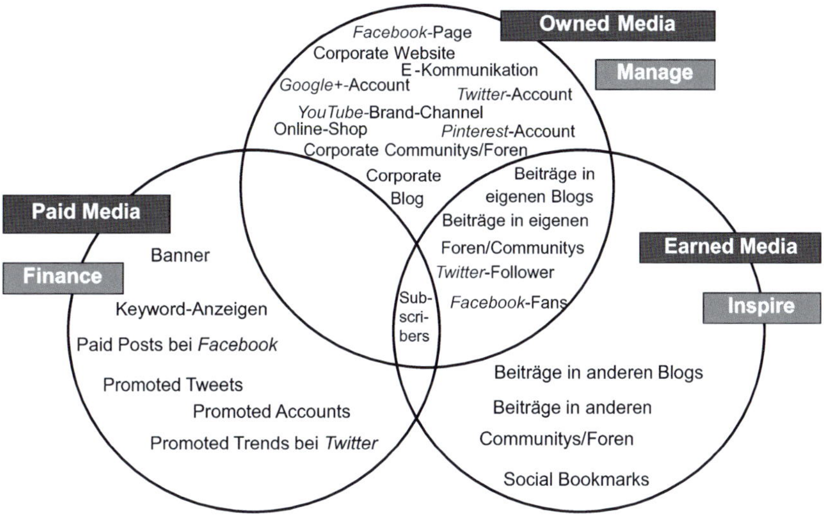


**Abb. 2.17** Überblick über verschiedene Medien-Klassen

Die von den Unternehmen generierten Präsenzen auf Plattformen von *Twitter, Facebook, YouTube, Vimeo* und *Pinterest* werden häufig auch zu Owned Media gerechnet, obwohl die Unternehmen dort nur ein Nutzungsrecht haben und an den sich entwickelnden Strukturen und Daten kein Eigentum erwerben. Diesen Einschränkungen sind bei der Ausgestaltung dieser Social-Media-Plattformen zu berücksichtigen. In Summe gilt es, diese eigenen Medien zielorientiert zu managen (Stichwort: **Manage**).

Davon ist der Bereich **Paid Media** abzugrenzen, der die Kommunikationsmaßnahmen beschreibt, die Unternehmen bei Drittpartnern einkaufen. Beispiele hierfür sind Banner und Keyword-Anzeigen (auch Search Engine Advertising genannt). Auch die zunehmend angebotenen Möglichkeiten, „hervorgehobene Beiträge" bei *Facebook* zu erreichen – als euphemistische Umschreibung für „Paid Posts" – fallen in diese Kategorie. Die Höhe der organischen Reichweite bei *Facebook* liegt heute zwischen 5 und 10 %. Das bedeutet, dass nur jeder 20. bzw. jeder 10. *Facebook*-Post an die eigenen Fans zugestellt wird. Damit wird *Facebook* in immer stärkerem Maße zu Paid Media. Die Ursache hierfür ist erneut die große Informationskonkurrenz, weil jedem *Facebook*-Nutzer heute täglich ca. 1500 Neuigkeiten präsentiert werden könnten – was natürlich absolut unsinnig wäre (vgl. Konrad 2016; vgl. auch Nufer und Bühler 2016).

Nur wer bei *Facebook* bezahlt, ist im Newsfeed aller Fans sichtbar. Analog verhält es sich bei den „Promoted Tweets", den „Promoted Accounts" und den „Promoted Trends", die *Twitter* anbietet. Hier kann gleichsam von **Social-Media-Briefmarken** gesprochen werden, mit denen Unternehmen ihre Botschaften frankieren müssen, damit diese umfassend zugestellt werden. Möchte ein Unternehmen einen über die Funktionalität des Brand Channels hinausgehenden „Custom Brand Channel" bei *YouTube* aufbauen, ist hierfür ebenfalls zu bezahlen. Der Zugriff auf diese Möglichkeiten ist deshalb eine Frage des verfügbaren Budgets (Stichwort: **Finance**).

► **Food for Thought** Böse Stimmen behaupten: Media-Spendings sind die Strafe für irrelevante Angebote und Informationen!

Die dritte Kategorie **Earned Media** bezeichnet die Plattformen sowie insb. die Inhalte, die Unternehmen sich durch ihre Aktivitäten – im Guten wie im Schlechten – von den Internet-Nutzern „verdient" haben. Hierbei handelt es sich um User-Generated Content in unterschiedlichen Ausprägungen. Dazu zählen bspw. Social Bookmarks sowie Beiträge in unternehmensfremden und -eigenen Blogs, Foren und Communitys. Um einen hohen (positiven) Anteil im Bereich Earned Media zu erreichen, muss sich ein Unternehmen die Aufmerksamkeit sowie das Engagement der Nutzer in den sozialen Netzen erarbeiten. Neben dem notwendigen Investment von Zeit und Geld gehört dazu insb. auch die Fähigkeit, gute Geschichten zu erzählen, die interessant sind und zum Mitmachen und Weiterleiten motivieren. Das Stichwort lautet deshalb hier: **Inspire**.

Viele weitere Inhalte liegen in den **Überschneidungsfeldern verschiedener Media-Kategorien** (vgl. Abb. 2.17). Werden bspw. Nutzer durch Mitmach-Aktionen aufgefordert, eigene Inhalte auf Plattformen zu kreieren, die von Unternehmen betrieben werden, so gehört dieser Teil des User-Generated Contents in das Überschneidungsfeld zwischen Owned und Earned Media. Ein Beispiel hierfür liefert *Tchibo Ideas*. Gleiches gilt, wenn ein Unternehmen Nutzer zum Dialog in einen Corporate Blog oder in eigene Foren und Communitys einlädt und dem Folge geleistet wird. Auch die etwa bei *Facebook, Instagram* oder *Pinterest* gewonnenen Fans oder die Follower bei *Twitter* gehören dazu. Abonnieren Nutzer einen markenspezifischen *YouTube*-Channel, gehören sie als Subscriber in den Überschneidungsbereich zwischen Paid und Earned Media.

### 2.4.1 Minimierung physischer Distanzen in der Markenführung

Während Unternehmen früher in der Lage waren, den **regionalen Wirkungsbereich einer Marke** weitgehend selbst zu definieren, ist dieser Gestaltungsbereich den Verantwortlichen der Markenführung weitgehend aus den Händen geglitten. Die **physische Distanz zwischen Ländern** wurde durch die Explosion des geschäftlichen und privaten Tourismus deutlich reduziert. Hierzu hat auch eine immer leistungsstärkere und kostengünstigere Warenlogistik beigetragen. Zum anderen wurde auch die **kommunikative Distanz zwischen Ländern** durch das Internet generell, insb. aber durch die sozialen Medien verringert. Ein Tweet auf *Twitter* geht heute in Sekundenbruchteilen um die Welt, und ein Video auf *YouTube* kann innerhalb von Minuten Proteststürme oder Jubelchöre auf der ganzen Welt auslösen – oft mit einer kommunikativen Verlängerung in die klassischen Offline-Medien hinein. Diese Effekte, die sich weitgehend dem Wirkungsbereich der eigenen Markenführung entziehen, müssen in dieser gleichwohl konzeptionell und prozessual eingebunden werden (vgl. vertiefend Opresnik und Yilmaz 2016).

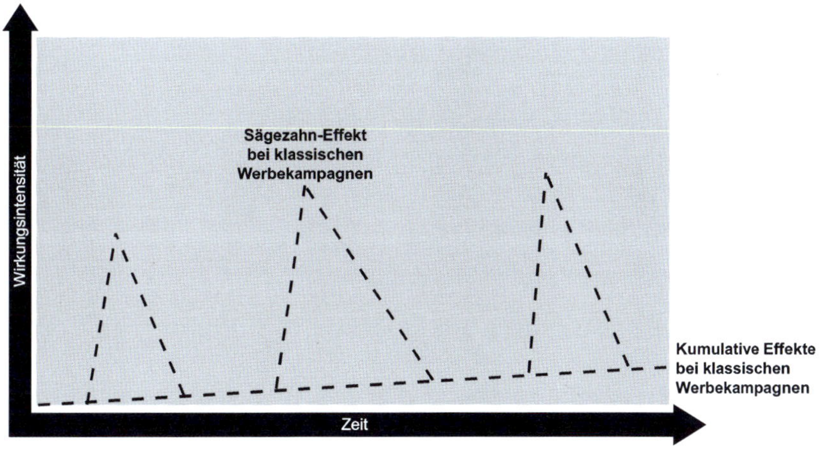


**Abb. 2.18** Idealtypischer Wirkungsverlauf einer klassischen Werbekampagne

### 2.4.2 Wirkungsmechanismen verschiedener Medienkategorien

Wichtig ist, die **unterschiedlichen Wirkungsmechanismen** von klassischen Werbekampagnen und auf den sozialen Medien aufsetzenden Kommunikationsmaßnahmen zu erkennen und für die Markenführung zu nutzen. Klassische **Werbekampagnen**, die bspw. bestimmte Marken promoten, ohne auf eine Interaktion mit der Zielgruppe in den sozialen Medien zu setzen, führen in der erreichten Bekanntheit und auch im Verkauf der beworbenen Marken vielfach zu den in Abb. 2.18 gezeigten **Sägezahneffekten**. Solche Sägezahneffekte sind unabhängig davon festzustellen, ob eine Kampagne primär on- oder

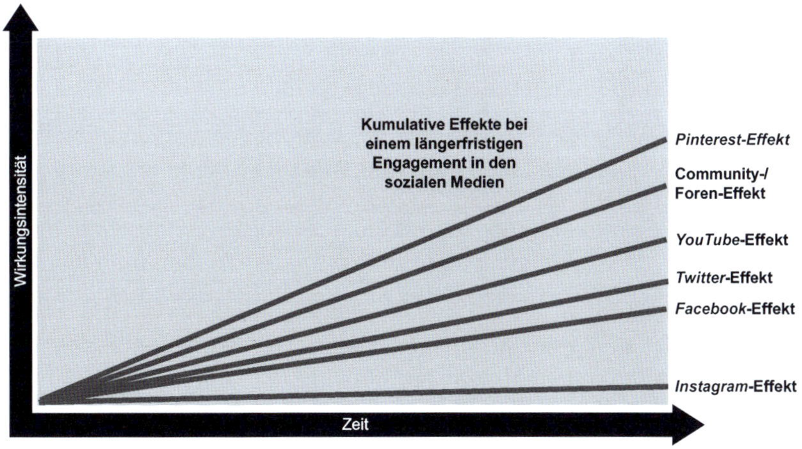


**Abb. 2.19** Idealtypische Wirkungsverläufe unter Einbindung von sozialen Medien

offline ausgestaltet wird. Zur Füllung der Lücken zwischen den Kampagnen-Peaks kann bspw. auch Content-Marketing entscheidend beitragen (vgl. Kap. 6).

Werden klassische Werbekampagnen dagegen in die sozialen Medien verlängert, um dort über das **Social Engagement** über Likes, Shares und Comments ein höheres Involvement zu erreichen, können in viel höherem Maße die in Abb. 2.19 dargestellten kumulativen Effekten erzielt werden. Auch interessanter Content kann zu dieser Versteigung von werblichen Effekten beitragen.

## 2.5 Weiterentwicklung des Marken- und Produkt-/Service-Portfolios

Die Anforderungen an eine ganzheitliche Markenführung gehen über eine Kampagnengestaltung, die die sozialen Medien umfassend einbindet, noch hinaus. Es geht vielmehr darum, zentraler Bestandteil der in Kap. 9 gekennzeichneten Eco-Systems zu werden – um sich nachhaltig in der Kundenrelevanz zu verankern. Deshalb gehört zur konzeptionellen Arbeit an der Markenführung zwingend auch die Frage, in welcher Form die eigene Marke produkt- und servicebezogen weiterentwickelt werden soll und kann.

Hierzu bietet das **Marken- und Produkt-Service-Portfolio** ein ideales Instrument, um über strategische Weiterentwicklungen des eigenen Marken-Portfolios nachzudenken. Bei diesem Portfolio wird die **Weiterentwicklung des Angebotsprogramms** eines Unternehmens mit der **Weiterentwicklung des Markenprogramms** zusammengeführt. Das Feld „bestehende Marken und Produktlinien" stellt den Ausgangspunkt der Entwicklung dar (vgl. Abb. 2.20). Bei der **Line-Extension** (auch Produktdifferenzierung oder Linienausweitung) wird versucht, den etablierten Markennamen auf weitere Produkte innerhalb der bestehenden Produktlinie zu übertragen (so bei *Google Search* und *Google Universal Search*). Bei der **Brand-Extension** (auch Markentransfer) erfolgt der Einsatz des etablierten Markennamens für neue Produktlinien. Häufig werden derartige Produkte auch durch Drittunternehmen gefertigt, die dafür vom Markenrechteinhaber entsprechende Lizenzen erwerben. Alternativ – wie hier mehrheitlich von *Google* praktiziert – werden entsprechende Unternehmen mit ihren Leistungsangeboten und den Kernleistungsträgern akquiriert oder selbst innovative Entwicklungen im eigenen Unternehmen gestartet. Eine kleine Auswahl der entsprechenden Aktivitäten von *Google* ist in Abb. 2.20 aufgeführt (etwa *Google Adwords* oder *Google Wallet*).

Beim **Multibranding** (Mehrmarken-Strategie) treten neben die bereits etablierte Marke weitere, um das Marktpotenzial auszuschöpfen. Bei der **Marken- und Produkt-/Servicelinien-Innovation** wird mit neuen Marken in neue Produktlinien vorgestoßen. Dies erfolgt bspw. bei *Google* durch die Akquisition von Unternehmen wie *YouTube, Nest, Picasa, Android und Double Click*. In welchen Fällen von „neuen" Produktlinien gesprochen werden kann und wann ein Unternehmen sich noch innerhalb „bestehender" Produktlinien bewegt, kann nicht generell bestimmt werden. Die hier vorzunehmende Abgrenzung orientiert sich in hohem Maße an der Zielsetzung der Analyse.

| Marken \ Produktlinien | bestehende | neue |
|---|---|---|
| **bestehende** | **Linienausweitung (Line-Extension)**<br>*Google Search, Google Universal Search* | **Markentransfer (Brand-Extension)**<br>*Google AdWords, Google+, Google My Business, Google Wallet, Google TV, Google Play* |
| **neue** | **Mehrmarken-Strategie (Multibranding)** | **Marken- und Produktlinien-Innovation**<br>*YouTube, Nest, Picasa, Android, Double Click* |

**Abb. 2.20** Marken- und Produkt-Service-Portfolio am Beispiel *Google*

Bei der **Ermittlung von Service-Ideen** zur Arrondierung des Marken-Produkt-Portfolios kann die in Abb. 2.21 dargestellte **Service-Matrix** dienen. Zusätzliche **Servicestrategien** können den Gesamtauftritt der Marke für Interessenten und Kunden noch attraktiver gestalten. Sowohl im B2B- wie auch im B2C-Markt kann zunächst eine Gruppierung nach der Phase der Servicebereitstellung erfolgen, ob diese vor, während oder nach dem Kauf erfolgt. Zusätzlich ist eine Differenzierung danach zweckmäßig, ob die entsprechenden Services produkt- oder eher personenbezogen erbracht werden.

| | | Pre-Sales-Services | Sales-Services | After-Sales-Services |
|---|---|---|---|---|
| Produktbezogene Services | | • Kostenlose, zeitlich befristete Produktüberlassung (bspw. Probefahrt, Probeabonnement)<br>• Sampling | • Individualisierung des Produktes/der Dienstleistung (Customizing) | • Lieferservice<br>• Installation/Montage<br>• Kundendienst<br>• Wartung<br>• Hotline<br>• Ferndiagnose |
| Personenbezogene Services | Mit Produktbezug | • Produktvorführung am POS/zu Hause<br>• Ausführliche Beratung<br>• Referenzbesuche bei Anwendern<br>• Co-Creation | • Finanzierungsleistungen<br>• Präsentation von Anwendungsfällen (bspw. durch Videos) | • Kostenlose/-pflichtige Schulungen<br>• Einweisung in den Produktgebrauch (bspw. durch Videos) |
| | Ohne Produktbezug | • Einladung zu Events, Webinaren<br>• Informationsservice (bspw. *MyAudi*) | • Co-Browsing<br>• Chat-/Call-Back-Funktionen<br>• Geschenke und Zugaben | • On-/Offline-Betreuungsprogramm<br>• Kundenmagazine<br>• Kundenbindungssysteme |

**Abb. 2.21** Service-Matrix: Serviceleistungen als Bestandteil der Markenführung

Orientiert an Abb. 2.21 kann jedes Unternehmen für sich entscheiden, welche Leistungsfelder zur Differenzierung im Wettbewerb durch die Schaffung von Customer Advantage eingesetzt werden sollten. **Pre-Sales-Services** können den Verkauf anbahnen, indem bspw. das Produkt physisch erlebbar wird. Dies ist bspw. bei Probefahrten der Fall, die online gebucht werden können. Oder es werden Samples an „Fans der Marke" verteilt, wie das bei der Einführung des neuen Dufts von *Burberry* der Fall war. Referenzbesuche können im B2B-Segment einen Verkauf anzubahnen helfen, wenn überzeugende Beispiele für den Produkteinsatz bei anderen Unternehmen aufgezeigt werden (bspw. von IT-Systemen oder Software-Lösungen). Dazu zählen auch die Konzepte der Co-Creation, bei der Nutzer in den Prozess der Produkt- und/oder Markenentwicklung integriert werden (vgl. vertiefend Grönroos und Voima 2013). Zusätzlich können in der Pre-Sales-Phase eher markenbezogene Services erbracht werden. Hierzu zählen bspw. die Einladung zu Events oder Webinaren sowie weitere dem Content-Marketing zuzurechnende Aktivitäten (vgl. vertiefend Kap. 6). Auch die Möglichkeit, auf den Marken- und Anbieter-Websites eigene Bereiche zu etablieren (sogenannte MyXY-Konzepte), fällt in diesen Bereich.

**Sales-Services** sollen dazu beitragen, den konkreten Kauf zu unterstützen. Bei den produktbezogenen Serviceleistungen kommt der Individualisierung des Produktes bzw. der Dienstleistung selbst eine besondere Bedeutung zu. Ob bei Müsli-Mischungen oder bei der Auswahl von Bekleidung: Dem Kunden wird immer häufiger ein mehr oder weniger umfassendes Customizing des Angebotes ermöglicht. Besonders wichtig sind bei den Sales-Services auch Zahlungsmodalitäten. Hier erwarten die Online-Kunden heute eine Bandbreite von Angeboten, die von Kauf per Rechnung über Kreditkarte bis hin zu spezifischen Online-Zahlungskonzepten wie Direktüberweisung oder *PayPal* reichen. Um den Kaufprozess zu erleichtern, können bspw. auch ein Co-Browsing sowie Chat und Call-Back-Funktionen angeboten werden. Außerdem können – bspw. durch Videos – Anwendungsbereiche des Produktes visualisiert werden.

Zu den **After-Sales-Services** zählen Leistungen, die den Einsatz der erworbenen Güter erleichtern sollen, indem bspw. Schulungen und Wartungen angeboten werden. Auch Einweisungen in den Produktgebrauch (bspw. durch Videos) oder Webinare können hier eine wertvolle Unterstützung liefern.

Das Marken- und **Produkt-/Service-Portfolio** sowie die **Service-Matrix** sind leistungsstarke Instrumente, um nicht nur den eigenen Prozess der strategischen Markenführung zu unterstützen. Beide Werkzeuge sind auch für eine **Analyse von Wettbewerbern** geeignet, um deren Expansionsstrategie zu ermitteln. Innerhalb von Eco-Systems kann sichtbar werden, dass Wettbewerber nicht in engen Kategorien etablierter Geschäftsfeldentwicklung agieren, sondern systematisch neue Geschäftsfelder erschließen, die alle mit der Generierung, Nutzung, Veredelung und Distribution von Informationen zu tun haben (vgl. vertiefend Kap. 9).

Auch wenn die Markenführung im digitalen Zeitalter weiter an Komplexität gewonnen hat und viele Stakeholder bei der Markenführung mitreden wollen:

▶ **Merk-Box** Die Markenführung liegt und bleibt bei den Verantwortungsträgern im Marken-Management selbst.

▶ **Food for Thought** Eine **wichtige Empfehlung für eine ganzheitliche Markenführung** ist folgende: Wir sollten in jeden Raum, in dem wir über Marketing- und Marken-Fragestellungen diskutieren – real oder gedanklich – einen leeren Stuhl stellen. Auf diesen Stuhl setzen wir in unserer Vorstellung unseren Kunden und fragen uns immer wieder, was er wohl von unseren Ideen hält.
Das ist nicht nur ein überzeugendes **Training in Empathie**, sondern hilft auch, die **Empfängerperspektive** zum täglichen Handwerkszeug unseres Tuns zu machen. Nutzen wir die **Methode des leeren Stuhls** in Meetings, auf dem symbolisch der Kunde sitzt, um uns immer wieder um seine ureigensten Belange zu kümmern.
Dies sollte natürlich kein Ersatz für die tagtägliche **Suche nach Customer Insights** sein. Und nichts ist für Marketing-Entscheider wichtiger, als ihrer Zielgruppe regelmäßig „Auge in Auge" gegenüberzutreten.

**Think-Box**

- Welches Konzept wird in unserem Unternehmen zur Definition der Marke eingesetzt?
- Welche Ergebnisse wurden damit erzielt und wie tragfähig sind diese für eine ganzheitliche Markenführung?
- Welche Bedeutung messen wir heute bei der (digitalen) Markenführung dem User-Generated Content sowie der Interaktion Dritter mit der Marke bei?
- Werden diese Bereiche systematisch gemonitort und wird versucht, hier im Sinne der ganzheitlichen Markenführung Einfluss auszuüben?
- Mit welchen Methoden wird in unserem Unternehmen die User Brand Experience erfasst?
- Welche Bedeutung messen wir den Social Customer Services zu?
- Wie gut sind wir heute bei den Social Customer Services aufgestellt – und was stellt unser Ziel dar?
- Wird in unserem Unternehmen das Produkt-Marken-Portfolio systematisch eingesetzt, um über die Weiterentwicklung unseres Angebotsprogramms und unserer Markenpolitik nachzudenken?
- Wird in unserem Unternehmen die Service-Matrix systematisch eingesetzt, um über die Weiterentwicklung unseres Service-Angebots nachzudenken?
- Gibt es eine zentrale Verantwortung für diese Aufgaben – oder sind die Verantwortlichkeiten über das Gesamtunternehmen verteilt?

## 2.6 Gastbeitrag: Markenprofilierung mit den KURS-Kriterien

Karsten Kilian

Unzählige Marken stehen heute für Qualität, Innovation und Kundenorientierung – und damit nicht alleine. Aber genau darum geht es: **Alleinstellungsmerkmale** herauszuarbeiten, die dafür sorgen, dass Kunden KURS auf Ihre Marke nehmen!

Vielen Unternehmen wird zunehmend bewusst, dass qualitativ hochwertige Produkte und Dienstleistungen alleine nicht mehr ausreichen, um on- und offline im internationalen Wettbewerb die Gunst der immer anspruchsvoller werdenden Kunden für sich zu gewinnen – und langfristig zu behalten. Dem *Deutschen Markenmonitor* des Rats für Formgebung und der GMK Markenberatung (Kupetz und Meier-Kortwig 2015, S. 22) sowie Studienergebnissen von PwC (2012, S. 10) zufolge ist die **Marke** in beiden Untersuchungen für 91 % der befragten Entscheider ein wesentlicher **Faktor für den Unternehmenserfolg**. Der Anteil der Marke am Gesamtunternehmenswert wird PwC (2012, S. 11) zufolge auf 50 % geschätzt. *Biesalski & Company* zufolge liegt der Anteil – über acht Branchen gemittelt – bei 45 %. Die Bandbreite reicht von 14 % bei Energiedienstleistungen über 49 % bei Haushaltswaren bis 83 % bei Nahrungsmitteln und Getränken (vgl. Biesalski und Kilian 2016, S. 69).

Viele Manager streben danach, den „guten Ruf" des Unternehmens gezielt zu nutzen und dauerhaft zu pflegen. Hierfür setzen sie häufig auf Werte wie Qualität, Innovation, Zuverlässigkeit und Kundenorientierung. Sie stellen aber im Prinzip gar keine Markenwerte dar, sondern **Grundprinzipien unternehmerischen Handelns**. Sie gelten für fast alle Wirtschaftsunternehmen und tragen deshalb nicht dazu bei, sich am Markt zu differenzieren. Aber genau darum geht es: um Abgrenzung gegenüber den Wettbewerbern und um Präferenzbildung bei den Kunden (vgl. Kilian 2012a, S. 64). Aktuell lassen sich im Umgang mit **Markenidentitäten** vier Herangehensweisen beobachten: Die Entwicklung einer Markenidentität wird vielfach ignoriert, häufig finden lediglich abstrahierte Markenwerte Verwendung, fallweise werden sie dezidiert in Form einer Brand Scorecard aufgeschlüsselt und nur selten punktiert festgelegt.

### 2.6.1 Keine festgelegten Markenwerte

In den meisten Unternehmen gilt nach wie vor: Markenwerte? Fehlanzeige. Vielfach wird auch heute noch davon ausgegangen, dass die Marke im umfangreichen Corporate-Design-Handbuch umfassend beschrieben sei. Jedoch ist dort meist nur stringent festgelegt, wie mit relevanten **Gestaltungselementen** umgegangen werden soll. Viele Unternehmensleiter und Marketing-Manager verwechseln immer noch Identität (CI – Corporate Identity) mit Design (CD – Corporate Design) bzw. fassen beides als Synonyme auf. Während jedoch die **Identität** das **Markenfundament** darstellt, hält das **Design** meist nur eine **äußere Hülle** bereit, die ohne Kern und Werte inhaltsleer und austauschbar ist (vgl. Kilian 2012a, S. 64). Erschwerend kommt hinzu, dass sich in Unternehmen bisher nur selten Mitarbeiter finden, die für die Markenführung verantwortlich zeichnen. Eine Fachabteilung für Markenmanagement gibt es nur in jedem zweiten Unternehmen (vgl. Kupetz und Meier-Kortwig 2015, S. 51). Zudem ist auf der obersten Führungsebene ein fundiertes Markenverständnis nur selten vorhanden. Meist geht das Top-Management davon aus, dass Markenführung irrelevant sei oder Aufgabe der Marketing-Abteilung – auf jeden Fall aber nicht Chefsache (vgl. Kilian 2016, S. 55).

### 2.6.2 Beliebte 08/15-Standard-Markenwerte

Selbst wenn sich die Führungsspitze am Markenidentitätsprozess aktiv beteiligt, was essenziell für den Markenerfolg ist, so haben die Projekte vielfach eher Alibicharakter. Neben führungstechnisch unzureichend weit oben in der Unternehmenshierarchie befindlichen Mitarbeitern werden häufig fachlich wenig geeignete externe Berater eingebunden. Insbesondere Werbeagenturen, die für ihre Kreativität bekannt sind, scheitern regelmäßig an einer systematischen **Ableitung profilstarker Markenwerte**. Stattdessen werden abstrakte 08/15-Standard-Markenwerte präsentiert, die unspezifisch, unrealistisch und/oder abstrakt sind und damit weitestgehend unbrauchbar. Brandmeyer et al. (2008, S. 149) bspw. schätzen, dass ungefähr jedes zweite Markenprofil Werte wie **Innovation, Tradition, Vertrauen** und **Qualität** enthält. In ähnlicher Weise betont *Bruns*, dass allgemeine Werte wie **Qualität** und **Kundenorientierung** inflationär benutzt werden (vgl. Kleiner & Bold 2012, S. 1). Errichiello und Zschiesche (2013, S. 93) wiederum verweisen darauf, dass in gut 80 % aller Selbstbeschreibungen von Unternehmen die Begriffe Qualität, Tradition, Innovation, Zukunftsorientierung, Zuverlässigkeit, Kompetenz sowie Kunden- bzw. Serviceorientierung vorkommen.

Die Experteneinschätzungen decken sich mit drei Studien von Wellcom (2009), Kleiner und Bold (2011) und Kilian (2012a). Sie belegen eindrucksvoll den **Hauptgrund unprofilierter Marken:** austauschbare Markenwerte! Bei allen drei Studien mit rund 40 % an erster Stelle steht der Markenwert **Qualität**. An zweiter bzw. dritter Stelle folgt studienübergreifend mit gut 30 % der Wert **Innovation**. Auch der Wert **Kundenorientierung** bzw. **Kundenzufriedenheit** findet sich in allen drei Studien im Mittel bei 17 % der Unternehmen wieder. Ähnliches gilt für **Kompetenz** bzw. **Know-how** sowie für **Technologieführerschaft** bzw. **Erfolg**, auf die jeweils sieben bis 16 % der Unternehmen zurückgreifen. Daneben werden in jeweils zwei der drei Studien **Zuverlässigkeit** sowie die eng damit zusammenhängenden Werte **Integrität** bzw. **Respekt** und **Vertrauen** genannt. Auch die **Umwelt** und **(soziale) Verantwortung** bzw. **Umweltbewusstsein** und **Nachhaltigkeit** werden in zwei der Studien angeführt. Weiter verdichtet kristallisieren sich folgende fünf **„Top“ 08/15-Standard-Markenwerte** heraus: Qualität, Innovation, Zuverlässigkeit, Kundenorientierung und unternehmerische Verantwortung (vgl. Abb. 2.22).

Die vielfach nichtssagenden Markenwerte werden anschließend, wenn überhaupt, in einer Einmalaktion intern kommuniziert und danach vielfach dem Marketing bzw. sich

**Tab. 2.1** Beliebte und damit beliebige Markenwerte – in %. (Quelle: Kilian 2012a, S. 65)

| Rang | Wellcom | | Kleiner & Bold | | Kilian | |
|---|---|---|---|---|---|---|
| 1. | Qualität | 40 | Qualität | 40 | Qualität | 39 |
| 2. | Innovation | 39 | Zuverlässigkeit | 29 | Innovation | 30 |
| 3. | Kundenzufriedenheit | 26 | Innovation | 27 | Deutsche Wertarbeit | 23 |
| 4. | Integrität | 19 | Kundenorientierung | 20 | Tradition | 18 |
| 5. | Umwelt | 18 | Nachhaltigkeit | 11 | Präzision | 18 |
| 6. | Soziale Verantwortung | 17 | Technologieführer | 9 | Zuverlässigkeit | 18 |
| 7. | Erfolg | 16 | Umweltbewusstsein | 9 | Kundenorientierung | 7 |
| 8. | Know-how | 16 | Kompetenz | 7 | Know-how | 7 |
| 9. | Verantwortung | 15 | Vertrauen | 7 | Hochwertigkeit | 7 |
| 10. | Teamgeist | 13 | Respekt | 7 | Technologieführer | 7 |

Als Datenbasis dienten Wellcom (2009) in 14 verschiedenen Branchen tätige Unternehmen aus sieben europäischen Ländern, den USA und Indien (n = 3726). Die Ergebnisse von Kleiner und Bold (2011) basieren auf einer branchenübergreifenden Befragung deutscher Mittelständler (n = 55). Die Resultate von Kilian (2012a) basieren auf einer Befragung innerhalb der deutschen Hightech-Industrie (n = 44)

selbst überlassen. Es überrascht deshalb nicht, dass dem *Deutschen Markenmonitor* zufolge die **Markenpositionierung** nur bei 51 % der befragten B2B- und B2C-Unternehmen spürbaren **Einfluss auf das Tagesgeschäft** nimmt. Als Folge dessen gehen 58 % der Markenverantwortlichen davon aus, dass ihre Mitarbeiter kein einheitliches Bild davon haben, wofür die eigene Marke steht. Auf die eigenen Kunden bezogen sind es sogar 60 % (vgl. Kupetz und Meier-Kortwig 2015, S. 29, 31).

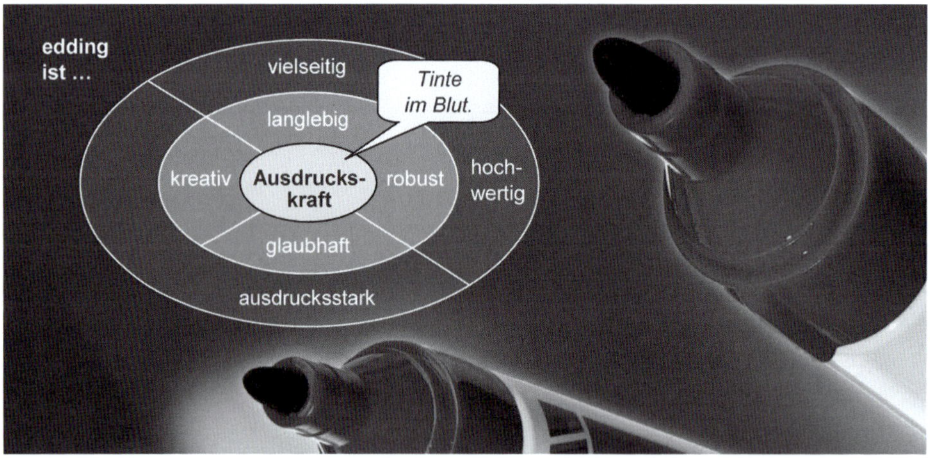


**Abb. 2.22** Das Markenprofil der Marke *edding*. (Quelle: Kilian 2012a, S. 66)

Ein Grund dafür ist laut Kupetz und Meier-Kortwig (2015, S. 38), dass nur in 54 % der befragten Unternehmen die Informationen zur Marke für die Mitarbeiter jederzeit zugänglich sind. Lediglich 37 % der Befragten gehen deshalb davon aus, dass die Positionierung den Mitarbeitern bekannt ist. Dabei gilt: Wer versucht, seine **Markenwerte** geheim zu halten, wird sie niemals im Unternehmen, geschweige denn in den Köpfen der Kunden verankern können! Vielmehr sollten alle Kommunikationsmaßnahmen vom Messestand über den Webauftritt bis zur Printanzeige mit unterschiedlicher Intensität und Gewichtung von den Markenwerten durchdrungen sein – und damit für Kunden und Wettbewerber gleichermaßen ablesbar sein. Wer das nicht will, braucht erst gar keine Markenwerte zu entwickeln, weil entweder beide Zielgruppen davon erfahren oder keine. Effektiv, dafür aber wenig effizient ist eine dritte Herangehensweise: das Konkretisieren abstrakter Markenwerte mithilfe von **Brand Scorecards** (vgl. Linxweiler 2001). Der Kosten- und Zeitaufwand hierfür ist beträchtlich. Erfolgreiche Praxisbeispiele sind bisher eher selten (vgl. Kilian 2009, S. 42).

### 2.6.3 Profilstarke KURS-Markenwerte

Sowohl effizient als auch effektiv ist demgegenüber die punktierte Auswahl weniger, **profilstarker Markenwerte**, die folgende vier Anforderungen erfüllen müssen: Sie sollten Kilian (2009, S. 42 f.) zufolge möglichst **k**onkret, **u**rsächlich, **r**elevant und **s**pezifisch – und damit auf KURS sein. Aussagekräftige Markenwerte sprechen für sich und sind den Mitarbeitern Inspiration und Ansporn zugleich. Durch sie kann die Marke am ehesten in das Fühlen, Denken und Handeln der Mitarbeiter überführt und damit auch für die Kunden erlebbar gemacht werden. KURS-Markenwerte sind bedeutungsvoll und inspirierend, im Unternehmen begründet, für Kunden bedeutsam und im Vergleich zum Wettbewerb für die eigene Marke charakteristisch. Sie ermöglichen es, dass die **Führungskräfte zu markenbezogenen Vorbildern für ihre Mitarbeiter** werden können. Dabei gilt: Ein Markenversprechen nach außen impliziert auch ein Führungsversprechen nach innen! Anders gesagt: „Der Chef führt, die Marke leitet!" (Kilian 2016, S. 55).

Für eine **konsistente Markenführung** gilt es, die Marke auf KURS zu bringen, d. h. Markenwerte zu identifizieren, die folgende vier Kriterien erfüllen (vgl. Kilian 2012a, S. 65; ähnlich bereits Kilian 2009, S. 42 f.):

- ***K*onkret**
  Bedeutungsvoll und inspirierend – die Markenwerte sind bildhaft und griffig statt nebulös und abstrakt, d. h., sie bieten nur wenig Interpretationsspielraum.
- ***U*rsächlich**
  Im Unternehmen begründet – sie werden mit den eigenen Leistungen in Verbindung gebracht und lassen sich vom Unternehmen exemplarisch belegen.

- ***R*elevant**
  Für die Kunden – sie haben eine besondere Bedeutung für die Kunden und werden beim Kauf als Entscheidungskriterien herangezogen.
- ***S*pezifisch**
  Im Vergleich zum Wettbewerb – sie können idealerweise nur, zumindest aber besonders glaubhaft und überzeugend vom Unternehmen für sich reklamiert werden.

Das **Hauptproblem mit Standard-Markenwerten** (wie Qualität, Innovation und Kundenorientierung) ist, dass sie alles andere als **konkret** sind. Zudem sind sie nicht **ursächlich** für die Markenwahrnehmung, sondern lediglich Resultat dahinterliegender Markenwerttreiber. Demgegenüber kann bspw. der Markenwert „präzise" im Unternehmen sowohl für millimetergenaue Verarbeitung sorgen als auch für eine klar verständliche Preispolitik. Alles, was Präzision zuwiderläuft, passt nicht zur Marke und wird deshalb nicht gemacht. Das verstehen alle: die Führungskräfte, die Arbeiter in der Produktion und die Mitarbeiter am Empfang. **Relevant** wiederum bezieht sich primär auf die Zielgruppe, die Kunden. Nur wenn Präzision für die Kunden relevant ist, ist der Begriff auch als Markenwert geeignet. Ist nun ein Unternehmen in seiner Leistungserstellung und seinem Handeln besonders präzise, so stellt sich die Qualitätswahrnehmung von selbst ein. **Spezifisch** schließlich bedeutet, dass ein Markenwert nur bzw. insb. für die eigene Marke Gültigkeit besitzt, z. B. aufgrund besonderer Produkteigenschaften (vgl. Kilian 2009, S. 42 f.).

Was den Umgang mit **KURS-Markenwerten** betrifft, so können und sollten sie offen kommuniziert werden, da sie aufgrund ihres klaren Unternehmensbezugs vom Wettbewerb nicht bzw. nicht überzeugend erfüllt werden können. Hinzu kommt, dass Kunden stets das Original dem Imitat vorziehen. Das gilt auch für Markenwerte!

Das Beispiel *edding* zeigt, dass punktierte und profilierende Markenwerte möglich sind. Deutschlands führende Filzstiftmarke hat „Tinte im Blut" und verleiht ihren Nutzern und deren Gedanken im Kern „Ausdruckskraft". Verantwortlich dafür sind zum einen funktionale Markenwerte, die sicherstellen, dass *edding* robust, langlebig, hochwertig und vielseitig ist und bleibt. Zum anderen zählen emotionale Markenwerte wie kreativ, glaubhaft und ausdrucksstark dazu (vgl. Abb. 2.22). Gemeinsam verleihen sie der farbenfrohen Marke ihr einzigartiges Profil (vgl. Kilian 2012a, S. 66).

Damit eine Marke dauerhaft ein derart „positives Echo" hervorruft, sind zum einen wenige konkrete, ursächliche, relevante und spezifische Markenwerte notwendig, zum anderen Führungskräfte, die sich in die Entwicklung der Markenwerte aktiv einbringen und sie anschließend in ihrer täglichen Arbeit vorleben. Nur dann lässt sich auch erreichen, was heute vielfach gefordert wird: dass Mitarbeiter im Sinne der Marke handeln, als überzeugende **Markenbotschafter** auftreten und die Kunden dauerhaft für die eigene Marke einnehmen.

► Prof. Dr. *Karsten Kilian* ist Professor für Internationales Management und ABWL mit Fokus Marketing an der *Hochschule Würzburg-Schweinfurt*. Er betreibt das informative www.markenlexikon.com.

**Quick Wins**

# 3 Ziele und Rahmenbedingungen der digitalen Markenführung

Bei der Ausgestaltung der digitalen Markenführung sind verschiedene Ziele und Rahmenbedingungen zu berücksichtigen, die im Folgenden aufgezeigt werden. Es ist darauf hinzuweisen, dass die Aspekte selbst wiederum stark miteinander verwoben sind.

## 3.1 Was Kunden heute erwarten: Unabhängigkeit von Zeit, Raum und Device

Heute müssen wir erkennen, dass die **Erwartungen der Interessenten und** Kunden an uns als Unternehmen deutlich höher sind als früher. Plakativ können diese Erwartungen mit den Schlagworten **„Ich, alles, sofort und überall“** charakterisiert werden. Wie sich diese Erwartungen im Einzelfall konkretisieren, wird in Abb. 3.1 sichtbar.

Aufgrund der hohen Wettbewerbsintensität in fast allen Bereichen kann sich der Kunde unter **„ich“** u. a. erlauben, eine hohe **Wertschätzung in der Interaktion** zu erwarten bzw. zu verlangen. Wird ihm diese verwehrt, warten i. d. R. viele Wettbewerber, um den Kunden für sich zu gewinnen. Zur „gelebten Wertschätzung“ zählt bspw. eine **korrekte Personalisierung**, d. h. eine korrekte namentliche Ansprache der Zielperson. Gleichzeitig steigt die Erwartung, als Einzelperson mit spezifischen, u. U. auch individuellen Wünschen ernst genommen zu werden und folglich individuelle Ansprachen und Angebote zu erhalten (Stichwort **Individualisierung**). Die **Anforderungen aus der Interessenten- bzw. der Kundenperspektive** – mit der wir uns zunehmend konfrontiert sehen – konkretisieren sich bei der Ausgestaltung einer digitalen Markenführung bspw. in folgenden Fragen:

- Sind die Angebote für mich maßgeschneidert?
- Spricht der Sender meine Sprache und macht er sich mir damit verständlich?
- Bekomme ich per E-Mail, E-Newsletter, Mailing, Posts, Status-Updates, Apps etc. genau die Informationen, die ich mir wünsche?



R. T. Kreutzer und K.-H. Land, *Digitale Markenführung*, DOI 10.1007/978-3-658-08547-6_3

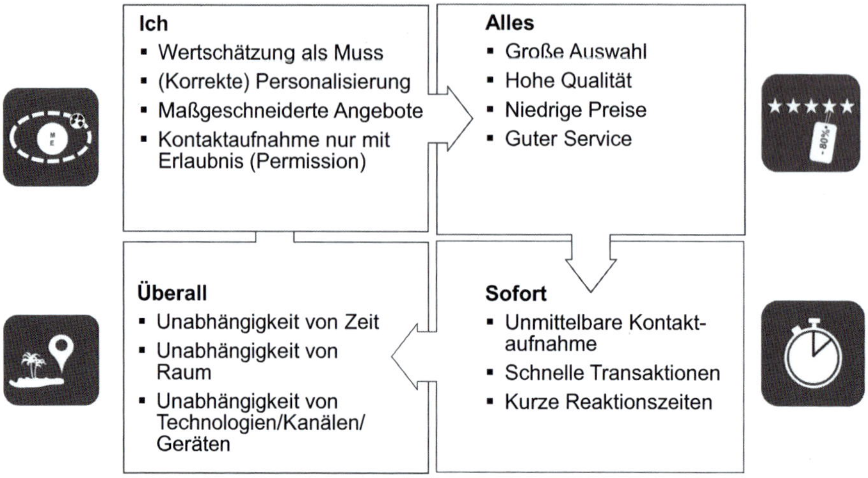


**Abb. 3.1** Ich-alles-sofort-überall-Erwartung auf Kundenseite

- Werden meine Vorgaben zur Ansprache per Mailing, Posts, Telefon, E-Mail und Fax durch die werbenden Unternehmen respektiert?
- Finde ich online und offline schnell die gewünschten Informationen?
- Kann ich einfach bestellen und bezahlen?
- Finde ich die notwendige Hilfestellung?
- Kann ich gewünschte Transaktionen zu einem von mir gewählten Zeitpunkt und von einem von mir bestimmten Ort aus vornehmen (Rechercheaufgaben, Platzieren von Anfragen und Bestellungen)?

► **Food for Thought** Bei allem Streben nach Individualisierung unserer Angebote sollten wir vermeiden, dass wir unsere Markenidentität – nur um agil und individuell zu erscheinen – auf dem **„Altar der Hyperindividualisierung"** (Pechmann 2016, S. 22) opfern.

**Case: Outfittery.de**

Ein schönes Beispiel für eine **gelungene Individualisierung** findet sich bei dem Online-Herrenausstatter outfittery.de. Zur Ermittlung des eigenen Kleidungsstiles werden zunächst verschiedene Outfits präsentiert. Anhand dieser kann der eigene Wunsch-Stil definieren kann. Dann kommt die wunderbare Frage: **Wie alt fühlst Du Dich?** Schöner kann man dem Lebensgefühl (älterer) Menschen nicht Rechnung tragen, wonach tatsächliches Lebensalter und „gefühltes" Lebensalter immer deutlicher auseinander liegen (vgl. Abb. 3.2).

Die Erwartungen hinsichtlich der **Wertschätzung** konkretisieren sich bei der **Vergabe von Permissions** zur Kontaktaufnahme. Mit diesen Permissions sind spezifische Erlaubnisse gemeint, die ein Interessent oder ein Kunde einem Unternehmen hinsichtlich des

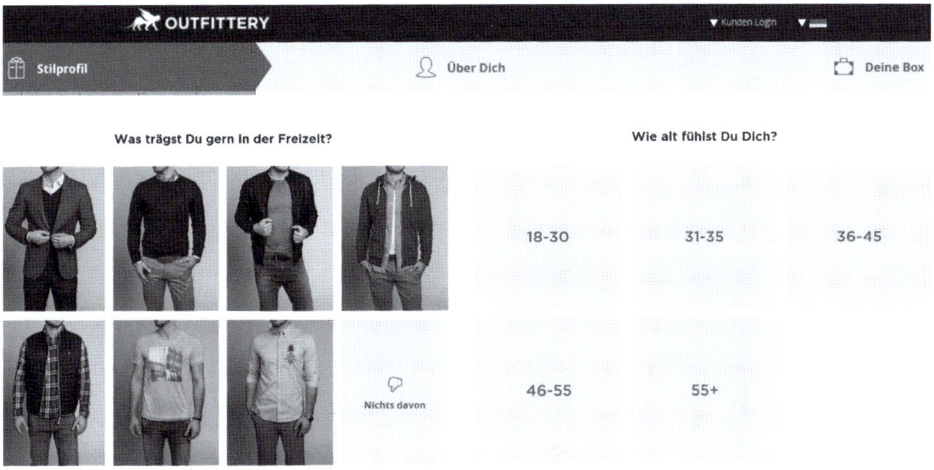


**Abb. 3.2** Individualisierung bei outfittery.de

„erlaubten" Weges der Kontaktaufnahme erteilt. Hierzu zählt zum einen die Permission zur werblichen Kontaktaufnahme per E-Mail, Telefon und/oder Fax. Aber auch das *Facebook*-Like auf der Fan-Page eines Unternehmens oder einer Marke stellt eine solche Permission dar. Denn jetzt kann das Unternehmen (unbezahlte) Posts in den Newsfeed des Nutzers platzieren. Die von den Nutzern erteilten Permissions können allerdings jederzeit widerrufen werden. Unternehmen sind rechtlich verpflichtet, diese Erlaubnisse zur Kontaktaufnahme streng zu beachten (vgl. vertiefend Kreutzer 2016, S. 131 f.).

Ein zusätzliches Element der Ich-bezogenen Erwartung konkretisiert sich in der Aussage: **„If the news is that important, it will find me"** (vgl. Mathew 2008). Damit ist gemeint, dass Personen glauben, nicht mehr aktiv nach Informationen und Angeboten suchen zu müssen, weil diese insb. über Shares, Likes, Comments, Re-Tweets und Pins in den sozialen Netzwerken an sie herangetragen werden – wenn die Inhalte relevant sind! Dabei gilt generell: **Die Nutzer wollen häufig nicht suchen, sondern finden!**

Die Erwartungshaltung **„alles"** zeigt, welches hohe Anspruchsniveau Kunden heute in den meisten Branchen aufweisen (vgl. Abb. 3.1). Kunden haben gelernt, dass häufig gilt: „Everything is possible!"

- Testsieger-Produkte der *Stiftung Warentest* sind bei *Aldi* als preisgünstigstes Angebot zu finden.
- *Amazon* offeriert ein breites und tiefes Sortiment, verbunden mit einer hoch individualisierten Empfehlung von „passenden" weiteren Produkten – inkl. Zustellung am Folgetag oder bereits am Bestelltag („Same Day Delivery").
- Immer mehr Marken erlauben eine Individualisierung des Produktes – von der *Ray-Ban*-Brille über den Pullover von *Laura Biagiotti* bis zur *Prada*-Tasche. Bei manchen Prestigemarken kann jetzt jeder zum Self-Made-Designer werden. Der Slogan heißt „Made-to-Order".

- Im Internet ist ein schier unerschöpfliches Informationsangebot zu finden – rund um die Uhr, oft hoch aktuell oder als Newsstream sogar in Realtime und überwiegend kostenlos.
- *Spotify* ermöglicht den (fast) uneingeschränkten Zugriff auf mehrere Millionen Musiktitel – von überall und von einer Vielzahl von Geräten – kostenlos mit Werbung oder werbefrei durch ein Abonnement!
- *Netflix* und *Maxdome* ermöglichen es, Tausende von Filmen und TV-Serien per Streaming anzuschauen – wann und wo der Nutzer es möchte.
- Und, und, und ...

Die Unternehmen sehen sich auch mit der Erwartungshaltung **„überall/immer“** konfrontiert (vgl. Abb. 3.1). Die mobile Erreichbarkeit – nicht nur als Telefonie, sondern auch als Zugang zum Internet – ist heute in den entwickelten Industrienationen eine Selbstverständlichkeit. Das Schlagwort hierfür lautet **„always-on“**. Gemeint ist das „Immer-erreichbar-Sein“, unabhängig davon, ob dies im beruflichen oder privaten Umfeld bzw. stationär oder mobil stattfindet. Hierdurch verschwimmen zunehmend die Grenzen zwischen privatem und öffentlichem bzw. beruflichem Bereich. Deshalb erwarten Interessenten und Kunden von Unternehmen häufig einen Zugang zum Customer-Service-Center rund um die Uhr: jeden Tag, sieben Tage pro Woche, 365 Tage im Jahr – ohne sich über die Kostenimplikationen auf Unternehmensseite Gedanken zu machen.

Der Zugriff auf unternehmerische Angebote verlagert sich damit zunehmend von „klassischen Öffnungszeiten“ an „bestimmten Orten“ zum **kundengetriebenen zeitlich und räumlich flexiblen Interaktionsprozess**. Es gilt, dass die Interessenten und Kunden überall und rund um die Uhr sowohl empfangen als auch senden können. Diese Herausforderung stellt an die Unternehmen hohe Anforderungen. In dieser **Instant-Society** gilt das Motto: „any channel, any device, anywhere, anytime“.

Zusätzlich existiert die Erwartungshaltung **„sofort“**, die in unterschiedlichsten Bereichen dramatische **Beschleunigungseffekte** verursacht (vgl. Abb. 3.1). Den Unternehmen wird durch Interessenten und Kunden immer weniger **Zeit zur Reaktion** eingeräumt. Wenn auf eine E-Mail nach vier Stunden noch keine Antwort vorliegt, wird vielfach nachgehakt. Und warum soll ein Kunde bei einem Versender zwei bis drei Wochen warten, wenn eine Bestellung bei *Amazon* standardmäßig innerhalb von 24 h oder noch am gleichen Tag ausgeliefert wird? Die bei *Amazon* gemachten Erfahrungen werden als Benchmark (d. h. als Referenzwert) für die Bewertung der Leistungsstärke anderer Unternehmen herangezogen – auch über Branchengrenzen hinweg. Ob das im Einzelfall aus Sicht eines Anbieters angemessen erscheint, interessiert den Ich-getriebenen Interessenten oder Kunden wenig. Durch ein **Channel-Hopping** kann der Nutzer den Langsamen durch einen Mouse-Klick beim Wettbewerber abstrafen – und ihm u. U. für immer verloren gehen. Auch bei der Service-Erbringung steigen die Erwartungshaltungen: Deshalb ist regelmäßig zu prüfen, in welcher Form wichtige Services auch online angeboten werden können – 24/7.

Eine (fast) perfekte Umsetzung der Ich-alles-sofort-überall-Erwartungshaltung findet sich bei **Streamingdiensten**. Der Nutzer ist der alleinige Programmdirektor, der jederzeit auf eine (fast) unbegrenzte Fülle von Filmen Zugriff hat – auf die er, von wo auch immer (solange eine Internet-Verbindung besteht), sofort zugreifen kann. Gleichzeitig kann er durch Ad-Blocker oder entsprechende Filterprogramme die Werbung ausblenden lassen, wenn sie ihn nicht interessiert.

Vor dem Hintergrund dieser Kundenerwartungen wird bereits von einer **On-demand-Economy** gesprochen. Viele neue Geschäftsideen, die im *Silicon Valley* momentan entwickelt werden, fallen in dieses Segment. Hier findet sich der **Wäschereinigungsdienst** (*rinse.com*) – mit Hol- und Bring-Service. Es gibt einen **24/7-Essenslieferservice** (*postmates.com*).

Wer selbst kochen möchte und sich sehr kurzfristig entscheidet, kann sich die notwendigen Zutaten in der erforderlichen Menge durch blueapron.com anliefern lassen. Auf Wunsch liefert drizly.com dazu die gewünschten alkoholischen Getränke – auch direkt nach Hause. Alle weiteren Lebensmittel liefert auf Wunsch innerhalb kürzester Zeit instacart.com. Wer es sich doch anders überlegt, lässt sich das fertige Gericht von Restaurants seiner Wahl durch seamless.com nach Hause bringen. Wenn bei all diesen Aktivitäten etwas zu Bruch geht oder im Haushalt zu reinigen ist, helfen Anbieter wie taskrabbit.com weiter.

Wer doch noch mit dem Auto in die Stadt fährt, kann die Hilfe von luxe.com in Anspruch nehmen. Man ruft einfach an und sagt, wo einem das Auto abgenommen werden soll. Während man shoppt oder arbeitet, wird das Auto nicht nur geparkt, sondern auf Wunsch auch gewaschen und betankt. Wenn man das Auto wieder braucht, ruft man an und teilt den gewünschten Treffpunkt mit. Wer doch nicht selbst shoppen möchte, greift auf den Einkaufsservice von google.com/express zurück. Man sagt, was man wünscht, und dann kauft jemand für einen ein und liefert das Gewünschte nach Hause.

*Uber* entwickelt sein Geschäftsmodell auch in dieser Richtung weiter. Mit rush.uber.com bietet dieser Anbieter einen Punkt-zu-Punkt-Kurierdienst. Bei Amazon findet sich dieser Service unter flex.amazon.com. Mit ubereats.com steigt *Uber* auch in den Essenlieferservice ein. Hier weiß man – basierend auf der Ermittlung des prospektiven Essverhaltens (Stichwort „Anticipatory Delivery") – schon im Vorfeld, welche Essen besonders gut gehen. Deshalb ist bereits das Richtige an Bord des Lieferfahrzeugs, wenn es sich bspw. auf den Weg nach *San Francisco* macht. So kann in den angeschlossenen Städten teilweise schon Minuten nach der Bestellung ausgeliefert werden.

► Everything goes – everything goes on-demand!

**Think-Box**

- Wie umfassend haben wir uns bereits mit den Anforderungen „ich, alles, überall, sofort" unserer Kunden auseinandergesetzt?
- Welche Konsequenzen haben diese Erwartungen für unsere Wertschöpfungskette?
- Verfügen wir über die erforderlichen Permissions, um die Interessenten und Kunden informatorisch gezielt zu versorgen?
- Wie gut sind wir hier im Wettbewerbervergleich aufgestellt?
- Welche Stellhebel können in meinem Unternehmen zeitnah betätigt werden, um bspw. der Erwartung nach beschleunigten internen Prozessen gerecht zu werden?
- Bei welchen unserer Zielgruppen ist dies besonders wichtig?
- Welche Einsatzbereiche für On-demand-Lösungen gibt es in meiner Branche?
- Welche Unternehmen sind hier schon aktiv?
- Welche Einsatzfelder sehen wir für das eigene Unternehmen?
- Wo ist die entsprechende Verantwortlichkeit für die Fragestellung in meinem Unternehmen anzusiedeln?

► **Food for Thought** Wir denken und handeln in vielen Fällen noch orientiert an der Fragestellung **Time-to-Market:** Wie lange dauert es, bis unser Produkt bzw. unsere Dienstleistung Marktreife erlangt hat und dann auch eingeführt werden kann? Darauf richten wir unsere Energie und unsere gesamte Planung aus.
Im Silicon Valley hört man diesen Begriff selten. Hier heißt die Herausforderung: **Time-to-Value**. Hinter dem Austausch eines einzelnen Begriffs steht eine ganz andere Philosophie. Es geht nicht darum, erst (viel) später ein perfektes Angebot zu haben, das auf dem Markt gebracht werden kann. Es geht vielmehr um die Frage: Wann kann ein Produkt – und nicht notwendigerweise nur eine Software – den Kunden schon ersten Nutzen bringen? Damit verkürzt man nicht nur die Zeit, potenziellen Nutzern ein Produkt oder einen Service anbieten zu können. Man erhält auch viel früher eine Rückmeldung von den ersten Kunden – und kann dieses Feedback in den Finalisierungsprozess einfließen lassen. Außerdem ist man u. U. schneller als der Wettbewerber.
Dabei sollte ich den Kunden sagen, dass ich bspw. erst eine 70 %-Lösung erstellt habe und für Rückmeldungen dankbar bin. Dabei kann ich spannende Erkenntnisse sammeln, wie dies bspw. *Amazon* mit der Einführung des digitalen Assistenten *Amazon Echo* in Deutschland gemacht hat. Ausgewählte Kunden konnten den Smart Speaker weit vor der Markteinführung testen – und fühlten sich ggf. als Innovatoren besonders wertgeschätzt. *Amazon* konnte auf diese Weise lernen, mit den unterschiedlichen Dialekten in Deutschland umzugehen. Gleichzeitig wurde Wert für den Kunden geschaffen.

**Time-to-Value** ist u. E. eine unternehmerische Denkhaltung, die in mehr Branchen Einzug halten sollte. Dadurch kann nicht nur Wert für die Kunden, sondern auch für das Unternehmen selbst und weitere Stakeholder geschaffen werden.

In Summe haben diese Entwicklungen zu einer dramatischen **digitalen Beschleunigung** geführt. Gelernter (2010, S. 25) sieht die **Netzkultur** als **„Kultur der Jetzigkeit“** und begründet dies mit der Tatsache, dass in der Online-Kommunikation das **Jetzt** dominiert.

Deshalb sollt es möglich sein, dass markenbezogene Inhalte durch die Nutzer zu jedem Zeitpunkt (24/7) und von jedem gewünschten Ort und mit jedem möglichen Device abgerufen werden können. Dies bedeutet an allererster Stelle, dass Unternehmen eine gute Position auf den Ergebnisseiten der Suchmaschinen erreichen – in Deutschland primär bei *Google!* Die Gesamtheit des Wissens um die **Suchmaschinen-Optimierung** (SEO) stellt eine zentrale Voraussetzung für eine erfolgreiche digitale Markenführung dar (vgl. vertiefend zu SEO Kreutzer 2014, S. 250–285) – und dies in Verbindung mit einem überzeugenden Content-Marketing (vgl. Kap. 6).

► **Food for Thought** Ein gutes *Google*-Ranking stellt einen zentralen Eckpfeiler der digitalen Markenführung dar. Hierfür hat sich der Begriff „Findability“ eingebürgert!

Unternehmen tun gut daran, ihre Inhalte im Hinblick auf eine gute **Findability** aufzubereiten. Da immer mehr Menschen mobil auf das Internet zugreifen, erfordert dies von Unternehmen, ihre Inhalte für den mobilen Zugriff vorzubereiten. Allerdings stößt man beim mobilen Surfen immer noch auf zu viele Marken-Angebote, die nicht auf einen mobilen Zugriff vorbereitet sind. Die Aufgabenstellung lautet hier: Umsetzung eines **„responsive Designs“**, damit sich die Online-Inhalte den Darstellungsmöglichkeiten des jeweiligen Endgerätes optimal anpassen. Eine Orientierung an der Forderung **„Mobile First“** i. S. einer Ausrichtung der Online-Inhalte an der mobilen Nutzungssituation wird weiter an Bedeutung gewinnen (vgl. weiterführend Holland und Koch 2015). Heute greift der **Mobile-First-Gedanke** aber noch viel weiter: Es geht darum, ganze Geschäftsmodelle über Mobile Devices zu denken. Weil die Mobile Devices immer stärker zum Smart Service Terminal werden.

Einen „räumlichen“ Bezug erhalten die Angebote zusätzlich durch **Location-Based Services**. Diese werden möglich, wenn die Nutzer – bspw. beim Download von Apps – ihre Permission zur Verwendung des jeweiligen Standorts geben. Dann werden maßgeschneiderte Informationen (bspw. Coupons oder Hinweise auf eine Produktpräsentation im unmittelbaren Umkreis) möglich, soweit auch die Permission für **Push-Nachrichten** gewonnen wurde. So wird ein hochrelevantes Kontext-Marketing möglich, das gleichzeitig auch den **Aufbau einer digitalen Nähe zum Kunden** ermöglicht (vgl. Kap. 4).

► **Merk-Box** Alle Online-Anwendungen sollten zunächst – gemäß der Forderung **„Mobile First“** – auf kleinen Screens umgesetzt werden. Der Siegeszug der mo-

bilen Internet-Nutzung zwingt uns dazu, konsequent „mobile" und deshalb in „kleinen Screens" zu denken.
Das gilt allerdings nicht nur für die Kommunikation, sondern sollte auch für ganze Geschäftsmodelle zum Einsatz kommen: Geschäftsmodelle von Mobile Devices aus zu denken und zu entwickeln, ist die neue Herausforderung für viele Unternehmen (vgl. weiterführend Schallmo et al. 2017).
Dabei gilt: Das **Mobile Device** wird zum zentralen **digitalen Schlüssel zum Kunden**. Gleichzeitig führt das Mobile Device zu durchgreifenden **Veränderungen der Customer Journey**. Man kann auch sagen: Mobile Devices „disrupten" bzw. „zerstören" die konventionellen Customer Journeys. Im *Silicon Valley* hört man dazu den Slogan: **„Businesses are reinvented by mobility!"**
Und die nächste Stufe hat schon begonnen: **Multi-Screen First** – weil die einzelnen Devices immer stärker parallel genutzt werden.

**Case: *Lufthansa***

Welche Anforderungen seitens der Kunden in diesem Kontext erhoben werden können, soll am Beispiel einer **Customer Journey** von *Lufthansa* deutlich gemacht werden. Ein Lufthansa-Kunde erwartet zu Recht, dass ihm im Vorfeld eines Fluges alle relevanten Daten (auch **„Actionable Data"** genannt) – per App oder per E-Mail – zur Verfügung gestellt werden. Diese beziehen sich nicht nur auf mögliche Verzögerungen beim Abflug, sondern auch auf das Onboard-Entertainment-Programm, die Speisekarte an Bord oder das Wetter und spannende Events der nächsten Tage am Zielort. Zusätzlich können dem Fluggast am Zielort Vorschläge für die Tages-, Abend- oder Wochenendgestaltung unterbreitet werden – je nach Präferenzen des Gastes. Diese können – permissionbasiert – aus dem jeweiligen *Facebook*-Profil abgeleitet und in konkrete Angebote umgesetzt werden. Deren sofortige Online-Buchung rundet den Service ab. Die Bereitschaft, mehr zu bezahlen als nur den Preis für die ausgewählte Veranstaltung, dürfte für solche Concierge-Services sehr hoch liegen.

**Think-Box**

- Wie sieht es mit der Findability unserer Online-Inhalte aus?
- Haben wir bereits in allen relevanten Feldern der Online-Marken-Kommunikation ein responsive Design umgesetzt?
- Wird bei uns das Motto „Mobile First" bei der konzeptionellen Online-Marken-Arbeit konsequent angewandt?
- Welche weiteren Anforderungen kommen mit der Kultur der Jetzigkeit auf unsere Marke und unser Unternehmen insgesamt zu?

**Case: Generation Y**

Alle Unternehmen, deren Zielgruppe die **Generation Y** bzw. **Generation Why** ist (geboren zwischen 1980 und 1995), sollten sich über die spezifischen **Erwartungen dieser Generation** im Klaren sein. Auch wenn es sehr mutig ist, Pauschalisierungen für eine gesamte Generation vorzunehmen, lassen sich doch einige generelle Aussagen treffen, die bei der Markenführung zu berücksichtigen sind. Kennzeichnend für diese Generation ist, dass sie im Wohlstand aufgewachsen und mit dem Internet groß geworden ist. Sie wird häufig als angepasster und konservativer als die Vorgänger der Generation X bezeichnet. Eine genaue Analyse zeigt dann jedoch, dass hier auch ein **hohes Maß an Kreativität** gegeben und ein **hoher Anspruch an sich selbst** bzgl. Konsum, Moral, Ethik, Macht und Geld gestellt wird. Dieser hohe Anspruch wird ebenso an Marken und Unternehmen – auch als Arbeitgeber – herangetragen. Die Werte hinter Marken und Unternehmen gewinnen deutlich an Bedeutung – insb. dann, wenn diese Generation das Geld verdient, um tatsächlich die präferierten, ethisch korrekten Marken zu erwerben (vgl. Lischka 2016; Hurrelmann und Albrecht 2014; Parment 2013; Ruthus 2014).

Was sind zentrale **Markenzeichen der Generation Y?** „Absolute Offenheit, Flexibilität und ein grundsätzlicher Optimismus. Obwohl die Situation kritisch ist, haben sie das Gefühl: Irgendwie kriege ich das schon alles hin, aber ich darf mich nicht festlegen, nirgendwo zu früh Entscheidungen treffen, sodass ich mir immer das Optimale heraussuchen kann. Das führt dazu, dass sich die jungen Menschen nur ungern fest binden, politisch nicht und oft auch privat nicht … " Es wird die erste Generation sein, die sagt: „Ich möchte gleichzeitig leben, arbeiten, lieben und genießen. Und das zu jeder Lebenszeit." (Hurrelmann 2016, S. 28).

Gerade bei der Generation Y muss die Markenführung folglich stärker als bei früheren Generation auf die in Kap. 4 diskutierte ganzheitliche **Customer-Experience** einzahlen. Vielfach wird dabei ebenfalls ein höheres Maß an **Customer Engagement** gefordert (vgl. Kap. 5). Auch die Nachhaltigkeit (Sustainability) des unternehmerischen Tuns, die bspw. über **Content-Marketing** vermittelt wird, zahlt auf eine positive Markenwahrnehmung ein (vgl. Kap. 6). So haben sich bereits *Coca-Cola, Pepsi Cola* und *Heinz* auf solche Anforderungen eingestellt, weil die Generation Y zur Kernzielgruppe zählt. Um den Forderungen hinsichtlich Nachhaltigkeit gerecht zu werden, wurde nachhaltiges Verpackungsdesign entwickelt. Andere Unternehmen setzen auf fairen Handel. Während bspw. *Tchibo* das *Fair-Trade*-Symbol nutzt, um die wahrgenommene soziale Verantwortung zu dokumentieren, haben *Aldi Süd* mit *One World* und *Lidl* mit *Fairglobe* eine eigene (faire) Handelsmarke eingeführt. Die Kennzeichnung auf der Verpackung gleicht hier einer Ausweisfunktion für soziale Verantwortung.

Die Generation Y sucht in der zunehmend digitalisierten Welt nach **Echtheit** und **Wahrheit** – auch und gerade bei Marken und Unternehmen. Hierzu wird häufig eine stärkere Nähe zu Unternehmen angestrebt, die sich in einer intensiveren (digitalen) Beziehung zu Marken und Unternehmen niederschlägt. Zusätzlich wird erwartet – wie zunehmend auch in den anderen Generationen – dass man sich von einer Massenbespaßung durch Kommunikation und Produkte/Services verabschiedet und eine stärkere **Individualisierung** ermöglicht. Gleichzeitig – und nur anscheinend im Widerspruch dazu – möchte man auch **Teil eines größeren Ganzen** sein. Hieraus resultiert die zunehmende Relevanz von (Online-)Communitys (vgl. Kap. 9; vgl. grundlegend zum fairen Marketing und Management Wiesner 2016).

**Think-Box**

- Ist die Generation Y eine wichtige Zielgruppe für uns?
- Wie intensiv haben wir uns bisher mit den spezifischen Anforderungen dieser Zielgruppe auseinandergesetzt?
- Welche Erwartungen werden von uns als Anbieter von Produkten und Dienstleistungen herangetragen?
- Was wünscht man sich in dieser Zielgruppe von uns als Arbeitgeber?
- Laufen die entsprechenden Analysen von Marketing, Vertrieb und Human Resources abgestimmt miteinander – oder bauen wir hier Daten-Silos auf?

## 3.2 Omni-Channel-Kommunikation – kundenzentrierte Vernetzung aller Kommunikationsstränge

Die Vielzahl der Brand-Touchpoints hat zu einer dramatischen Veränderung der schon in Abb. 1.8 gezeigten **Customer Journey** geführt. Gleichzeitig haben sich – wie in Abschn. 3.1 ausgeführt – die Kundenerwartungen dramatisch verändert. Während früher eine Kernaufgabe der Markenführung im Aufbau von Reach durch Broadcast (d. h. durch möglichst flächendeckende Werbung) bestand, müssen neben dieser nach wie vor wichtigen Aufgabe weitere (Online-)Touchpoints bespielt werden, um bei den Nutzern bekannt und für diese relevant zu werden oder zu bleiben. Die erste Stufe hierzu stellt bei vielen Unternehmen der Aufbau einer **Multi-Channel-Kommunikation** dar. Dabei wird schlicht und ergreifend versucht, die Zielpersonen über verschiedene Kommunikationswege zu erreichen.

### 3.2.1 Multi-Channel-Kommunikation

Das **Grundkonzept einer Multi-Channel-Kommunikation** findet sich in Abb. 3.3. Hier wird deutlich, dass Unternehmen parallel zu den etablierten Kommunikationskanälen (wie TV, Radio, Anzeigen, Plakat, Flyer/Beilagen) einfach weitere (Online-)Kanäle aufgebaut haben – häufig unverbunden mit den existierenden Kanälen. Teilweise wurden die „neuen“

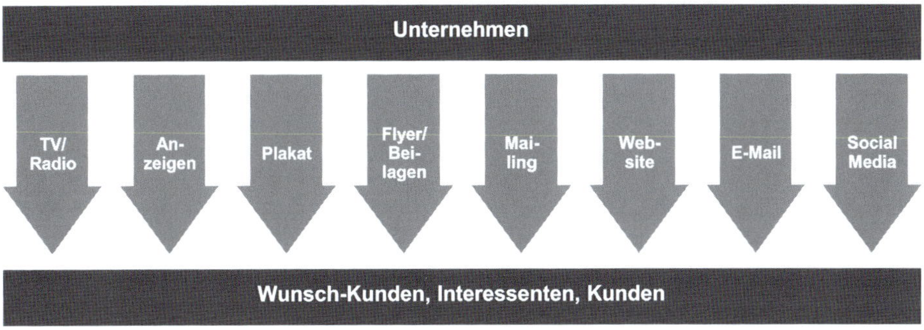


**Abb. 3.3** Grundkonzept der Multi-Channel-Kommunikation

Kanäle im Unternehmen auch von anderen Managern und/oder Abteilungen verantwortet. Die Folge war, dass die in den verschiedenen Kanälen gesendeten Botschaften häufig weder zeitlich noch inhaltlich aufeinander abgestimmt waren. Ein glaubwürdiger Auftritt der Marke wird so allerdings nicht erreicht, da ein konzertierter Markenauftritt nicht garantiert ist.

► **Merk-Box** Wer einen konsistenten Markenauftritt – über verschiedene Kanäle und damit auch über verschiedene Brand-Touchpoints hinweg – erreichen möchte, muss das Konzept der Multi-Channel-Kommunikation zu Gunsten einer Omni-Channel-Kommunikation überwinden. Denn die Zielsetzung lautet: „Der Interessent bzw. der Kunde erlebt unserer Unternehmen nicht nur immer gleichartig – unabhängig davon, über welchen Kanal er mit unserem Unternehmen kommuniziert. Er erlebt uns auch relevant – bezogen auf seinen jeweiligen Kontext."

### 3.2.2 Omni-Channel-Kommunikation

Vor dem Hintergrund der Wirkungsgrenzen einer Multi-Channel-Kommunikation streben Unternehmen heute vielfach eine **Omni-Channel-Kommunikation** an. Hierbei handelt es sich um einen kanalübergreifenden Ansatz, der sich an der Customer Journey orientiert. Es wird versucht zu ermitteln, welche Art von Inhalten die (potenziellen) Kunden an welchen Touchpoints erwarten, um die gewünschten Inhalte entsprechend bereitzustellen. Es ist zu berücksichtigen, dass die Nutzer in den unterschiedlichen Kanälen keine identischen, wohl aber konsistente Informationen erwarten. Das ist das Ziel der Omni-Channel-Kommunikation: Der (potenzielle) Käufer wird in den Mittelpunkt der Kommunikation gestellt – und alle relevanten Informationsströme werden auf dessen Bedürfnisse ausgerichtet (vgl. Abb. 3.4). Idealerweise werden die Informationen in den verschiedenen Phasen – von Search über Compare, Purchase, Receive, Use bis zu Review – auf die jeweilige Zielperson zugeschnitten.

**Abb. 3.4** Grundkonzept der Omni-Channel-Kommunikation

Jetzt könnte man behaupten, das wäre ja schon immer so gewesen! Theoretisch „Ja", praktisch „Nein". Denn viele Unternehmen praktizieren heute nach wie vor eine Multi-Channel-Kommunikation, die den notwendigen Link zwischen den verschiedenen Plattformen und Inhalten vermissen lässt. Angestrebt wird bei einer Omni-Channel-Kommunikation idealerweise ein „nahtlose" kommunikative Betreuung, die inhaltlich miteinander verzahnt ist und gleichzeitig die unterschiedlichen Möglichkeiten der jeweiligen Kanäle berücksichtigt.

Die **hohe Schule der Omni-Channel-Kommunikation** setzt voraus, dass der potenzielle Käufer an den verschiedenen Touchpoints erkannt wird. Dann gelingt es, eine **Learning Relationship** aufzubauen, weil ich die Präferenzen und Wünsche des Interessenten immer besser einschätzen und ihn idealerweise hoch individualisiert betreuen kann. So wird ein Customer Advantage möglich. Am sichersten, aber gleichzeitig nur selten gelingt dies durch ein Log-in (etwa bei *Facebook*, *Google* oder auf der eigenen Website), weil sich dem Nutzer die Vorteile eines solchen (aufwändigen) Log-ins häufig nicht erschließen. Ansatzweise kann dies noch über einen Cookie-Einsatz gelingen; allerdings erkenne ich durch ein Cookie ein Device und nur ansatzweise den jeweiligen Nutzer!

Die zusätzliche Herausforderung heißt allerdings – übergreifender – **Cross-Device-Tracking**; schließlich ist der Nutzer oft mit verschiedenen Devices parallel unterwegs: Der Einstieg in eine Hotelsuche kann unterwegs per Smartphone erfolgen. Zusammen mit dem Partner wird diese Suche per Tablet fortgesetzt, während die finale Buchung über einen Desktop-PC erfolgt. Wie schön wäre es, wenn immer wieder alle schon verarbeiteten Informationen und Präferenzen für den finalen Abschluss vorliegen würden! Heute wird das eindeutig nur durch das schon erwähnte – aber ungeliebte – Log-in erreicht.

Wem ein Cross-Device-Tracking schon gelingt, sind Unternehmen wie *Google*, *Apple* und *Amazon*, die entsprechende Devices und Services unter einem Dach anbieten. Hier wird die Macht der sogenannten **Eco-Systems** deutlich (vgl. Kap. 9). Gerade *Apple* kann bei einer eindeutigen Zuordnung der verschiedenen Devices zu einem Nutzer dieses

Cross-Device-Tracking in Perfektion umsetzen, solange der Nutzer nicht noch mit einem *Android*-Handy „fremdgeht"!

In der Online-Welt gelingt das **Tracking der Nutzer** schon an vielen Stellen – wie man selbst täglich an den individualisierten Nachrichten und Angebote erkennen kann, die eindeutig auf eigenen, vor Kurzem an anderer Stelle gezeigten Präferenzen aufbauen. Viel schwieriger ist nach wie vor, die **Verbindung zum Offline-Bereich** zu schaffen. Hierzu kann das Smartphone einen wichtigen Beitrag leisten, weil dieses auch bei Offline-Aktivitäten häufig in Griffweite ist. Die nächste Herausforderung stellt das **Cross-Store-Tracking** dar, um die Bewegungen des Kunden zwischen verschiedenen stationären Geschäften zu ermitteln. Auch hierzu wird das Smartphone benötigt (vgl. vertiefend zum Online-Handel Heinemann 2016a).

**Case: *Kia*-Kampagne**

Wie der **Brückenschlag zwischen der Online- und Offline-Welt** gelingen kann, zeigt eine Kampagne von *Kia*. Die Aufgabenstellung für die betreuende Agentur *mocca-media* bestand darin, durch eine *AdWords*-Kampagne für zusätzlichen Traffic beim stationären Autohändler zu sorgen – und diese Effekte auch zu belegen. Hierzu wurde eine zentrale Search-Kampagne zum Launch der *Kia* Modelle *Optima* und *Sportage* aufgesetzt. Bei dieser **Push-to-Store-Kampagne** galt es, eine lokale Aussteuerung für die teilnehmenden 361 *Kia*-Händler zu erreichen und die ausgelösten Ladenbesuche zu belegen. Da seitens *Google* zum Nachweis der **StoreVisit-Conversions** auf Händlerebene 100.000 Klicks pro Monat und pro *AdWords*-Konto vorausgesetzt werden, wurde hierfür eine Ein-Konten-Strategie umgesetzt. Unter diesem Dach-Account wurden 361 Einzelkampagnen mit 20.000 Anzeigengruppen, 50.000 unterschiedlichen Textanzeigen und 450.000 Keywords zusammengefasst. Durch die Kampagne wurden in vier Wochen über 250.000 Kicks erzielt. Pro Händler waren das bei einem durchschnittlichen Budget von 355 € jeweils 700 Klicks. Es kam zu über 8340 Ladenbesuchen. Der **Cost per Visit** lag folglich bei 15,40 €. Ob tatsächlich ein Händlerbesuch erfolgte, wurde durch einen **GeoTracker** ermittelt; hier wird das Telefon lokalisiert und damit ein Store-Besuch nachgewiesen. Eine Kundenbefragung musste folglich nicht durchgeführt werden (vgl. Becker und Weinand 2016; Google 2016).

Durch solche **Push-to-Store-Kampagnen** kann ein digitales Fließband zur Kundengewinnung anlaufen! Entscheidend ist natürlich, dass hier – wie idealerweise bei allen performancebasierten Konzepten – eine umfassende Erfolgsanalyse zum Einsatz kommt (vgl. Kreutzer 2016).

**Case: *Tante Emma 4.0***

Wie ein **stationäres Shop-Konzept** On- und Offline-Welt verbinden kann, zeigt der *PayPal-Futurestore*, der in Berlin als **Konzeptstudie** am Beispiel des fiktiven *Hudson+Vestry-Shops, New York*, präsentiert wurde: *Sharon* ist um 8.00 Uhr auf dem Weg zur Arbeit. Sie kommt an ihrer Lieblingsboutique vorbei und entdeckt im Schaufenster

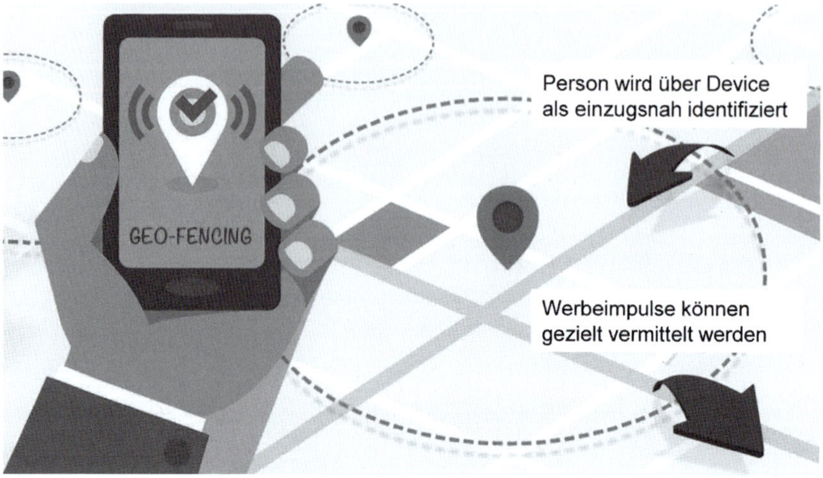


**Abb. 3.5** Tante Emma 4.0 – mit Geo-Fencing. (Quelle: Nach emaze 2016)

eine tolle Handtasche. Da das Geschäft noch geschlossen ist, zückt sie ihr Smartphone, aktiviert die *RedLaser*-App und scannt das „Objekt der Begierde". Da *Sharon* ihre **Geo-Fencing-Permission** erteilt hat, kann das stationäre Geschäft jetzt mit ihr kommunizieren. Sie bekommt nicht nur die Preisinformation angezeigt, sondern auch die Mitteilung, dass von dieser Handtasche nur noch eine im Laden verfügbar ist. *Sharon* aktiviert die Funktion „Bitte bis heute Abend zurücklegen" und geht entspannt ins Büro (vgl. Abb. 3.5).

Um 19.00 Uhr schließt *Sharon* ihren Arbeitstag ab. In dem Moment, in dem sie den **Geo-Fencing-Radius** des Geschäftes überschreitet, geht eine Message an den Store-Manager. Dieser sieht nicht nur, dass sich *Sharon* dem Geschäft nähert. Ihm wird gleichzeitig auch angezeigt, dass Sharon monatlich einen signifikanten Anteil ihres Gehaltes in seinem Geschäft investiert. Ihr Profil ist mit drei Sternen versehen, was sie als Top-Kundin kennzeichnet (**Kundenwert**)! Da auch ihre letzten Käufe sowie ihre bevorzugten Marken im System hinterlegt sind – inkl. Konfektions- und Schuhgröße – konnte der Store-Manager in Ergänzung der „Bitte um Zurücklegung" einen **individualisierten „Gabentisch"** für *Sharon* mit weiteren passenden Produkten vorbereiten.

Mit *Sharon* betreten wenig später drei weitere Kunden den Laden. Alle werden sehr wertschätzend begrüßt, aber auf *Sharon* geht der heute alleine im Laden arbeitende Store-Manager persönlich zu. Die beiden anderen Kunden sind – datenbankmäßig – als „Sehleute" bekannt, die sich gerne umschauen, aber noch nie etwas gekauft haben. *Sharon* findet auf dem vorbereiteten Gabentisch nicht nur die ausgewählte Handtasche, sondern auch ein paar passende Schuhe (in der richtigen Größe) und einen farblich harmonierenden Schal. Sie kann beidem nicht widerstehen. Die Bezahlung erfolgt über *PayPal* – auf Wunsch auch als Ratenzahlung. Dabei wird automatisch ein Coupon über

10 € abgezogen, den *Sharon* vor zehn Tagen per Brief zugesendet bekam. *Sharon* verlässt das Geschäft mit einem sehr guten Gefühl – und kommt gerne wieder! So sieht eine überzeugende **Omni-Channel-Kommunikation** heute aus!

**Lösungen für eine Omni-Channel-Kommunikation** werden bspw. von einem Unternehmen wie Minodes (2016) angeboten. Mit dem Konzept *TargetAd* kann ein **Offline-to-Online-Retargeting** durchgeführt werden. Hierzu werden die Besucher des stationären Geschäfts mit digitalen Werbekampagnen bespielt, um so kanalübergreifende Markenerlebnisse zu kreieren. Hierdurch soll die Besucherfrequenz gesteigert werden – online und offline gleichermaßen. Beim **Online-to-Offline-Retargeting** werden die Website-Besucher im Umkreis der jeweiligen stationären Geschäfte mit personalisierter Werbung angesprochen, um dort die Besuchsfrequenz zu erhöhen.

Einen Beitrag zur Vernetzung der Online- und Offline-Welt können auch **In-Store-Systeme** mit den schon kurz angesprochenen **Beacons** leisten (vgl. weiterführend Kap. 4; vgl. auch Mahrdt 2016, S. 26–33). Sie ermöglichen es, dass sich Kunden am POS digital mit ihnen verbinden. Hierdurch wird nicht nur eine In-Store-Kommunikation möglich, sondern die Inhalte der im Vorfeld mit dem Händler geführten Online-Kommunikation können idealerweise als Grundlage für die Bereitstellung maßgeschneiderter Botschaften und Angebote genutzt werden. Hierfür bedarf es – aus Sicht der Nutzer – leistungsstarker Apps der jeweiligen Anbieter, weil diese Verknüpfung sonst nicht gelingen kann. Nur wem es (dauerhaft) gelingt, seine Apps mit relevanten Inhalten zu füllen und beständig weiterzuentwickeln, bleibt im Fokus des Nutzers und vermeidet ein Dasein als Sleeper-App – heruntergeladen, aber nicht genutzt.

Ansatzpunkte für den hier notwendigen **Relevanzaufbau der App** können Coupons und sonstige Loyalitätsanreize sein, die bspw. über die *Douglas*-App kommuniziert werden (vgl. Douglas 2016). Es können auch Verbindungen zwischen dem Online-Katalog und den In-Store-Systemen aufgebaut werden, wie dies bspw. *Mammut* gelungen ist. Die Produktpräferenzen, die ein Nutzer bspw. durch Pins bei *Pinterest* oder Likes bei *Facebook* zum Ausdruck gebracht hat, können an das In-Store-System weitergeleitet werden. Betritt der Nutzer das Geschäft, können In-Store-Beleuchtungssysteme den Kunden zu den präferierten Produkten navigieren. Gleichzeitig können per Tablet – mit namentlicher Anrede – weitere Informationen und Produktvorschläge präsentiert werden. So gelingt eine „Seamless Communication" (vgl. McCann 2015). Die *Adidas*-App geht noch einen Schritt weiter und ermöglicht es, Fotos auf dem Smartphone auf Sportschuhe zu drucken – ein weiterer Schritt in Richtung Individualisierung (vgl. Adidas 2014). Derartige Kundenvorteile stellen die Voraussetzung dar, dass Nutzer ihr Einverständnis für eine umfassende Permission auch zum Tracking des eigenen Verhaltens geben.

► **Food for Thought** In der **App-Economy** von heute geht es in vielen Fällen um den **Kampf auf den Mobile Devices der Nutzer**.

Um die In-Store-Navigation zu optimieren, können **Heatmaps** erstellt werden, die den **Store-Traffic** visualisieren. Hierdurch können für die Markenbildung relevante Hotspots identifiziert und wenig frequentierte Bereiche und Bottlenecks ermittelt werden. Die größere Herausforderung besteht darin, den **Street-Traffic** zu erfassen. Dann kann durch die Relationsbildung zwischen Store-Traffic und Street-Traffic die **Street-Traffic-Conversion** errechnet werden.

Zusätzlich sind die Möglichkeiten auszuschöpfen, die **Digital-Out-of-Home-Lösungen** (DooH) heute bieten. Nach einer aktuellen Studie des DMI (2016) weisen DooH-Angebote bei jungen Zielgruppen, Entscheidern und Menschen mit hohem Nettoeinkommen eine große Reichweite auf. Die Nutzbarmachung des im weiteren Verlauf beschriebenen Programmatic Advertising zur Steuerung der DooH-Flächen bietet zusätzlich spannende Wachstumspotenziale (vgl. o. V. 2016d, S. 10–12). Weitere Konzepte zielen darauf auf, per Gesichtserkennung und WLAN die Individualisierung der Werbeausspielung in Richtung one-to-one zu lenken (vgl. o. V. 2016e, S. 13).

Den **Kern der Omni-Channel-Kommunikation** stellt folglich die möglichst **umfassende Ausrichtung einer ganzheitlichen Kommunikation auf den jeweiligen Nutzer** dar – unabhängig davon, über welche Kanäle dieser mit dem Unternehmen kommuniziert. Die Zielsetzung dieser Kommunikation ist nicht nur das **Vermitteln kurzfristig wirkender Verkaufsimpulse**, sondern auf einen umfassenden **Imageaufbau** ausgerichtet. Dies soll durch eine – aus Kundensicht – **werthaltige Kommunikation** erfolgen. Damit sind nicht nur die bereits angesprochenen Themen der Integration des Kunden in den Kaufentscheidungsprozess gemeint, sondern auch die Information, Unterhaltung und Ausbildung des Nutzers durch die verschiedenen Spielarten des **Content-Marketings** angesprochen (vgl. Kap. 6).

### 3.2.3 Herausforderungen der Omni-Channel-Kommunikation

Abb. 3.6 zeigt die Herausforderungen, die mit der Umsetzung einer Omni-Channel-Kommunikation einhergehen. Versucht man, die verschiedenen Kanäle und Brand-Touchpoints den verschiedenen Phasen zuzuordnen, stößt man an seine Grenzen: Denn viele Kanäle – wie bspw. das Smartphone (inkl. Apps) oder die sozialen Medien – sind in allen Phasen relevant. Es müssten pro Kanal „nur noch" die jeweils phasenspezifisch relevanten Informationen bereitgestellt werden.

In welchem Umfang eine solche **Individualisierung der Kommunikation** vorangetrieben werden soll, orientiert an der jeweiligen Phase, die der Nutzer im Kundenbeziehungslebenszyklus erreicht hat – und welche Möglichkeiten dazu bestehen, ist zum einen von den Kundenerwartungen in der jeweiligen Branche und in hohem Maße natürlich von den technischen Voraussetzungen jedes einzelnen Unternehmens abhängig. Außerdem stellt sich immer die Frage, in welchem Umfang eine weitere Individualisierung den Kundenwert erhöhen kann.

Hiermit wird deutlich, welche besonderen Anforderungen für die **Markenführung in einer Omni-Channel-Welt** existieren. Die damit verbundene Aufgabenstellung hat zwei Aspekte. Zum einen müssen werbende Unternehmen immer mehr Kanäle und Devices

**Abb. 3.6** Beispielhafte Zuordnung von Kanälen zu den einzelnen Phasen eines Kauf- und Nutzungszyklus

im Hinblick auf ihre Zielgruppenrelevanz bewerten. Zum anderen findet in zunehmendem Maße eine Parallel- oder Mehrfachnutzung von Kanälen statt, die bereits bei der Ausgestaltung der dort vorzufindenden Inhalte „vorzudenken" ist. Das Nutzungsverhalten hat sich hier in vielen Bereichen bereits von der Second-Screen-Nutzung zu einer **Multiple-Screen-Nutzung** weiterentwickelt. Dabei ist immer weniger vorhersagbar, welcher Screen bei der Mediennutzung gerade der dominante ist.

Die Vielzahl der möglichen Informationenquellen und -kanäle lässt unterschiedlichste **Customer Journeys** entstehen – im Extremfall für jeden Kunden eine andere. Folglich müssen wir ermitteln, welche Arten von Customer Journeys bei unseren wichtigsten Kunden dominieren, um diese möglichst gut informatorisch zu unterstützen und ggf. die Ressourcen auf die wichtigsten **Brand-Touchpoints** auszurichten. Es ist zwingend zu berücksichtigen, dass sich der Kunde immer mehrerer Kanäle – teilweise parallel – bedient. Und er alleine entscheidet darüber, welche das im Einzelfall sind. Damit wird deutlich:

► **Merk-Box** In Zukunft wird es für die Unternehmen immer schwieriger werden, bei der Gestaltung der Kundenbeziehungen und insb. bei der Ausgestaltung der Customer Journey im „Driver's Seat" zu sitzen. Damit kehren sich die Verhältnisse um und CRM wird zu CMR – einer **Customer Managed Relationship**!

### 3.2.4 Realtime Advertising

In die Omni-Channel-Kommunikation ist auch das **Realtime Advertising** einzubinden. Für dieses Konzept der Versteigerung von Online-Werbeflächen in Echtzeit werden auch die Begriffe **Programmatic Advertising** bzw. **Programmatic Ad Buying** verwendet. Hiermit wird der Prozess einer automatisierten und datengestützten Mediaplanung verstanden, um Werbe-Inventar in Echtzeit auktionsbasiert zu erwerben und automatisiert an vorab definierte Zielgruppen auszusteuern. Bei diesem Konzept kaufen die Advertiser über eine sogenannte Demand Side Platform (DSP) Werbeflächen ein. Diese werden durch die Publisher auf Supply Side Platforms (SSPs) angeboten. Auf den Data Management Platforms (DMPs) werden relevante Daten zu den Nutzerprofilen sowie zu den besuchten Websites bereitgestellt, um die Kaufentscheidung der Advertiser zu unterstützen.

Beim Kauf der Werbeflächen findet ein **Realtime Bidding** genanntes Auktionsverfahren Anwendung; d. h., die Werbeflächen werden in Millisekunden an den Meistbietenden verkauft. Ein solcher Verkauf und die Auslieferung von Werbung in Echtzeit machen sich die Ladezeiten von Websites zunutze. Während des Ladevorgangs finden die Auktion und die Auslieferung statt. Diese wird von sogenannten AdServern durchgeführt, die als Bindeglied zwischen Advertiser und Publisher stehen. Im Idealfall merkt der Nutzer nichts davon. Allerdings lässt sich in der Praxis immer wieder beobachten, dass sich die Werbeframes auf Onlineseiten erst nach ein paar Millisekunden mit Werbeinhalten füllen. Aufgrund der zum Einsatz kommenden Targeting-Konzepte werden im Idealfall nur die Werbeinhalte ausgeliefert, die auf die jeweiligen Besucher einer Website zugeschnitten sind. So kann die Relevanz der Botschaften für ein Digital Branding sichergestellt werden.

Nach einer qualitativen Studie des BVDW (2016, S. 36, 17), zu der 31 Digital-Experten in Deutschland und der Schweiz befragt wurden, liegt der Anteil der Ad-Impressions, die über **Programmatic Advertising** gehandelt werden, in Deutschland heute schon bei 45 % – Tendenz weiter steigend. 57 % der Befragten setzen Programmatic Advertising für performanceorientierte Kampagnen ein. 26 % für Performance und Branding und 17 % überwiegend für Branding.

Die nächsten Schritte der **Media-Automation** sind hier schon absehbar. Nach dem bereits im Entstehen begriffenen **Programmatic All-Media Buying** wird die **Programmatic Creation** stehen. Ab ca. 2020/21 könnte die **Programmatic Media Orchestration** folgen!

**Think-Box**

- Kennen wir die „typische“ Customer Journey unserer Kunden?
- Welche Kanäle und welche Informationsangebote werden besonders intensiv genutzt – oder kaum in Anspruch genommen?

- Wie sieht die Customer Journey unserer „wichtigsten“ Kunden aus?
- Kennen wir wirklich die Präferenzen unserer Kunden entlang der Customer Journey?
- Oder wissen wir nur, welche der von uns angebotenen Kanäle wie intensiv genutzt werden?
- Sind wir darauf vorbereitet, dass Kunden bei den Informations- und Distributionskanälen die Richtung vorgeben, in die wir bei der Gestaltung unserer Brand-Touchpoints laufen müssen?
- Befinden wir uns noch in der Phase der Multi-Channel-Kommunikation, bei der verschiedene Informationen über verschiedene Kanäle bereitgestellt werden, ohne dass deren Vernetzung im Unternehmen konzeptionell vorgedacht wird?
- Oder bewegen wir uns schon in Richtung Omni-Channel-Kommunikation?
- Welche Ziele werden bei der Omni-Channel-Kommunikation angestrebt?
- Wie nah und damit wie individuell wollen wir den Nutzer ansprechen?
- Wo ist die Grenze der Wirtschaftlichkeit bei der Individualisierung der Kommunikation für unser Unternehmen gegeben?
- Welche Erfahrungen haben wir bereits mit Realtime Advertising gesammelt?
- Stellt dieses Konzept einen relevanten Baustein für die digitale Markenführung dar?
- Wer ist in meinem Unternehmen für die Fragen der Omni-Channel-Kommunikation verantwortlich?

**Case: Crossmediale Vernetzung bei *dm-drogerie markt* und *Huffington Post***

Die (digitale) Markenführung lebt von einer **crossmedialen Vernetzung**, um die Synergien zwischen den verschiedenen digitalen Plattformen sowie zwischen diesen und den Offline-Medien überzeugend zu gestalten. Zentrale Voraussetzung hierfür ist, dass die on- und offline-übergreifende Vernetzung bereits in der Konzeptionsphase angedacht wird. Ein überzeugendes Beispiel hierfür liefert *dm-drogerie markt*. So ist bspw. bei der Konzeption von individualisierten Produkten in Abb. 3.7 zu sehen, dass die dort gestalteten Kreationen gleich über *Facebook* und *Pinterest* geteilt werden können, um so eine zusätzliche Verbreitung zu erzielen.

Auch das Beispiel der *Huffington Post* in Abb. 3.8 zeigt, wie systematisch eine – hier nur online agierende – Marke die **Kraft der sozialen Vernetzung** nutzt. Bei einem Artikel über den eigenen *WhatsApp*-Newsletter wird nicht nur ermöglicht, das Foto bei *Pinterest* zu posten. Es wird auch zum Like und Share bei *Facebook* und *Google+* und zur Weiterleitung per *Twitter* hingewiesen. Zusätzlich wird zum Kommentieren aufgefordert.

Bei der Ausgestaltung der Omni-Channel-Kommunikation ist die sogenannte **„Medienadäquatheit“** sicherzustellen. Darunter ist der Aspekt zu verstehen, dass die Inhalte

**Abb. 3.7** Individualisiertes Produkt von *dm-drogerie markt*. (Quelle: fotoparadies.de)

nicht nur auf die technischen Möglichkeiten der verschiedenen Kanäle, sondern auf die jeweiligen Nutzungssituationen (im Büro, im Wohnzimmer, in der U-Bahn oder auf der Straße) ausgerichtet sind. Eine Medienadäquatheit ist folglich gegeben, wenn die Möglichkeiten dem Medium entsprechend eingesetzt werden, ohne dass ihre kommunikative Funktion eingeschränkt wird.

### 3.2.5 Digitaler Auftritt am POS

Die crossmediale Vernetzung kann in immer höherem Ausmaß auch den POS einbeziehen. Das Stichwort hierfür lautet: **Digital Signage**.

Digital Signage kann am besten mit „digitale Beschilderung" übersetzt werden und umfasst Informationssysteme, die digitale Inhalte bereitstellen. Dazu gehören elektronische Plakate, die bspw. orientiert an den Charakteristika des Passantenstroms unterschiedliche Werbebotschaften übermitteln. Eine zunehmende Bedeutung erhält Digital Signage als Teil des **In-Store-Marketings**. Der innovative Reiz von Digital Signage (im Vergleich zum klassischen Wobbler am Regal) liegt zum einen darin, dass die digital aufbereiteten audio-visuellen Inhalte in Realtime aktualisiert und damit verändert werden können. Hierdurch wird ein Mehrwert am POS erzielt. Dabei hat sich gezeigt, dass solche Nachrichten am Regal einen höheren Impact auf das Kaufverhalten erzielen, als wenn solche bereits am Eingang präsentiert werden. Zum anderen besteht die Möglichkeit, dass Inhalte selektiv

**Abb. 3.8** Beispiel für eine crossmediale Vernetzung bei der *Huffington Post*. (Quelle: huffingtonpost.com)

ausgespielt werden. Die einfachste Form der regionalen Segmentierung besteht darin, dass in den Geschäften einer national agierenden Retail-Kette im Süden von Deutschland andere Inhalte präsentiert werden als im Norden oder Osten. Eine Weiterführung stellt einer stärkere Interaktion mit den Nutzern dar, um Inhalte sowohl zu personalisieren als auch zu individualisieren, wie das am Beispiel *Mammut* in Abschn. 3.2.2 bereits gezeigt wurde. Die Bereitstellung personalisierter Inhalte zeigt dabei die höchsten Wirkungen auf. Allerdings sind dabei auch die Sättigungsgrenzen der Empfänger zu berücksichtigen; während die ersten Nachrichten auf großes Interesse stoßen, fällt das Interesse dann schnell ab (vgl. weiterführend Stafflage 2016)

Ein interessantes Beispiel für die Nutzung von **Digital Signage in der Markenführung** zeigt *Burberry*. Das Unternehmen hat in seinem neu errichteten Ladengeschäft in der *Londoner Regent Street* für die Besucher ein interaktives Einkaufserlebnis vorbereitet. Dazu wurden auf 4000 $m^2$ über 500 Lautsprecher und 100 Bildschirme installiert. Dazu kommt einer der größten Bildschirme, der im Geschäft installiert wurde und Markeninhalte präsentiert. Der Einsatz von RFID-Chips in ausgewählten Kleidungsstücken und Accessoires ermöglicht den Abruf von produktbezogenen Informationen auf den Bildschirmen. Zusätzlich werden vom Verkaufspersonal *iPad*-Apps genutzt, um im Verkaufsgespräch weitere relevante Informationen für eine „Tailored Shopping Experience" bereitstellen zu können (vgl. Burberry 2016).

Zusätzliche interessante **In-Store-Anwendungen** werden durch den Einsatz von Beacons möglich. *iBeacons* ist dabei der von *Apple* definierte Markenname eines proprietären Standards, der zur Navigation in geschlossenen Räumen eingesetzt werden kann. Hier kommt die Bluetooth-Technologie zum Einsatz. Der Begriff „Beacon" stammt aus der Schifffahrt und steht dort für „Leuchtfeuer". Dieses Leuchtfeuer-Prinzip wird hier für die **In-Store-Navigation** verwendet. Dazu werden vor dem oder im Geschäft Sender (Beacons) als Signalgeber platziert und senden regelmäßig Signale aus. Die Beacons selbst senden keine Push-Benachrichtigungen und können auch keine Nutzerdaten sammeln oder speichern. Sie senden lediglich die Information: „Hier bin ich!"

Kommt ein Besucher mit einer speziellen App für diesen Store in die Reichweite von mehreren Sendern, kann der Standort des Nutzers genau lokalisiert werden (vgl. Abb. 3.9). Ist der Nutzer noch außerhalb des Geschäfts – aber in Reichweite der Beacons –, können „Lockangebote" präsentiert werden, um zum Besuch des Geschäftes zu motivieren. Nach Eintritt in den Laden kann bspw. ein Rabatt-Coupon (hier „–20 %") übermittelt werden.

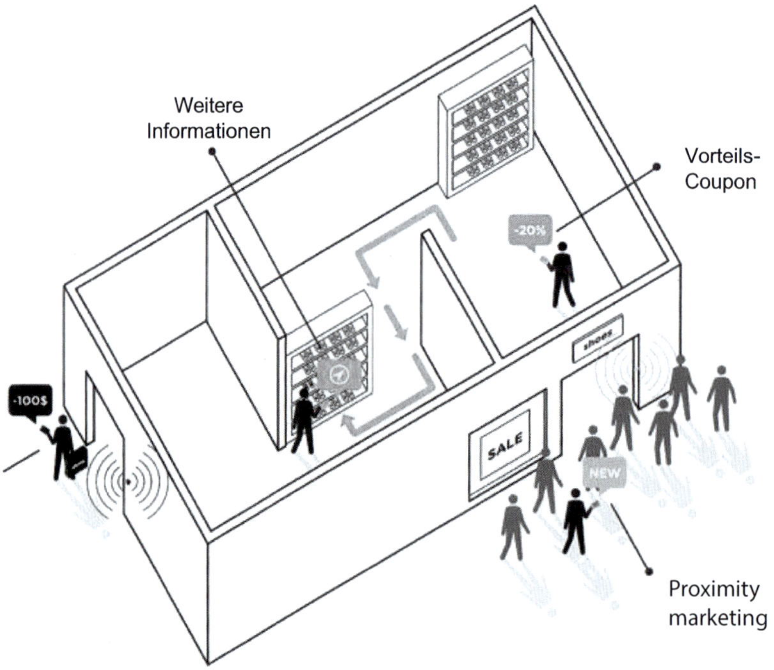


**Abb. 3.9** Idealtypischer Einsatz von Beacons. (Quelle: Nach FoxBlog 2014)

Weiterhin können – passend zum jeweiligen Standort des Nutzers und den dort präsentierten Waren – zusätzliche Informationen, Sonderangebote etc. über die App zur Verfügung gestellt werden. Außerdem kann der Besucher in bestimmte Bereiche des Ladengeschäfts gelenkt werden. Wichtig ist zu wissen, dass die Beacons selbst keine Push-Nachrichten aussenden, sondern nur die „Location" präzise bestimmen, um die Bereitstellung relevanter Informationen über die App zu ermöglichen.

Spannend sind Konzepte, die den Einsatz von Beacons mit weiteren Daten verknüpfen. Werden bspw. Wetterdaten herangezogen, um noch treffendere Sonderangebote am POS zu präsentieren, können die Relevanz solcher Mitteilungen für den Nutzer und der Umsatz gleichermaßen gesteigert werden. Wichtige Erfolgsvoraussetzung ist jedoch, dass eine kritische Masse von Personen sich für den Einsatz der entsprechenden Apps gewinnen lässt. Umfassende **Beacon-Anwendungen** können Antworten auf diese Fragen liefern (vgl. Kappler 2016, S. 3):

- **Wann befindet sich der Kunde im Einzugsgebiet einer Filiale? Wann besucht ein Kunde tatsächlich das stationäre Geschäft?**
  Diese Erfassung erfolgt über Check-ins über Beacons bzw. über das Konzept des Geo-Fencings.
- **Welche Abteilungen besucht ein Kunde? Wie lange hält er sich dort jeweils auf?**
  Hierzu wird die Verweildauer der Besucher nach Abteilungen erfasst.
- **Wie sollte der Kunde idealerweise in-store angesprochen werden? Wie reagieren verschiedene Kundentypen auf unterschiedliche Ansprachen?**
  Hierzu werden die eingesetzten In-Store-Ansprachen erfasst und mit den erzielten Conversions ausgewertet.
- **Wie häufig ist der Kunde im stationären Geschäft? Wie häufig kauft er dabei ein? Welches sind die vom Kunden präferierten Tage?**
  Antworten auf diese Fragen liefert ein Frequency-Tracking.
- **Wie reagiert der Kunde auf die Bereitstellung exklusiver Inhalte im Store? Wem sollten welche Inhalte ausgespielt werden?**
  Zur Beantwortung dieser Fragen bedarf es einer umfassenderen Beacon-Infrastruktur, die alle zur Auswertung relevanten Daten zusammenführt.

### 3.2.6 Outdoor-Einsatz von Digital Signage

Der Einsatz von Digital Signage wird outdoor bspw. von **Verlagen** in der Form genutzt, dass aktuelle Inhalte an gut besuchten Standorten wie Einkaufszentren oder Bahnhöfen zusammen mit werblichen Inhalten präsentiert werden. Auch hier wird die Möglichkeit genutzt – bspw. orientiert an der Tageszeit – zielgruppenspezifisch und regional andere Inhalte auszusteuern. Durch die Kombination von Nachrichten, regionalen Veranstaltungshinweisen und Wetterinformationen kann eine höhere Aufmerksamkeit erzielt werden als bei statischen Werbedisplays. Hierdurch werden solche Digital-Signage-Anwendungen zum **Pull-Medium**!

Eines der größten **Digital-Signage-Netzwerke** ist das sogenannte *Berliner Fenster*. Auf ca. 4000 Doppelmonitoren in über 1000 Wagen des gesamten Streckennetzes der Berliner U-Bahn werden den Fahrgästen regelmäßig tages- und stundenaktuelle Nachrichten präsentiert – eingebunden in werbliche Inhalte. Man kann beobachten, dass die Informationsangebote von den Fahrgästen intensiv genutzt werden.

Die Voraussetzung für die professionelle Nutzung eines Digital-Signage-Systems stellt ein **Content-Management-System** dar, welches regelmäßig mit aktuellen Informationen gespeist wird. Hierdurch wird es möglich, dass regional und zeitlich differenziert die unterschiedlichsten Informationen präsentiert werden. Die Bandbreite der einsetzbaren Inhalte reicht von Bildern und Texten über Video-Clips bis zum TV-Einsatz. Neben der **hohen Aktualität** der Inhalte kann im laufenden Betrieb häufig eine beträchtliche **Kostenersparnis** erreicht werden. Schließlich müssen bei einem Wechsel der Inhalte keine „Klebekolonnen" zu den digitalen Litfaßsäulen mehr ausrücken! Allerdings sind die **Erstinvestitionen in die Digital-Signage-Infrastruktur** (Screen, Vernetzung, Content-Management-System) nicht zu unterschätzen. Außerdem sind laufende Kosten für den Unterhalt und die Stromversorgung zu kalkulieren.

### 3.2.7 Rahmenbedingungen für den crossmedialen Auftritt

Um einen kanalübergreifend stimmigen (digitalen) Auftritt der Marke sicherzustellen, ist eine Orientierung an den **vier Ks der Markenführung** erforderlich. Diese stehen für Kontinuität, Konsistenz, Konsequenz und Kompetenz. Auch wenn sich Unternehmen angesichts des **Terrors der Optionen** immer wieder neuen Herausforderungen stellen, ist nicht jeder neue Trend gleich in Maßnahmen umzusetzen. Um die notwendige Orientierungsfunktion für die Stakeholder, insb. aber für die Interessenten und Kunden, durch unternehmerisches Handeln zu erreichen, ist eine längerfristige Gültigkeit zentraler Leitideen des Marketings und damit ein hohes Maß an **Kontinuität in der Markenführung** anzustreben. Alles andere führt eher zu Verwirrung und damit zu einer Verunsicherung der Zielpersonen und kann das Entstehen eines vertrauenswürdigen Markenimages gefährden.

Die zusätzlich gebotene **Konsistenz der Markenführung** zielt auf die Erreichung eines in sich schlüssigen Gesamtauftritts der Marke über alle Kommunikations-Instrumente und -Kanäle hinweg (vgl. auch Hack 2013, S. 227). Alle nach innen wie nach außen gerichteten Maßnahmen – online oder offline – müssen sich an den Kernwerten der Marke orientieren, um die in sich geschlossene Brand Identity zu kommunizieren. Um diese Konsistenz bei crossmedialen Kampagnen über alle On- und Offline-Medien hinweg zu erreichen, empfiehlt sich zum einen der Einsatz von sogenannten **Brand Styleguides** oder **Brand Manuals**, in denen die formalen Anforderungen an die Markenkommunikation definiert werden. Zum anderen ist es erforderlich, dass die Ergebnisse der eingebundenen PR-, Werbe-, Online-, SEO-, Affiliate-, Promotion-, Design- und POS-Agenturen nicht erst nach Abschluss zusammengeführt werden. Viel zielführender kann ein Vorgehen sein, bei dem alle für die Kommunikation verantwortlichen Agenturen an einem Ort und zu einem Zeitpunkt ein Briefing erhalten, auf dessen Grundlage anschließend gemeinsam gearbeitet wird. Die Sicherstellung einer Konsistenz findet hier folglich schon im Prozess der Kampagnenentwicklung statt (vgl. hierzu auch den Gastbeitrag von Philipp Köster in Abschn. 3.2.8).

Zusätzlich sollten die eingeleiteten und als richtig erkannten Maßnahmen mit **Konsequenz in der Markenführung** umgesetzt werden. Erstklassige Strategien verlieren noch zu häufig im Rahmen der Umsetzung an Überzeugungskraft – oder verlaufen ganz im Sande, weil bei den ersten Widerständen (bspw. bei der operativen Umsetzung der Markenpositionierung) häufig schon aufgegeben wird. Zusätzlich bedarf es für eine erfolgreiche (digitale) Markenführung der **Kompetenz in der Markenführung**, die mit einem überzeugenden Leistungsangebot einhergeht. Aufgrund der vielfältigen Möglichkeiten von Interessenten und Kunden, sich über Unternehmen und deren Leistungen in Blogs, Foren, Communitys, auf Bewertungsplattformen u. Ä. über die Marke auszutauschen, wird es für Unternehmen immer schwieriger, mit „Schlechtleistung" dauerhaft am Markt zu überleben.

Den Gefahren mangelnder Kontinuität, Konsistenz, Konsequenz und Kompetenz in der Markenführung ist systematisch vorzubeugen. Die Berücksichtigung dieser Anforderungen gewinnt durch die Einbindung einer Vielzahl von On- und Offline-Kanälen für Unternehmen und ihre Marken zusätzlich an Bedeutung. Schließlich soll bei den Zielpersonen auch dann noch ein in sich schlüssiges Gesamtbild entstehen, wenn Unternehmen über mehrere Kanäle gleichzeitig mit den Interessenten und Kunden interagieren. Die Anforderung, ein überzeugendes Gesamtbild zu liefern, bleibt bestehen, lässt sich aber wesentlich schwerer umsetzen.

Zusätzlich hat sich die gesamte **Ausgestaltung der (digitalen) Markenführung** an drei wichtigen Bedingungen auszurichten: Vereinfachung, Nachhaltigkeit und Bequemlichkeit (Convenience). Mit **Vereinfachung** ist hier gemeint, dass die Markenkommunikation dazu beitragen soll, die „Komplexität der Welt" zumindest etwas zu reduzieren, um Kaufentscheidungen zu erleichtern. Denn die Multi-Optionalität – gleichsam eine Orgie mit Optionen – überfordert immer mehr Menschen. Zu dieser „Vereinfachung" trägt auch eine auf Konsistenz, Kontinuität, Konsequenz und Kompetenz aufbauende Markenführung bei, die auf Glaubwürdigkeit und Authentizität abzielt – und nicht bei der Marke alleine stehen bleibt. Schließlich führt die umfassende Transparenz, die über das Internet erreichbar wird, dazu, dass immer stärker auch das Unternehmen hinter der Marke in den Mittelpunkt rückt. Eine hohe Glaubwürdigkeit und Authentizität der Marken ist eine notwendige Bedingung, um eine gleichartige **Corporate Reputation** aufzubauen (vgl. vertiefend Wüst und Kreutzer 2012).

Die **Nachhaltigkeit** ist wichtig, damit über Verlässlichkeit Vertrauen in Marke und Unternehmen aufgebaut werden kann. Wenn eine Marke allen aktuellen Trends hinterherzulaufen versucht, wird es an der geforderten Nachhaltigkeit mangeln. Schließlich sollte die Markenführung auch zur **Bequemlichkeit** bei Kauf und Nutzung beitragen – ein wichtiger Relevanzfaktor (vgl. dazu auch die Entwicklung von Eco-Systems in Kap. 9).

► **Food for Thought** **Digitalisierung führt zu Transparenz** – über Produkte, Dienstleistungen, das Unternehmen insgesamt. Über Bewertungsportale von Arbeitgebern wie kununu.com, von Hochschulen wie meinprof.de und von Ärzten wie jameda.de kann sich jeder eine Vorstellung dieser Anbieter machen – ohne jemals mit diesen selbst in Kontakt gekommen zu sein. Die App *Peeple* ermöglicht jetzt auch – trotz heftiger Kritik – die Online-Bewertung „normaler" Menschen. Das Rating- und Review-Management zieht jetzt also sogar in den Alltag ein …

Diese Transparenz setzt sich über Produkt- und Service-Reviews fort. Ihre extremste Ausgestaltung finden sie durch Plattformen wie *wikileaks* oder bei der Veröffentlichung der sogenannten *Panama-Papers*. Ohne die Digitalisierung der Inhalte wäre ein solcher Datenabzug sicher aufgefallen – schließlich handelte es sich dabei um ein Datenvolumen von 2,6 Terabyte und mehr als elf Millionen Dokumente.

**Die durch Digitalisierung erzwungene Transparenz kann zu einer neuen Ehrlichkeit zwingen:** bezüglich der Unternehmensaktivitäten generell und bei den Leistungsversprechen von Produkten und Services. Denn Lügen und falsche Versprechungen haben im digitalen Zeitalter extrem kurze Beine. Manchmal steht eine Gegenrede schon wenige Minuten nach einer Pressemitteilung im Netz. Und Produkt- und Service-Schwächen bleiben auch nicht länger geheim! Der Lösungsansatz kann hier nur lauten: **konsequentes Expectation-Management**. Nur das versprechen, was man auch liefern kann. Oder besser noch: Etwas weniger versprechen, als man leisten kann. Das führt zu Kundenbegeisterung!

**Think-Box**

- In welchem Umfang stellen wir bei unseren Online- und Offline-Maßnahmen eine crossmediale Vernetzung sicher?
- In welchem Ausmaß unterstützen wir den digitalen Auftritt am POS?
- Welches Potenzial bieten Beacons für unser Unternehmen?
- Welche Konzepte sind hierzu in unserer Branche schon im Einsatz?
- Welche Wettbewerber bzw. welche Anbieter in anderen Branchen haben sich bereits mit überzeugenden Lösungen präsentiert?
- Welche Outdoor-Lösungen von Digital Signage können unseren Markenaufbau nachhaltig unterstützen?
- Wie tragfähig ist unser Content-Management-System, um Digital-Signage-Lösungen zu unterstützen?
- Wer kann unsere Markenführung auf Kontinuität, Konsistenz, Konsequenz und Kompetenz durchleuchten?
- Sollten wir einen Auftrag zur 4-K-Analyse an einen externen Spezialisten übergeben?
- Wo liegt die Gesamtverantwortung für diese Fragestellungen in meinen Unternehmen?

### 3.2.8 Gastbeitrag: Digitale Markeninszenierung im Raum – Case Study *Deutsche Telekom*

Philipp Köster

Die **Vermarktung digitaler und hoch spezialisierter Produkte** stellt Anbieter vor besondere Herausforderungen. Oft gibt es schlicht „nichts zu sehen" – für Datendienste oder technische Systeme bspw. entfällt die haptische Komponente der Darstellung. Zudem verlangen der teilweise hohe Abstraktionsgrad und die enorme Komplexität digitaler Produkte und Lösungen nach einer erheblichen Darstellungstiefe.

Für Präsentationen im Kontext von Messen und Veranstaltungen wird diese Ausgangslage durch die spezifischen Charakteristika dieser Kommunikationsform noch einmal potenziert. So muss etwa auf Fachmessen ein sehr heterogenes und unterschiedlich vorinformiertes Publikum angesprochen werden, was besondere Anforderungen an Aufbereitung der Präsentationsinhalte und die Flexibilität der Darstellungsformen stellt. Zusätzlich erschwerend wirkt sich die typische Messesituation aus mit kurzen Aufmerksamkeitsspannen eines auditiv und visuell stark belagerten Publikums.

**Markenkommunikation auf Messen und Veranstaltungen** ist dennoch ein wesentlicher Bestandteil der Unternehmenskommunikation und folglich den Regularien des Corporate Designs sowie der definierten Markenpositionierung verpflichtet. Mit einer markentreuen Darstellung auch im Eventbereich wird auch hier ein konsistentes Markenerlebnis für die Kunden angestrebt.

**Anwendungsfall: Lösungen von *T-Systems* für den Energiesektor**

Die **digitale Markeninszenierung** bietet in dieser Gemengelage enormes Potenzial für die Aufbereitung von Präsentationsinhalten durch die Möglichkeit der flexiblen Gestaltung von Inhalten und die gegebene Flexibilität bei der Wahl der Darstellungstiefe. Wie das in der Praxis aussieht, zeigt das Beispiel der *Deutsche-Telekom*-Tochter *T-Systems*, die sich – aus dem klassischen Kommunikationsgeschäft kommend – als Systemanbieter für Energieerzeuger und -versorger positioniert. Den Weg für diese Expansion in ein neues Branchenumfeld ebnet ihr die Digitalisierung weitgehend aller Lebens- und Wirtschaftsbereiche, inklusive des Energiesektors. Durch die Liberalisierung des Energiemarktes, die regulatorisch bedingten Veränderungen der Marktstrukturen (Bundesnetzagentur, Energieeinspeisungsgesetz, Strombörse) sowie das Auftreten neuer Akteure etwa im Bereich der Stromerzeugung ist im Energiesektor eine deutliche Tendenz zu kleinteiligeren und dezentralen Strukturen erkennbar.

Hier bieten Lösungen aus der **Informations- und Kommunikationstechnologie** (IKT), wie sie u. a. von *T-Systems* angeboten werden, Potenzial für das effiziente Management von Netzen und Systemen. Beispiel dafür sind die sogenannten **Smart Meter**,

„intelligente Stromzähler“, die über die reine Verbrauchserfassung hinaus steuernde Funktionen übernehmen können. Bei innovativen Steuerungssystemen für „intelligente Netze“, sogenannte **Smart Grids**, bei **Smart-Home-Lösungen** oder **E-Mobilität** lässt sich sogar ein Verschmelzen von Energie- und IKT-Technologie erkennen. Zugleich eröffnet die Einbindung digitaler Technologien den Anbietern im Energiesektor die Chance, ihr klassisches Produktportfolio zu erweitern und darüber hinaus Lösungen für Kundenbeziehungen zu etablieren, wie sie in anderen Wirtschaftsbereichen bereits gelebt werden: individualisierbare, vielfach vom Nutzer administrierbare Dienste.

**Use Case: *E-world***

Mit Lösungen in diesen Feldern nimmt *T-Systems* seit einigen Jahren Anlauf auf den Energiesektor. Der Anspruch: eine Positionierung als bester IKT-Partner der Energiewirtschaft. Traditionell stellt bei der *Deutschen Telekom* und ihren Töchtern die Präsenz auf Fachmessen einen wesentlichen Vermarktungskanal dar. Der Telekommunikationsanbieter nutzt die Auftritte auf Messen gezielt als Element des Kundenkontaktes im Key Accounting. Über die reine Präsentation von Produkten und Dienstleistungen hinaus sind die Messepräsenzen des Unternehmens als Kontaktforum angelegt, auf dem sich Key Accounts mit ihren Kunden treffen und gezielt Produkte und Lösungen durch Fachleute aus dem Produktmanagement vorgestellt werden. Die Auftritte haben damit meist einen hohen fachlichen Anspruch, mit dem das Unternehmen beim Fachpublikum zudem seine Branchenexpertise belegen muss.

Mit der Entscheidung der *T-Systems* für den Energiesektor als strategisches Handlungsfeld fiel die Wahl auf die jährlich stattfindende *E-world* in *Essen*, die Leitmesse der Energiewirtschaft, als Plattform für Fachkundenkontakte. Diese „Leitmesse der Energiewirtschaft“ (Eigendarstellung) profitiert von der in den letzten Jahren gewachsenen Bedeutung des Themas Energie. Die wachsende Zahl von Akteuren in dem Feld lässt die Aufmerksamkeit für die Branche steigen und erhöht die Nachfrage nach adäquaten Präsentationsmöglichkeiten.

Für den Auftritt der *Deutschen Telekom* auf der *E-world* war das Thema **Smart Grid** – das intelligente Stromnetz – von zentraler Bedeutung. Zum einen kann das Unternehmen anhand seiner Smart-Grid-Lösungen seine Kompetenzen im Bereich Netzmanagement und bei der Verknüpfung von IKT-Technologie mit der Energieversorgungsinfrastruktur bestmöglich belegen. Zum anderen baut eine Vielzahl weiterer Produkte und Lösungen auf den intelligenten Netzinfrastrukturen auf.

Selbst für weite Teile der Fachwelt waren jedoch die Prinzipien und die Potenziale dieser Technologien noch wenig bekannt, zum Teil waren auch die Technologien selbst wenig bis gar nicht implementiert. Der Begriff „Energiewende“ hatte noch längst nicht Eingang in die Alltagsberichterstattung gefunden. Bedingt durch die Überlagerung zweier bis dahin weitgehend getrennt existierender Fachgebiete (Energieversorgung und Telekommunikation) bestand hoher Erklärungsbedarf.

Gelöst wurden diese Anforderungen durch eine multimediale Installation, die den Messebesucher selbst in die Rolle des Managers eines intelligenten Versorgungsnetzes

**Abb. 3.10** Grid Manager – interaktive Anwendung als App

brachte (siehe Abb. 3.10). Nach dem Vorbild bekannter Simulationsspiele konnte er die Möglichkeiten des Smart Grids nutzen, um durchaus realen Herausforderungen des Netzmanagements in einer idealisierten, gleichzeitig naturalistisch dargestellten Welt zu begegnen. Der Ausgleich zwischen dezentralen Energieerzeugern, die Darstellung der Effekte und Möglichkeiten intelligenter Stromzähler (Smart Meter), die Steuerung der Netzstabilität – die Simulation umfasste einen Großteil des Lösungsspektrum der *Deutschen Telekom* für den Energiesektor und machte sie in spielerischer Interaktion erlebbar.

Der **Smart Grid Manager** setzte die präferierte Kundenansprache der *Deutschen Telekom* idealtypisch um. Den Messebesuchern wurden Themen aus ihrem ureigenen fachlichen Kontext vorgestellt, Lösungsangebote wurden einfach, in nachvollziehbaren Geschichten eingebettet, präsentiert. Die komplexen Zusammenhänge des modernen Energiemanagements wurden in einer stark vereinfachten Darstellung verständlich angeboten.

**Rückbezug auf die Markenarchitektur**

Schlüssel für Akzeptanz und Wirkungsentfaltung ist die **Einbettung der digitalen Präsentation in den gebauten Markenraum**. Zugleich stellt dieser Punkt die Sollbruchstelle für die Markeninszenierung dar – hier muss der Brückenschlag zwischen digital und analog im regulatorischen Korridor des Corporate Designs gelingen. Das ist deshalb so kritisch, weil ein gestalterisches Regelwerk meist einen eher statischen Charakter hat, der der interaktiven, multimodalen Erscheinung der digitalen Kommunikation entgegensteht.

Diese Anforderung optimal zu bedienen, setzt **integrative Entwicklungsprozesse** voraus, in denen physische und mediale Markeninszenierung zusammen gedacht werden. Kommunikationsdienstleister haben sich auf diesen wachsenden Bedarf bereits eingestellt. Mit sogenannten crossmedialen Konzepten stellen sie sicher, dass die Zielgruppe das gelernte physische Abbild der Marke auch im Digitalen wiederfindet.

**Faktoren für die erfolgreiche digitale Markeninszenierung**

- **Mehrwert bieten**
  Nur wenn digitale Markeninszenierung dem Kunden oder Besucher einen **relevanten Mehrwert** bieten kann, wird diese angenommen. Messen, Events und Retailumgebungen sind bereits so reizüberladen, dass Kunden nicht einfach zu erreichen sind. Die Ausrichtung auf die Kundenbedürfnisse im jeweiligen Kontext ist daher zentral. Die Bedürfnisse können dabei sehr unterschiedlich gelagert sein, vom Informationsbedarf oder sofortiger Bestellmöglichkeit bis hin zur faszinierenden emotionalen Inszenierung als Unterhaltung ist dabei alles möglich.
- **Markentreue wahren**
  Die digitale Markeninszenierung ist nur ein Kanal im Kanon der Markenkommunikation und des Brand Buildings. Bei allen Eigenheiten, die ihr zukommen, muss sie zum **kohärenten Gesamtbild der Marke** beitragen, darf allenfalls in begrenztem Maße gewolltes, den Besonderheiten des Mediums geschuldetes „Störfeuer" erzeugen. Im Idealfall sind keine Grenzen zwischen dem analogen und digitalen Auftritt spürbar. Gelingt dies nicht, entsteht der Eindruck einer überambitionierten Kampagne, die nicht auf das Markenbild einzahlt.
  Das dargestellte *E-world*-Szenario illustriert, wie sich digitale Markeninszenierung auf den allgemeinen Markenauftritt abstimmen lässt. Der Marke verpflichtet, dabei auf Augenhöhe mit dem Kunden, die **Produkte eingebettet in ein narratives Szenario** – das entspricht genau der Markenpositionierung der Unternehmenstochter *T-Systems*. Die Technologie wird nicht um ihrer selbst willen eingesetzt, vielmehr steht der Benefit für die gewünschte Informationsvermittlung im Vordergrund.
- **Medienspezifisch einsetzen**
  Jedes Medium bringt spezifische Anwendungskontexte und Charakteristika mit, die bei seinem Einsatz zu berücksichtigen sind, um ein authentisches Medienerlebnis sicherzustellen. Bei der digitalen Kommunikation sind dies unter anderem **Dialogorientierung** und **Reaktionsgeschwindigkeit**. Das Beispiel der *E-world*-Anwendung zeigt die Vorteile der Interaktionsmöglichkeiten: Sie machen die Marke nahbar, sie wird reaktiv, tritt in Dialog mit dem Nutzer. Konkret wird es möglich, komplexe Inhalte in einer kurzweiligen Spielapplikation zu verpacken und so den Zugang zum Thema zu vereinfachen.

► *Philipp Köster* ist Head of Consulting *hartmannvonsiebenthal GmbH*.

## 3.3 „Zuhören" – wichtige Voraussetzung eines Digital Brandings

Bei vielen *Facebook*-Auftritten und auch bei *Twitter*-Engagements – teilweise mit mehreren Millionen Fans oder Hunderttausenden von Followern – dominiert nach wie vor eine **monologisch ausgerichtete Kommunikation**. Die Marke spricht, und – hoffentlich – hören zu, wie dies auch bei klassischen Massenmedien der Fall ist. Über die Inhalte diskutieren die Nutzer ggf. untereinander, kommentieren und teilen diese – aber auf Unternehmensseite scheint oft niemand zuzuhören. Vielfach bleiben kritische oder lobende Posts von Unternehmensseite einfach unkommentiert. O-Ton eines Managers einer internationalen Marke zu diesem Thema: „Nein, auf diesem *Facebook*-Kanal antworten wir nicht auf Anfragen." Dies ist das Gegenteil einer wertschöpfenden Interaktion mit den Nutzern!

### 3.3.1 Die Tücken einer automatisierten Kommunikation

Teilweise setzen Unternehmen auf Marketing-Automation – auch in Diskussionen mit Kunden. Ein **echter Dialog zwischen Kunden und Unternehmen** kann durch automatische Antworten allerdings nicht entstehen. Vor allem dann nicht, wenn solche Antworten unabhängig vom Kommentar des Kunden generiert werden. Das zeigt das Beispiel von *American Airlines* (vgl. Abb. 3.11). Hier wurden **vollautomatisierte Antworten** auf Posts in den sozialen Medien gegeben. Das führte dazu, dass das Unternehmen *American Airlines* auf Beschwerden von *Twitter*-Usern über den geplanten Zusammenschluss mit *US Airways* mit den Worten antwortete: „Danke für Deine Unterstützung!" (vgl. Moth 2013).

Auch die **automatisierte Kommunikation** eines Sportartikelherstellers kann nicht wirklich überzeugen. Wenn man sich vorstellt, wie viel Unternehmen in ein **Employer**

**Abb. 3.11** Vollautomatisierte Antworten bei dem *Twitter*-Dienst von *American Airlines*. (Quelle: Moth 2013)

Abwesend: adidas Guest Speaker @ HWR Berlin

Heute 13:09 Uhr

Von: personalmarketing

Details ausblenden

An: kreutzer.r@t-online.de

Kopie:

Sehr geehrte Damen und Herren,
vielen herzlichen Dank für Ihre E-Mail und die zugesandten Informationen.

Wie Sie sich sicherlich vorstellen können, erhalten wir täglich eine Vielzahl von Nachrichten, Anfragen und Angeboten. Wir werden Ihre Anfrage entsprechend prüfen und uns, bei Bedarf und Interesse unsererseits, wieder bei Ihnen melden.
Wir danken Ihnen recht herzlich für Ihr Verständnis.

Sportliche Grüße aus Herzogenaurach,
Ihr Talent Acquisition Team

**Abb. 3.12** Automatisierte Kommunikation bei *adidas*

**Branding** investieren, erstaunt die folgende automatisierte Antwort, die auf eine Vortragsanfrage des Verfassers bei diesem Unternehmen ausgesandt wurde (vgl. Abb. 3.12). Den Satz „Wir werden Ihre Anfrage entsprechend prüfen und uns, bei Bedarf und Interesse unsererseits, wieder bei Ihnen melden" signalisiert, dass auch bei einer direkten Kontaktaufnahme mit dem Personalmarketing weder generell noch zeitnah mit einer Antwort zu rechnen ist! Ein wertschätzender Umgang mit der relevanten Zielgruppe sieht u. E. anders aus. Eine Antwort habe ich übrigens nie erhalten!

Jeder kann sich hier selbst fragen, wie belastbar eine Beziehung ist, bei der Antworten automatisiert erfolgen oder einer immer nur redet und der andere zuhören muss. Deshalb gilt: **Zuhören ist der Beginn eines wertschätzenden Dialogs**. Zuhören beginnt übergreifend mit einem **Web-Monitoring**, das das ganze öffentlich zugängliche Internet nach Aussagen zum eigenen Unternehmen oder zu eigenen Marken und Angeboten umfasst (vgl. vertiefend Kreutzer 2014, S. 68–72). Ein besonderes Augenmerk ist allerdings dem **Monitoring der eigenen Social-Media-Plattformen** zu widmen, die zum direkten Dialog mit den Unternehmen auffordern. Dies sind bspw. *Facebook* und *Twitter*, aber auch Corporate Blogs oder eigene Online-Foren und Online-Communitys.

Orientiert an dem Statement **„Social media never sleep"** stellt sich bspw. die Frage, welche „Öffnungszeiten" für die digitale Kommunikation angemessen sind. Um relevante Inhalte nicht zu verpassen, haben Unternehmen wie *Dell, Gatorate, American Red Cross* und *Marriott* sogenannte **Social Media Listen Center** (auch **Social Media War Rooms, Mission Control Rooms** oder umfassender auch **Newsrooms** genannt) aufgebaut, um den **Social-Media-Buzz** laufend zu überwachen. Hierdurch können nicht nur mögliche Reklamationsgründe früh erkannt, sondern auch interessante Anregungen zur Produktweiterentwicklung durch Kunden in Realtime gewonnen werden (vgl. Saluk 2015; Caffny 2016; vgl. Kap. 5). Die große Frage lautet deshalb: Kunden agieren in Realtime – ist auch die Organisation darauf ausgerichtet, in Realtime zu antworten?

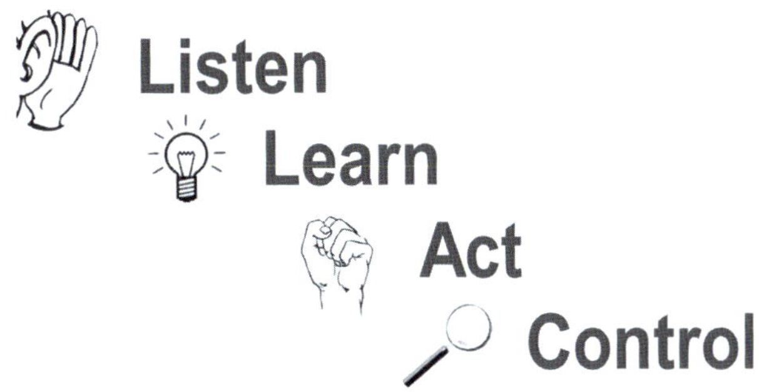


**Abb. 3.13** Guiding Principle des eigenen Tuns – nicht nur im Unternehmen

Vor diesem Hintergrund wird nachvollziehbar, warum Unternehmen teilweise bereits **Chief Listening Officer** (CLO) auf Vorstandsebene etablieren. Die Zugehörigkeit zum C-Level eines Unternehmens, auf der auch der CEO, der CFO (Chief Financial Officer) oder der CMO (Chief Marketing Officer) angesiedelt sind, macht eines deutlich: Der CLO ist weit mehr als ein Chief Blogger, ein Head of Social Media oder ein Community Manager, die in vielen Unternehmen auf deutlich niedrigeren Hierarchiestufen zu finden sind. Nur durch ein ausgeprägtes Zuhören kann auch ermittelt werden, welche Kundenerwartungen an ein Engagement einer Marke oder eines Unternehmens im Online-Bereich und dort insb. in den sozialen Medien vorliegen (vgl. hierzu den Gastbeitrag von Matthias Rech in Abschn. 3.3.2).

Eines ist deutlich geworden: Früher kannten viele Markenhersteller ihre Kunden nur aus der Marktforschung und deren Statistiken. Diese Situation hat sich dramatisch verändert. Heute können und müssen Markenhersteller immer häufiger in einen direkten Dialog mit ihren Kunden treten – ob sie wollen oder nicht. Deshalb wird hier für ein Vorgehenskonzept plädiert, welches sich als generelle **Leitidee im Unternehmen** – aber durchaus auch im privaten Bereich – bewährt hat: Es umfasst die vier Stufen **Listen – Learn – Act – Control** (vgl. Abb. 3.13).

Ein gutes Gespräch beginnt immer mit einem wertschätzenden Zuhören, um Bedürfnisse, Interessen und Stimmungslagen des Gegenübers aufzunehmen. Bei diesem **Listen** ist eine besondere Empathie an den Tag zu legen, um ein tiefes Verständnis für die Kunden zu erhalten. Im zweiten Schritt des **Learn** geht es darum, die relevanten Zusammenhänge zu erkennen, Verhaltensmuster zu interpretieren und Lösungsansätze zu entwickeln. Nach dem **Act** der Implementierung – und dieser Schritt wird häufig noch nicht konsequent genug umgesetzt – schließt sich zwingend die Phase **Control** an. Nur so gelingt der Aufbau einer lernenden Organisation. Und Lernen müssen wir in den nächsten Monaten und Jahren noch viel schneller, als dies in den letzten Jahrzehnten der Fall war.

► **Merk-Box** Jedes gute Gespräch beginnt mit „Zuhören"!

**Think-Box**

- Gibt es in meinem Unternehmen das Ziel, stärker in den Dialog mit den Interessenten und Kunden einzusteigen?
- Wie wird bei uns „Dialog" definiert?
- Sind die Systeme meines Unternehmens auf das Führen von Dialogen ausgerichtet?
- Werden unsere Mitarbeiter fürs Zuhören oder fürs Senden bezahlt?
- Gibt es Funktionen in meinem Unternehmen, die Aufgaben eines Chief Listening Officers ausführen?
- Wie belohnen wir Mitarbeiter, die wertvolle Inhalte „von außen nach innen" transportieren?
- Finden solche Mitarbeiter bzw. die durch diese gewonnenen Informationen Gehör auf oberster Unternehmensebene?
- Oder schirmen wirksame Filter die oberste Unternehmensebene von den „Unbilden des Lebens" ab?
- Wer könnte solche Prozesse der Informationsblockade sowie der damit verbundenen „Informationsverschmutzung" auf dem Weg zu den verantwortlichen Managern durchbrechen?
- In wessen Verantwortungsbereich gehören diese Aufgabenstellungen?

### 3.3.2 Gastbeitrag: Die Kunst des Zuhörens – Social Media Monitoring und seine Bedeutung für die digitale Markenführung

Matthias Rech

**„Zuhören können ist der halbe Erfolg."** Das Zitat stammt von *Calvin Coolidge*, dem 30. Präsidenten der USA (1923 bis 1929). Auch heute noch zeichnen sich erfolgreiche Politiker dadurch aus, dass sie die Stimmungslage in der Bevölkerung frühzeitig erkennen und für sich nutzen. *Coolidges* Leitsatz gilt allerdings nicht nur für die **Führung politischer Gemeinwesen**, sondern mindestens genauso für die **Führung von Marken**. Denn schließlich zielt jede Markenstrategie darauf ab, das Angebot der Marke an den realen Bedürfnissen der Verbraucher auszurichten. Das kann nur dann gelingen, wenn man kontinuierlich darüber informiert ist, wie die Menschen über die eigene Marke denken und sprechen.

Menschen dabei zuzuhören, wie sie sich über Marken unterhalten, ist heute scheinbar so einfach wie nie zuvor. Mittlerweile sind fast 80 % der deutschen Internet-Nutzer in einem sozialen Netzwerk angemeldet. Darüber hinaus äußern sich viele regelmäßig in Blogs, Foren und Kommentarspalten. Studien von *Brandwatch* zeigen immer wieder, dass viele Tweets Markennamen beinhalten. Die dort genannten Zahlen machen deutlich, dass die Herausforderung für den professionellen Zuhörer heute vor allem darin besteht, aus dem **gewaltigen Chor der Stimmen** die für ihn relevanten Informationen herauszufiltern.

Die Frage lautet also längst nicht mehr, ob sich das Zuhören lohnt, sondern wie es möglichst effizient und zielführend operationalisiert werden kann. Denn die Auswahl an **Social-Media-Monitoring-Tools** ist überwältigend und reicht von simplen, kostenfreien Lösungen bis zu hochkomplexen Programmen, die das Sammeln und Auswerten von Daten mit Management-Funktionen verbinden und dem Anwender die Möglichkeit bieten, seine Social-Media- und eCRM-Aktivitäten zentral zu steuern (vgl. weiterführend Grässel und Weinberg 2014, 2015).

Wer allerdings plant, diese Tools nicht nur operativ, sondern auch strategisch einzusetzen, sieht sich immer wieder mit ähnlichen Limitationen konfrontiert:

- Das Tool schöpft nicht alle **verfügbaren Daten** ab und/oder der Datenpool kann nicht um eigene Quellen erweitert werden. Gerade für strategische Entscheidungen ist es aber essenziell, ein möglichst komplettes Bild des sozialen Markenimages zu gewinnen.
- Die Daten werden nicht/nur unzureichend inhaltlich aufbereitet. Kennzahlen wie **Mentions** oder **Engagement-Index** sind wichtig, aber wirklich spannend ist zu sehen, in welchen thematischen Kontexten die eigene Marke diskutiert wird. Zudem können für die meisten Tools keine individuellen KPIs (Key Performance Indicators), definiert werden.
- Das Tool bildet zwar den **Status quo** ab, ist aber nicht/nur eingeschränkt in der Lage, langfristige Entwicklungen aufzuzeigen und nachvollziehbar zu machen.

Wir möchten im Folgenden ein Monitoring-Tool vorstellen, das diese Limitationen durch einen innovativen Forschungs- und Auswertungsprozess überwindet. Es heißt *Brand Fibres* und wurde in einem Joint Venture von den beiden Kommunikationsagenturen *VML* und *Y&R* entwickelt. *Brand Fibres* aggregiert Daten aus vielen verschiedenen Quellen, darunter auch konkurrierenden Monitoring-Tools wie etwa *Radian6* oder *Sysomos*. Darüber hinaus besteht die Möglichkeit, eigene Daten, etwa aus dem Monitoring proprietärer digitaler Kanäle, in die Analyse einfließen zu lassen. So entsteht ein vollständiges Bild der Marke in Paid, Owned und Earned Media (vgl. Abb. 2.17).

Der wohl wichtigste Unterschied zu anderen Tools besteht aber in der **Auswertung der Daten durch menschliche Analysten**. Das verursacht zwar erheblichen Mehraufwand, hat aber erhebliche Folgen für die Qualität und Aussagekraft der Ergebnisse. Ein offensichtlicher Vorteil besteht darin, dass potenzielle Krisen sofort erkannt und effektiv eingedämmt werden können. Die wahre Stärke des Tools besteht jedoch in der **Indexierung der erhobenen Daten**. Die Analysten versehen jeden Beitrag mit Tags wie z. B. „Kundenbewertung", „Empfehlung" oder „Beschwerde" und bauen so systematisch eine Datenbank auf. Anhand dieser Datenbank können auch Fragestellungen beantwortet werden, die im Moment der Datenerhebung noch gar nicht akut waren, und dann Antworten auf die Frage liefern: „Welches soziale Medium ist besonders gut für die neue Kunden-werben-Kunden-Aktion geeignet?"

Die **Auswertung durch menschliche Analysten** löst außerdem das **Problem der automatischen Sentiment-Analyse**, die von vielen Monitoring-Tools angeboten wird. Dabei werden Äußerungen der User vollautomatisch mit linguistischen Listen abgeglichen, um so zu ermitteln, ob es sich um eine positive oder negative Aussage handelt. Die Ergebnisse sind, auch bei angeblich selbstlernenden Programmen, bisher wenig zuverlässig. Menschliche Analysten dagegen haben keine Probleme damit, Humor, Ironie und Slang-Wörter zu verstehen und richtig zuzuordnen. Deshalb ist es mit *Brand Fibres* möglich, die Stimmungslage in Bezug auf die eigene (und konkurrierende) Marke(n) jederzeit präzise abzubilden und ggf. zu reagieren.

Die **Kombination von Sentiment-Analyse und Indexierung von Beiträgen** macht es schließlich möglich, zu beobachten, in welchen thematischen Kontexten besonders positiv oder negativ über die eigene Marke gesprochen wird. Ein wichtiger Hinweis darauf, welche Themen eine Marke glaubwürdig besetzen kann und bei welchen Vorsicht angebracht ist.

Dass *Brand Fibres* nicht nur dazu geeignet ist, Diskussionen rund um die eigene Marke zu analysieren und zu steuern, sondern auch, um eigene Diskussionen anzustoßen, zeigt ein Beispiel aus Polen, dem ersten europäischen Land, in dem *Brand Fibres* zum Einsatz kam. *Danone Waters*, der Marktführer im polnischen Wassermarkt, hat seine Marke *Żywiec Zdrój* erfolgreich als „Leading Health Brand" positioniert. Um diesem Anspruch gerecht zu werden, nutzt das Unternehmen u. a. seine Präsenz in sozialen Medien und klärt Verbraucher (und insb. Mütter) darüber auf, wie wichtig eine ausreichende Flüssigkeitsversorgung des Körpers ist.

Ein weiterer wichtiger Baustein der Marketing-Kommunikation ist der **Kontakt zu Key Opinion Leadern** im Bereich Healthcare, also vor allem Ärzten und Journalisten. Ziel dieses Austauschs ist es, das Thema Hydration immer wieder auf die Agenda dieser Zielgruppe zu setzen. Um sie besonders effektiv und glaubwürdig anzusprechen, wurde *Brand Fibres* eingesetzt. In einer umfassenden Analyse untersuchte *VML* Polen, wie sich Mütter online über das Thema Trinken und Kleinkinder austauschen, und fasste die Ergebnisse in einer exklusiven Studie für die Zielgruppe zusammen.

Die Ergebnisse der Studie zeigten klar, wie viel Unsicherheit und Aufklärungsbedarf bei den Müttern immer noch besteht, und stießen on-und offline eine lebhafte Debatte an, in der sich *Danone Waters* als glaubwürdiger Experte und Partner positionieren konnte. Die konkreten Ergebnisse:

- *Żywiec Zdrój* ist die Top-of-Mind-Wassermarke in der Zielgruppe der Key Opinion Leader.
- Die Awareness für das Thema „Gesundes Trinken" konnte bei polnischen Müttern um 300 % gesteigert werden (vgl. VML Poland 2014).

Fazit: Keine Marke kann es sich heute noch leisten, auf Social-Media-Monitoring zu verzichten. Dafür sind die Erkenntnisse, die moderne, leistungsfähige Tools wie *Brand Fibres* liefern, einfach zu profund und wichtig. Damit aus ihnen tatsächlich ein strategischer Wettbewerbsvorteil entstehen kann, ist es allerdings unabdingbar, das Thema interdisziplinär zu denken und aufzuhängen. Erst wenn Marketing, Unternehmenskommunikation, Customer Service, R & D und Vertrieb gemeinsam zuhören und lernen, wird es gelingen, das Unternehmen so konsequent an den Bedürfnissen der Verbraucher auszurichten, wie es die Markenstrategie fordert.

► *Matthias Rech* ist Senior Planner bei der *DDB Berlin GmbH*.

**Quick Wins**

# Teil II

# Handlungsfelder und Umsetzung der digitalen Markenführung

# Customer-Experience-Management – Schaffung des „guten Gefühls"

# 4

Dem **Customer-Experience-Management** (CEM) liegt eine **ganzheitliche Perspektive** zugrunde. Die Zielsetzung des Customer-Experience-Managements ist es nicht, nur einzelne Prozesse der Kundenakquisition oder der Kundenbindung besser zu gestalten. Es geht vielmehr darum, den **gesamten Kundenbeziehungslebenszyklus** in den Blick zu nehmen (vgl. Abb. 4.1; vgl. auch Holland und Ramanathan 2016; Peppers und Rogers 2011).

Ein erfolgreiches **Customer-Experience-Management** sollte die für den Kunden sichtbaren wie die nicht sichtbaren Aktivitäten gleichermaßen optimieren: Viele Unternehmen machen den Eindruck, als würden sie aus zwei – mehr oder weniger unabhängigen – Teilen bestehen: Front Office und Backstage! Wenn Effizienz, Produktivität und

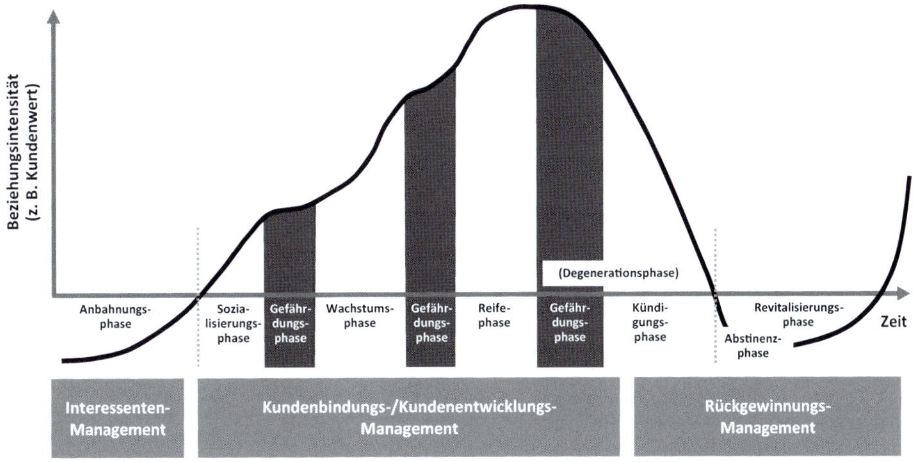


**Abb. 4.1** Kundenbeziehungslebenszyklus als Orientierungspunkt für das Customer-Experience-Management



R. T. Kreutzer und K.-H. Land, *Digitale Markenführung*, DOI 10.1007/978-3-658-08547-6_4

Kontrolle im Backstage-Bereich dominieren, beeinträchtigen sie die Leistungen des Front-Office-Bereichs. Deshalb muss im Kontext des Customer-Experience-Managements eine starke Verbindung zwischen diesen beiden Seiten hergestellt werden. Im Hinblick auf den Kunden schaffen die Backstage-Mitarbeiter den Kontext für die Erlebnisse und sind somit Teil der zu schaffenden positiven Customer Experience. Dies impliziert auch, dass diese Mitarbeiter die Bedeutung der Customer Experience und ihre eigene Rolle darin verstehen (vgl. Zomerdijk und Voss 2010, S. 13; Batt 2013).

► **Food for Thought** Nur wer direkt mit seinen Kunden kommuniziert, erfährt, welche Wünsche und Erwartungen diese haben. Nur wer seine Leistungen unmittelbar darauf ausrichtet und – für beide Seiten – wertschöpfende Angebote entwickelt, wird langfristig im Wettbewerb bestehen können.
Wem das als Anbieter nicht selbst gelingt, lädt **Intermediäre** ein, die sich zwischen Anbieter und Kunden schieben, um die One-to-one-Experience zu schaffen. Suchmaschinen, Bewertungsportale, Empfehlungs-Engines, *Facebook, Amazon, Google* und Co. sowie viele neue Apps waren nur darauf, diese Aufgaben zu Lasten der etablierten Anbieter zu erledigen.
Unternehmen dürfen sich nicht mehr auf die optimale Gestaltung des Point of Sale verlassen. Der **Point of Decision** wird immer wichtiger – und dieser liegt häufig im digitalen Bereich (vgl. Heinemann 2016b, S. 16).

Diese Überlegungen zeigen, dass ein strukturiertes Vorgehen zum **Customer-Experience-Management** notwendig ist. Die Bezeichnung „Management" bringt zum Ausdruck, dass es die Aufgabe des Unternehmens ist, die notwendigen Bedingungen zu schaffen, die positive Erlebnisse und Erfahrungen auf Seiten des Kunden ermöglichen. Eine Garantie, dass dies immer klappt, gibt es allerdings nicht!

Betrachtet man den **Stellenwert des Customer-Experience-Managements** in deutschen Unternehmen, so geben bei einer Befragung zwei Drittel der 450 interviewten deutschen Top-Manager an, das Kundenerlebnis sei bereits als zentraler Erfolgsfaktor in ihrer Unternehmensstrategie verankert. Ihr werde in Anbetracht der Digitalisierung der Märkte insb. auf Vorstandsebene große Aufmerksamkeit zuteil (vgl. Helios 2015).

Die **Umsetzung des Customer-Experience-Managements** sieht jedoch noch anders aus. Unternehmen scheitern derzeit daran, eine ganzheitliche Fokussierung auf den Kunden und das Kundenerlebnis im Unternehmen zu verankern. Der Grund dafür liegt unter anderem darin, dass wichtige Informationen über den Kunden zur Verbesserung des Kundenerlebnisses entweder nicht vorliegen oder in Daten- und Prozess-Silos im Unternehmen verschlossen sind (vgl. Helios 2015; IBM 2016a). Unternehmen mangelt es oftmals noch an den notwendigen Strukturen und Instrumenten, um ein effektives Customer-Experience-Management zu betreiben. Welche Anforderungen seitens der Kunden bei der Ausgestaltung des Customer-Experience-Managements zu berücksichtigen sind, wurde unter dem Stichwort „ich, alles, sofort, überall" in Abschn. 3.1 diskutiert. Diese Erkenntnisse sind beim Aufbau einer positiven Customer Experience zu berücksichtigen.

## 4.1 Aufgabenfelder des Customer-Experience-Managements

**Customer-Experience-Management** strebt die Ausgestaltung von positiven Kundenbeziehungen mit dem Ziel an, über alle Customer-Touchpoints des Unternehmens und über den gesamten Kundenbeziehungszyklus hinweg einen wertschätzenden, konsistenten und wertschaffenden Eindruck zu vermitteln, um auf diese Weise Unternehmensziele besser zu erreichen.

- **Wertschätzung**
  Eine zentrale Voraussetzung für den Aufbau einer positiven Customer Experience stellt die Wertschätzung dar. Unabhängig davon, mit welchem Anliegen sich ein Kunde an uns wendet – wir begegnen ihm immer mit einem hohen Maß an Wertschätzung und damit Respekt.
- **Konsistenz**
  Um eine hohe Glaubwürdigkeit aufzubauen, müssen die Maßnahmen des Unternehmens zueinander passen – unabhängig davon, in welcher Phase des Kundenbeziehungslebenszyklus sie eingesetzt werden, in welchem Kanal sie erfolgen, welche Inhalte sie aufweisen und über welchen Mitarbeiter sie übermittelt werden. Jeder Kontakt hinterlässt beim Kunden einen Eindruck und formt die Erfahrung, die er mit dem Unternehmen gesammelt hat. Die Orchestrierung der verschiedenen Kontaktpunkte hat daher einen wichtigen Einfluss auf das Image der Marke und des gesamten Unternehmens und damit auf die Customer Experience (vgl. Esch und Knörle 2016, S. 124 f.). Dieser Aspekt wurde bereits in Kontext der Omni-Channel-Kommunikation angesprochen (vgl. Abschn. 3.2).
- **Wertschaffung**
  Das Customer-Experience-Management stellt keinen Wert an sich dar. Es handelt sich um eine Konzeption zur Ausgestaltung von Kundenbeziehungen, die auf eine höhere Wertschöpfung durch das Unternehmen abzielt. Durch Customer-Experience-Management soll zunächst der Wert der Unternehmensleistung für den Kunden erhöht werden, um dadurch den erzielbaren Kundenwert (Wert des Kunden für das Unternehmen) zu steigern (vgl. weiterführend Helm et al. 2017). Dies kann sich in verschiedenen Arten von Loyalität niederschlagen: durch häufigere Einkäufe, durch höherwertige Einkäufe, durch Weiterempfehlungen und/oder durch positive Bewertungen auf Bewertungs-Plattformen und in den sozialen Medien (vgl. Kreutzer 2017; Lauterhahn 2015).

Zu den – orientiert an diesen Anforderungen – zu gestaltenden **Kundenerfahrungen** zählt die Performance der eigenen Website genauso wie die Bearbeitung von Anfragen, die Beratung am Point of Sale, der Auftritt bei *Facebook*, *Pinterest* und *Twitter*, die Videos bei *YouTube*, das *XING*- und *LinkedIn*-Profil, die Qualität der Zustellung, die Ausgestaltung der Rechnung, das Erleben der Produkt- und Servicenutzung wie auch die Bearbeitung einer Reklamation. Alle bereits angesprochenen Customer-Touchpoints sind hier zu berücksichtigen.

Um den gewünschten ganzheitlich **positiven Erfahrungsraum** zu schaffen, müssen Unternehmen die häufig noch in den Köpfen und in den Abteilungen vorhandene Trennung zwischen der On- und Offline-Welt überwinden. Wie Abb. 1.8 bereits gezeigt hat, wechseln die Kunden – B2B und B2C gleichermaßen – im Zuge ihrer Customer Journey immer wieder zwischen Online- und Offline-Kanälen hin und her. Es findet auch regelmäßig ein Wechsel zwischen der stationären und der mobilen Kontaktaufnahme mit dem Unternehmen statt. Die Unternehmen sind deshalb – und es sei hier wiederholt – dazu aufgerufen, konzeptionell **„noline"** zu denken und zu handeln (vgl. Abb. 1.8).

Um die gewünschte einzigartige und positive **Customer Experience** zu schaffen, ist es unverzichtbar, die Kunden viel stärker als bisher als Einzelpersonen wahrzunehmen und zu betreuen. Eine undifferenzierte Massenansprache, die die spezifischen Befindlichkeiten und Erwartungen der Kunden ignoriert, steht dem Aufbau einer hochwertigen Kundenerfahrung und damit der Generierung von hohen Kundenwerten im Wege (vgl. auch Bruhn und Hadwich 2012; Homburg et al. 2013).

Die **Customer Experience** wird – wie bereits angedeutet – durch das kundenindividuelle und damit ganz persönliche Erlebnis, das sich als Ergebnis der Interaktion eines Kunden mit dem Leistungsangebot eines Unternehmens und/oder mit dessen Mitarbeitern an verschiedenen Customer-Touchpoints einstellt. Die Customer Experience kann positiv oder negativ ausfallen! Um eine positive Customer Experience zu erzielen, sind die Erwartungshaltungen der Kunden in eine Richtung zu entwickeln, die das Unternehmen auch erfüllen kann. Um dieser Aufgabenstellung gerecht zu werden, ist das Themenfeld des Erwartungs-Managements (**Expectation-Management**) zu beleuchten.

Beim Customer-Experience-Management müssen die Unternehmen berücksichtigen, dass sie durch ihre Kommunikation (insb. die Werbung) laufend Erwartungshaltungen bei den Adressanten aufbauen. Wer „Lieferung innerhalb von 48 h" verspricht und nach vier Tagen zustellt, produziert sehenden Auges enttäuschte Erwartungen. Deshalb ist es eine vordingliche Aufgabe, die Erwartungen der Kunden konsequent in einen Bereich zu steuern, dem das Unternehmen auch gerecht werden kann – oder diese Erwartungen idealerweise sogar übertrifft.

► **Merk-Box** Die Grundregel des Customer-Experience-Managements lautet: Nur wer mehr leistet als versprochen, wird Begeisterung auslösen.

**Think-Box**

- Welche Bedeutung messen wir dem Customer-Experience-Management bisher bei?
- Wenn wir uns bereits mit dem Customer-Experience-Management auseinandersetzen, welchen Stellenwert räumen wir den Anforderungen Wertschätzung, Konsistenz und Wertschaffung ein?

- Stellen wir bei unserem Expectation-Management sicher, dass wir die Erwartungen der Nutzer nur in die Bereiche führen, die wir auch erfüllen können?
- Wer verantwortet in meinem Unternehmen diese Fragestellungen?

## 4.2 Ausgestaltung des Customer-Experience-Managements

Die Beantwortung der folgenden Kern-Fragestellungen ist die für die zielorientierte **Ausgestaltung des Customer-Experience-Managements** und damit für den langfristigen Erfolg des Unternehmens von Bedeutung (vgl. Esch und Knörle 2016; Boyarsky et al. 2016):

- Wie ist bei uns das Verhältnis von (häufig unausgesprochenen) Kundenbedürfnissen und tatsächlichem Kundenerlebnis?
- Wie können wir Vorteile im Kundenerlebnis gegenüber Wettbewerbern erreichen?
- An welchen Brand-Touchpoints müssen wir besonders präsent sein, um Markenbekanntheit, Markenimage, Kauf und Zufriedenheit zu stimulieren und so die gewünschte Customer Experience sicherzustellen?
- Wissen unsere Mitarbeiter, wie sie zum Erfolg der Customer Experience beizutragen haben?
- Können wir an besonders wichtigen Touchpoints die gewünschte Customer Experience sicherstellen?
- Welche Ziele der Customer Experience sollten an bestimmten Brand-Touchpoints erreicht werden?
- Ist unser Marketing-Budget auf die einzelnen Touchpoints richtig verteilt?
- Welche Strukturen und Prozesse sind für die experienceorientierte Ausgestaltung der Touchpoints bei uns im Einsatz – und welche wären erforderlich?
- In wessen Hand liegt bei uns die Verantwortung für die Kundenerlebnisse an den verschiedenen Touchpoints und wer kontrolliert die erreichten Resultate?

**Case: Personal Pricing bei *Migros***

Einen großen Schritt in Richtung **Individualisierung der Preissetzung** testet die Schweizer Supermarktkette *Migros* aus. Sie analysiert das Kaufverhalten ihrer Kunden und präsentiert darauf basierend nicht nur die passenden, sondern auch individualisierte Angebote an der Kasse oder direkt in der App. Dies erfolgt im Rahmen des eigenen Kundenbindungsprogramms *Cumulus*. So erhält bspw. ein Hundebesitzer, der in einer Filiale regelmäßig Hundefutter kauft, Sparangebote für Tiernahrung. Aber nicht nur das: Erfasst wird bspw. auch, wer stets zu preiswerten und wer zu höherwertigen Angeboten greift. Dies ist die Grundlage für unterschiedliche Preisangebote: Kunden, die in der Vergangenheit bereit waren, normal kalkulierte Artikel zu kaufen, erhalten keinen

Rabatt. Schnäppchenjäger werden dagegen mit Rabatten angelockt. So funktioniert **Personal Pricing**.

Es bleibt zu prüfen, wie diese Form der Preisdifferenzierung bei den Konsumenten ankommt. Verbraucherschützer sehen ein solches Vorgehen in verschiedenen Ländern bereits kritisch. Schließlich werden – bei konsequenter Anwendung – weniger preissensiblen Kunden Sonderangebote erst gar nicht präsentiert. Nach Einschätzung von Experten soll Personal Pricing die Marge des Unternehmens um bis zu 8 % steigern können (vgl. Mäurer 2016).

Jedes Unternehmen – welches sich nicht nur über den Preis positioniert – muss sich über die **Kommunikation weiterer Differenzierungsmerkmale** umfassende Gedanken machen. Dies stellt eine besondere Herausforderung im Zuge des Digital Brandings dar. Wie das gelingen kann, wird im folgenden Beispiel sichtbar.

**Case: *Mercedes***

Um dem Anspruch einer ganzheitlichen Markenführung gerecht zu werden, sind auch die online und offline präsentierten **Verkaufsplattformen** in ein überzeugendes Gesamtkonzept zu integrieren. Ein überzeugendes Beispiel hierfür liefert *Mercedes*. Das Vorgehen orientierte sich an der internen Maßgabe, dass der Kunde an allen Brand-Touchpoints ein überzeugendes Premiumangebot erleben soll. Das Motto der 2013 gestarteten Vertriebs- und Marketing-Strategie lautet: **Best Customer Experience**. Um das Ziel eines „Mehr an Interaktion", eines „Mehr an Vernetzung" und eines „Mehr an wertigen Markenzugängen" zu erreichen, wurde ein konsistentes **Multi-Channel-Angebot** für den Endkunden entwickelt. Durch den **digitalen Verkaufsraum** strebt *Mercedes* den Zugang zu einer Zielgruppe an, die sonst schwerer zu erreichen ist: junge Erwachsene.

Zusätzlich werden **mobile Verkaufsberater** eingebunden, die den Kunden zu Hause besuchen. In den Städten, in denen *Mercedes* bereits in den Online-Vertrieb eingestiegen ist (zurzeit Hamburg und Warschau), bietet *Mercedes* bundesweit vorkonfigurierte Neuwagen an. Diese sogenannten *Mercedes me Stores* weisen einen Loungecharakter auf und sollten Markeninteressierte anlocken, um in die Markenwelt einzutauchen. An interaktiven Tischen können Fahrzeuge konfiguriert und Probefahrten vereinbart werden. Diese Stores werden auch für Kunstausstellungen, Modeschauen und Konzerte eingesetzt und so zu Kommunikationstreffpunkten weiterentwickelt. Bis 2020 sollen es weltweit insgesamt 40 Stores werden (vgl. Reidel 2014, S. 5). Wie das Konzept von den Nutzern langfristig gesehen und welche Umsätze *Mercedes* in den nächsten Jahren durch das **Zusammenspiel von Offline- und Online-Stores** erzielen wird, muss abgewartet werden.

**Case: Virtual Reality**

Einen wichtigen Beitrag zu einer spannenden Customer Experience kann auch **Virtual Reality** (VR) leisten. Hiermit wird die Darstellung und Wahrnehmung computergenerierter, interaktiver virtueller Umgebungen in Echtzeit bezeichnet. Anwendungen der virtuellen Realität gibt es schon sehr lange – bspw. beim Einsatz von Flugsimulatoren in der Ausbildung von Piloten. In Unternehmen wird Virtual Reality auch schon lange bei der Entwicklung von virtuellen Prototypen eingesetzt. VR-Anwendungen in der Kommunikation ermöglichen es jetzt verstärkt, nicht nur Text, Bild/Bewegtbild oder einfache Formen der Interaktion einzusetzen, sondern auch vollständig in eine künstliche Welt einzutauchen.

Um den **Einsatz von Virtual Reality** im Marketing zu prüfen, sind im Vorfeld verschiedene Fragen zu klären (vgl. Bastian 2015):

- Welche Spielregeln sind beim Einsatz von VR zu berücksichtigen?
- Welche bewährten Anwendungen lassen sich aus der realen in die virtuelle Realität übertragen?
- Welche neuen Einsatzbereiche tun sich auf, die durch die etablierten Kanäle nicht abgedeckt wurden?
- In welchem Umfang können im VR-Umfeld werbliche Botschaften kommuniziert werden, ohne auf Widerstand der Nutzer zu stoßen?
- Wie wirken sich werbliche Botschaften im virtuellen Bereich auf das tatsächliche Kauf- und Konsumverhalten aus?

Durch den Einsatz von Virtual Reality kommt es idealerweise zu dem, was heute **Immersion** genannt wird. Damit wird der Prozess des Eintauchens in eine virtuelle Welt bezeichnet, bei dem sich die Wahrnehmung der eigenen Person in der realen Welt zugunsten der virtuellen Person zunehmend vermindert. Dieser Identifikationsprozess wird durch die Möglichkeit der Interaktion in der virtuellen Umgebung, die wiederum auf eigenes Tun reagiert, noch verstärkt. Hierfür verwendet man die Bezeichnung immersive virtuelle Umgebung.

Gehversuche in diesem Bereich hat *Coca-Cola* bei der Fußball-Weltmeisterschaft in Brasilien unternommen. Hier wurde es Interessenten ermöglicht, sich auch ohne Tickets – eben virtuell – im Stadium zu bewegen. Die erwünschte Werbewirkung bestand darin, dass *Coca-Cola* dies als Marke ermöglichte (vgl. Bastian 2015). Ein VR-Einsatz bei *Jim Beam* versetzte die Nutzer in eine Achterbahnfahrt, die durch eine Vielzahl von Schläuchen, Gläsern und Rohren führte – so wie dies im Entstehungsprozess von Bourbon der Fall ist; bis das Getränk am Ende dieser Reise im Glas landet. So wie bei den Besuchern, die bei *Jim Beam* vor Ort diese Reise antraten (vgl. Albrand 2015). Den VR-Anwendungen im Zuge der Markenführung sind hier weniger technische als vielmehr budgetäre Grenzen gesetzt.

**Case: *Dash-Button***

Eine besondere Customer Experience geht mit dem Einsatz von *Amazons Dash Button* einher. Das englische Wort „to dash“ bedeutet „rasen“ und „rennen“ und soll damit die durch diesen „Knopf" erreichbare Geschwindigkeit andeuten. Denn – so das Versprechen – die Lieferung soll den Besteller innerhalb von 24 h erreichen. Die Betätigung eines solchen *Dash-Buttons* kann durch die Nutzung der *Amazon*-App auf einem Smartphone erfolgen. Hierdurch wird es möglich, Verbrauchsgüter wie Waschmittel oder Rasierklingen ganz bequem zu bestellen. Allerdings erfährt der Kunde erst nach der Bestellung, zu welchem Preis er eingekauft hat. Dies widerspricht den Regelungen bei Online-Bestellungen in Deutschland. Außerdem wurde bei Testkäufen in den USA festgestellt, dass bei Nachkäufen die Preise teilweise deutlich angezogen wurden. Dass bisher nur wenige Marken auf diese Weise bestellt werden können, ist u. E. nicht als grundsätzliche Kritik zu verstehen – schließlich wird ein neues Konzept ausgetestet (vgl. Maehner 2016).

Der genannte Preisaspekt ist deshalb besonders kritisch zu sehen, weil heute eine als unerreichbar angesehene **maximale Preistransparenz** – 24/7 und überall – gegeben ist! Man könnte behaupten, dass die Höchstpreise heute durch *Amazon* und Plattformen wie verivox.de definiert werden. Vielleicht bin ich noch bereit, eine Service-Charge an den stationären Einzelhändler für seine Leistungen vor Ort zu bezahlen. Aber nur vielleicht!

Zusätzlich gibt es eine nie dagewesene **Preisvolatilität** – Stichwort „Dynamic Pricing". *Amazon* ändert seine Preise tausendfach pro Tag – und andere Unternehmen müssen mitziehen, um im Preiswettbewerb bestehen zu können. Die elektronische Preisauszeichnung am POS ermöglicht auch im stationären Handel eine viel größere Preisvolatilität als früher.

**Case: Concierge-Service bei *Hilton* – powered by *IBM Watson***

Die *Hilton*-Gruppe und *IBM* sind eine Kooperation eingegangen, um einen ***Watson*-basierten Roboter-Concierge-Service** in der Hotelindustrie zu bieten. Der Projektname lautet *Connie*. *Connie* informiert die Gäste über lokale Touristenattraktionen und spricht Empfehlungen für Restaurants und andere Aktivitäten aus. Das Wissen von *Connie* wird durch *Watson* geliefert, der in Realtime aktualisiert wird und damit immer den aktuellen Datenstand zugreifbar hat (vgl. IBM 2016b).

### 4.2.1 Customer Journey Canvas

Die **Customer Journey** umspannt – wie schon angedeutet – den gesamten Bereich von der Bedarfserkennung über den Kauf und die Nutzung eines Produkts oder einer Dienstleistung. Um die Customer Journey zielführend zu verstehen, ist diese grafisch darzustellen. Eine Option ist die **Customer Journey Canvas** von Stickdorn und Schneider (2010). In Abb. 4.2 ist eine beispielhafte Umsetzung für eine **Customer Journey im Service-Segment** zu sehen. Die **Phasen des Kaufprozesses** wurden in der Canvas auf drei reduziert, um die Übersichtlichkeit zu erhöhen:

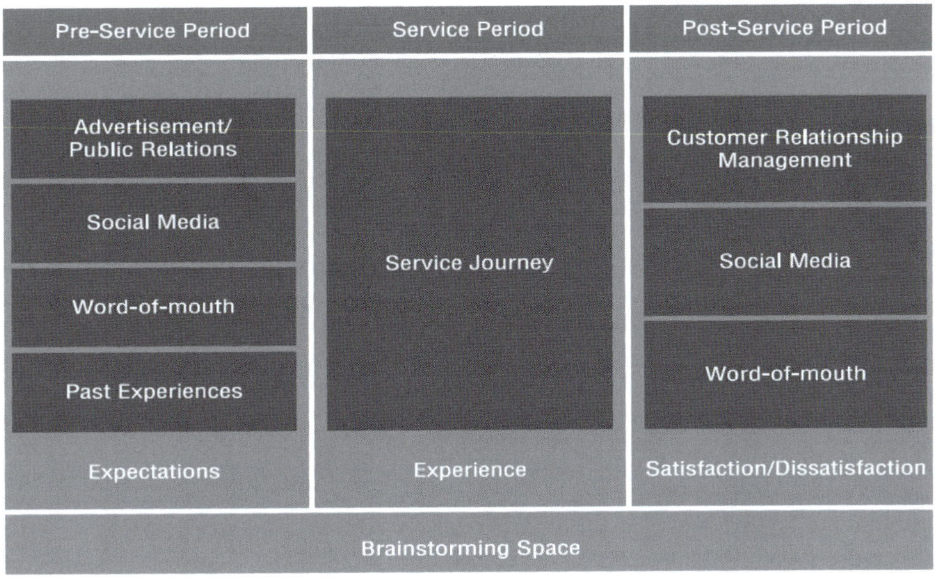


**Abb. 4.2** Customer Journey Canvas. (Quelle: Kreutzer et al. 2017, S. 161, in Anlehnung an Canvanizer 2016)

- **Pre-Service Period**
  Hier können die analogen und digitalen Informationsquellen angeführt werden, über die Werbung und PR, aber auch Kommentare und Bewertungen (Word-of-Mouth bzw. – für den Online-Teil – Word-of-Mouse) zugänglich sind. Auch vergangene Erfahrungen des potenziellen Käufers wirken hier. Das Ergebnis dieser Phase sind Erwartungen des Kunden in Bezug auf Unternehmen und deren Produkte bzw. auf Dienstleistungen und die dahinterstehenden Dienstleister.
- **Service Period**
  In dieser Phase werden einzelne Brand-Touchpoints dargestellt, die für die Bewertung durch den Kunden eine zentrale Rolle spielen könnten. Gibt es bspw. kritische Momente (Critical Incidents), die für die subjektive Einschätzung eine überproportionale Bedeutung haben (bspw. die Produktübergabe)? In welcher Weise können hier entscheidende Impulse vermittelt werden, um die Kaufentscheidung zu unterstützen?
- **Post-Service Period**
  Nach der Inanspruchnahme der Leistung folgt die Bewertung; diese führt entweder zu Zufriedenheit oder Unzufriedenheit. Sie kann darüber hinaus in positiver oder negativer Word-of-Mouth/Word-of-Mouse weitere (potenzielle) Kunden beeinflussen. Hier setzt auch die After-Sales-Betreuung als Teil des Customer-Relationship-Managements ein (vgl. weiterführend Kreutzer 2016).

Die grafische Darstellung in Form einer Canvas kann in ihrem Komplexitätsgrad variieren. Der Bezugspunkt ist immer die jeweilige Persona, für die eine spezifische Customer Experience geschaffen werden soll. Unter **Persona** wird die anschauliche und oft auch bebilderte Beschreibung einer Zielgruppe verstanden, die dem Customer-Experience-Management zugrunde gelegt wird. Diese Personas weisen spezifische Ziele, Vorlieben und Erwartungen auf, haben eine ganz bestimmte Historie und zeigen bestimmte Verhaltensweisen (vgl. vertiefend Kreutzer et al. 2017, S. 136 f.; Pruitt und Adlin 2006).

Jede erstellte Canvas bezieht sich somit auf eine spezielle Persona und damit auf eine spezifische Zielgruppe sowie deren Wünsche und Erwartungen. Gängiger **Bestandteil der Customer Journey Canvas** ist der in Abb. 4.2 gezeigte **Prozess** als Folge von Aktivitäten, die der Kunde durchläuft. In diesen sind die relevanten Brand-Touchpoints des Kunden zuzuordnen – mit den dort gemachten Erfahrungen und den dadurch ausgelösten Emotionen. Zusätzlich können weitere relevante Aspekte abgebildet werden. Hierzu zählen bspw. die genutzten Medien, die Meinungen anderer sowie eigene Erfahrungen, die in der **Vorkaufphase** sowie der **Kaufphase** die Entscheidungsfindung beeinflussen. Auch die **Nachkaufphase** kann visualisiert werden. Hier geht es bspw. um die Frage, wie der Kunde über seine Erfahrungen offline oder online (etwa in den sozialen Medien) berichtet. Diese Aspekte gilt es im Zuge des **Brand-Touchpoint-Managements** zu berücksichtigen.

**Think-Box**

- Welche Erlebnisdimensionen wollen wir im Zuge des Customer-Experience-Managements ansprechen?
- Wie konsequent haben wir bereits die Kernfrage zum Customer-Experience-Management bearbeitet?
- Können wir dabei Daten- und Prozess-Silos in unserem Unternehmen überwinden?
- Setzen wir zur Ausgestaltung des Customer-Experience-Managements eine Customer Journey Canvas ein?
- Wer trägt hierfür die Verantwortung?

### 4.2.2 Dreidimensionales Customer-Relationship-Management

Im Zuge der digitalen Markenführung sollten Unternehmen anstreben, ein **dreidimensionales Customer-Relationship-Management** aufzubauen. Die Relevanz der unternehmerischen Botschaften für Interessenten und Kunden kann zunehmen, wenn es dem Unternehmen gelingt, eine zeitliche, räumliche und inhaltliche Nähe der werblichen Einflussnahme zu erreichen. Dieser Zusammenhang wird in Abb. 4.3 durch das sogenannte dreidimensionale CRM (Customer-Relationship-Management) deutlich.

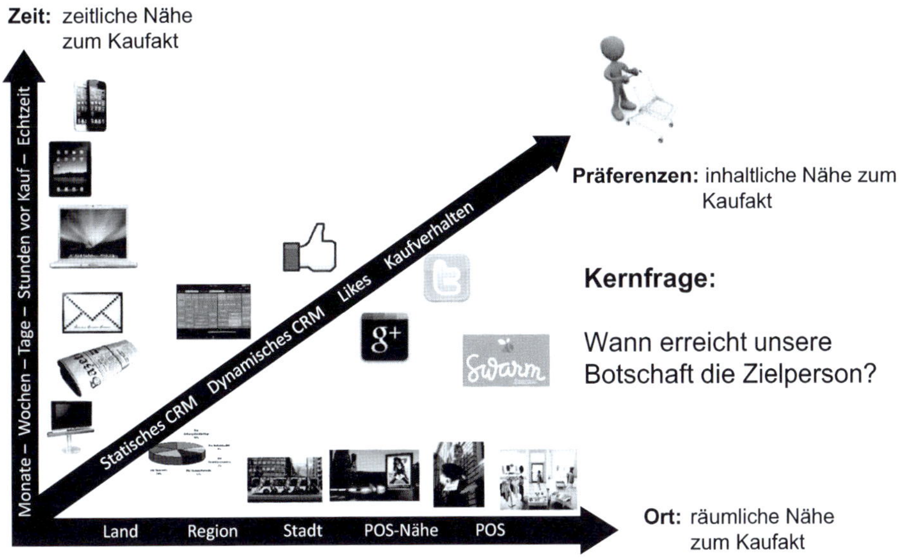


**Abb. 4.3** Dreidimensionales CRM – Relevanz der Information basierend auf der zeitlichen, inhaltlichen und räumlichen Nähe zur Zielperson

In Abb. 4.3 zeigt sich, dass die **Relevanz einer Information** mit der räumlichen, zeitlichen und inhaltlichen Nähe einer Botschaft zunimmt. Die **räumliche Nähe zum Kaufakt** kann durch die auf den jeweiligen Aufenthaltsort der Zielperson abgestimmte Ausspielung von Werbung gesteigert werden (**Location**). Durch die Permission zur Lokalisierung wird vieles möglich: Nutzer können durch Geo-Fencing über GPS identifiziert werden, wenn sie sich dem Einzugsbereich einer Filiale nähern (vgl. hierzu den Gastbeitrag von Jens Cornelsen in Abschn. 4.5). Wird ein Check-in-Service wie *Swarm* genutzt, wird der Aufenthaltsort des Nutzers sichtbar.

Durch den bereits angesprochenen Einsatz der Beacon-Technologie kann der Aufenthaltsort sogar im Geschäft selbst präzise ermittelt werden. Weitere – zum jeweiligen Kontext passende – Informationen können über die App standortbezogen bereitgestellt werden. Dies können Produktinformationen direkt im Geschäft, aber bspw. auch Sonderangebote sein. Zusätzlich kann eine Nutzerlenkung im Geschäft erfolgen und ein mobiler Einkauf unterstützt werden. Gleichzeitig werden weitere Daten über den Nutzer und dessen Verhalten gespeichert. Eine einzigartige Customer Experience wird möglich.

Die in Abb. 4.3 gezeigte **zeitliche Nähe zum Kaufakt** ist bei TV- und Radio-Werbung, aber auch bei Zeitungswerbung und Direct Mail häufig nur sehr eingeschränkt gegeben. Eine stationäre, insb. aber eine mobile Online-Präsenz kann eine viel größere zeitliche Nähe zum Offline-Kauf aufweisen (**Timing**).

Schließlich kommt auch der **inhaltlichen Nähe zum Kaufakt** eine zentrale Bedeutung zu (**Präferenzen**). In statischen CRM-Systemen wurden bisher die Daten der Kunden nur in größeren Zeitabständen aktualisiert, bspw. auf der Grundlage von Kundenbefragungen. Dynamische CRM-Systeme streben dagegen an, die Aktivitäten der Kunden laufend zu erfassen und jene bei der Ansprache unmittelbar zu berücksichtigen. Insbesondere mit *Facebook* und bei *Pinterest* stehen sehr aktuelle Präferenzdaten zur Verfügung, die durch „Likes" und „Pins" dokumentiert werden. Bei integrierten Systemen (CRM, Warenwirtschaft) kann auch auf Informationen über on- bzw. offline-getätigte Käufe zugegriffen werden.

Alle drei Dimensionen gemeinsam bilden den jeweiligen Kontext, in dem sich die Zielperson befindet. Unternehmen, denen es gelingt, diese drei „Nähe generierenden Pole" Location, Timing und Präferenzen zusammenzuführen, können eine begeisternde Customer Experience aufbauen, weil ein höheres Maß an Relevanz erreichbar wird. Entscheidend hierfür ist es, dass es gelingt, aus den digitalen und nicht-digitalen Fußabdrücken unserer Zielpersonen einen **Single Point of Information** (auch **Single Point of Truth**) zu schaffen. Hierzu sind die unterschiedlichen Informationsströme über die Interessenten und Kunden auswertbar zusammenzuführen und – idealerweise in Realtime – für passende Kommunikationsanstößen zu nutzen.

Wenn es gelingt, diesen Kontext umfassend in der kommunikativen Ansprache zu berücksichtigen, wird bereits von **Kontext-Marketing** gesprochen (vgl. auch Bulander und Fries 2015; zum Data Driven Marketing Braun und Schwarz 2015). Falls ein solches zur Optimierung der Customer Experience eingesetzt werden soll, kann in Weiterentwicklung eines Ansatzes von Simmet (2014) die sogenannte **7-R-Regel des Kontext-Marketings** zum Einsatz kommen. Hierbei sollte es gelingen, Interessenten bzw. Kunden

- die richtige Information,
- zum richtigen Zeitpunkt,
- am richtigen Ort,
- in der richtigen Menge,
- in der richtigen Qualität,
- zu den richtigen Kosten und
- über den richtigen Kanal

zu präsentieren, damit sie nicht nur wahrgenommen, sondern auch als relevant erlebt wird. Das ist die hohe Schule des Customer-Experience-Managements und gleichzeitig ein immer wichtiger werdendes Feld der **Targeted Recommendations**, d. h. der Empfehlungen, die auf Basis von Algorithmen ermittelt werden.

► **Merk-Box** Wenn es gelingt, im Rahmen eines dreidimensionalen CRMs die Informationspotenziale – aus der Perspektive des Kunden – in relevante Kaufimpulse umzusetzen, wird ein großer Schritt in Richtung „Relevanz" vollzogen!

## 4.3 Differenzierung des eigenen Angebotes im Wettbewerberumfeld

Unternehmen fällt es heute – in einer Zeit einer globalen Annäherung der Leistungsversprechen von Produkten und Dienstleistungen – immer schwerer, eine **Differenzierung des eigenen Angebotes im Wettbewerberumfeld** zu erreichen. Denn welches Unternehmen weist heute noch eine **Unique Selling Proposition (USP)** auf – eine Einzigartigkeit im Vergleich zu allen Wettbewerbern? Zur Erreichung einer USP sind die folgenden Anforderungen zu erfüllen:

- **Unique**
  Das Angebot muss ein Nutzenversprechen aufweisen, das von der Zielperson entweder als einmalig oder zu anderen Alternativen zumindest als überlegen angesehen wird.
- **Selling**
  Das Nutzenversprechen muss für die Zielperson eine Kaufentscheidungsrelevanz aufweisen und soll diese davon überzeugen, sich mit dem Erwerb der Leistung auseinanderzusetzen.
- **Proposition**
  Die Konkretisierung des ausgelobten Nutzenversprechens erfolgt durch eine Leistung, die die herausgestellten Nutzenelemente tatsächlich auch liefert.

Einem USP liegen damit grds. „objektive", beweisbare Sachverhalte zugrunde, die Unternehmen teilweise geheim halten; so etwa die Rezepturen von *Coca-Cola* und *Underberg* oder das Originalrezept einer Soße von *Kentucky Fried Chicken*. Andere Unternehmen beantragen einen Patentschutz (etwa in der Pharma-Branche, im Maschinenbau oder in der Elektrotechnik), um sich längerfristig einen Wettbewerbsvorteil zu sichern, der werbewirksam eingesetzt werden kann.

Von einem USP abzugrenzen ist die **Unique Advertising Proposition** (UAP), die eine Alleinstellung der Marke durch den werblichen Auftritt des Unternehmens anstrebt und im Gegensatz zu einem „originären" Nutzenelement häufig schwerer zu kopieren ist. Beim Aufbau einer UAP kommt der Markenführung eine herausgehobene Aufgabe zu, wie man am Beispiel *Red Bull* mit dem – nicht wirklich einlösbaren Versprechen – „*Red Bull* verleiht Flügel" erkennen kann.

### 4.3.1 Aufbau einer Unique Passion Proposition

Das Customer-Experience-Management ermöglicht es, diese Ansätze um ein neues Konzept zur Erreichung einer Uniqueness im Markt zu erweitern: die **Unique Passion Proposition**. Hierbei geht es um die Zielsetzung, das Leistungsangebot bzw. eine Marke in den Augen der Kunden dadurch aufzuwerten, dass die Leidenschaft der dahinter agierenden Menschen über die gesamte Customer Journey hinweg sicht- und erlebbar wird. Vielleicht gelingt es sogar, ein ganzes Unternehmen als „passion-driven" auszurichten. Die Abgrenzung zum USP gelingt dadurch, dass bei der UPP keine „Facts and Figures" zur Dokumentation der Überlegenheit ins Feld geführt werden können, sondern dass es eher um den „Spirit" geht, der hinter einem Leistungsangebot steht. Insoweit ist eine UPP auch wesentlich mehr als eine UAP, die alleine durch Kommunikation geschaffen wird, ohne auf objektiv nachweisbare Sachverhalte zuzugreifen. Wird dieser **Spirit** für Interessenten oder Kunden im Zuge der Customer Journey immer wieder sichtbar, so ergibt sich eine einzigartige Customer Experience, die die Kundenbeziehung nachhaltig positiv beeinflusst kann.

Eine UPP ist allerdings erst erreicht, wenn **in den Augen der Zielgruppe** deutlich wird, dass hinter einem Unternehmen, einer Marke oder einer Dienstleistung ein **leidenschaftliches Agieren** über alle Brand-Touchpoints hinweg steht, welches sich in verschiedenen Dimensionen konkretisieren lässt:

- Leidenschaft, für den Kunden eine exzellente Dienstleistung zu erbringen,
- Leidenschaft, das beste Produkt auf dem Markt zu haben und dieses kontinuierlich weiterzuentwickeln,
- Leidenschaft, für den Kunden „die Extrameile zu gehen",
- Leidenschaft, sich nie auf seinen Lorbeeren auszuruhen, sondern sich durch Erfolge zu neuen Erfolgen anspornen zu lassen,
- Leidenschaft, bspw. den Service-Abruf durch „Consumerization" so einfach zu machen wie den Download einer App.

Wenn die Customer Experience auf diese Weise erlebbar wird, können selbst Unternehmen, deren Marketing-Strategien oder Angebote weniger innovativ sind als die der Wettbewerber, erfolgreicher sein. In Abb. 4.4 ist eine **UPP-Canvas** zu sehen, die bei der Entwicklung und Implementierung einer UPP unterstützen kann.

► **Merk-Box** Im Zuge des Customer-Experience-Managements gilt: Das einzige, was auch langfristig durch Wettbewerber nicht kopiert werden kann, sind die Beziehungen, die Interessenten und Kunden zu einem Unternehmen aufbauen, und die Erfahrungen, die sie hier machen.

Allerdings sind Unternehmen aufgerufen, nicht mehr nur eine Unique Selling Proposition, eine Unique Advertising Proposition oder eine Unique Passion Proposition anzustreben, sondern eine Unique Experience Proposition (UEP). Eine **Unique Experience Proposition** stellt ein einzigartiges Markenerlebnis dar, das sich in dieser Form von den Erfahrungen mit anderen Marken deutlich (positiv) abhebt – und Elemente von USP, UAP und UPP zusammenführen kann.

Durch die Ausweitung der Positionierung auf das **ganzheitliche Markenerlebnis** wird zum einen deutlich, dass auch die vom Unternehmen unabhängigen markenbezogenen

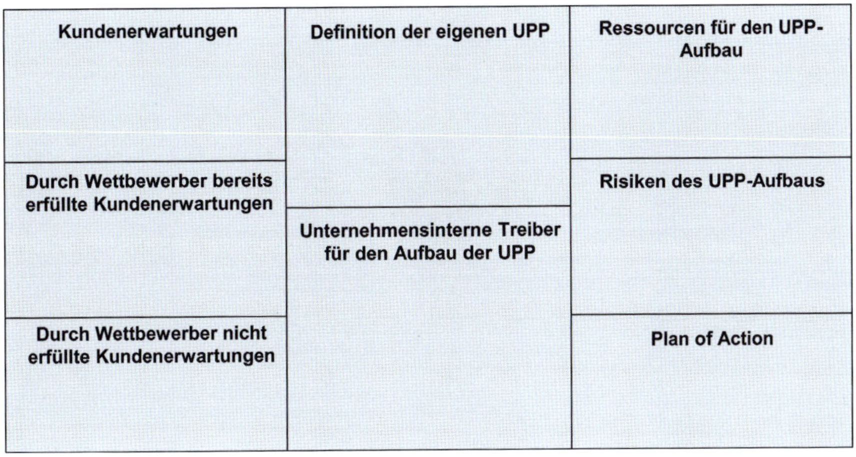


**Abb. 4.4** UPP-Canvas

Aktivitäten dieses Markenerlebnis beeinflussen. Zum anderen wird nochmals betont, dass sich die Markenführung in einem von einer Service- zu einer Experience-Economy weiterentwickelten Umfeld zu bewähren hat.

► **Merk-Box** Alle markenbezogenen Aktivitäten sollen dazu beitragen, eine **Unique Experience Proposition** zu erzeugen. Eine USP, UAP oder UPP reicht heute zum Bestehen im Wettbewerb oft nicht mehr aus.

### 4.3.2 Kano-Modell zur Differenzierung der eigenen Leistungen

Welche Bedeutung unterschiedlichen Leistungen eines Unternehmens beim Aufbau einer positiven Customer Experience und gerade auch zum Aufbau einer Unique Passion Proposition zukommen kann, zeigt das sogenannte **Kano-Modell**. *Kano* untersuchte dazu die Beziehung zwischen der Erfüllung unterschiedlicher Kundenanforderungen und der Erzielung von Kundenzufriedenheit (vgl. Berger et al. 1993; Esch 2015). Es wurde deutlich, dass ein Teil der Kundenanforderungen keinen oder nur einen geringen Einfluss auf die Kundenzufriedenheit hat (vgl. die untere Kurve in Abb. 4.5). Die Nichterfüllung derartiger Anforderungen, die als **Basisanforderungen** bezeichnet werden, führt zwar zur Unzufriedenheit, deren Erfüllung aber nicht zu Zufriedenheit oder Begeisterung, sondern sie wird vielmehr als selbstverständlich vorausgesetzt und nicht explizit verlangt. Sie zahlt nicht nachhaltig auf die Zufriedenheit ein. Zu diesen Basisanforderungen zählen im Online-Shop bspw. funktionierende Zahlungssysteme oder im Flugverkehr der Sachverhalt, dass das Flugzeug tatsächlich am gewünschten Zielort ankommt. Kunden setzen eine Erfüllung dieser Basisanforderungen schlicht voraus.

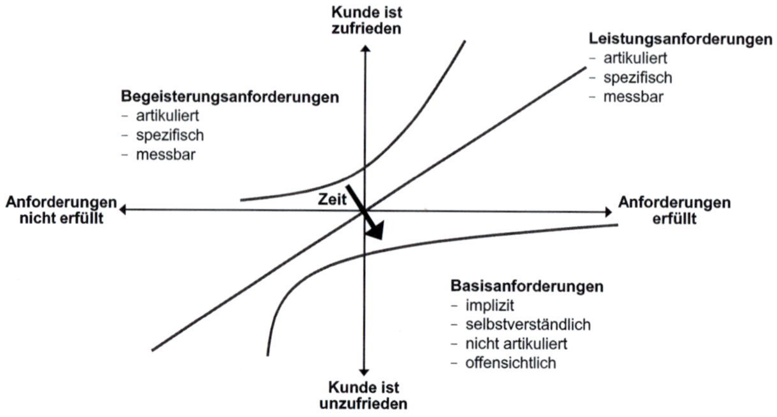


**Abb. 4.5** Kano-Modell der Kundenzufriedenheit. (Quelle: In Anlehnung an Berger et al. 1993, S. 26)

**Leistungsanforderungen** werden vom Kunden explizit verlangt. Deren Erfüllung bewertet der Kunde nach dem Prinzip „je mehr, desto besser“. Ein Mehr an erfüllten Leistungsanforderungen steigert die Zufriedenheit; eine Nichterfüllung führt zu deutlicher Unzufriedenheit (vgl. die mittlere Linie in Abb. 4.5). Werden die Erwartungen an die Leistungsanforderungen „nur“ erfüllt, wird eine moderate Zufriedenheit erreicht. Die Leistung des Unternehmens wird als austauschbar erlebt. Gibt sich ein Unternehmen bei der Erfüllung von Leistungsanforderungen dagegen besondere Mühe, können Kunden erfolgreich gebunden werden. Zu den Leistungsanforderungen zählen im Online-Shop bspw. die Anzahl der angebotenen Produkte und die Möglichkeit, verschiedene Auswahlen zu speichern. Bei Fluggesellschaften kann an dieser Stelle die Pünktlichkeit der Airline genannt werden.

Erst die dritte Kategorie in Gestalt der **Begeisterungsanforderungen** kann beim Kunden Begeisterung bzw. den berühmten Wow-Effekt auslösen, weil hier Leistungen erbracht werden, die nicht erwartet wurden oder auf eine neuartige Weise erfüllt werden (vgl. die obere Kurve in Abb. 4.5). Werden solche Begeisterungsfaktoren nicht erbracht, führt dies zwar nicht zu Unzufriedenheit. Allerdings verzichtet das Unternehmen auf die Möglichkeit, sich positiv vom Wettbewerb zu differenzieren und eine besonders positive Customer Experience aufzubauen.

In einem Online-Shop kann die erstmalige – nicht erwartete – kostenlose Lieferung, ein kleines Präsent im Paket oder der Hinweis auf Preissenkungen bei Produkten, die als interessant markiert wurden, Begeisterung auslösen. Bei einer Fluggesellschaft kann dies bspw. eine Ansage der Flugbegleiter in Form einer Büttenrede oder die Überreichung eines Schokoladenherzens beim Verlassen des Flugzeuges sein. Letzteres ist regelmäßig bei *AirBerlin* der Fall. Werden solche Leistungen häufig erbracht (wie die Überreichung des Schokoladenherzens), besteht allerdings die Gefahr, dass diese zu Leistungsanforderungen mutieren und folglich erwartet werden. Dann ist der Fluggast irritiert, wenn (bspw. aufgrund von Hitze) die Überreichung des Schokoladenherzens entfällt. Folglich ist es nur eine Frage der Zeit, bis solche „Begeisterungsservices" zu Leistungsanforderungen werden. Außerdem können solche Begeisterungsanforderungen auch von Wettbewerbern kopiert und damit ihrer differenzierenden Wirkung beraubt werden.

Die Schaffung einer besonders positiven **Customer Experience** kann folglich durch Leistungen erreicht werden, die sich an folgenden Kriterien orientieren (vgl. Esch 2015):

- eine **bessere oder (positiv wahrgenommene) andersartige Erfüllung von Kundenbedürfnissen** (bspw. die gereimte Ansage im Flugzeug),
- die **Bereitstellung von Zusatzleistungen** (etwa eine kostenlose Autowäsche nach einer Inspektion im Autohaus),
- **überraschende Leistungen** (u. a. das Schokoladenherz bei einem Flug mit *AirBerlin*).

Um **nachhaltige Wirkungen auf die Customer Experience** zu entfalten, sind diese Erfahrungen längerfristig und in konsistenter Form zu vermitteln. Dies kann bspw. auch durch bestimmte Formen der Individualisierung und Personalisierung von Leistungen gelingen.

**Case: *L'Oréal* – der „Intelligent Color Experience"-Make-up-Automat**

Digital Branding bedeutet für Unternehmen nicht nur, online Berührungspunkte mit der eigenen Marke zu schaffen. Ein Beispiel dafür, wie Unternehmen die Digitalisierung nutzen, um das Markenerlebnis für den Kunden auch in der Offline-Welt zu optimieren, ist der „Intelligent Color Experience"-Make-up-Automat von *L'Oréal*. Der französische Kosmetikhersteller fand heraus, dass viele *New Yorker* Frauen ihr Make-up erst auf dem Weg zur Arbeit in der U-Bahn auftragen. Auf Basis dieser Erkenntnis installierte *L'Oréal* Ende 2013 den „Intelligent Color Experience"-Make-up-Automaten in einer belebten U-Bahn Station in *Manhatten*. Ziel von *L'Oréal* war es, dem Konsumenten ein interaktives und personalisiertes Einkaufserlebnis außerhalb des traditionellen Geschäfts zu bieten. Die Konsumenten sollten mit der Marke an einem Ort in Kontakt kommen, an dem sie es am wenigsten erwartet hätten (vgl. Elliott 2013).

Die Passantinnen der *42nd Street – Bryant Park Station* hatten zwei Monate lang die Möglichkeit, das passende Make-up zu ihrem Outfit direkt an dem „Intelligent Color Experience"-Make-up-Automaten zu kaufen. Die in einem Ganzkörperspiegel installierte Kamera registrierte das Outfit der Passantin und empfahl ihr anschließend das dazu passende Make-up. Gefiel ihr das Make-up, konnte sie die Produkte über den Touchscreen auswählen, per Kreditkarte bezahlen und sie anschließend wie einen Schokoriegel einem Fach des Automaten entnehmen. Wollte die Passantin den Kauf nicht sofort, sondern zu einem späteren Zeitpunkt tätigen, so wurde ihr die Produktauswahl nach Eingabe ihrer E-Mail-Adresse zugesendet (vgl. Elliot 2013).

Mithilfe des „Intelligent Color Experience"-Automaten ermittelte *L'Oréal* das Interesse der Konsumenten an interaktiven Kauferlebnissen. Mit dem Einsatz digitaler

Technologien gelang es dem Unternehmen, die Online-Welt mit der Offline-Welt zu verknüpfen und so dem Konsumenten ein ganzheitliches Markenerlebnis zu bieten.

**Case: Augmented Reality**

Der Einsatz von **Augmented Reality** kann ebenfalls zur Vervollkommnung und Anreicherung der Customer Experience beitragen und idealerweise auch Begeisterungsanforderungen erfüllen. Unter Augmented Reality versteht man eine computerunterstützte Wahrnehmung der Realität, indem diese durch virtuelle Aspekte ergänzt wird. Die Möglichkeit zu dieser Anreicherung wird durch den zunehmenden Einsatz von Kameras in mobilen Geräten gefördert. Das durch die Kamera erfasste Objekt wird durch zusätzliche Informationen angereichert (die deutsche Übersetzung von „to augment"), die durch einen Internet-Zugang bereitgestellt werden (vgl. auch Schart und Tschanz 2015; Mehler-Bicher und Steiger 2014).

Dabei ergibt sich eine Vielzahl von **Einsatzfeldern der Augmented Reality**. Sie reichen von der Einblendung der Entfernung bei Freistößen im Fußball bis zur virtuellen Platzierung ausgewählter Teppiche oder Möbel über eine App im heimischen Wohnzimmer. Einen solchen Einsatz hat *IKEA* mit seinem Katalog bereits 2013 ermöglicht. Andere Anwendungen erlauben es, einen virtuellen Rundblick ins Innere eines Fahrzeugs zu erhalten, selbst wenn man nur davor steht. Zusätzlich kann bei der Erfassung eines Produktes durch eine Kamera – bspw. bei einem Kleidungsstück – ein virtueller Rundgang durch die Gewinnung und Verarbeitung der Rohstoffe bis hin zum fertigen Produkt auf dem Weg nach Deutschland angeboten werden. Auch Artikel oder Anzeigen in Zeitungen und Zeitschriften können durch zusätzliche Inhalte – bspw. erklärende Videos oder Spiele – angereichert werden. So kann eine ideale Verbindung von Offline-Medien mit der Online-Welt gelingen. Ein QR-Code – wie er bei vielen Artikeln im *Spiegel* eingesetzt wird – bietet dafür einen einfachen Zugang (vgl. auch Mehler-Bicher und Steiger 2014).

In jedem Falle erhöht sich durch die Möglichkeiten das **Customer Engagement**, weil die Bereitstellung ergänzender Informationen zum „Objekt der Begierde" zu einer intensiveren Beschäftigung anregt. Werden durch die virtuell bereitgestellten Informationen zentrale Fragen des (potenziellen) Käufers beantwortet, kann sich der Kaufentscheidungsprozess verkürzen. Solange der Einsatz von Augmented Reality noch nicht zum Standardrepertoire – bspw. auch bei Zahnpasta – gehört, können auf der Nutzerseite Wow-Effekte erzielt werden, die zu (positivem) Buzz in den sozialen Medien beitragen können.

### 4.3.3 Personalisierung und Individualisierung

**Personalisierung** (i. S. der namentlichen Ansprache) und **Individualisierung** (in Gestalt der Differenzierung der Kommunikation bzw. der Leistungserbringung) waren bereits im vordigitalen Zeitalter in Teilbereichen möglich – insb. im Dialog-Marketing. Die Online-Kanäle bieten jetzt aber viel mehr Möglichkeiten, mit diesen Konzepten zu arbeiten, um für die Kunden eine höhere Relevanz der eignen Ansprache sowie der eigenen Leistungsangebote zu erzielen. Dies reicht vom Targeting bei Werbebannern und insb. bei Keyword-Anzeigen über auf *Facebook*-Daten basierende Angebote bis hin zu personalisierten und individualisierten Landing-Pages, die bspw. über eine PURL (Personalized URL) angesteuert werden. Außerdem können unterschiedliche Inhalte auf Websites präsentiert werden, abhängig von der nationalen bzw. internationalen Herkunft des Nutzers (präzise: der Herkunft der IP-Adresse), der Herkunfts-Website des Nutzers (Referrer) sowie der (vorherigen) Nutzung der verschiedenen Angebote auf der eigenen Website.

Eine besondere Form der Individualisierung liegt beim schon angesprochenen **Dynamic Pricing** vor. Hierbei wird der Preis der Leistung der jeweiligen Nachfragesituation – personenbezogen – angepasst. Wer mit einem *Apple*-Produkt auf bestimmte Anbieter zugreift, wird mit höheren Preisen „bestraft", weil eine höhere Kaufkraft unterstellt wird. Wer mehrfach nach einem bestimmten Angebot oder einer Flug- oder Zugverbindung beim gleichen Anbieter sucht, muss häufig – wenn er sich endlich entschieden hat – einen höheren Preis als bei der ersten Preisrecherche entrichten. Die Grundlage für die Preisgestaltung sind Algorithmen, die jeweils den – aus Anbietersicht – optimalen Preis errechnen. Diese Prozesse ermöglichen eine Preisdifferenzierung in Realtime – nicht immer zum Wohlgefallen des Nutzers!

Zusätzlich bieten heute viele Unternehmen die Möglichkeit, kostengünstig die **Kreation von personalisierten Produkten** über Online-Plattformen vorzunehmen (vgl. hierzu das bereits zitierte Beispiel von *dm drogerie markt* in Abb. 3.7). Dass auch auf hohe Volumina ausgerichtete Unternehmen den Trend zu Personalisierung nutzen, zeigt das Beispiel *Coca-Cola*. Hier besteht inzwischen – für den Nutzer „ganz einfach" – die Möglichkeit, *Coca-Cola*-Produkte mit dem eigenen Namen versehen zu lassen: Personalisierung in Perfektion!

**Think-Box**

- Wie gut können wir für das Customer-Experience-Management ein dreidimensionales CRM nutzen?
- Welche Schritte sind für den Aufbau eines dreidimensionalen CRMs noch notwendig?
- Können wir die Beacon-Technologie nutzen, um die In-Store-Experience zu verbessern?
- Welchen USP, UAP oder UPP streben wir durch unser Customer-Experience-Management an?
- In welcher Weise kann uns das Kano-Konzept helfen, hier die richtigen Schwerpunkte zu setzen?

**Abb. 4.6** Personalisiertes Produkt von *Coca-Cola*. (Quelle: Coca-Cola 2016a)

- In welcher Form können wir Augmented Reality einsetzen, um das Customer Engagement zu stärken und Begeisterungsanforderungen zu erfüllen?
- Welche Bedeutung kommt der Personalisierung und Individualisierung bei der Kommunikation zu?
- Welche Schritte sind hier einzuleiten?
- Welche Bedeutung kommt der Personalisierung und Individualisierung bei der Leistungserbringung zu?
- Welche Schritte sind hier einzuleiten?

► **Food for Thought** Wenn wir als Unternehmen die Chance zur Vernetzung – hier vor allem mit den Kunden – nutzen, können wir eine **End-zu-End-Kommunikation ohne Systembrüche** zwischen unseren Produktionsstätten und dem Endkunden aufbauen. Dadurch würde quasi ein **digitales Fließband** entstehen, bei dem sich die Kunden die Endprodukte selbst konfigurieren (bspw. bei den Beispielen von *dm* und *Coca-Cola*). Durch diesen Self-Service würden wir gleichzeitig das Customer Engagement erhöhen – und damit auch die Bindung des Kunden an unser Unternehmen. Zusätzlich können wir durch den Self-Service Konfigurierungskosten auf den Kunden verlagern.

## 4.4 Controlling des Customer-Experience-Managements

Unverzichtbar beim Aufbau eines Customer-Experience-Managements ist das **Controlling** der erzielten Wirkungen. Unternehmen scheitern jedoch oft daran, dessen wirtschaftlichen Erfolg zu quantifizieren. Eine kontinuierliche Kontrolle zuvor festgelegter Erfolgsindikatoren (KPIs) ist notwendig, um den Erfolg des Customer-Experience-Managements messbar zu machen (vgl. Maynes und Rawson 2016).

Ein langfristig erfolgreiches Customer-Experience-Management hängt entscheidend von der Festlegung relevanter, unternehmensspezifischer KPIs ab. Die nachfolgende Übersicht zeigt, welche Ziele mit Customer-Experience-Management angestrebt werden und welche **KPIs des Customer-Experience-Managements** folglich zu definieren und zu überwachen sind (vgl. Oracle 2015):

- Traffic (online, offline),
- Conversion-Rate,
- durchschnittlicher Bestellwert,
- durchschnittlicher Umsatz pro Kunde,
- Abwanderungsquote,
- Net Promoter Score,
- Kundenzufriedenheit,
- Kunden-Sentiments (z. B. ermittelt durch ein Social Media Dashboard).

Flankierend zu diesen KPIs sind die jeweiligen Kosten zu bestimmen, die mit den verschiedenen Maßnahmen verbunden sind. Über diese beispielhaft gewählten KPIs hinaus muss jedes Unternehmen für seine Aktivitäten spezifische und auf Basis der analysierten Customer Journey basierende KPIs festlegen und analysieren.

Die Customer Experience im Zuge des Aufbaus eines Digital Brandings immer in den definierten Zielbereich zu steuern, ist nicht einfach. Wie schmal der Grat auf dem Weg dorthin tatsächlich sein kann, zeigt das Beispiel von *Target*, nach *WalMart* der zweitgrößte Discounter in den USA. Dort verlangte ein wütender Mann, den Leiter einer Filiale nahe Minneapolis zu sprechen. Er beschwerte sich über Rabatt-Gutscheine, die an seine Tochter gesandt worden waren. Der Grund für die Aufregung: Die Tochter hatte Coupons für Babysachen, Schwangerschaftsmode, Wickelkommoden und Kinderbetten erhalten – obwohl sie noch auf die High School ging.

Dem Filialleiter blieb nichts anderes übrig, als sich für diese anscheinende Fehlansprache der Tochter zu entschuldigen. Aber zu Unrecht. Schließlich musste der Vater erkennen, dass seine Tochter tatsächlich schwanger war. Während *Target* dies bereits anhand von typischen Kaufmustern schwangerer Kunden aus dem Datensatz der Tochter erkennen konnte, war dies dem Vater bisher verborgen geblieben. Jetzt war es der Vater, der sich beim Filialleiter entschuldigen musste! Das Schwangerschafts-Erkennungs-Modell von *Target* war besser informiert als der Vater selbst (vgl. Duhigg 2012).

Folglich sollten wir uns immer darüber im Klaren sein, dass nicht jeder Kunde über das „perfekte" Angebot begeistert sein wird, wenn dahinter der „gläserne Kunde" vermutet wird.

► **Merk-Box** Wir müssen mit unserem Daten-Reichtum vorsichtig umgehen, um das „Positive" in der Customer Experience nicht zu gefährden!

Ein Beispiel, wohin die Reise bei der Customer Experience gehen kann, kommt aus den USA. *Amazon* testet einen neuen Service, indem Bücher bereits an Kunden ausgeliefert werden, noch bevor diese bestellt wurden. Weil *Amazon* schlicht und ergreifend schon weiß, was in Kürze bestellt werden wird, selbst wenn der Kunde das noch gar nicht weiß (vgl. Mischke 2015, S. 1)! Das entsprechende Patent für dieses **Anticipatory Shipping** wurde bereits 2014 angemeldet (vgl. Stempel 2014). Die Herausforderung lautet somit:

► Moving from reaction to prediction!

**Case: Shopping 2036**

Wagt man einen Blick in die Zukunft des Handels, so hilft die *QVC Zukunftsstudie Handel 2036: „Wie kauft Deutschland übermorgen ein?"* weiter. Für diese Studie wurden die vom Trendforscher und Studienleiter *Peter Wippermann* erarbeiteten Thesen für das Jahr 2036 von zehn Experten analysiert, diskutiert und weiterentwickelt. Zusätzliche Erkenntnisse wurden über Konsumenten-Workshops gewonnen. Zunächst wurde bei Kindern der **Generation Z** im Alter von zehn bis dreizehn Jahren ermittelt, wie sich diese das **Shopping der Zukunft** vorstellen. Ergänzt wurden diese Erkenntnisse durch gleichlautende Befragungen von Personen der **Generation Y** im Alter von 20 bis 26 Jahren. Zusätzlich wurden durch eine repräsentative Online-Umfrage im August 2016 mehr als 1000 Menschen in Deutschland zwischen 16 und 45 Jahren zur Zukunft des Shoppings befragt (Generation Y: 16 bis 30 Jahre, Generation X: 31 bis 45 Jahre; QVC 2016).

Zentrale **Elemente des Einkaufserlebnisses** werden nach diesen Einschätzungen **digitale Assistenten** zur Unterstützung des Kaufprozesses. Dabei ist an Roboter, Avatare oder Mobile Devices zu denken. Hierbei werden **spielerische Elemente** zur Anwendung kommen, um den Spaß an diesen neuen Möglichkeiten zu wecken. Augmented und Virtual Reality werden folglich einen großen Anteil am Shopping der Zukunft haben. Dabei zeigt die Zukunftsstudie eines deutlich: Das **gemeinsame Erlebnis des Shoppens** wird auch in Zukunft bedeutsam sein! Allerdings kann die Gemeinsamkeit durchaus dematerialisiert und durch Online-Chats oder Elemente der Virtual Reality ersetzt sein.

Folgende Erkenntnisse der *Zukunftsstudie Handel 2036* sind besonders spannend (vgl. QVC 2016):

- 23 % der Befragten können sich gut vorstellen, in Zukunft im Kaufprozess **Beratung durch Computer, Avatare, Holografien oder Roboter** in Anspruch zu nehmen.
- 26 % der Generation Y können sich (sehr) gut vorstellen, **virtuelle Einkaufswelten** (bspw. mit einer VR-Brille) zu betreten.
- 31 % können sich (sehr) gut vorstellen, **individualisierte Produkte** zu kaufen, die direkt und sofort individuell im Geschäft hergestellt werden.
- 32 % können sich (sehr) gut mit der Idee anfreunden, dass **automatische Bestellungen** angestoßen werden, wenn Produkte zu Hause ausgehen (bspw. beim Drucker).
- 42 % können sich (sehr) gut vorstellen, dass **digitale Assistenten** automatisch die günstigsten Angebote zusammenstellen.
- 41 % erwarten, dass **Shopping organisch mit dem Tagesablauf verschmilzt** (Statement: „In Zukunft passiert Shopping nebenher im Alltag, z. B. beim Blick in den Schrank per Sprachkommando.“).
- 63 % machen deutlich, dass **in Zukunft als cool gilt, wer nicht alles haben muss**.
- 60 % stimmen dem Statement zu: „In Zukunft ist es noch wichtiger, **ethisch korrekt zu shoppen**.“
- Allerdings sagen auch 43 %, dass es in Zukunft **kaum noch einen Unterschied macht, ob „etwas online oder in der realen Welt passiert“**.
- 77 % sagen aber auch, dass **Erlebnisse in der realen Welt umso wertvoller** werden, weil so vieles in Zukunft virtuell abläuft.

Diese Erwartungen bilden einen spannenden Raum, um bei der Ausgestaltung der Customer Experience über die eigenen **Shoppingerlebnisse 2036** nachzudenken.

## 4.5 Gastbeitrag: Mobile First – per Geo*Fencing-Technologie Emotionen und Live Experiences der Konsumenten am POS optimal abbilden

Jens Cornelsen

**Mobile oder ... Mobile?**

Online, mobile, social. **Die Welt tickt ... digital**. Und das immer nachdrücklicher. Ca. 60 Mio. Menschen in Deutschland sind inzwischen online. Sie informieren sich im Web, kaufen, chatten, „gamen“ im Netz, bewerten Produkte oder surfen ganz einfach nur aus Langeweile im Internet. Die nächste Entwicklungsstufe ist bereits im Anrollen: Mobile. Über 50 Mio. Konsumenten in Deutschland besitzen heute bereits ein Smartphone. Zum Vergleich: In Deutschland fahren insgesamt „bloß“ 45 Mio. Autos herum. 2015 waren

86 % der im Handel verkauften Mobiltelefone Smartphones (vgl. Statista 2016). In der Markforschung würde man dazu sagen: quasi Vollabdeckung. Es deutet vieles darauf hin, dass „Mobile“ in der Tat das „neue Online“ ist. Und das ruft förmlich nach einem **Erhebungstool**, das die zentralen Charakteristiken dieses „Killer Devices“ optimal aufnimmt und umsetzt. Real. Live. Organisch. Das, was die klassischen quantitativen Erhebungsinstrumente in der Marktforschung nur schwer abbilden können.

So sind klassische **Telefon-Umfragen** zwar live in der originären Erhebungssituation, aber sie fokussieren zumeist auf Ereignisse und Tatbestände, die in der Vergangenheit liegen, wie z. B. der Einkauf vor sechs Monaten oder der letzte Werbekontakt vor drei Monaten. **Online-Befragungen?** Genau dasselbe. Sie sind zumeist an Ereignissen der Vergangenheit orientiert und letztlich nicht nah genug dran am tatsächlichen Besuch einer Filiale, dem emotionalen Service-Erlebnis am POS oder der tatsächlichen Enttäuschung beim Kauf eines Produktes im Laden. So schleicht sich aufgrund des **zeitlichen Gaps zwischen Ereignis und Ereignisabfrage** klammheimlich eine **„Forget Bias“** in die Bewertungen der Konsumenten ein. Details werden vergessen, Erinnerungen sind vernebelt, und Emotionen und Gefühle, die unmittelbar aus dem POS-Besuch resultierten, schlichtweg nicht mehr da.

Das beeinträchtigt nicht zuletzt auch die Validität der Untersuchungsergebnisse. Sollte ursprünglich die Emotionalität eines Geschäftsbesuches überprüft werden, so antworten die Konsumenten bei allzu großem zeitlichem Abstand häufig mit generischen, eher unemotionalen Aussagen, die die Gefühlslage unmittelbar nach dem POS-Besuch keinesfalls widerspiegeln. Sie sind eben gerade nicht live, nicht real und eben auch nicht spontan. Zwar auch nicht schlecht, nur mithin nicht das, was eigentlich mit der Umfrage gemessen werden sollte.

### 4.5.1 GPS oder Beacon?

Aufgrund der skizzierten Nachteile der existierenden Erhebungsformen einerseits und dem rapiden Aufkommen der Smartphones andererseits hat die *defacto digital research*, unabhängiges Marktforschungsinstitut in Erlangen, ein „zeitgemäßes“, digitales Erhebungsinstrument auf Mobile-App-Basis entwickelt: *CX*pulse*. Mit dem **locationbasierten *CX*pulse*** können Konsumenten, die vorab eine ausdrückliche Erlaubnis dazu erteilt haben (opt-in), unmittelbar vor, beim oder nach dem Besuch einer Filiale, eines Stores o. Ä. per GPS bzw. Geo*Fencing-Technologie automatisiert per App adressiert werden. So gelingt es, diese Kunden bspw. mittels Kurz-Check zu ausgewählten POS-Service-Themen via Smartphone zu befragen. Der *CX*pulse* ist umfassend einsetzbar, kann also prinzipiell von *iOS*-Usern (*Apple*), von *Android*-Usern, aber auch von allen anderen Systemnutzern verwendet werden (vgl. Abb. 4.7).

Technisch gesehen werden um vorab ausgewählte Locations (Filialen, Stores, Stadion etc.) per GPS-Koordinaten sogenannte **Geo*Fences** gezogen, die unmittelbar aktiviert werden, wenn Mobile Consumers aus der Crowd diese betreten bzw. wieder verlassen.

**Abb. 4.7** Grundprinzip Geo*Fencing-Technologie

Alles erfolgt weitgehend automatisiert. Messobjekte können bspw. 2000 *Edeka*-Filialen in Deutschland, zehn *Nike*-Stores in *Paris* oder ein zentrales Sport-Großevent in *Moskau* sein. Großer Vorteil: Die Granularität der GPS-Technologie ermöglicht es, auch „schwierige" Objekte, wie z. B. kleine Läden oder verwinkelte Filialen, sehr genau digital zu adressieren. Insgesamt gesehen hat sich dabei die GPS-Technologie der Beacon-Technologie als überlegen erwiesen – und zwar aus zwei Gründen: GPS ist mittlerweile auf den meisten Smartphones und für die meisten Apps ohnehin aktiviert. Und außerdem bedarf es – anders als bei der Beacon-Technologie – keiner gesonderten Infrastruktur und damit keinerlei vorgelagerter Investitionsanstrengungen von Seiten der interessierten Unternehmen.

## 4.5.2 Kurz-Check oder Selfie?

Mit dem *CX*pulse* als digitalem „Träger-Medium" können die verschiedensten Themen, Problemstellungen oder Befragungen am POS abgebildet werden. Real. Live. Organisch. Und stets mit den emotionalen Momenten, den emotionalen Erlebnissen der Konsumenten („Consumer Experiences") im Fokus. Keine zeitliche Verzögerung, keinerlei Interviewer-Effekt. Und auch keine professionellen Umfrage-Teilnehmer, denn wir (die Agentur defacto) greifen mit unserem Geo*Fencing-Tool auf ganz normale, durchschnittliche Konsumenten zurück („Mobile Consumers"), von denen die *defacto digital research* bzw. die kooperierenden Reichweitenpartner stets ein Double Opt-in für die Lokalisierung haben. Das ist uns sehr wichtig: Ohne dieses Opt-in erfolgt keine Adressierung per Push-Nachricht. Insgesamt verfügen wir derzeit über eine **Reichweite von mehr als acht Millionen Mobile Consumers**. Eine derart große Reichweite hat den Vorteil, dass wir mit unserem Geo*Fencing-Tool sämtliche POS-relevanten Themen auch in eher ländlich geprägten, dünn besiedelten Regionen, in eher älteren Zielgruppen sowie in Zielgruppen mit generell niedriger Inzidenz gut abbilden können. Aktuell stehen die folgenden fünf POS-Themen im Mittelpunkt des Interesses:

- **POS Werbemittel Testing**
  Direkt beim Betreten eines Supermarktes erhalten unsere Mobile Consumers automatisiert per Push-Nachricht die Aufgabe, jeweils die drei Top- und Flop-Displaywerbungen im Laden zu identifizieren und per Smartphone zu fotografieren. Insgesamt ergibt sich so ein sehr gutes, konsumentenzentriertes Bild von guter und schlechter Displaywerbung am POS. Interessant ist dies sowohl für Hersteller als auch für Händler.
- **POS Service Selfie**
  Beim Verlassen eines Fashion Stores erhalten unsere Mobile Consumers automatisiert per Push-Nachricht die Aufgabe, direkt vor dem Laden ein Kurzvideo („Selfie") von sich über ihre persönlichen Erfahrungen mit der Qualität der Kundenberatung oder dem Service vor Ort aufzunehmen. Mit Blick auf das Smartphone-typische „Selfie" werden zudem ganz nebenbei auch Gefühle und Emotionen transportiert, die eine Telefonumfrage oder Online-Umfrage im Regelfall so nicht offenlegen würde. Händler, aber auch Hersteller können so erfahren, wie (emotional) ihre Produkte verkauft werden.
- **POS Dynamic Price Check**
  Ausgangspunkt hierbei sind die Überlegungen vieler Händler in Richtung Preisdifferenzierung am POS mittels elektronischer Preisschilder. Beim Verlassen eines Supermarktes erhalten die Mobile Consumers automatisiert per Push-Nachricht acht bis zehn Fragen zur individuellen Preiswahrnehmung. Durch Variation der Angebotspreise im Zeitablauf und die Aufsummierung der unterschiedlichen Preissetzungs-/Wahrnehmungskonstellationen erhält der Händler eine aufschlussreiche „Amplitude der dynamischen Preiswahrnehmung" durch die Mobile Consumers. Besonders interessant ist dies für Händler im FMCG und Consumer-Electronic-Bereich.
- **POS Filial Benchmarking**
  Die Mobile Consumers beantworten zwölf bis 15 Kurzfragen zur Service- und Kundenberatungsqualität. Die Antworten werden monatsweise – pro Standort bzw. Filiale – zu aussagekräftigen Marketing-KPIs verdichtet und können dann für umfangreiche Filial-Benchmarking-Analysen verwendet werden. Besonders interessant ist dies für Händler mit umfangreichen Filialstrukturen, die sich im unmittelbaren Wettbewerb messen lassen müssen.
- **POS Experience Tagging**
  In relativ offen gehaltener Form brainstormen die Mobile Consumers via Smartphone bspw. bezüglich der Übersichtlichkeit in einer Filiale, der Auffindbarkeit von Produkten im Laden oder der Qualität des Kassiervorgangs. Im Ergebnis sammeln wir so

sämtliche Antworten, Stichworte etc. und systematisieren diese mittels Tag-Cloud-Methodik zu aussagekräftigen „Imagewolken". Dies ist für Händler besonders interessant.

Anders als die existierenden Umfragetools greift der *CX*pulse* das **emotionale Moment von POS- bzw. Filialbesuchen** perfekt ab, in dem es unmittelbar – und nicht erst nach drei, vier, sechs oder gar zwölf Monaten – die emotionalen Erlebnisse der Mobile Consumer am POS sozusagen just-in-time erfasst. Zwar lassen sich so mit Blick auf das Erhebungsmedium Smartphone keine 30-minütigen oder längeren Segmentierungen oder Markenpositionierungsumfragen mehr durchführen: Dafür erschließt das Tool ganz neue Fragestellungen und Themengebiete.

Aber: Der **digitale *CX*pulse* Marktforscher** muss mit diesem Tool in gewisser Weise auch stark umdenken lernen. Er muss sich an Zeitraum- statt Zeitpunkt-Befragungen gewöhnen. Denn eines der Kernelemente dieser Erhebungsform ist gerade die **„Zufälligkeit" von Research-Kontakten**. Von Seiten der Marktforschung wird hier eben genau nicht in die gewöhnlichen Verhaltensweisen der Konsumenten eingegriffen, sondern den natürlichen Abläufen freier Lauf gelassen. Begleiter, nicht Beeinflusser. Eben organisch. So wissen die Mobile Consumers beim Betreten eines Stores in der Regel (noch) nicht, dass sie bspw. unmittelbar beim Verlassen eine kleine Umfrage zu ihren Serviceerfahrungen erhalten oder gebeten werden, ein Selfie von sich beim Verlassen eines Fashion Stores aufzunehmen. Es ist aber gerade der „organische Grundcharakter" dieser Erhebungsform, der dem *CX*pulse* auch im direkten Vergleich zu den eher künstlichen und mithin durch-professionalisierten Mystery-Shopping-Ansätzen enorme Vorteile verschafft. Die Zeiten, in denen quasi-professionelle Marktforschungspanel-Teilnehmer Umfragen ausfüllen, sind damit mutmaßlich vorbei.

### 4.5.3 Top oder Flop?

Im Folgenden stellen wir ein aktuelles *CX*pulse*-Projekt aus dem Bereich Fast Moving Consumer Goods näher vor. In dem Projekt ging es für unseren Kunden, einen global agierenden FMCG-Hersteller mit Hauptsitz in Deutschland, ganz konkret um die Optimierung seiner eigenen POS-Display-Werbung bei seinen wichtigsten Handelskunden in England und Deutschland.

Die **Problemstellung:** Grundsätzlich gibt es gute und weniger gute Display-Werbung seitens der Hersteller im Handel. Unser global agierender FMCG-Kunde wollte herausfinden, welche **POS-Werbung** bzw. welche **Displayformate** bei den Besuchern/Käufern in den vorab ausgewählten Handelsfilialen am besten („Top") bzw. am schlechtesten („Flop") ankommen. Explizit gewünscht waren dabei Foto-Dokumentationen der gewählten Werbeformate am POS sowie Kurzvideos, in denen die Auswahl der Tops und Flops von den Mobile Consumers eingehender „begründet" werden (Selfies).

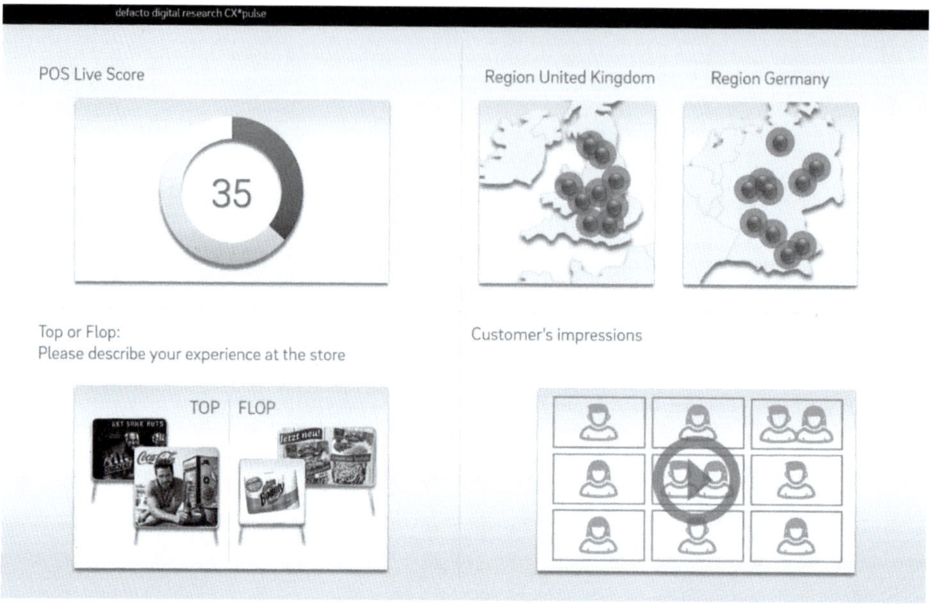


**Abb. 4.8** Beispielhaftes *CX*pulse*-Dash-Board

**Lösung** Nach ausführlichen Beratungen haben wir unserem FMCG-Kunden zur Beantwortung seiner Fragestellungen ein Live-Testing auf Basis unseres Geo*Fencing Tools *CX*pulse* vorgeschlagen. Dabei haben wir Mobile Consumers unserer eigenen Crowd an den vorab definierten Filialen großer Handelsketten in Deutschland und England via Geo*Fencing-Technologie automatisch identifiziert und per App-Push-Nachricht entsprechend adressiert. Mehr als 20 % der so adressierten Mobile Consumers haben bei dem Projekt bis zum Ende mitgemacht und Fotos erstellt, Bewertungen abgegeben und nicht zuletzt die eigene, persönliche Top- bzw. Flop-Liste erstellt. Und nochmal fast die Hälfte davon hat uns ein selbstproduziertes, spontanes Selfie mit ausführlicher „Begründung" der eigenen Auswahl zukommen lassen. Selfies – ein äußerst wirksames „Medium", um die zentralen Botschaften und Informationen eines Kurz-Checks mit konsumentenseitigen „Live"-Anmerkungen lebendig und prägnant zwischen den Zeilen anzureichern (vgl. Abb. 4.8).

**Ergebnis** Insgesamt hat unser FMCG-Kunde eine Vielzahl wertvoller Hinweise zur Optimierung seiner eigenen Displaygestaltung am POS erhalten. So haben wir bspw. in England festgestellt, dass die 3D-Display-Formate wesentlich besser performen als die 2D-Formate. Zudem waren die Mobile Consumers in England überwiegend der Meinung, dass die Display-Werbung unseres Auftraggebers „[...] zu dunkel", „[...] zu beladen" und „[...] zu schlecht platziert" war. Die Display-Werbung der direkten Wettbewerber wurde dagegen als freundlicher, leaner und insgesamt auffälliger wahrgenommen.

**Vom Wettbewerb lernen** Mithilfe der Top-Liste hat unser Auftraggeber ein hervorragendes Gefühl für das optimale Display-Format am POS in England und Deutschland bekommen. Durch die Umsetzung unserer Anregungen in konkrete Verbesserungsmaßnahmen konnte der Auftraggeber zeitnah erste Erfolge bei der Optimierung seiner POS-Display-Werbung verbuchen. Aufgrund des äußerst positiven Verlaufes soll der *CX*pulse* in Zukunft quartalsmäßig wiederholt und auch auf weitere Länder ausgeweitet werden.

### 4.5.4 Ausblick

Das Smartphone ist heute aus dem Alltag von fast 50 Mio. Menschen in Deutschland nicht mehr wegzudenken. Dieser Entwicklung muss sich auch die **Markt- und Kundenforschung im digitalen Zeitalter** schnellstmöglich öffnen. Unserer Meinung nach reichen die aktuellen Bemühungen in Richtung „Wir können jetzt statt Online-Befragungen auch Befragungen auf dem Handy durchführen" bei Weitem nicht aus. Vielmehr bedarf es eines ereignisnahen und weitgehend organischen Erhebungstools, das sich unauffällig in den Alltag von Mobile Consumers einfügt – und das zudem in optimaler Weise Gefühle und Emotionen am POS just-in-time messen hilft. Dies ist ein großer Fortschritt für all diejenigen Hersteller und Händler, die im Begriff sind, ihre eigene Marke in Zukunft stärker zu emotionalisieren und so aus der rein physischen Vergleichbarkeit mit den Wettbewerbern herauszuholen: weitgehend automatisiert und via GPS-Technologie optimal Location-based ausrichtbar. Auf die Filialen des eigenen Unternehmens, auf einzelne Filialen der schärfsten Wettbewerber und, und, und.

Mit dem Geo*Fencing Tool *CX*pulse* kann auf eine innovative Form von Markt- bzw. Konsumenten-Forschung zugegriffen werden. Dabei wird konsequent auf dasjenige Medium („Smartphone") gesetzt, von dem wir überzeugt sind, dass es in den kommenden Jahren noch viel stärker als bisher zum Leitmedium bzw. „Core Device" der Konsumenten avancieren wird. Da liegt es unseres Erachtens nahe, ein für vielerlei Fragestellungen aussagekräftiges und eben „Device-adäquates" Research-Tool zu implementieren. Durch *CX*pulse* kann die emotionale Strahlkraft der Marke am POS, die Service- und Beratungsqualität im Store oder die Effekte einer Preisdynamisierung im Handel erfasst werden.

► Dr. *Jens Cornelsen*, Managing Director *defacto digital research GmbH, Erlangen.*

**Think-Box**

- Gibt es in unserem Unternehmen ein Konzept zum Thema Customer-Experience-Management?
- Welche Ziele werden mit unserem Customer-Experience-Management angestrebt?

- Wie erfolgreich und konsequent sind wir bisher bei der Zielerreichung?
- Anhand welcher KPIs messen wir den Erfolg unseres Customer-Experience-Managements?
- Welche Erfolge und Misserfolge haben unsere Wettbewerber in diesem Bereich zu „feiern"?
- Was können wir von diesen lernen?
- Wer ist Benchmark-Leader des Customer-Experience-Managements – innerhalb und außerhalb unserer Branche?
- Was können wir von diesem lernen?
- Wo liegt die Verantwortlichkeit für Customer-Experience-Management in unserem Unternehmen?

**Quick Wins**

# 5 Customer Engagement und User-Generated Content – Betroffene zu Beteiligten machen

Im Zuge des Digital Brandings kann ein viel höheres Maß an **Customer Engagement** erzielt werden, als dies vor dem Siegeszug des Internets der Fall war. Konzepte des Dialog-Marketings waren zwar auch in der Vergangenheit bereits auf Interaktionen und damit einen Dialog mit Interessenten und Kunden ausgerichtet (vgl. vertiefend Kreutzer 2016). Aber erst die Online-Plattformen sowie mobile Anwendungen wie *WhatsApp* ermöglichen einen solchen Dialog mit einer großen Zahl von Nutzern. Gleichzeitig können diese viel umfassender als bisher zum Mitmachen und damit zur Schaffung von **User-Generated Content** aufgefordert werden. In Kap. 1 wurde dieser User-Generated Content bereits angesprochen – allerdings primär im Hinblick auf die Gewinnung von Likes, Comments, Shares, Tweets sowie durch Bewertungen auf den einschlägigen Plattformen (bspw. *Yelp, HolidayCheck, TripAdvisor*). Im Folgenden geht es um ein weiterführendes Customer Engagement, bei dem Interessenten und Kunden zur Entwicklung von eigenen Inhalten – auch und gerade in Zusammenarbeit mit dem Unternehmen – aufgefordert werden. Im Idealfall zahlt dabei jedes Engagement, jede Interaktion positiv auf die Kundenloyalität ein (vgl. auch Dennhardt 2014; Solis 2011)!

► **Merk-Box** Wir können hier *Brian Solis* zitieren, der knackig formuliert hat: **Engage or die!**

Werden viele Nutzer zum Mitmachen bei unterschiedlichen Fragestellungen eingebunden, wird von **Crowdsourcing** gesprochen. Hierbei handelt es sich um eine Zusammenarbeit mit Kunden oder anderen Nutzern, um bspw. das Produkt- und Dienstleistungs-Portfolio weiterzuentwickeln oder Kommunikationskampagnen zu entwerfen. Hierzu wird die sogenannte Schwarmintelligenz in das Innovations-Management der Unternehmen eingebunden. Durch Kreativwettbewerbe können kundenrelevante Innovationen erarbeitet werden. Die Kreativbeiträge müssen allerdings nicht auf das Produkt- und Dienstleistungs-Portfolio beschränkt bleiben, sondern können auch das Brand-Management bzw. die gesamte Wertschöpfungskette des Unternehmens betreffen.



R. T. Kreutzer und K.-H. Land, *Digitale Markenführung*, DOI 10.1007/978-3-658-08547-6_5

Die geschaffenen Inhalte werden – wie schon kurz angesprochen – mit dem Begriff **User-Generated Content** bezeichnet. Es handelt sich folglich um Inhalte, die von nichtprofessionellen Internet-Nutzern selbst generiert und hochgeladen werden. Hierzu zählen neben Fotos, Videos, Texten und Musik bspw. auch Kommentare und Bewertungen – und eben auch die skizzierten Ideen für den Kreativprozess von Unternehmen. Werden die Kunden eines Unternehmens sogar in den Produktionsprozess eingebunden, indem gewünschte Produktspezifikationen mitgeteilt oder eine Nutzer-Kreation in der Produktion umgesetzt wird, spricht man hier von **Co-Production**. Diese Möglichkeiten bestehen allerdings nur dann, wenn die Nutzer wirklich zur Mitarbeit bereit sind. Deshalb soll zunächst geprüft werden, welche Motivation hierbei zugrunde liegen kann, wenn Unternehmen sich eine Einbindung von Nutzern in (Online-)Communitys wünschen.

## 5.1 Wie (Online-)Communitys besser *nicht* zu managen sind

Bevor aufgezeigt wird, wie Communitys sinnvoll in den Prozess der (digitalen) Markenführung zu integrieren sind, soll hier zunächst mit den wichtigsten **Missverständnissen beim Management von Communitys** aufgeräumt werden. Folgendes sollte besser vermieden werden (vgl. Schaffner 2016, S. 3):

- Die **Ziele einer Community** werden durch das jeweilige Unternehmen definiert; die Mitglieder der Community werden diesbezüglich besser nicht eingebunden.
- Wenn ein Unternehmen bei der **Animation** genug auf das Tempo drückt, führt das quasi automatisch zu einer hohen Partizipation.
- Die verantworlichen **Community-Manager** sollten primär technisch fit sein; Kompetenzen in den Inhalten braucht dieser Manager eher nicht aufzuweisen.
- Es ist ganz wichtig, dass alle Community-Mitglieder möglichst immer aktiv sind; nur **Zuhören ohne eigenes Engagement** wird nicht toleriert.
- Wichtig ist, dass wir als Unternehmen davon ausgehen, dass alle – wirklich alle – Community-Mitglieder an einem **Dialog mit uns** brennend interessiert sind.
- **Data Analysts** können aus den Daten genau herauslesen, woran die Community-Mitglieder wirklich interessiert sind; deshalb muss ich hierzu die Teilnehmer nicht extra befragen.
- **Anerkennung** für die Mitarbeit im Rahmen einer solchen Community ist vor allem und allein eine Frage des Geldes; alle anderen Formen der Anerkennung sind unwichtig.
- Ganz wichtig: **Wettbewerbe** funktionieren immer – wenn sonst nichts klappt, einfach einen neuen Wettbewerb starten, und schon ist die Welt wieder in Ordnung.

**Studien zum Engagement in Online-Communitys** zeigen – nicht ganz überraschend – dass die gewünschten Inhalte und das angestrebte Interaktionsniveau von Community zu Community und abhängig vom jeweils abgedeckten Thema schwankt. Auch die Motivation, sich in diese Gemeinschaften einzubringen, hängt von diesen

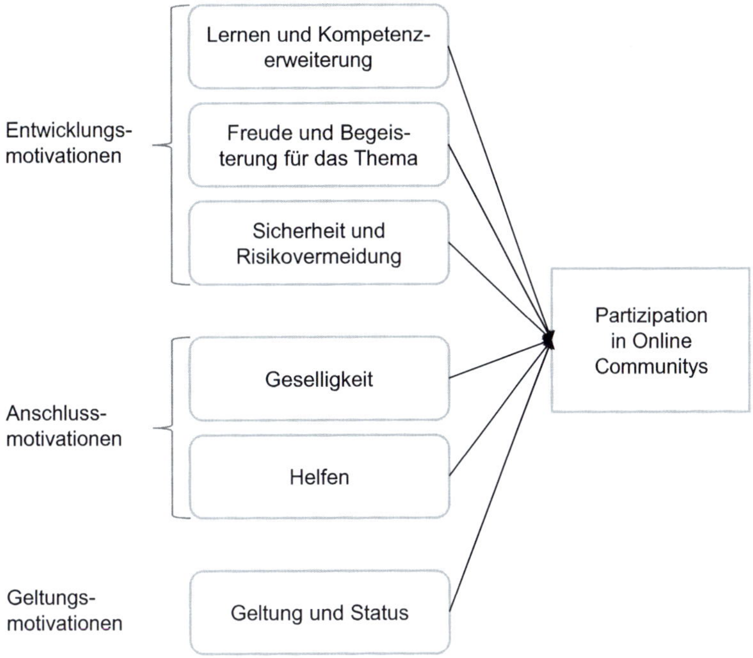


**Abb. 5.1** Motivstrukturen zur Partizipation an Online-Communitys. (Quelle: Schaffner 2016, S. 12)

Kriterien ab. Deshalb gilt es, vor dem Aufbau einer Online-Community bzw. zu deren erfolgreicheren Verankerung neben den **Motiven zur Partizipation in Online-Communitys** auch über die geeigneten **Anreizelemente zur Aktivierung der Zielgruppen** nachzudenken. Denn diese wirken sich gemeinsam auf das **Partizipationsverhalten** aus (vgl. Schaffner 2016, S. 6–8).

In Abb. 5.1 sind die unterschiedlichen **Motivations-Cluster** zu erkennen, die sich auf die **Partizipation in Online-Communitys** auswirken können. Dabei ist zwischen der Entwicklungsmotivation, der Anschlussmotivation und der Geltungsmotivation zu unterscheiden. Vor der Einladung zur Mitwirkung in eigene Online-Communitys ist folglich zu prüfen, welche Motivations-Cluster für die eigene Zielgruppe besonders relevant sind.

## 5.2 Handlungshintergrund einer umfassenden Integration von Nutzern in Kreativprozesse

Um das **unternehmensexterne Innovationspotenzial** – speziell bei den eigenen Interessenten und Kunden – zu nutzen, können Unternehmen diese immer stärker und früher in Innovationsprozesse einbinden. Die Notwendigkeit für ein solches Crowdsourcing resultiert aus der Tatsache, dass für jeden Kunden ein neues Produkt bzw. eine neue Dienstleistung zunächst einmal eine **Verhaltensänderung** notwendig macht. Ein neues Angebot verursacht folglich neben **monetären Kosten** für den Kauf häufig auch **psychische Kosten**, wenn gelernte Verhaltensmuster entwertet und neue Fähigkeiten erworben werden müssen (bspw. bei der Einarbeitung in ein neues Software-Release).

Folglich geht mit der **Entscheidung über die Akzeptanz einer Innovation** ein emotionaler und rationaler Abwägungsprozess einher: Die subjektiven Vorteile der Innovationen werden den subjektiven Nachteilen gegenübergestellt. So leistet ein Elektroauto nicht nur einen Beitrag für eine sauberere Umwelt, sondern macht auch den „Tankvorgang" aufwendiger. Die nach wie vor geringe Akzeptanz von Elektroautos unterstreicht diesen Aspekt. Der Weingenießer wird sich bei einem Schraubverschluss bzw. bei einem Kunst-Korken einerseits über die längere Haltbarkeit des Weines freuen, andererseits den vertrauten Ablauf beim „klassischen" Öffnen der Flasche vermissen.

Damit wird deutlich: Innovationen bergen für Kunden häufig Vor- und Nachteile gleichermaßen. Überzeugen die Vorteile einer Innovation nicht wirklich, wird diese nicht auf Akzeptanz stoßen. Führt man sich vor Augen, dass der Anteil der nicht erfolgreichen Angebotseinführungen – die sogenannte **Flop-Quote** – in vielen Branchen einen Wert um 70 bis 90 % erreicht, werden die Konsequenzen für das auf erfolgreiche Innovationen angewiesene Unternehmen nachvollziehbar (vgl. Haller und Twardawa 2014, S. 100–102). **Ursachen für erfolglose Markteinführungen** können in der fehlenden Kundenorientierung liegen. Diese kann aus Kundensicht ein nicht ausreichender Innovationsgrad oder ein Overpromising (d. h., es wird mehr versprochen als gehalten) sein. Es kann aber auch am Fehlen eines stimmigen Preis-Leistungs-Verhältnisses liegen.

Abb. 5.2 zeigt ein **Analyseraster für** Innovationen. Mit dessen Hilfe kann festgestellt werden, bei welcher Art von Innovationen mit welcher Aufnahme im Markt zu rechnen

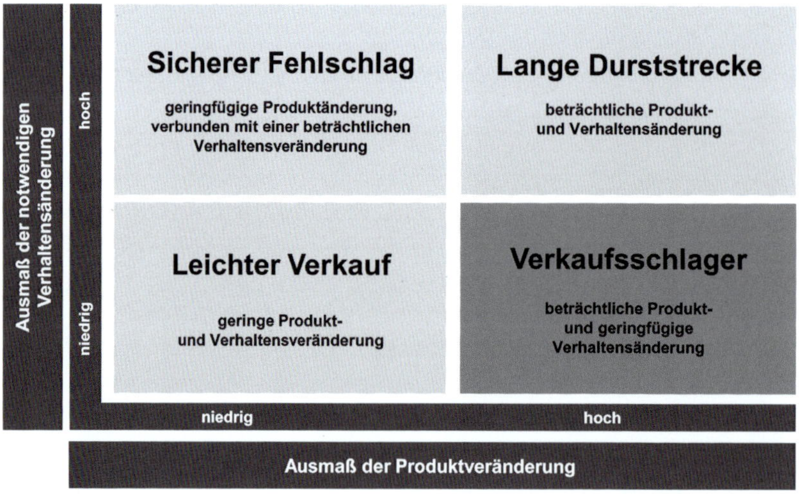


**Abb. 5.2** Analyseraster für Innovationen. (Quelle: In Anlehnung an Gourville 2006, S. 54)

ist. Wenn ein Produkt sehr umfassend verändert wird und damit einen hohen Innovationsgrad aufweist, besitzt es ein höheres Erfolgspotenzial. Allerdings sind auch die auf Seiten der Kunden zu vollziehenden Verhaltensänderungen und damit auch der Widerstand gegen die Innovation deutlich größer. Folglich wird hier die Produkteinführung mit einer **langen Durststrecke** einhergehen – wie es bspw. auch bei der CD-Einführung oder bei der Markteinführung des *iPads* der Fall war (vgl. Abb. 5.2).

Einen **sicheren Fehlschlag** werden gemäß Abb. 5.2 jedoch die Produkte erleiden, die nur geringfügige Änderungen aufweisen, aber eine beträchtliche Verhaltensänderung bedeuten. Dieses Phänomen ist immer wieder bei neuen Versionen von Betriebssystemen zu beobachten, deren Vorteile sich dem Nutzer nicht erschließen – aber eine ganz neue Nutzeroberfläche aufweisen. Ein **leichter Verkauf** kann dagegen mit geringen Innovationen einhergehen, die nur minimale Verhaltensänderungen zur Folge haben. Allerdings ist hier aus Sicht der Kunden fraglich, warum überhaupt ein Produktwechsel vollzogen werden soll.

**Think-Box**

- Wie intensiv haben wir bereits über eine stärkere Einbindung von Nutzern in unsere Kreativ-Prozesse nachgedacht?
- Welche Motivationsstrukturen unserer Kunden sind für die Einbindung in einer Online-Community zu berücksichtigen?
- Wie liegen unsere Flop-Quoten in Relation zu unseren Wettbewerbern?
- Woran sind die letzten Innovationen bei uns gescheitert?
- Hat man nur „Schuldige" oder die Ursachen des Misserfolges gesucht?
- Wo lassen sich unsere Produkt- und Dienstleistungs-Innovationen im Analyseraster für Innovationen verorten?
- Welche Schritte wurden schon eingeleitet, um die Flop-Quote zu reduzieren?
- Wo liegt dafür die Verantwortung?

Zusätzlich ist eine **signifikante Verkürzung der Lebenszyklen** bei einer Vielzahl von Produkten festzustellen – teilweise begleitet von einer Preiserosion (bspw. bei LED-Leuchten und bei Digitalkameras). Die dynamischen **Innovationszyklen der digitalen Welt**, die dort häufig „nur" ein Software-Update erfordern, kommen zunehmend in der Welt der physischen Produkte an – und treffen dort häufig auf wenig vorbereitete Unternehmen. Man könnte malerisch formulieren: **Die klassische produzierende Industrie wird von der Digitalität geküsst!** Damit kommt es auch in eher tradionell ausgestalteten Industrien zu einer **Zeitschmelze**, da die digitalen Jahre viel schnell laufen als analoge!

Diese Entwicklung bedeutet allerdings nichts anderes, als dass die Exponentialität des Internets auch in physischen Produkten Einzug hält oder halten sollte. Um dabei die jeweils richtigen Entscheidungen zu treffen, kann die Einbeziehung von Kunden ein wichtiger Schritt für die Weiterentwicklung von Produkten und Dienstleistungen sein. Denn eine „Produktion auf Halde", ohne vorher die Marktakzeptanz abschätzen zu können, ist keine erfolgversprechende Strategie mehr. Nicht alle Unternehmen können – analog zum Print-on-Demand – zu einem generellen **Production-on-Demand** übergehen. Die hier geforderte Geschwindigkeit sollte auch in der Markenführung aufgenommen zu werden – allerdings ohne das Fähnchen jeweils nach dem momentan vorherrschenden Wind zu drehen!

## 5.3 Grundlagen für die Integration von Kunden in Kreativprozesse

Die diskutierten Aspekte legen eine umfassendere Integration derjenigen nahe, die über den Erfolg einer Innovation entscheiden: die Kunden. Die **Kundenintegration in den Innovationsprozess** durch Crowdsourcing-Ansätze erfordert die Überwindung des nach wie vor stark verbreiteten **Closed-Innovation-Modells**. Bei diesem Ansatz entwickeln und vermarkten Unternehmen primär die Ideen, die im Unternehmen selbst (insb. im Forschung & Entwicklungs- oder im Marketing-Bereich) gewonnen wurden. Das **Open-Innovation-Modell** greift dagegen neben den intern gewonnenen Impulsen für Innovationen auch fremde Ideen auf und bindet externe Entwicklungspartner (Kunden, aber auch Lieferanten oder Hochschulen) offensiv in die eigenen Prozesse ein, um auf diese Weise das eigene Innovationspotenzial zu erweitern. Hierdurch wird der Innovationsprozess als offenes und damit verteiltes System konfiguriert und fördert eine intensive Interaktion mit diesen (vgl. grundlegend Reichwald und Piller 2006, S. 97–135). Dieser **Outside-in-Prozess** integriert externes Wissen in den unternehmensinternen Innovationsprozess, um diesen zu beschleunigen, anzureichern und – soweit Kunden einbezogen werden – bereits in einer frühen Phase konsequent auf (zukünftige) Kundenbedarfe auszurichten (vgl. weiterführend Kreutzer et al. 2017, S. 139–154).

Die **Einbindung von Kunden als Entwicklungspartnern in den Innovationsprozess** kann unterschiedliche Formen annehmen (vgl. Abb. 5.3).

- Die **1. Stufe „Zuhören"** trägt Informationen über die Kunden aus unterschiedlichen Quellen zusammen (bspw. aus Online-Communitys). Diese werden einer **Entwicklung *für* Kunden** zugrunde gelegt; dies stellt die klassische Form der Kundenintegration dar.
- Die **2. Stufe „Fragen"** bindet die Kunden durch unterschiedliche Ansätze – etwa durch Kundenpanels oder Kundenworkshops – viel umfassender ein. So wird eine **Entwicklung *mit* Kunden** erreicht.
- In der **3. Stufe „Beteiligung"** schließlich werden die Kunden zu echten Entwicklungspartnern, d. h., es erfolgt eine **Entwicklung *durch* Kunden**. Dies kann bspw. in Lead-User-Workshops, Online-Communitys sowie innerhalb der sozialen Medien gelingen (vgl. weiterführend Kreutzer 2014, S. 396–430). Hier können bspw. Plattformen wie chaordix.com zum Einsatz kommen.

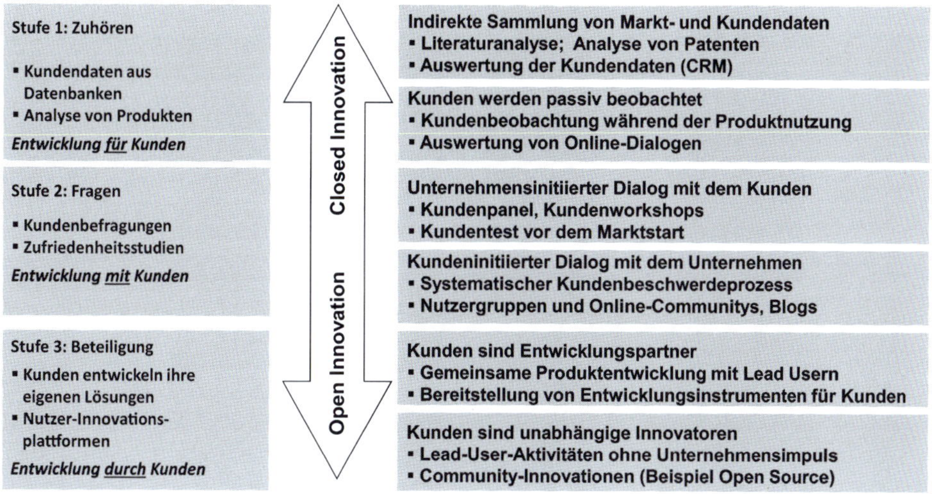


**Abb. 5.3** Stufen der Kundenintegration in den Innovationsprozess. (Quelle: In Anlehnung an Dahan und Hauser 2002, S. 347)

Diese unterschiedlichen **Arten der Kundenintegration** lösen gemeinsame Lernprozesse von Kunden und Unternehmen aus. Durch die verschiedenen Vorgehensweisen, die differierenden Ausgangssituationen und Erfahrungshintergründe der Beteiligten können bisherige Denk- und Handlungsmuster durchbrochen und neue Wege beschritten werden. Gleichzeitig stellen sich kundenorientiertere Ergebnisse ein, weil bereits in einer frühen Phase Impulse, Erwartungen, Befürchtungen und vielleicht sogar Sehnsüchte der Kunden in den Entwicklungsprozess einfließen. Den Kunden damit gleichsam zum „Mitarbeiter" zu machen, stellt somit eine zielführende Methode dar, um die ausgetretenen Pfade des Innovationsmanagements zu verlassen und schier unerschöpfliche externe Quellen der Kreativität zu erschließen.

So können die Kunden bspw. einen wichtigen Beitrag bei der Erarbeitung des **Minimum Viable Products** leisten. Dieses Konzept kommt heute verstärkt bei der Entwicklung von neuen Produkten zum Einsatz, um die Entwicklungszeiten zu verkürzen. Hierbei versucht man, möglichst schnell ein „Produkt mit den minimal notwendigen Anforderungen und Eigenschaften" zu definieren. Dieses Konzept wird im Kontext von Lean Start-ups eingesetzt und stellt den Gegenentwurf zum noch zu beobachtenden Over-Engineering dar, das auf perfekte Lösungen – wenn auch erst nach vielen Monaten oder Jahren – setzt. Durch den Fokus auf das Minimum Viable Product soll die Time-to-Market deutlich verkürzt werden (vgl. weiterführend Kreutzer et al. 2017, S. 87–89).

**Think-Box**

- In welchem Umfang dominiert in meinem Unternehmen noch ein Closed-Innovation-Vorgehen?
- Sind wir auf der 1. Stufe des „Zuhörens“ stehengeblieben?
- Binden wir Kunden schon umfassender – wie in der 2. Stufe – durch „Fragen“ ein?
- Oder sind wir schon in der 3. Stufe der „Beteiligung“ angekommen?
- Haben wir bereits mit dem Konzept des „Minimum Viable Products“ gearbeitet?
- Welche Erkenntnisse wurden dabei gewonnen?
- Wer trägt bei uns die Gesamtverantwortung für diese Prozesse?

## 5.4 Einsatzfelder von Open-Innovation-Konzepten im Zuge des Digital Brandings

Wie kann eine **Nutzereinbindung in den Innovationsprozess** als Bestandteil des Digital Brandings erfolgen? Diese Einbindung kann sich u. a. auf die Entwicklung und Auswahl von Werbeslogans bis hin zur (Mit-)Gestaltung von ganzen Branding-Kampagnen beziehen. Zusätzlich können die Kunden selbst aktiv in weiterführende Kreativprozesse eingebunden werden. Da sich in diesen Fällen – im Gegensatz zum häufig noch strukturierten Vorgehen bei gemeinsamen Produktentwicklungen – deutlich mehr Nutzer engagieren können, ist hier der Begriff Crowdsourcing angemessen.

Um **Crowdsourcing-Projekte** zu starten, kann zunächst versucht werden, bspw. durch Nachrichten im Newsfeed von *Facebook* oder durch Videos auf *YouTube* Aufmerksamkeit der Fans zu erzielen. Dazu können interessante Themen angesprochen und ggf. ein **Seeding** (i. S. eines „Säens von Gesprächsstoff“) erfolgen. So kann versucht werden, zunächst einen eher geordneten, damit gezielt wirkenden und grundsätzlich auf kleinere Zielgruppen ausgerichteten Kommunikationsanstoß zu geben. Durch die Aktivierung von Multiplikatoren können virale Weiterleitungen angestrebt werden, um so eine größere Reichweite zu erreichen. Folglich können entsprechende Anstöße in den sozialen Medien wichtige **Trigger für verschiedene Formen der Zusammenarbeit** mit den Nutzern darstellen. In verschiedenen Branchen – wie bspw. Kosmetik, Genussmittel, Textil und Tourismus – wurden bereits **Produktentwicklungen gemeinsam mit *Facebook*-Fans** durchgeführt. So hat *Coppenrath & Wiese* mit der Aktion „Fan-Dessert“ *Facebook*-Fans eingeladen, aus verschiedenen Zutaten ihr Lieblingsdessert zu kreieren. Aus über 3400 Vorschlägen konnten die Fans die Top 20 wählen, welche von einer internen Jury getestet wurden. Die Markteinführung des Gewinnerdesserts erfolgte im Frühjahr 2015 (vgl. Abb. 5.4).

**Abb. 5.4** „Fan-Dessert" von *Coppenrath & Wiese* – „mit unseren Fans entwickelt". (Quelle: Coppenrath & Wiese 2016)

Allerdings sollten sich die Unternehmen das „letzte Wort" bei der Auswahl vorbehalten, wenn sie „normale" Nutzer in den Kreativprozess einbinden, um unangenehme Überraschungen zu vermeiden. Sonst können leicht Produkte oder Produktnamen ausgewählt werden, die den Unternehmensinteressen zuwider laufen. So wurde bei einem Crowdsourcing-Wettbewerb von *Henkel* durch die Nutzer ein Layout für *Pril*-Verpackung (Geschirrspühlmittel) auf Platz 1 gewählt, bei der es hieß: „Hähnchengeschmack – Schmeckt lecker nach Hähnchen!" (vgl. Disselhoff 2011). Deshalb sollen die Unternehmen die **Spielregeln des User-Generated Contents** im Vorfeld transparent definieren, auf die sie sich im Bedarfsfall berufen können nach dem Motto: Die endgültige Entscheidung behalten wir uns vor! Die Nutzer sollten hier folglich nie alleine agieren können. Vielmehr ist darauf zu achten, dass das Unternehmen die Instanz ist, die sich finale Entscheidungen vorbehält. Diese Einschränkung ist den potenziellen Nutzern im Vorfeld mitzuteilen (vgl. hierzu den Gastbeitrag von Bahl et al. in Abschn. 5.5).

Damit wird sichtbar: Die Nutzer in den Prozess der Content-Entwicklung zu integrieren, ist nicht frei von Risiken. Allerdings kann die Einladung zur Mitwirkung der Nutzer zu einer hohen **Engagement-Rate** und – aus deren Sicht – auch zu einer hohen Relevanz der Marke führen. Schließlich haben sich „normale" Menschen mit dem Angebot, einer Marke oder einem Unternehmen intensiv beschäftigt und zeigen öffentlich ihre „Kreationen". Dass diese nicht immer im Sinne des Unternehmens sein werden, versteht sich von selbst.

Inzwischen haben sich verschiedene **Crowdsourcing-Plattformen** entwickelt, um die Intelligenz der Masse in verschiedenen Bereichen zu nutzen. Ein Beispiel ist *Mechanical Turk*, ein Projekt von *Amazon*. Dieses wendet sich an (potenzielle) Erfinder, Entwickler oder andere kreative Geister, um diese zu einer Mitarbeit – gegen Bezahlung – zu motivieren. Parallel dazu werden Unternehmen aufgefordert, hier ihre Aufgaben zu posten, um die Masse zur kreativen Mitarbeit einzuladen (vgl. weiterführend zum Stellenwert des Crowdsourcings Kreutzer et al. 2017, S. 148–151).

**Think-Box**

- Welche Erfahrungen haben wir bereits mit Crowdsourcing gesammelt?
- In welchen Bereichen können wir Crowdsourcing für die digitale Markenführung einsetzen?
- Welche Plattformen eignen sich dafür am besten?
- In wessen Händen liegen diese Fragestellungen in meinem Unternehmen?

## 5.5 Gastbeitrag: Ein Social-Media-Konzept für die Marke *Lange Nacht der Museen Berlin*

Juliane Bahl, Amelie Deiters, Marie-Rose Ghazaryan, Antoaneta Grigorova und Linda Schab

Das veränderte Nutzerverhalten sowie die zunehmende Anzahl verfügbarer Kommunikationskanäle stellen eine erhöhte Herausforderung auch für **Non-Profit-Organisationen** (NPOs) dar. Schließlich müssen sie mit ihren Ressourcen eine Leistung (bspw. die Vermittlung kultureller Bildung) zugunsten der Gesellschaft erbringen und dabei den Geldgebern gegenüber häufig genau Rechenschaft über die Mittelverwendung ablegen (vgl. Eichhorn 2001, S. 45–47; Helmig 2015).

Die *Kulturprojekte Berlin GmbH* ist im kulturellen und projektbezogenen NPO-Bereich tätig. Im Mittelpunkt ihrer Tätigkeit steht die Vermittlung der Kultur Berlins. Eine ihrer zahlreichen Veranstaltungen ist die jährliche *Lange Nacht der Museen (LNDM)*. Sie bietet Interessenten die Möglichkeit, an einem Tag rund 80 Museen in ganz Berlin zu besuchen (vgl. lange-nacht-der-museen.de/de/museen/).

Die Herausforderungen in Bezug auf die Anwendung von Social Media für die *Kulturprojekte Berlin GmbH* bestehen darin, dass ein geringes Budget von etwa 2000 € zur Verfügung steht und lediglich eine Person aus dem Projektteam die Online-Kommunikation auf allen Kanälen vornimmt. Die begrenzten Ressourcen sollen sinnvoll investiert werden, um eine **hohe Beitragsreichweite** (Anzahl der Personen, denen ein Beitrag angezeigt wird) und **Interaktionsrate** (Anteil der Nutzer an Gesamtnutzern, die einen Beitrag mit „Gefällt mir" markieren, kommentieren oder teilen) in den jeweiligen Social-Media-Kanälen zu erzielen. Hierbei ist es wichtig, dass die *Kulturprojekte Berlin GmbH* auf allen bereits bestehenden sozialen Plattformen kontinuierlich mit aus Nutzersicht relevanten Inhalten präsent ist.

### 5.5.1 Status-quo-Analyse der Social-Media-Präsenz

Zunächst erfolgte eine detaillierte Analyse der Aktivitäten auf den Social-Media-Kanälen *Facebook, Twitter, Instagram* und *YouTube*. Identifiziert wurden Verbesserungspotenziale in drei Hauptfeldern:

1. Relevanz aus Nutzersicht,
2. Kontinuität der Kommunikation,
3. Steigerung der Interaktionsrate.

**Facebook** Die *LNDM* nutzt *Facebook* seit Oktober 2010 als ihren Hauptkommunikationskanal und wies zum Analysezeitpunkt 8780 Fans (Stand Juni 2015), eine Kurzbeschreibung und einen direkten Link zu der eigenen Homepage auf. Mit Fokus auf die genannten Analyseschwerpunkte fiel die Unregelmäßigkeit der Posts auf, die eine stark fluktuierende **durchschnittliche Interaktionsrate ($I_d$)** während (**3,13 %**, 17.–18. Mai 2014) und zwischen den Events (**$I_{max}$ = 1,46 %**, 1.–7. Dezember 2013 und **$I_{min}$ = 0,00 %**, 4.–10. Januar 2015) verursachte. Besonders deutlich wird die Kommunikationsstille zwischen den Events, da es jeweils ein ganzes Jahr zu überbrücken gilt.

Zur stetigen und schnellen **Bewertung der Interaktionsrate** wurde ein **Ampelsystem** entwickelt, das mit drei markanten Punkten auf einen Blick darstellt, ab wann Handlungsbedarf vorliegt (Rot: <0,5 %), wann eine akzeptable Rate erreicht wird (Gelb: 0,5 bis 0,99 %) und wann alles im grünen Bereich (Grün: ≥1,00 %) ist. Bei dieser Skala werden klassische Interaktionswerte zugrunde gelegt, die bei Social-Media-Aktivitäten angestrebt werden. Diese Richtwerte können nach Branche schwanken (vgl. Abb. 5.5).

**Twitter** *Twitter* stellt für die *LNDM* den zweitwichtigsten Social-Media-Kanal dar und lieferte während der Analyse fast durchgehend positive Ergebnisse. Der Account ist seit

**Abb. 5.5** Ampelsystem zur Bewertung der Interaktionsrate

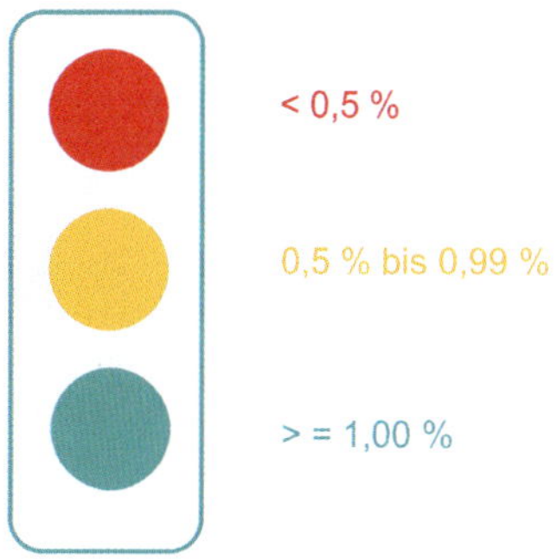

Dezember 2010 aktiv und wies im Juni 2015 eine Followerzahl von 2342 und 320 Following-Accounts auf. Somit ergibt sich für die *LNDM* eine hervorragende **Follower-Following-Rate** von 7,33. Diese steigert die Chance, von *Twitter*-Nutzern als interessant und überzeugend empfunden zu werden und sie als neue Follower zu gewinnen. Eine Rate von 1,0 besagt, dass das Verhältnis von Follower und Following ausgeglichen ist. Daher ist eine Quote erstrebenswert, die über 1,0 liegt (Follower > Following).

Ebenfalls positiv zu bewerten ist die **durchschnittliche Anzahl von Tweets**, die bei 1,23 Tweets/Tag liegt. Es sollte wie auf *Facebook* noch stärker auf die **Kontinuität** und **Peaktime der Follower** geachtet werden. Letztere liegt zwischen 15:00 und 16:00 Uhr, wobei die der *LNDM* zwischen 10:00 und 11:00 Uhr festgestellt wurde. Die Ausrichtung der eigenen (Re-)Tweets an den aktivsten Stunden der Follower erhöht die Retweet-Wahrscheinlichkeit und trägt zu einer **höheren Reichweite** und zur **Steigerung der Interaktionsrate** bei.

Ähnliche Effekte sind bei einer **verstärkten Nutzung des Hashtags** für die *LNDM* (#lnberlin) zu erwarten. Während der *LNDM* 2014 wurden insgesamt ca. 100 Tweets mit diesem Hashtag generiert, wobei zum Zeitpunkt der *Langen Nacht der Museen* in Hamburg über 1000 Tweets mit dem eventspezifischen Hashtag – also zehn Mal so viele – erzielt wurden.

**Instagram** Der *LNDM-Instagram-Account* ist der jüngste aller Kanäle. Er existiert seit April 2014 und weist 85 Abonnenten, drei Abonnements, eine Kurzbeschreibung der *LNDM* und einen direkten Link zur Homepage auf. Insgesamt zeigt das *Instagram-Konto* 15 Posts mit einer durchschnittlichen „Gefällt mir"-Rate von 1–9 % auf. Die verfügbaren Posts sind zwischen 56 und 59 Wochen alt. Die Tatsache, dass in dem Zeitraum zwischen den Events auf diesem Kanal nicht mit der Zielgruppe kommuniziert wurde, verweist auf nicht ausgeschöpftes Potenzial. Besonders vor dem Hintergrund, dass *Instagram* unter den Social-Media-Kanälen an Wichtigkeit gewinnt und sich optimal für Events eignet, sollte das Engagement hier verstärkt werden (vgl. Steinbrenner 2014). Schließlich haben Bilder und Videos ein hohes **Emotionalisierungspotenzial**, das Nutzer dazu anregt, Inhalte zu kommentieren und zu teilen. Dies ist bspw. beim Event *Lollapalooza Berlin* festzustellen. Hier wird der Nutzer durch eine Fragestellung („Unsere Premiere war großartig, wir planen bereits für 2016, irgendwelche Favoriten, die ihr sehen möchtet?") aktiv aufgefordert, seine Meinung zu äußern.

**YouTube** Ähnlich wie der *Instagram-Account* verhält sich der *YouTube-Kanal* der *LNDM*. Er vertritt 29 Abonnenten und insgesamt vier Videos. Die Videos wurden jeweils in Ein-Jahres-Abständen gepostet. Die „Angesehen"-Rate variiert, sodass die beiden aktuellsten Videos zwischen 120 und 150 Mal von *YouTube*-Nutzern angeschaut wurden. Die beiden älteren Videos wurden zwischen 5000 und 7000 Mal angesehen. Eine mögliche Erklärung für diese Diskrepanz ist die mangelnde Darstellung von relevanten Inhalten für die *YouTube*-Nutzer. Hauptsächlich wird in den weniger beliebten Videos eine Anreihung von Bildern präsentiert, die dem Zweck eines *YouTube-Channels* weniger entspricht. Die beiden älteren Videos, bei denen es sich um professionelle Imagefilme handelt, **verleihen dem Event eine Stimme und ein Gesicht**, bspw. durch ein Interview mit dem damaligen Berliner Bürgermeister *Klaus Wowereit*.

### 5.5.2 Ein nachhaltiges Social-Media-Konzept für die *Lange Nacht der Museen Berlin*

Bevor einzelne Maßnahmen zur Verbesserung des Digital Brandings durch eine Social-Media-Präsenz der *LNDM* vorgeschlagen werden, ist eine übergeordnete Ausrichtung der Kommunikation über *Facebook, Twitter, Instagram* und *Vimeo* festzulegen. Diese benötigt eine Anpassung an die allgemeinen Ziele der Veranstaltung, um nicht nur durch Einheitlichkeit zu überzeugen, sondern letztendlich auch zahlende Besucher zu gewinnen und die Veranstaltung weiter tragen zu können (vgl. Rowles 2014, S. 37). Das Ereignis *LNDM* präsentiert sich als eine besondere Art der Kulturvermittlung, die sich stark vom alltäglichen Museumsbesuch unterscheidet und eine größere Publikumsbandbreite anspricht. Diese Attribute gilt es zu kommunizieren. Ein gesamtheitliches Vorgehen in den sozialen Netzwerken könnte unter folgender **Mission** stehen:

Die Social-Media-Präsenz der *Langen Nacht der Museen* zielt darauf ab, die Ziele der Veranstaltung, nämlich die Verstärkung des Verständnisses und der Begeisterung für nationale und internationale Kunst, durch Interaktion mit dem derzeitigen und potenziellen Publikum innovativ und nachhaltig in der Zukunft, zu erfüllen.

Für die **Social-Media-Strategie** werden zwei Schwerpunkte abgeleitet, die sich aus der vorherigen Analyse der derzeitigen Kommunikation ergeben: zum einen die Erhöhung der **Relevanz** für den Nutzer, zum anderen eine Steigerung der **Interaktion** mit Nutzern und Veranstaltungsbesuchern. Beide Aspekte ergänzen einander und sind für die Social-Media-Kommunikation unabdingbar. Relevante Themen schaffen Interesse und Aufmerksamkeit, wobei die Interaktion und das Einbeziehen des Nutzers eine nachhaltige Bindung unterstützen (vgl. Rowles 2014, S. 45). Im Detail ist die Weiterentwicklung des Digital Brandings durch folgende strategische Maßnahmen umzusetzen:

- relevantes und zielgerechtes Ansprechen,
- intensives Einbeziehen von nutzergenerierten Inhalten,
- Förderung von Dialogen zwischen Organisation und Kunden,
- selektive Nutzung von unterschiedlichen Social-Media-Kanälen,
- Integration von Belohnungssystemen sowie
- Kreieren von Earned Media in Blogs.

Doch was genau soll erreicht werden? Konkrete Ziele sind wichtig, um später den Erfolg bestehender und neuer Maßnahmen zu evaluieren. Die *LNDM* will folgende Branding-Ziele bis nach der Veranstaltung im August 2016 erreichen:

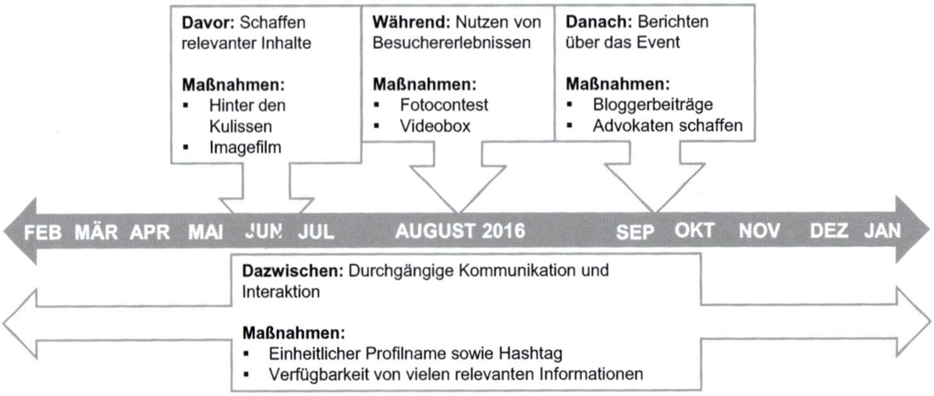


**Abb. 5.6** Social-Media-Maßnahmen für die *Lange Nacht der Museen Berlin*

- **Anzahl** der Fans und Follower erhöhen, bei *Facebook* auf 10.000 und bei *Twitter* sowie bei *Instagram* auf 3000.
- Eine **Interaktionsrate** auf *Facebook* von 4,5 % während der Veranstaltung und eine Durchschnittsrate von 1 % pro Woche zwischen den Veranstaltungen.
- Mindestens 1000 **Tweets** mit eigenem Hashtag während der Veranstaltung.
- Erhöhung der **Referral-Rate** von Blogs auf die *Facebook*-Seite um 50 %.

Für das Messen von Social-Media-Zielen gibt es zahlreiche analytische Instrumente, so auch kostengünstige oder sogar kostenlose Varianten, die für Organisationen mit geringem Budget tragbar sind. Beispiele sind: *Facebook Insights*, Hootsuit.com, Sumall.com, Followerwonk.com, Topsy.com *und* Statmyweb.com. Langfristig zu empfehlen ist vor allem ein umfangreiches Messtool wie *Google Analytics*, um Kennzahlen über Social-Media-Kanäle hinaus auf alle Internet-Aktivitäten auszuweiten.

Für NPOs muss bei der Zielformulierung sowie der Ableitung von konkreten Maßnahmen ein besonderes Augenmerk auf die **Realisierbarkeit** gelegt werden. Trotz geringer Ressourcen müssen die Ziele erreichbar bleiben. Um den Herausforderungen einer jährlichen eintägigen Veranstaltung entgegenzuwirken, ist eine **durchgängige Pflege der Kanäle und Interaktion** mit dem Nutzer Voraussetzung. Hierzu sind Maßnahmen vor, während und nach der *LNDM* sowie zwischen zwei Veranstaltungen zu realisieren (vgl. Abb. 5.6).

**Vor der Veranstaltung**

Die Kommunikation vor der Veranstaltung sollte sich darauf konzentrieren, zielgruppenrelevante und interessante Inhalte über die Veranstaltung zu liefern. Zwei Ideen sollen in diesem Zusammenhang zum nächsten Event umgesetzt werden. Zum einen die Maßnahme **„Hinter den Kulissen“**, wobei die Planung der Veranstaltung dokumentiert und gepostet wird. Beispiele sind: Die Erstellung eines neuen Designs von Print- und Online-Materialien (hier können Nutzer in die Entscheidung für ein Design einbezogen und nach ihrer Meinung gefragt werden) oder das Vorstellen von Mitarbeitern und deren Aufgaben. Dem Projekt wird somit ein Gesicht verliehen, was eine persönliche Nähe schafft. Dies eignet sich für die Kanäle *Facebook, Twitter* und *Instagram* und zielt darauf ab, neben individuellen Informationen auch die Nutzer in die Vorbereitungen zu integrieren, um so die Interaktionsrate zu erhöhen.

Die Maßnahme **„Imagefilm"** ist eine effektive Möglichkeit, eine größere Reichweite zu erlangen und somit Aufmerksamkeit bei potenziellen Nutzern und Besuchern zu erreichen, d. h. die Fan- und Follower-Zahlen zu erhöhen. Auf den Plattformen *Facebook, Twitter* und *YouTube* kann der Film einfach geteilt werden. Um eine finanzielle Belastung zu vermeiden, ist zu einer Zusammenarbeit mit Studenten aus dem Medienbereich zu raten. Zwei Imagefilme liefen in der Vergangenheit bereits erfolgreich.

**Während der Veranstaltung**

Während der *LNDM* sind Maßnahmen zu empfehlen, welche die direkten Erlebnisse der Besucher nutzen, um durch deren Verbreitung neue Nutzer zu erreichen und die Interaktionsrate zu erhöhen. Die Verwendung von Fotos und Videos ist ein anhaltender Trend innerhalb von Social Media. Eine Maßnahme, die bei der Veranstaltung im August 2016 umgesetzt wurde, war ein **Fotocontest**. Hierbei handelt es sich um einen Wettbewerb, bei dem die lustigsten Museumsfotos über *Instagram* gekürt und mit Goodybags belohnt wurden. Zusätzlich wurde eine interaktive **Videobox** aufgestellt. Hier konnten Besucher eine Botschaft aufnehmen und ihr Video über ihre Museumserlebnisse auf *Facebook* und *YouTube* teilen. Beide Ideen nutzten Inhalte der Besucher, ließen sie aktiv an der Gestaltung des Social-Media-Auftritts teilhaben und gaben ihnen eine Plattform zur Selbstdarstellung sowie Wertschätzung. Dieses Konzept wurde auch von der *Stiftung Museum Kunstpalast Düsseldorf* bereits erfolgreich genutzt.

**Nach der Veranstaltung**

Eine Maßnahme, die nach der Veranstaltung effektiv die Social-Media-Präsenz unterstützt, sind **Beiträge von Bloggern**. Bereits dieses Jahr hat die *Kulturprojekte Berlin GmbH* zusammen mit der Plattform Livekritik.de Blogger angeworben. Diese wurden zur *LNDM* eingeladen, damit sie im Gegenzug einen Bericht über ihre Erlebnisse auf ihrem Blog zu teilen. Der Blogger erhält so wertvollen Inhalt für seine Plattform, und die Veranstaltung profitiert von dem erweiterten Netzwerk und Erreichen relevanter Zielgruppen. Daraus ergibt sich eine Win-win-Situation. Die Beziehung zu den Marken-Advokaten gilt es aufrechtzuerhalten und zu erweitern, um den Traffic und die Referral-Rate von der Blogseite zu den Social-Media-Kanälen wie *Facebook* zu erhöhen. So werden neue Nutzer gewonnen, durch andere Maßnahmen gebunden und für die nächste Veranstaltung begeistert.

**Zwischen den Veranstaltungen**

Zwischen den Veranstaltungen gilt es, die Social-Media-Kanäle weiterhin regelmäßig zu pflegen und einen Mehrwert für den Nutzer zu liefern, damit dieser nicht nur Fan und Follower bleibt, sondern auch zur Interaktion motiviert wird. Der *Kulturprojekte Berlin GmbH* steht bereits sehr viel Inhalt zur Verfügung. Rund 80 Museen nehmen jährlich an der Veranstaltung teil und bilden Partner mit **vielen relevanten Informationen** über das Jahr hinweg. So können Ausstellungen, Konzerte, Umbauarbeiten (bspw. nach dem Motto: „Wegen Umbau geöffnet!") und sonstige interessante Ereignisse der Museen genutzt werden, um die Kommunikation mit den Nutzern aufrechtzuerhalten und Erinnerungen aufzufrischen. Dies wirkt der Abnahme der Nutzerzahl nach der Euphorie während des Events entgegen. Durch weitere Interaktion wird die Chance auf einen **erneuten Besuch** sowie die **Weiterempfehlung** an potenzielle Besucher erhöht. Um diese Maßnahme zu erweitern, können kulturelle Programme außerhalb der eigenen Veranstaltung kommuniziert werden, die jedoch innerhalb des Interesses der Nutzer liegen. In den Wintermonaten bietet sich besonders das Weihnachtsthema an. Auf www.weihnachteninberlin.de findet sich bspw. die Rubrik *Weihnachten im Museum*. Dies schafft bei den Nutzern Vertrauen in die Expertise der Veranstalter und regt zum Teilen und Interagieren an.

Bei all diesen Maßnahmen, die es jetzt umzusetzen gilt, ist auf eine einheitliche Kommunikation zu achten. Das bedeutet in der Welt von Social Media neben der Änderung aller Profilnamen zu *Lange Nacht der Museen Berlin* auf allen Kanälen auch ein **gemeinsamer Hashtag**, der durchweg genutzt und an die Nutzer herangetragen werden muss. Vor allem während der Veranstaltung kann Letzterer von den Besuchern verwendet werden. Eine erhöhte Anzahl von Tweets mit dem Hashtag steigert die Reichweite und fördert nutzergenerierte Inhalte und gemeinsames Interagieren. Hierzu sollte der bisherige Hashtag #lnberlin geändert werden, um keine Verwechslung mit anderen *Langen Nächten* (z. B. *der Wissenschaften*) zu begünstigen. Somit wird zum einen die Einfachheit für den Nutzer gefördert, als auch die Auswertung für die *Kulturprojekte Berlin GmbH* vereinfacht. Der Hashtag #lndmb (für Lange Nacht der Museen Berlin) impliziert Einfachheit, Explizitheit und gleichzeitig Einheitlichkeit mit dem bereits bestehenden Hashtag #lndmhh von Hamburg.

Das geplante Konzept ist an die finanziellen Ressourcen der Organisation angepasst. Social Media verlangt insb. zeitliche Kapazitäten. Daher empfiehlt sich für NPOs, bei geringem Budget mit studentischen Hilfskräften oder ehrenamtlichem Personal zu arbeiten, das Know-how und Zeit mitbringt. Ob Profit oder Non-Profit, die Social-Media-Kommunikation ist gleichermaßen wichtig, um relevante Zielgruppen zu erreichen. Gezielte Planung sowie analytisch durchdachte und strategische Kommunikation ermöglichen es NPOs mit geringem, aber effizienten Mitteleinsatz, eine effektive Social-Media-Präsenz zu schaffen.

► *Juliane Bahl, Amelie Deiters, Marie-Rose Ghazaryan, Antoaneta Grigorova* und *Linda Schab* sind Absolventen des Master-Studiengangs *International Marketing Management* an der *Hochschule für Wirtschaft und Recht, Berlin.*

**Quick Wins**

# Content-Marketing – mit Inhalten begeistern

# 6

Die große Fragestellung lautet nach wie vor: Wie kann die **Aufmerksamkeit der relevanten Zielgruppe** sichergestellt und ggf. sogar eine **Beschäftigung mit der eigenen Marke** erreicht werden? Hier kann das Content-Marketing für die digitale Markenführung einen wichtigen Beitrag leisten. Es ergänzt den Instrumentalbaukasten der Online- und Offline-Markenführung um eine wichtige Komponente. Auch wenn manche Promotoren des Content-Marketings schon einen Abgesang auf die klassische Kommunikation anstimmen: Es wird u. E. nie ohne klassische Formen der Kommunikation gelingen, die zentralen Inhalte der Marke zu vermitteln. Content-Marketing kann diese Inhalte auf andere Weise untermauern und weitere markenrelevante Botschaften übermitteln – wodurch Produkt- und Service-Marken zu Medienmarken werden (vgl. auch Pulizzi 2013, S. 43 f., Goderbauer-Marchner und Büsching 2015 sowie allgemein contentmarketinginstitute.com).

Beim **Content-Marketing** wird folglich in einer Form kommuniziert, dass den Zielpersonen und Zielgruppen informierende, beratende und/oder unterhaltende Inhalte angeboten werden, die häufig nur einen indirekten Bezug zum Leistungsangebot des so kommunizierenden Unternehmens aufweisen. Damit orientiert sich das Content-Marketing bei der Aufbereitung der präsentierten Inhalte häufig stärker an der Arbeit klassischer Medien wie Zeitungen, Zeitschriften, TV und Rundfunk. Der Sender der Inhalte („Content") versteht sich eher als Experte, Berater, Unterstützer oder Entertainer. Es geht folglich vor allem um die Vermittlung von Kompetenz und Know-how in ausgewählten Themenfeldern durch die anbietenden Unternehmen – umso letztendlich auch auf Kaufakte hinzuwirken (vgl. auch Jefferson und Tanton 2015; Löffler 2014; Pulizzi 2013).

► **Food for Thought** „Your customers don't care about you, your products or your services. They care about themselves, their wants, and their needs. Content marketing is about creating interesting information your customers are passionate about *so they actually pay attention to you*" (Pulizzi 2013, S. 6).
„[…] One primary change came with search. Some 90 % or more (depending on your sources) of buying decisions begin with a web search. And on the Internet,



R. T. Kreutzer und K.-H. Land, *Digitale Markenführung*, DOI 10.1007/978-3-658-08547-6_6

practically no one's searching for an ad. Depending on where they are in the purchase cycle, they're searching for information, recommendations, research, reviews, authority, and credibility. And when they find the information they seek, they're sharing it with others involved in the purchase decision […]" (Lieb 2012, S. 6).

**Content-Marketing gewinnt Aufmerksamkeit durch Relevanz!**

## 6.1 Charakterisierung des Content-Marketings

Im Gegensatz zu Werbung und Verkaufsförderung, die mehr oder weniger aggressiv zum Kauf auffordern, dient das Content-Marketing dazu, die unternehmerische Kompetenz in einem bestimmten Bereich zu untermauern, ohne direkte Kaufimpulse zu geben. In diesem Sinne zahlt das Content-Marketing eher auf klassische PR-Ziele ein, bei denen die **Corporate Reputation** oder die **Brand Reputation** gestärkt werden soll (vgl. vertiefend Wüst und Kreutzer 2012). Darüber hinaus sollen durch ein Content-Marketing auch (intensivere) Beziehungen mit den Nutzern aufgebaut werden, um mit diesen in einen Dialog zu treten und in diesem Rahmen auch verkaufsorientierte Impulse zu geben. In diesem Sinne verfolgt Content-Marketing auch Ziele des **Customer-Relationship-Managements**. Dies wird insb. deutlich, wenn ein Zugang zu bereitgestellten Informationen nur gewährt wird, wenn dem anbietenden Unternehmen eine Permission (i. S. einer Erlaubnis) erteilt wird, den Interessenten auch in Zukunft per E-Mail und/oder Telefon anzusprechen. Wer hierzu nicht bereit ist, muss häufig auf angebotene Inhalte verzichten.

Da häufig keine unmittelbaren Kaufimpulse gegeben werden, ist beim Content-Marketing von einer **„Kommunikation über Bande"** zu sprechen. Denn obgleich die bereitgestellten Inhalte keinen unmittelbaren Kaufimpuls beinhalten, ist die Intention des Content-Marketings final auf die Auslösung von Käufen, Spenden oder anderen Formen der Engagements zur Erreichung der Unternehmensziele ausgerichtet (vgl. Abb. 6.1).

Ein weiteres Merkmal des Content-Marketings ist, dass es sich hierbei oftmals um eine Pull-Kommunikation handelt. Viele andere Kommunikationsinstrumente – von TV- und Radio-Spots über Anzeigen, Mailings bis hin zu Online-Bannern – gehören dagegen in den Bereich der **Push-Kommunikation**. Bei dieser werden kommunikative und häufig konkret werbliche Inhalte präsentiert, ohne dass der Nutzer darum gebeten hätte. Ähnlich verhält es sich mit E-Newslettern, aber auch mit kommerziellen *Facebook*-Posts. Wenn ein Nutzer einmal einen E-Newsletter abonniert oder bei *Facebook* Fan einer Marke oder eines Unternehmens geworden ist, werden ihm Newsletter und Posts im Newsfeed präsentiert, um die er im Einzelfall nicht gebeten hatte. Hierbei handelt es sich folglich um Inhalte einer **Pull-Push-Kommunikation**. Der Nutzer hat hier zwar initial generelles Interesse gezeigt („Pull"), wird dann aber ungefragt mit Informationen bedient („Push"). Werden in solchen E-Newslettern und Posts von Marken und Unternehmen, aber auch in klassischen Mailings, in Online-Bannern oder auf Websites von Unternehmen dagegen Inhalte angeboten, die für den Nutzer informierend, beratend und/oder unterhaltend sind

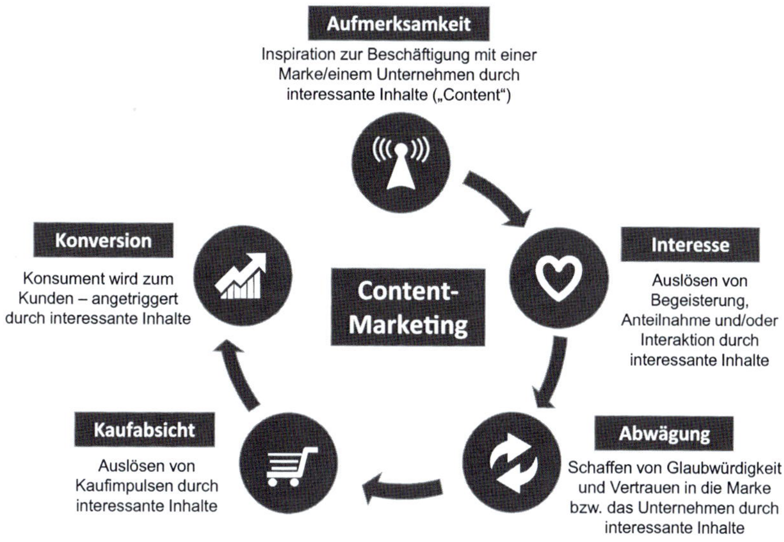


**Abb. 6.1** Content-Marketing – Kommunikation „über Bande"

und deshalb aktiv nachgefragt werden müssen, handelt es sich um eine **Pull-Kommunikation** im engeren Sinne. Hier wird der Nutzer von sich aus aktiv, um in den Genuss von weiteren Informationen zu kommen.

Vor diesem Hintergrund kann Content-Marketing wie folgt gekennzeichnet werden: **Content-Marketing** ist eine Strategie, um durch die Entwicklung und Verbreitung werthaltiger Informationen profitable Kunden zu gewinnen, zu binden und zu entwickeln sowie diese und andere Personen als Multiplikatoren für das eigene Unternehmen einzubinden. Für die **Entwicklung einer Content-Marketing-Strategie** empfehlen sich hierbei die folgenden Arbeitsschritte (vgl. auch Haug 2015, S. 8 f.; Pulizzi 2013, S. 84–87, 115–139):

1. **Entwicklung einer konkreten Zielsetzung für das Content-Marketing**
   - Welche Vision wird durch Content-Marketing angestrebt?
   - Was ist das Content-Mission-Statement?
   - Welche Kernzielgruppe soll durch das Content-Marketing schwerpunktmäßig angesprochen werden?
   - Welche Content-Nische kann das Unternehmen glaubwürdig und kompetent besetzen, die noch nicht von anderen Anbietern qualitativ hochwertig besetzt ist?
   - Warum sollte es sich lohnen, Ressourcen in die Umsetzung des Content-Marketings zu investieren?
   - Worin bestehen konkret die Ziele des Content-Marketings?
   - Kann durch Content-Marketing die Brand Awareness aufgebaut und verstärkt werden?
   - Können markenrelevante Dialoge angestoßen und aufrechterhalten werden?

- Können Neukundengewinnung und Kundenbindung unterstützt werden?
- Trägt Content-Marketing zur Verbesserung des Kundenservices bei?
- Fördert Content-Marketing More-, Cross- und Up-Sell-Möglichkeiten?
- Unterstützt Content-Marketing das Engagement von Brand Ambassadors?
- Wie können wir einen Content-Schock durch ein „Zuviel an Informationen" vermeiden?

2. **Erarbeitung der Relevanz des Content-Marketings – aus Kundensicht**
   - Welche Inhalte sind für die eigenen Zielgruppen von Relevanz?
   - Welche Inhaltsebenen sind konkret abzudecken (vgl. dazu die nachfolgend beschriebenen Content-Ebenen)?
   - Haben wir für diese Inhalte – aus Sicht der Kunden – eine ausgewiesene Kompetenz?
   - Oder können wir uns – wieder in den Augen der Kunden – die notwendige Kompetenz beschaffen?
3. **Erarbeitung der relevanten Inhalte**
   - Wie können die spannenden Inhalte erarbeitet werden?
   - Durch eigene Mitarbeiter oder durch die Einbindung von ausgewiesenen Content-Agenturen?
   - In welchem Umfang können die Nutzer selbst in die Content-Entwicklung integriert werden?
4. **Planung des Content-Marketings**
   Den gesamten Aktivitäten des Content-Marketings sollte eine professionelle Planung zugrunde liegen. Hierzu ist ein Redaktionsplan („Editorial Calender") zu erarbeiten, der Zeitpunkt und Kanal der Bereitstellung von Inhalten regelt. In diesem sollte ggf. auch definiert werden, wann der Veralterung unterliegende Inhalte auch wieder zu entfernen sind.
5. **Controlling des Content-Marketings**
   Da Aufbau und Pflege des Content-Marketings mit größeren Investitionen einhergehen, sind bereits bei der Konzeption die Möglichkeiten zur Erfolgsmessung anzudenken. Hierzu sind bspw. verschiedene Calls-to-Action zu integrieren, um das Engagement-Level zu erfassen. Im Idealfall können die Aktivitäten des Content-Marketings einem Conversion-Funnel zugeordnet werden, um die Erfolge Schritt für Schritt zu ermitteln.
6. **Organisation des Content-Marketings**
   - Wo liegt die Gesamtverantwortung für das Content-Marketing?
   - Welche Bereiche sind in die Content-Erarbeitung zu integrieren?
   - Wo sollte eine Content-Plattform aufgebaut werden – und in wessen Verantwortung liegt diese?
   - Welche Budgets und Personalressourcen werden hierfür bereitgestellt?

► **Goldene Regel des Content-Marketings** Ca. 80 % der Inhalte, die im Zuge des Content-Marketings kommuniziert werden, sollten einen unterhaltenden, informierenden, engagierenden Charakter aufweisen. Konkretere Verkaufsimpulse sollten nur in ca. 20 % der Informationsbausteine vermittelt werden.

## 6.2 Inhaltliche Ausgestaltung des Content-Marketings

Bezüglich der inhaltlichen Ausgestaltung kann eine Orientierung an den nachfolgend beschriebenen **Inhaltsebenen des Content-Marketings** hilfreich sein. Dazu ist zwischen den folgenden Ebenen zu unterscheiden:

- **Übergreifende Themenfelder**
  B2C: bspw. Lifestyle und Trends in der Gesellschaft (etwa „Happiness" bei *Coca-Cola*, wofür ein eigenes *Happiness Institut* eingerichtet wurde; oder das von *Red Bull* herausgegebene *The Red Bulletin* mit „Belebendes für Geist und Körper")
  B2B: etwa allgemeine Management-Themen (u. a. die Integration der Generation Y in den Arbeitsalltag; Auswirkungen der Digitalisierung auf die Wirtschaft generell, Cyber Security; zum Thema Nachhaltigkeit gibt es bspw. von *Haniel* das Magazin *Enkelfähig*)
- **Branchenspezifische Themenfelder**
  B2C: bspw. Kosmetik, Wohnausstattung, Energieeinsparung
  B2B: etwa Herausforderung der Finanzdienstleister durch Insurtechs und Fintechs
- **Produkt-/servicespezifische Themenfelder**
  B2C: bspw. Haar- bzw. Hautpflege, Gartengestaltung
  B2B: etwa Einsatz von spezifischen HW- und SW-Angeboten

Folgende **Kernfragen** können zur Ausgestaltung der produkt-/servicespezifischen Themenfelder bzw. der sogenannten **Content-Claims** eingesetzt werden, um die Mitarbeiter des eigenen Unternehmens wie auch die Nutzer selbst zur Generierung von Content anzuregen:

- **Wer nutzt unsere Produkte/Dienstleistungen bzw. wo finden diese ihren Einsatz?**
  Hier können verschiedene kuriose Nutzungssituationen durch die Kunden oder auch durch das Unternehmen selbst per Foto und Video dokumentiert werden, um diese Erkenntnisse mit anderen zu teilen. Dabei kann – durchaus auch selbstironisch – deutlich werden, wo die Produkte bzw. Dienstleistungen in der User-Journey eingebunden sind.
- **Wie entsteht das Produkt bzw. die Dienstleistung?**
  Ein Einblick in die Prozesse von Design, Forschung & Entwicklung, Beschaffung, Produktion, Logistik etc. sowie die Präsentation der dort tätigen Menschen dürfte für viele Nutzer interessant sein.
- **Was ist die Meta-Botschaft des Angebots?**
  Hier können – in spannenden Use-Cases – die Kernleistungen des Angebots, die Verarbeitungsqualität, die Qualifikationen der Serviceerbringer sowie die Sicherheit und Langlebigkeit demonstriert werden.

- **Warum sind wir die Besten bei diesem Angebot?**
  Zunächst können hier überzeugende Statements von Kunden die Existenz eines echten Customer Advantages untermauern. Zusätzlich kann dieser Anspruch durch den Bezug zur Unternehmenshistorie, zur Länge der Marktpräsenz, der Internationalität des Unternehmens sowie zur Qualifikation der eigenen Forschung & Entwicklung glaubhaft gemacht werden.
- **Wie sind die eigenen Leistungen einzusetzen?**
  Unternehmen und Nutzer können hier jeweils aufzeigen, wie ein zweckmäßiger Einsatz von Produkten und Services erfolgen kann. Durch den Dialog zwischen diesen beiden können weitere Anwendungsbereiche erschlossen und für andere nachvollziehbar gemacht werden.
- **Wie kann ich die Geschichte mit meinem Claim verbinden?**
  Hierzu können Nutzer ihre eigenen Kreationen entwickeln, damit sich alle Zielpersonen den Claim idealerweise leichter merken können.

In Summe können durch die Beantwortung dieser Fragen die in Abb. 6.2 dokumentierten **Content-Arten** erarbeitet werden. Die präsentierten Inhalte können **emotionaler Art** oder **sachlicher Natur** sein. Außerdem können sie eher das Ziel **Aufmerksamkeit erregen** oder **Kaufimpulse setzen** anstreben.

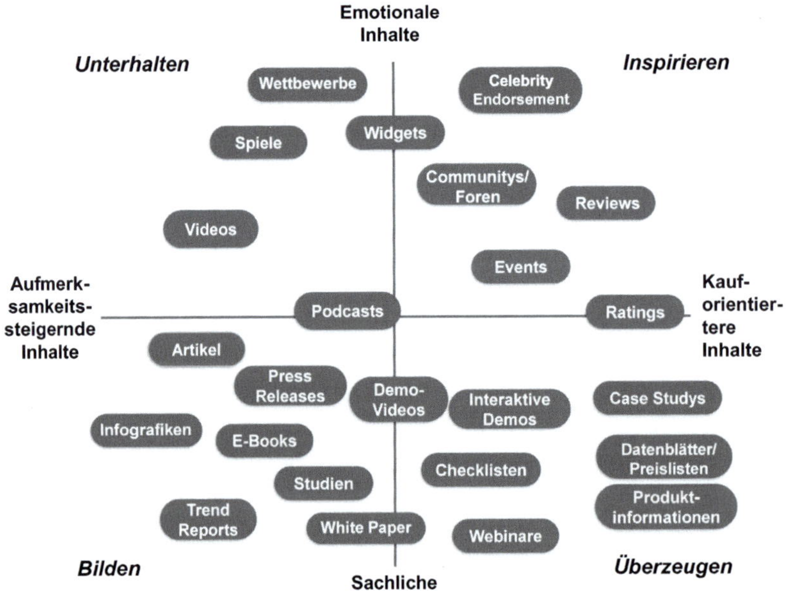


**Abb. 6.2** Inhaltliche Ausgestaltung des Content-Marketings. (Quelle: In Anlehnung an Horzetzky 2015, S. 18)

Im **Quadrant „Unterhalten"** finden sich Wettbewerbe und Spiele, die zum Mitmachen einladen. Hier kann durch die Einbindung der Nutzer auch User-Generated Content gewonnen werden (bspw. Texte, Bilder, Videos), der vom Unternehmen wiederum als Inhalt bereitgestellt werden kann. Der Anbieter kann allerdings auch selbst Videos bereitstellen, die in diesem Quadranten eher unterhaltende Inhalte aufweisen – häufig ohne großen Marken- oder Unternehmensbezug.

Podcasts weisen häufig schon einen stärkeren Angebotsbezug auf. Widgets i. S. von kleinen Spielereien (wie bspw. bestimmte Apps) sind im Übergang zum **Quadranten „Inspirieren"** zu finden, da sie stärker zur Auseinandersetzung mit dem Produkt, der Dienstleistung, der Marke oder dem Unternehmen auffordern. Hierzu sind auch Communitys und Foren zu rechnen, die zur aktiven Auseinandersetzung mit diesen Inhalten zwischen Personen mit gleichen Interessessen einerseits und dem Unternehmen andererseits auffordern. Reviews und Bewertungen haben eine ähnlich gelagerte Funktion, sie können und sollen allerdings schon deutlich stärker Verkaufsimpulse setzen (vgl. Kap. 7). Inspirieren und gleichzeitig Kaufimpulse geben können auch berühmte Persönlichkeiten, die sich für die unternehmerischen Angebote stark machen (Stichwort „Celebrity Endorsement"). Die bisher angesprochenen Inhalte kommen verstärkt im Konsumentenmarkt zum Einsatz. Events können ebenfalls inspirieren und gleichzeitig Kaufanreize setzen. Diese Form des Content-Marketings kommt bei B2B- und B2C-Zielgruppen gleichermaßen zum Einsatz.

Im **Quadranten „Bilden"** finden sich viele sachliche Inhalte, die für Aufmerksamkeit sorgen können. Hierzu zählen Artikel, E-Books, Studien, Infografiken, Trend-Reports sowie White Papers, welche zum Download angeboten werden. Diese Inhalte werden besonders häufig im B2B-Markt eingesetzt, um gegenüber den angesprochenen Personen die eigene Kompetenz zu unterstreichen. Hier wird in besonderem Maße die „Kommunikation über Bande" deutlich. Wenn Unternehmen wie *McKinsey, Boston Consulting Group, IBM, Cisco* und *Teradata* solche Informationen bereitstellen, können sie in der relevanten Zielgruppe mit großer Aufmerksamkeit rechnen. Gleichzeitig bringen sie sich mit spannenden Informationen ins Gespräch, weil diese häufig auch von klassischen Medien und Online-Medien aufgegriffen und weiter verbreitet werden. Hier ist nochmals der Bezug zur PR sichtbar.

Die so präsentierten Inhalte dienen – wie schon angedeutet – gleichzeitig als Köder, um die interessierten Personen zum Eintrag in den eigenen E-Mail-Verteiler zu motivieren. Soweit eine Erlaubnis zur telefonischen Kontaktaufnahme gegeben wird, erfolgt häufig – zeitnah zum Download entsprechender Unterlagen – ein Nachfass-Telefonat. Ein Beispiel für ein entsprechendes Nachfassen findet sich in Abb. 6.3. Hier bringt sich das Unternehmen *Brandwatch* nett in Erinnerung und motiviert zum Engagement auf verschiedenen Social-Media-Kanälen. Außerdem gibt es einen Call-to-Action, um gleich den Dialog mit *Brandwatch* aufzunehmen. Und: Dieses Nachfassen folgte nur wenige Tage nach dem Download der Studie, sodass die Erinnerung daran noch frisch war! Und auch eine Nachfrage per E-Mail wurde eine Stunde später per Rückruf beantwortet. So gekonnt kann Content-Marketing umgesetzt werden!

**Abb. 6.3** Nachfassen beim Content-Marketing. (Quelle: Brandwatch-E-Mail, 08.07.2015)

Der **Quadrant „Überzeugen"** zeigt am deutlichsten die Verkaufsabsicht, die mit Content-Marketing letztendlich immer auch angestrebt wird. Hier finden sich bspw. Demo-Videos, die häufig über *YouTube* bereitgestellt werden. Sie können den korrekten Produktgebrauch oder unterschiedliche Anwendungsbereiche aufzeigen. Diesem Ziel dienen auch interaktive Demos, die den Nutzer noch stärker integrieren und aus der reinen Konsumposition herausführen. Im Online-Zeitalter erfreuen sich Webinare einer besonderen Beliebtheit. Durch diese Online-Seminare besteht die Möglichkeit einer sehr direkten Kommunikation mit Anbietern und (potenziellen) Käufern. Hier können Unternehmen – bei guter Organisation und ausreichender Substanz – von ihrem Können überzeugen. In schriftlicher Form kann dies auch durch das Angebot von Case Studys erfolgen, die ebenfalls auf vielen Websites zum Download angeboten werden. Datenblätter, Preislisten und Produktinformationen stellen dagegen konventionelle Formen der Informationsbereitstellung dar und gehören damit nur in den Grenzbereich des Content-Marketings.

Die Art der Inhalte wirkt sich – wie schon deutlich wurde – auf die einsetzbaren Kommunikationskanäle aus. Sehr häufig werden Inhalte des Content-Marketings auf der **unternehmens- oder markenspezifischen Website** zum Download angeboten. Weitere wichtige unternehmenseigene Plattformen stellen **Corporate Blogs** oder markenspezifische (branded) ***YouTube*-Kanäle** dar. Ein großes Einsatzfeld des Content-Marketings sind auch die Social-Media-Plattformen. Über *Facebook, Pinterest, Twitter, SlideShare* und

*Tumblr* können die Unternehmen alle genannten Content-Arten anbieten bzw. in Umlauf bringen. Aber auch klassische und Online-Plattformen für PR können in diese Distribution eingebunden werden (vgl. Kreutzer 2014, S. 237–249).

► **Food for Thought** Content stellt den Kern einer jeden Website dar. Und dieser Content ist auch der einzige Grund dafür, dass überhaupt eine Website aufgesucht wird. Das sollten wir uns bei der Gestaltung unseres Webauftritts immer vor Augen führen!

Um die relevanten Inhalte für unterschiedliche Quellen bereitzustellen, sind **Content-Kooperationen** zweckmäßig. Hierfür können bspw. Kunden eingebunden werden, die Gastbeiträge in eigenen Blogs erstellen oder Kommentarfelder auf der Corporate Website füllen. Da die Erstellung neuer Inhalte für die Unternehmen oftmals mit einem hohen Kosten- und Zeitaufwand verbunden ist, kann es durchaus sinnvoll sein, dass Unternehmen sich der **Content Curation** bedienen. Unternehmenseigene Content-Kuratoren suchen online und offline nach Inhalten, die der jeweiligen Zielgruppe einen hohen Nutzen versprechen, und veröffentlichen diese auf den für die Zielpersonen relevanten Kanälen (bspw. auf der Corporate Website oder über die sozialen Medien; vgl. Löffler 2014, S. 305 f.).

## 6.3 Beispiele eines gelungen Content-Marketings

**Case: *Nivea***

Wie Content-Marketing eingesetzt werden kann, wird hier zunächst im B2C-Markt verdeutlicht. So erzählt die Marke *Nivea* Geschichten, um die emotionale Beziehung zwischen Familien und der Marke zu stärken (vgl. Meysenburg 2013). Ein sehr erfolgreicher Schachtzug war der *YouTube*-Spot „Danke Mama", der 2013 anlässlich des Muttertags veröffentlicht wurde (vgl. Abb. 6.4, links). Das Video entwickelte sich in dem Jahr mit rund 2,4 Mio. *YouTube*-Klicks (mittlerweile über 4 Mio.) zu einem der erfolgreichsten viralen Spots in Deutschland (vgl. Meixner 2014). Aufgrund der sehr positiven Resonanz folgten die Videos „Weihnachten" (2013) und „Danke Papa" (2014), welche einen ähnlichen Erfolg verbuchen konnten. Bei den hier genannten Beispielen spricht man auch von **Branded Entertainment**, weil sich hier die sonst getrennten Bereiche von Werbung und redaktionellen und journalistischen Inhalten verbinden (vgl. weiterführend Kunz und Elsässer 2016, S. 55). Im Gegensatz zum Native Advertising bleibt der Sender – hier die Marke – allerdings immer sichtbar.

Zusätzlich zu den Geschichten zeigt *Nivea*, wie mithilfe von fachlicher Beratung intensive Kundenbeziehungen aufgebaut werden. Die Marke hat sich zum Ziel gesetzt, für die Konsumenten mehr als nur ein Anbieter von Pflegeprodukten zu sein. Gleichzeitig liefert die Marke über viele verschiedene Kanäle Informationen rund um die Themen Pflege und Wohlbefinden und wird damit von den Nutzern auch als fachliche Referenz genutzt. Viermal im Jahr erscheint das kostenlose Kundenmagazin *„Nivea*

**Abb. 6.4** Beispiel eines crossmedialen Content-Marketings bei *Nivea*. (Quelle: Nivea 2016a, b, c)

*für mich*“, in welchem neben der Vorstellung von Produkten und Neuigkeiten über die Marke auch themenbezogene Reportagen und fachliche Beratungsartikel enthalten sind (vgl. Abb. 6.4, unten). Darüber hinaus führt die Marke einen eigenen *YouTube*-Kanal, in dem *Nivea* einen Einblick in das Unternehmen ermöglicht. Auf der eigenen Website bietet *Nivea* zu allen Produktbereichen weiterführende Pflegeinformationen. Auch diese Aktivitäten stellen überzeugende Beispiele des Content-Marketings dar.

**Case: *Otto***

Um die Repräsentanz des Unternehmens *OTTO* in den digitalen Kanälen zu stärken, betreibt der Versandhändler neben seiner Corporate Website auf Social-Media-Plattformen fünf Corporate Blogs. Die Lifestyle Blogs *„Von Leben und Limonen“*, *„Two for Fashion“*, *„Soulfully“*, *„Roombeez“* und *„re:blog“* behandeln Themen rund um Fashion, Wohnen und Nachhaltigkeit (vgl. Otto 2016).

Bereits im Juli 2008 startete *OTTO* mit dem Fashionblog *„Two for Fashion“* seine erste interaktive Kommunikationsplattform, auf der etablierte Mode-Blogger Einblicke in die Fashionwelt und das Unternehmen *OTTO* geben.

Ziel von *OTTO* ist es nicht primär, die Produkte zu bewerben, sondern diese dem Leser in redaktionellen Inhalten zu präsentieren, um so sein Interesse zu wecken. *OTTO* betreibt das Blog, um fachspezifische Auseinandersetzungen rund um das Thema Fashion anzuregen und sich im Dialog mit den Lesern von neuen Ideen inspirieren zu lassen. Der Leser soll durch die Präsentation der Marke in einem qualitativ hochwertigen redaktionellen Umfeld eine emotionale Bindung zur Marke *OTTO* herstellen. Durch die Verlinkung der Inhalte auf sozialen Netzwerken und die Einbettung von Social-Sharing-Buttons in die Artikel und Videos gewinnt das Blog an Reichweite. Seit 2013 gehört „*Two for Fashion*" zu einem Bloggernetzwerk aus zehn weiteren Mode-Blogs. Ziel des Netzwerks ist es, die Reichweite und Identifikationsmöglichkeit mit dem Blog zu steigern (vgl. o. V. 2013). Mit gezieltem Content-Marketing erreicht *OTTO* auf seinen Corporate Blogs unterschiedliche Zielgruppen und ermöglicht diesen durch die Darbietung relevanter Inhalte, die Marke *OTTO* in einem anderen Kontext als dem des Händlers wahrzunehmen.

**Case: *Procter & Gamble***

Mit gezieltem Content-Marketing in der Kampagne *#LikeAGirl* gelang es *Procter & Gamble*, die Marke *Always* neu auszurichten und so eine jüngere Zielgruppe zu erreichen. *Procter & Gamble* macht in seiner Kampagne auf die häufig in der Pubertät junger Mädchen auftretenden Geschlechtervorurteile aufmerksam und erreicht damit ein Millionenpublikum. Die Kampagne startete im Sommer 2014 mit einem *YouTube*-Video. In dem Film bittet die Regisseurin zunächst erwachsene Männer und Frauen, unter anderem „wie ein Mädchen" zu laufen oder zu werfen (vgl. Abb. 6.5).

Nachdem die Erwachsenen vorurteilsgemäße und alberne Bewegungen machten, werden junge Frauen gebeten, sich ebenfalls „wie ein Mädchen" zu bewegen. Im Ge-

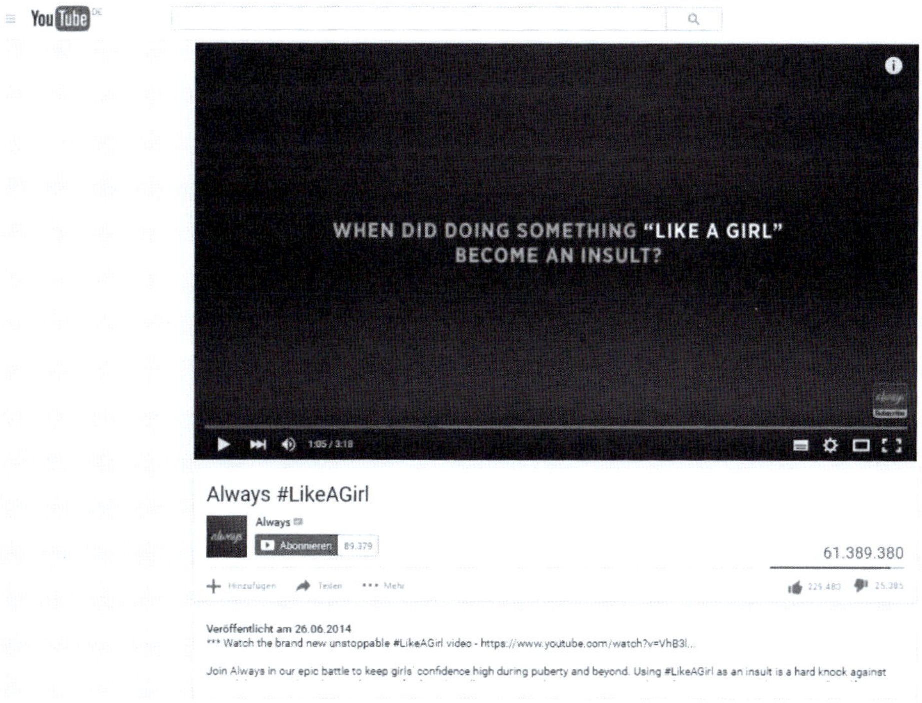


**Abb. 6.5** *YouTube*-Kampagne *#LikeAGirl*. (Quelle: Procter & Gamble 2014)

**Abb. 6.6** Content-Marketing der Marke *Always*. (Quelle: Procter & Gamble 2015)

gensatz zu den Erwachsenen präsentieren sich die jungen Frauen vor der Kamera stark und selbstbewusst. Mit dem Video und der darauf folgenden *Facebook*- und *Twitter*-Kampagne *#LikeAGirl* fordert *Procter & Gamble* zu einer Neudefinition des Ausdrucks „wie ein Mädchen" auf. Er soll demnach zukünftig keine Erniedrigung, sondern vielmehr ein Ausdruck für Stärke und Selbstbewusstsein sein (vgl. Abb. 6.6; o. V. 2015).

Die Kampagne wurde im Internet zu einem großen Erfolg. Das *YouTube*-Video wurde bis heute über 61 Mio. Mal geklickt und zu einem viralen Hit in den sozialen Netzwerken. In den ersten drei Monaten nach dem Launch des Videos stieg die Anzahl der Abonnenten des *Always-YouTube*-Kanals um 4339 %. Auf *Twitter* verdreifachte sich die Anzahl der Follower, und unter dem Kampagnentitel *#LikeAGirl* entstanden bereits in den ersten drei Monaten 177.000 Tweets (vgl. o. V. 2015).

Das Ziel der Kampagne war es, eine emotionale Verbindung zu der Marke *Always* herzustellen und die Popularität der Marke insb. bei jüngeren Frauen zu erhöhen. Zudem wollte *Always* seine Marktpenetration steigern und einen Kulturwandel in der Gesellschaft herbeiführen. Bereits drei Monate nach der Veröffentlichung der Kampagne waren 96 % aller Reaktionen auf die Marke *Always* positiv. Durch die Verbreitung der Kampagne in den sozialen Netzwerken steigerte *Always* zudem seine Popularität im Bereich Earned Media. Aber auch im Bereich Owned Media, insb. auf den Plattformen *YouTube, Vimeo* und *Twitter*, zeigt sich der erhöhte Bekanntheitsgrad der Marke. Darüber hinaus stieg einer Umfrage zufolge die Markenpräferenz überdurchschnittlich an, und der Anteil derjenigen, die beabsichtigen, ein *Always*-Produkt zu kaufen, lag 50 % über dem gesetzten Ziel. *#LikeAGirl* wurde weltweit zu einem Symbol für die Stärkung der Rolle der Frau (vgl. o. V. 2015). Durch die Kampagne gelang es *Procter & Gamble* mit relevanten Inhalten und gezielter Aufforderung zur Interaktion, die Marke *Always* emotional aufzuladen, eine jüngere Zielgruppe zu erreichen und die Marke in den digitalen Medien wirksam zu platzieren.

**Case: *Coca-Cola***

Ein weiteres Beispiel dafür, wie viel Raum dem Content-Marketing heute zur Verfügung gestellt wird, zeigt die Weiterentwicklung der Website-Gestaltung von *Coca-Cola*. Während hier früher Produktinformationen den Auftritt dominiert haben, erzählt die Website seit 2013 eine Vielzahl unterschiedlicher Geschichten, die alle zu einem längeren Verbleib auf der Website von *Coca-Cola* führen sollen – um den Nutzer so in die Markenwelt von *Coca-Cola* einzubinden. Die Website heißt heute ***Coca-Cola Journey – Das Online-Magazin von Coca-Cola Deutschland***. Diese Plattform stellt den Dreh- und Angelpunkt der Unternehmenskommunikation von *Coca-Cola* dar. Heute treten hier eigene Unternehmensnachrichten zugunsten von allgemeinen Inhalten sowie zugunsten von User-Generated Content in den Hintergrund, wie ein Blick auf die aktuelle Website von *Coca-Cola* zeigt. Folgende Inhalte werden hier in dieser Reihenfolge präsentiert (vgl. Coca-Cola 2016b):

- Mitmach-Aktionen
- Gewinnspiele
- *Coke*-TV
- Produktinformationen
- Hintergrundberichte zu *Coca-Cola*
- User-Generated Content (hier #tastethefeeling)

**Leitgedanke** von *Coca-Cola Journey* ist es, die Interaktion mit den Nutzern anzuregen. Es geht darum, mit den Kunden in Kontakt zu treten, Themenvorschläge zu machen und Fragen zu diskutieren. Die *Journey*-Geschichten können sowohl auf der Website selbst wie auch den unterschiedlichen Social-Media-Plattformen geteilt und diskutiert werden (vgl. Kammerer 2015).

Bei allen diesen Beispielen wird sehr schön die „Kommunikation über Bande" sichtbar. Vielfach geht es bei den präsentierten Inhalten um ein gutes **Storytelling**. Damit ist im Wortsinne ein „Geschichtenerzählen" gemeint, um sowohl explizites wie auch implizites Wissen – häufig in Form von Metaphern – weiterzugeben. Was kann durch Storytelling erreicht werden?

- Durch interessante Geschichten kann ein Wir-Gefühl zwischen Kunde und Marke entstehen.
- Auch unternehmensintern können solche Geschichten den Zusammenhalt und die Identifikation mit der Marke fördern.
- Die Beschäftigung mit Markeninhalten, die als Geschichte präsentiert werden, verursacht häufig auch mehr Spaß – und liefert nicht nur neue Erkenntnisse.
- Zusätzlich werden Geschichten eher im episodischen Gedächtnis der Zuhörer bzw. der Leser abgelegt – und können so nachhaltiger erinnert werden als reine Fakten.
- Außerdem bieten Geschichten die Möglichkeit, sich mit dem Gehörten oder dem Gelesenen zu identifizieren. Eine wichtige Wirkung bei der Markenbildung!

Bei der Umsetzung einer Omni-Channel-Kommunikation gilt es, ein **transmediales Storytelling** zu erreichen. Hierbei wird eine große Geschichte über die unterschiedlichsten Kanäle (Website, Social-Media-Plattformen etc.) kommuniziert. Dabei werden jeweils die kanalspezifischen Möglichkeiten ausgeschöpft, um die Geschichte zu erzählen. Idealerweise schafft jeder einzelne Kanal eine überzeugende **„Stand-alone Story Experience"**. Kommt ein Nutzer auf verschiedenen Kanälen mit solchen Teilstorys in Kontakt, ergibt sich das „große Ganze". Das ist die hohe Schule des transmedialen Storytellings (vgl. auch Rowles 2014, S. 166).

Auch im **B2B-Bereich** kommt dem Content-Marketing eine größere Bedeutung zu (vgl. Kreutzer et al. 2015). Eine Umfrage, an der 1820 US-amerikanische B2B-Unternehmen teilnahmen, zeigte folgende Ergebnisse (vgl. Handley und Pulizzi, 2015, S. 10, 17):

- 70 % der Befragten gaben an, dass sie im Vergleich zum letzten Jahr mehr in Content-Marketing investieren.
- Allerdings legen lediglich 35 % ihrem Engagement eine dokumentierte Content-Strategie zugrunde.
- 48 % verfügen über eine Strategie, die jedoch nicht dokumentiert ist.
- 7 % geben an, nichts von einer konkreten Content-Strategie zu wissen.

Hier wird deutlich, dass zwar viele B2B-Unternehmen in Sachen Content-Marketing unterwegs sind, dies jedoch häufig nicht ausreichend strategisch unterlegt und in der digitalen Markenführung verankert ist.

**Case: *SAP***

Allerdings gibt es bereits einige strategische Vorreiter, die hochwertige Inhalte veröffentlichen und in stimmigen Formaten zusammenfügen. Der weltweit größte Anbieter von Business-Software *SAP* strebt an, jedem Kunden ein exzellentes Kundenerlebnis zu bieten. Dafür hat *SAP* einen größeren Teil seiner Marketing-Aktivitäten auf die Produktion von hochwertigen Content-Formaten verlagert. Innerhalb dieses Prozesses wurde das elektronische Magazin *„The Customer Edge"* entwickelt (vgl. Abb. 6.7). Durch eine intensive Content Curation bündelt das Unternehmen neue Nachrichten und Erkenntnisse zu den vier Themen Marketing, Verkauf, Kundenservice und Handel, welche über externe Quellen oder andere *SAP*-Plattformen zusammengetragen werden. Mit der Intention, als wertvolle Referenz in themenbezogenen Businessfragen zu fungieren, kreiert der Softwarehersteller auch zunehmend eigene Inhalte (vgl. Barca 2014).

*SAP* nutzt Content-Marketing nicht nur, um sich bei den Kunden als Experte in seinen Aktionsgebieten zu etablieren, sondern spricht mithilfe des Storytellings auch die emotionale Ebene an. Als erstes Unternehmen seiner Branche hat *SAP* 2012 einen **Chief Storyteller** (*Julie Roehm*) eingestellt und mit ihr eine internationale Kampagne

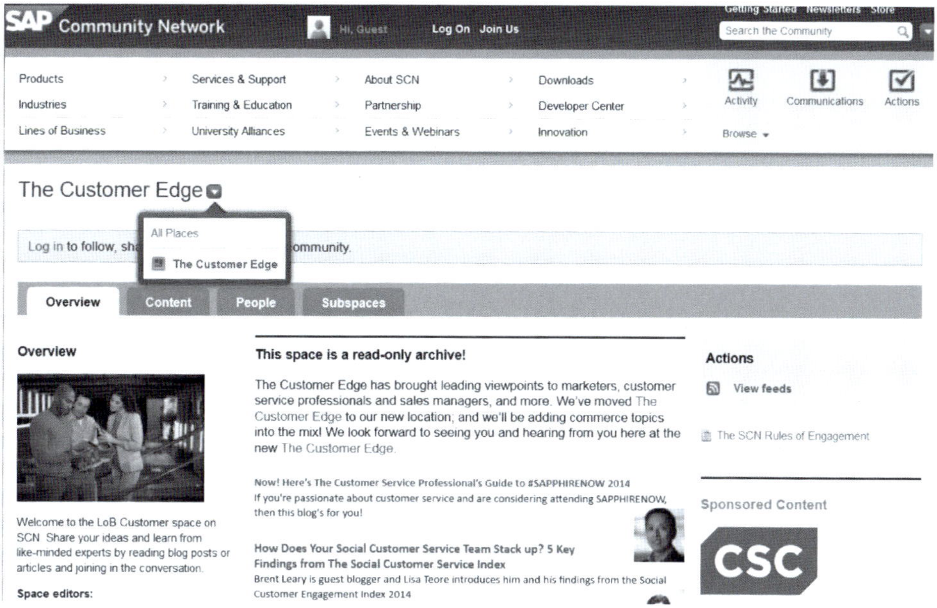


**Abb. 6.7** „*The Customer Edge*" – Digitales Kundenmagazin als Content-Instrument. (Quelle: SAP 2016a)

gestartet (vgl. Harris 2013). Unter dem Motto „*Run Like Never Before*" (in Deutschland: „*Ihr Unternehmen kann mehr*") zeigt *SAP*, wie die Softwareangebote die Geschäftstätigkeiten unterschiedlicher Firmen unterstützen. Fast alle Media-Kanäle wurden mit der Kampagne bespielt, sodass die Kunden erst im späteren Verlauf mit detaillierten Produktinformationen konfrontiert wurden (vgl. Abb. 6.8). „‚Run Like Never Before' aims to connect to audiences across the world on a human level, speaking not to businesses, but to the people behind those businesses" (Brenner 2012). Bei der Kampagne wird sichtbar, wie unter **Einsatz von gleichen Key Visuals** – über verschiedene Kanäle hinweg – eine einheitliche Geschichte erzählt wird. So kann eine **Omni-Channel-Kommunikation** aussehen. Zusätzlich veranstaltet *SAP* große Events, die unter dem Titel „*Connect – SAP Partner Summit*" Experten aus den unterschiedlichsten Disziplinen zusammenführt, um die *SAP*-Geschäftspartner mit spannenden Inhalten zu versorgen. Und diese sollen natürlich positiv auf die Geschäfte der *SAP* ausstrahlen!

Anhand dieses Beispiels wird deutlich: Der Einsatz des Content-Marketings bietet auch im B2B-Markt interessante Ansatzpunkte für die digitale Markenführung. Jede Branche und jedes Unternehmen ist gut beraten, die interessantesten Einsatzfelder für sich auszuloten.

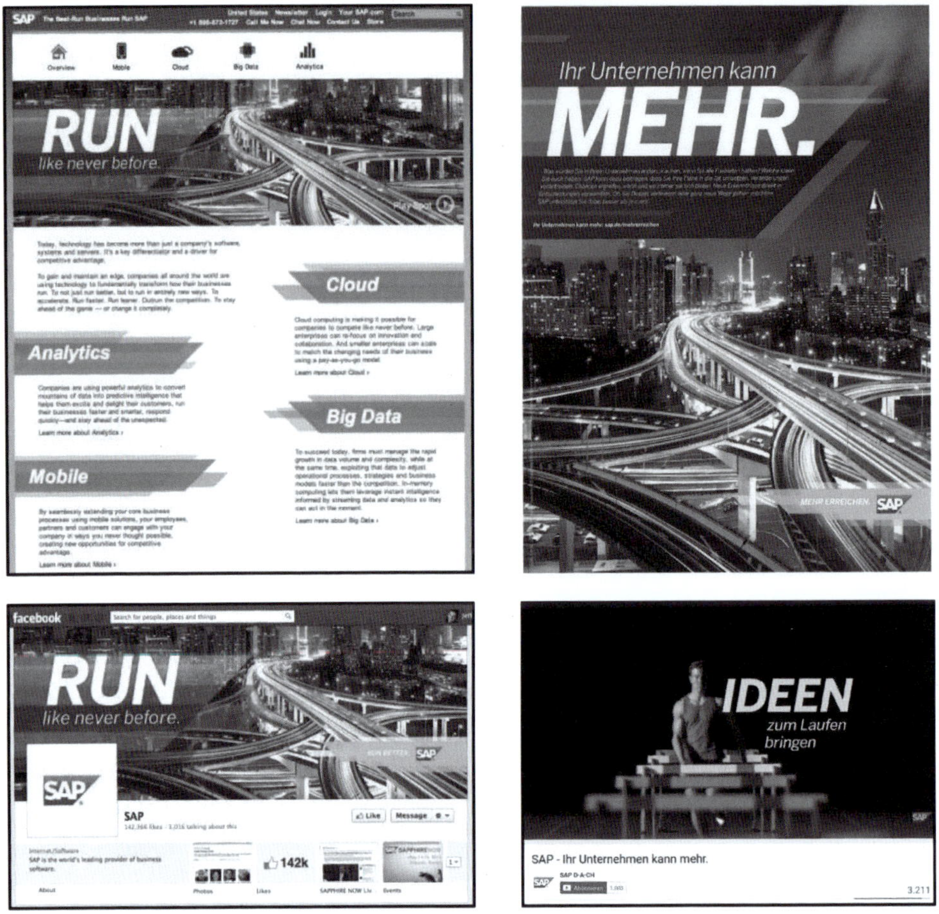


**Abb. 6.8** Ausschnitte aus der *SAP*-Kampagne *„Run Like Never Before"* (*„Ihr Unternehmen kann mehr"*). (Quelle: SAP 2016b)

## 6.4 Stellenwert des Content-Marketings

Auch wenn manche Protagonisten des **Content-Marketings** eine Substitution der klassischen Unternehmenskommunikation durch das Content-Marketing prognostizieren, wird es dazu auch im Zuge einer **digitalen Markenführung** aus einem einfachen Grund nicht kommen: Die große Mehrheit der Nutzer von Kommunikationsangeboten bleibt auch weiterhin passiv – und lässt sich (aus Unternehmenssicht gewünscht) durch kommunikative Anstöße zum Kauf unterschiedlichster Produkte oder zur Nachfrage verschiedenartiger Dienstleistungen (ver-)führen! Aufgrund der zunehmenden Informationsfülle werden Nutzer immer stärker in eine Abwehrhaltung gegenüber kommunikativen Ansprachen kommen, um nicht im schon angesprochenen Information Overload zu ertrinken (vgl.

Kap. 1). Deshalb wird die **Engagement-Rate**, d. h. der Prozentsatz der Nutzer, die sich aktiv engagieren, immer im niedrigen Bereich verbleiben (vgl. Abb. 2.11). Aus diesem Grund sollte Content-Marketing generell eher flankierend zur klassischen Kommunikation zum Einsatz kommen.

Die Anforderung lautet hier, ein **Omni-Channel-Storytelling** vorzudenken und die Ergebnisse in einen **integrierten Redaktionsplan** zusammenzuführen – über Kanäle, Themen und Zielgruppen hinweg. Nur dann können relevante Inhalte – unabhängig vom Kanal, aber verbunden durch eine zentrale Idee – kommuniziert werden. Gleichzeitig bietet ein solchermaßen erfolgreiches Content-Marketing noch einen unschlagbaren Vorteil: **Ad-Blocker**, die sich auch in Deutschland einer zunehmenden Beliebtheit bei den Nutzern erfreuen, können auf diese Weise mehrheitlich unterlaufen werden.

## 6.5 Einsatzfelder des Native Advertisings als Spielart des Content-Marketings

Eine weitere Möglichkeit, um die Aufmerksamkeit der Nutzer zu gewinnen und nicht gleich als Werbung „aussortiert" zu werden, stellt **Native Advertising** dar. Darunter sind werbliche Ansprachen zu verstehen – online wie offline – die als solche schwerer zu erkennen sind, weil sie sich stark in das redaktionelle Umfeld integrieren. Das Ziel des Native Advertisings liegt explizit darin, dass die präsentierten Inhalte nicht gleich als Werbung erkannt und ggf. ausgeblendet oder abgewertet werden.

Zum Native Advertising gehören bspw. auch (bezahlte) PR-Texte, die als sogenannte **Advertorials** werbliche Inhalte im redaktionellen Mantel vermitteln, wie das bspw. Fashion-Blogger häufig tun. Teilweise werden auch die **Keyword-Anzeigen bei Suchmaschinen** als Native Advertising bezeichnet. Allerdings wird hier – wenn auch nicht immer leicht sichtbar – auf Anzeige/Werbung hingewiesen, sodass die Verwechslungsgefahr weniger besteht. In diese Kategorie gehören auch **bezahlte Tweets, Trends und Personen** bei *Twitter* oder **bezahlte Inhalte in der Timeline** der Nutzer bei *Facebook* oder *Tumblr*. Auch bestimmte **Formen des Content-Marketings** können zum Native Advertising gerechnet werden, wenn bezahlte informative und/oder unterhaltende Inhalte in das redaktionelle Umfeld eingebunden werden, ohne als Werbung gekennzeichnet zu sein (bspw. als „gesponserte Story"). Teilweise werden solche Inhalte mit Überschriften wie „Diese Inhalte könnten Sie besonders interessieren" besonders angepriesen, ohne dass dem durchschnittlichen Leser deutlich wird, dass Unternehmen für die Präsentation dieser Inhalte bezahlt haben. Bei dieser „Darreichungsform" der Inhalte wird auch von **Branded Content** gesprochen.

Um die **Wirkung von Native Advertising** zu erfassen, wurden 2015 und 2016 über 1000 Nutzer des *BurdaForward*-Netzwerks zur Wahrnehmung und Akzeptanz von Native Advertising befragt. Hier die zentralen Ergebnisse (vgl. Waldeck 2016, S. 35):

- Über zwei Drittel der Befragten haben beim Surfen schon einmal Native Advertising bemerkt.
- 70 % geben an, Native Advertising zu kennen.
- Der Anteil der über Native Advertising informierten Nutzer ist im Vergleich zum Vorjahr um 5 % gestiegen.
- Knapp 40 % geben an, dass ihnen Native Advertising einen größeren Nutzen als die klassische Display-Werbung bringt.

Parallel hierzu wurden von *BurdaForward* 17 **kampagnenbegleitende Werbewirkungsstudien** durchgeführt, um Benchmark-Werte für die Wirkung von Native Advertising zu ermitteln. Hierzu wurden knapp 6000 Personen befragt. Dabei zeigten sich folgende Ergebnisse (vgl. Waldeck 2016, S. 36 f.; vertiefend Schulten 2012):

- Durch den Einsatz von Branded Content kann das **Image einer Marke** gesteigert werden. Über alle Branchen hinweg war ein Ausbau des Markenimages von 7,8 % festgestellt.
- Dabei gelingt es besonders zu, die **Marke als Experte** zu positionieren. So stieg der Anteil derjenigen, die eine beworbene Marke als Experte im jeweiligen Bereich ansahen, nach einer Kampagne um 30,5 %.
- Die **Aktivierung** konnte durch eine Native-Advertising-Kampagne um 10,7 % gesteigert werden. Durch Native Advertising gelingt es somit, zur Suche nach weiteren Informationen anzuregen bzw. den Austausch mit anderen zu fördern.
- Die **Kaufwahrscheinlichkeit** konnte im Vergleich zu denen, die nicht in Kontakt mit dem Branded Content gekommen sind, um 24,2 % gesteigert werden.

Bei der Interpretation dieser Ergebnisse ist darauf zu achten, dass es sich hier um eine Pro-domo-Quelle handelt, also ein Anbieter der Vermarktung von Branded Content über dessen Erfolge spricht. Um Wirkungen im täglichen Einsatz im Unternehmen nachzuweisen, arbeiten Publisher, Agenturen und Vermarkter an entsprechenden Lösungen, die die **Messbarkeit der Ergebnisse von Branded Content** verbessern.

Viele Erscheinungsformen des Native Advertisings bewegen sich in einer rechtlichen Grauzone, weil sie gegen das **Trennungsgebot von redaktionellen und werblichen Inhalten** verstoßen. Relevant ist hierfür § 5 UWG, der die irreführende Werbung regelt. Ausgestaltungen des Native Advertising können als Schleichwerbung bestraft werden, wenn Hinweise wie „Danke an …“, „Sponsored by …“, „In Zusammenarbeit mit …“ fehlen, die auf das initiierende und damit finanzierende Unternehmen hinweisen. Bei einem Content-Marketing, bei dem sich das Unternehmen offen als Sender zu erkennen gibt, bestehen solche Risiken nicht.

## 6.6 Ausgestaltung des Content-Marketings als Prozess

Wichtig ist, dass **Content-Marketing als Prozess** und nicht als einmalige Aktion zu verstehen ist, in dessen Verlauf die definierten Zielgruppen mit „spannenden Inhalten" versorgt werden. Multipliziert man die verschiedenen Zielgruppen mit ihren unterschiedlichen Erwartungen mit der Vielfalt der Kanäle und möglichen Informationsangeboten (über die werblichen Inhalte hinaus), wird die **Komplexität der Handlungsoptionen** deutlich. Deshalb empfiehlt es sich, die in vielen Bereichen noch vorherrschende zielgruppenorientierte Denkweise durch eine **themenorientierte Denkweise** zu ergänzen, um die zu bewältigende Komplexität etwas einzuschränken (siehe Abb. 6.9).

Bei der Entwicklung einer **themenorientierten Denkstruktur** wird versucht, Themenfelder zu besetzen, die für verschiedene Zielgruppen relevant und über unterschiedliche Kanäle bespielbar sind. Dies lässt sich am Beispiel *Coca-Cola* verdeutlichen. Das Thema „Happiness" kann nicht nur für Kunden, sondern auch für (potenzielle) Mitarbeiter und für Vertriebspartner relevant sein. So lassen sich aus diesem Oberthema spannende Inhalte für verschiedene Zielgruppen ableiten und über unterschiedliche Kanäle verbreiten. Neben der Corporate Website sind dies bspw. *Facebook, YouTube, Vimeo, Pinterest* und andere. Im Hinblick auf die Kernzielgruppe geht es auch hier darum, (potenziellen) Kunden relevante Inhalte zur Verfügung zu stellen, welche sie dazu veranlassen, entsprechende Produkte (weiterhin) zu kaufen und Beiträge weiterzuverbreiten (vgl. hierzu den Gastbeitrag Jochims in Abschn. 6.9).

Die **Aufgabenstellung für die digitale Markenführung** lautet hier: Um eine übergreifende Relevanz bei den Zielpersonen zu erreichen, müssen die Beiträge den Bedürfnissen der verschiedenen Zielgruppen entsprechen. Aus diesem Grund sind Unternehmen

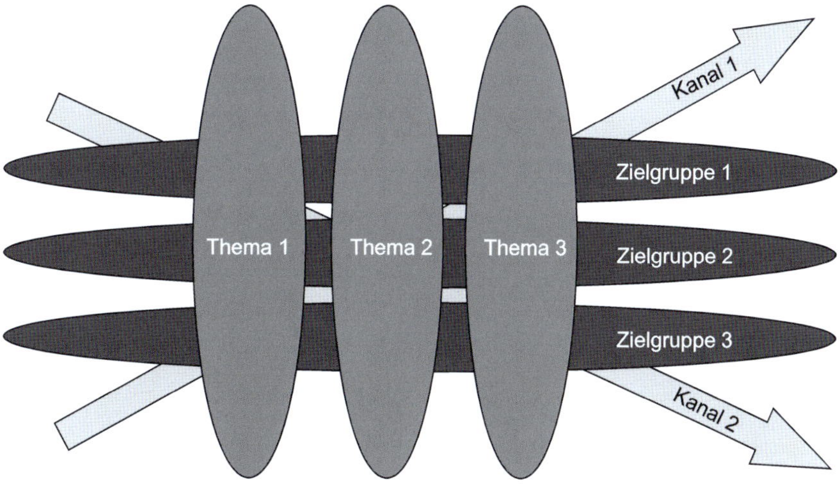


**Abb. 6.9** Themenorientierte Denkstruktur des Content-Marketings

aufgerufen, Themen zu finden, welche für eine große Anzahl von Zielkunden – auch unterschiedlicher formaler Zielgruppen – interessant sind. Anbieter mit einer großen Anzahl an definierten Zielgruppen und verschiedenen Produkten, wie Automobilanbieter und Verleger, Versender und FMCG-Hersteller, sind auf zielgruppenübergreifende Themen und andere Möglichkeiten der Bereitstellung von relevanten Inhalten angewiesen.

Dem Prozess der Content-Entwicklung schließt sich die wichtige Aufgabe der **Content-Distribution** an. Denn die spannendsten Inhalte nützen nichts, wenn sie von der Zielgruppe nicht gefunden werden. Deshalb bedarf es einer Content-Promotion, um die Inhaltsangebote für die Zielpersonen sichtbar zu machen. Hierzu können die klassischen On- und Offline-Instrumente der Kommunikation eingesetzt werden.

## 6.7 Controlling des Content-Marketings

Wichtig ist in jedem Falle, dass der Einsatz des Content-Marketings im Zuge der (digitalen) Markenführung durch ein **Monitoring der Content-Nutzung** zu bewerten ist. Wann immer ein Nutzer bestimmte, durch das Unternehmen bereitgestellte Inhalte abruft, kann dies auf Unternehmensseite erfasst werden. So ist genau zu ermitteln, welche Inhalte auf besonderes Interesse stoßen. Im Kern geht es beim Controlling des Content-Marketings – wie bei allen anderen Maßnahmen des Digital Brandings – um folgende Fragen:

- Wurde durch das Content-Marketing die **gewünschte Zielgruppe** erreicht?
- Hat die angesprochene Zielgruppe das **gewünschte Verhalten** gezeigt?
- Ist die erreichte Zielgruppe mit dem **erzielten Ergebnis** zufrieden?

Diesem Monitoring muss sich ein umfassendes **Controlling des Content-Marketings** anschließen. Erst dann lässt sich zum einen erkennen, welche Zielpersonen, Zielunternehmen und/oder Zielgruppen welche Inhalte über welche Kanäle zu welchen Zeitpunkten angefordert haben. Zum anderen ist natürlich zu überprüfen, ob die Nutzung unterschiedlicher Content-Angebote letztendlich zu den gewünschten Conversions geführt hat. Dies kann die Registrierung für einen E-Newsletter, ein Kauf, eine Spende oder ein anderes vom Unternehmen definiertes Ziel sein. Ohne ein umfassendes Controlling kann kein Unternehmen feststellen, wie wertschöpfend das Engagement im Content-Marketing ist. Welche Metriken von Unternehmen heute eingesetzt werden, zeigt eine US-Studie des *Content Marketing Institutes* aus dem Jahr 2015 (vgl. Abb. 6.10).

Es wird deutlich, dass das Kriterium **Website-Traffic** (Page Views, Visitors, Unique Visitors) dominiert, obwohl eine hohe Besuchsfrequenz auf der Website nur eine notwendige, aber keine hinreichende Bedingung für erfolgreiche Conversions darstellt. Zusätzlich sind natürlich die Kosten für den Website-Traffic zu ermitteln (bspw. Cost per Visitor, Cost per Click bei Paid Search bzw. bei den Content Distribution Ads). **Absatz** und die angesprochenen **Conversion-Rates** selbst sind dagegen viel aussagefähigere KPIs, um

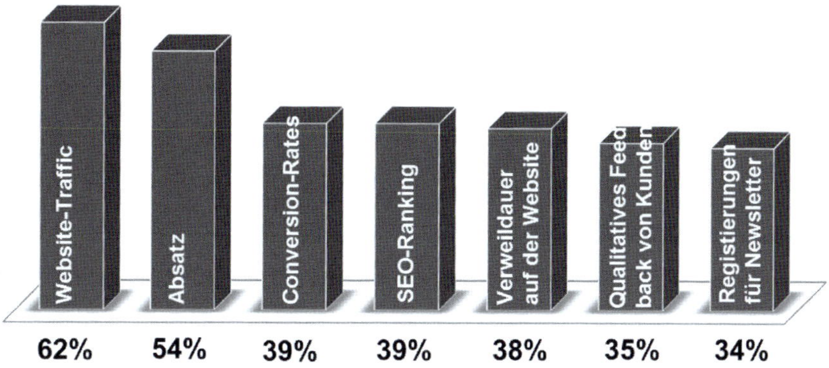


**Abb. 6.10** Metriken zur Erfolgsmessung des Content-Marketings im B2C-Markt – Beispiel USA. (Quelle: Content Marketing Institute 2015)

den Erfolg des Content-Marketings zu ermitteln. Ergänzend hierzu sind ebenfalls die angefallenen Kosten zu berücksichtigen und die KPIs Cost per Interest (CPI) bzw. Cost per Lead (CPL), Cost per Order (CPO) oder umfassender Cost per Conversion (CPC) zu ermitteln. Auf das **SEO-Ranking** selbst wirkt eine große Anzahl von Kriterien, die nicht immer eindeutig den Content-Marketing-Aktivitäten zugerechnet werden können. Zusätzlich schlagen sich auch die Veränderungen der Algorithmen der Suchmaschinen-Betreiber auf das SEO-Ranking nieder (vgl. zu diesen KPIs Kreutzer 2014, S. 250–285). Deshalb ist eine Ermittlung der Auswirkungen des Content-Marketings auf die Position in der organischen Trefferliste mit großen Unsicherheiten behaftet.

Auch die **Verweildauer auf der Website** (Page Stickiness) ist ein zweischneidiges Schwert: Der Nutzer kann lange verweilen, weil die Inhalte hochinteressant sind. Er kann aber auch viel Zeit investieren müssen, wenn die Website schlecht organisiert ist und die relevanten Inhalte schwer zu finden sind. Deshalb ist hier in jedem Falle zu ermitteln, ob eine lange Verweildauer mit den angestrebten Conversions korrespondiert oder nicht. **Qualitatives Feedback** liefert wertvolle Hinweise auf das „Warum?“ der Nutzung und sollte regelmäßig eingeholt werden. **Registrierungen für den Newsletter** stellen wiederum ein sehr aussagefähiges Erfolgskriterium dar – zumindest dann, wenn nachvollzogen werden kann, über welchen Weg im Conversion-Funnel der Nutzer zum Newsletter-Abonnement gelangt ist. Der sauberen Strukturierung wegen sei darauf hingewiesen, dass ein Newsletter-Abonnement auch eine Art von Conversion darstellt.

Zusätzlich zu diesen durch die Studie abgedeckten Kriterien kann auch die Anzahl der Blog-Subscribers, die Zahl der Follower, Likes, Fans, Pins sowie das darüber hinausgehende Engagement der Nutzer – ausgedrückt durch Shares und Comments – zur Bewertung des Content-Marketings herangezogen werden. Auch (positive) Bewertungen auf den einschlägigen Plattformen können durch Content-Marketing ausgelöst werden.

Diese klassischen KPIs können durch eine Zielgröße ergänzt werden, die man **Share of Experience** nennen kann. Hiermit wird der Prozentsatz der Erfahrung mit einer be-

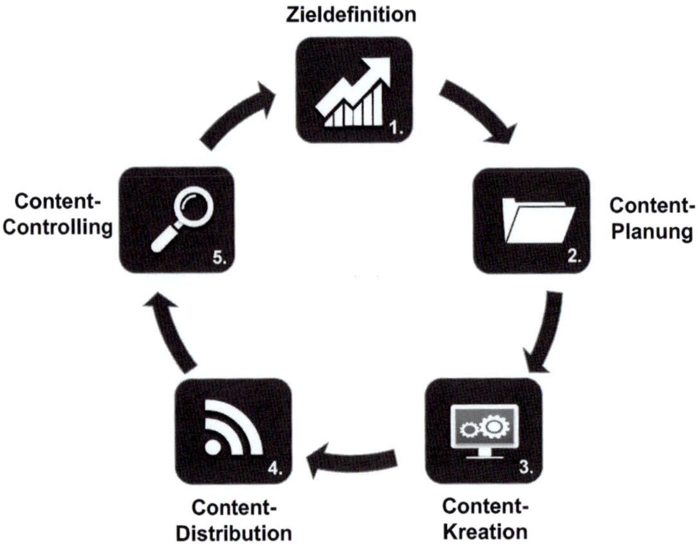


**Abb. 6.11** Closed-Loop des Content-Marketings

stimmten Marke an der Gesamterfahrung mit den Marken einer bestimmten Branche zum Ausdruck gebracht (vgl. Blades und McDevitt 2016). Dabei darf man allerdings nicht allein beim Erfahrungsanteil stehenbleiben, sondern muss auch die Qualität der gemachten Erfahrungen berücksichtigen.

Dieser Blick auf das Controlling des Content-Marketings macht deutlich, dass vielfach noch ein großer Optimierungsbedarf besteht, um Content-Marketing langfristig als **Werttreiber der digitalen Markenführung** zu etablieren. Alle, die Content-Marketing einsetzen, sollten deshalb bei jeder Maßnahme Instrumente einbinden, um den Erfolg (oder Misserfolg) der entsprechenden Maßnahmen zu ermitteln (vgl. Abb. 6.11). Nur so kann Content-Marketing einen wichtigen Beitrag im Zuge der digitalen Markenführung leisten. Dabei sollte man sich immer vor Augen führen, dass auch die hier ermittelten Werte das Ergebnis der Gesamtheit der Marketing-Maßnahmen darstellt, soweit nicht durch spezifische Testkonzepte (bspw. A/B-Testing) eindeutige Wirkungszuweisungen erfolgen können.

Content-Marketing ist ein breites und spannendes Aufgabenfeld, das sich in den nächsten Jahren als zentraler Bestandteil des Digital Brandings immer mehr Unternehmen erschließen werden. Deshalb sollte jedes Unternehmen für sich selbst ermitteln, welche Phase es im **Content-Marketing-Maturity-Modell** bereits erreicht hat (vgl. ähnlich Pulizzi 2013, S. 71 f.):

- **Phase 1: Content Unaware**
  In dieser Phase ist sich das Unternehmen über die Relevanz des Content-Marketings noch nicht bewusst. Über die reinen Produkt- und Service-Daten hinausgehende Informationen werden nur sporadisch und unsystematisch bereitgestellt.
- **Phase 2: Content Aware**
  Jetzt ist sich das Unternehmen zumindest der Relevanz des Content-Marketings bewusst, auch wenn noch keine Strategie des Content-Marketings vorliegt und Einzelmaßnahmen unkoordiniert eingesetzt werden. Hier wird bereits versucht, erste Schritte zur „Kommunikation über Bande“ einzuleiten, um so eine Alternative zu klassischen Werbeformaten aufzubauen. So soll – über die Kernleistung des Unternehmens hinaus – Vertrauen aufgebaut werden.
- **Phase 3: Thought Leader**
  Das Unternehmen engagiert sich geplant im Content-Marketing und weiß um die relevanten Informationsbedarfe der Kunden. Daran orientiert werden relevante Inhalte bereitgestellt, und damit wird ein Agenda Setting erreicht. Das Unternehmen bestimmt hierdurch immer wieder die Diskussion übergreifender und/oder branchen- bzw. unternehmensspezifischer Themen und baut dadurch seine Reputation als relevanter Player nachhaltig aus.
- **Phase 4: Storyteller**
  Die höchste Stufe im Content-Marketing-Maturity-Modell, wenn das Unternehmen den Stellenwert eines professionellen Storytellers erreicht hat und damit gleichsam zu einem Verleger (Publisher) geworden ist, der flankierend zum Kerngeschäft regelmäßig spannende Inhalte für bestimmte Zielgruppen anbietet.

Gemäß einer europaweiten Studie von HubSpot und Smart Insights (2015, S. 4), bei der 700 Marketer befragt wurden, können heute noch 72 % den Phasen 1 und 2 zugeordnet werden. Die Unternehmen bewerten ihr Content-Marketing entsprechend als sehr rudimentär, eingeschränkt und inkonsistent. Damit bleibt viel Luft nach oben! Folglich stellt die Entwicklung einer überzeugenden Content-Marketing-Strategie für 60 % der Befragten die größte Herausforderung dar. Schließlich verfügen 46 % weder über einen Plan noch über eine Strategie.

**Think-Box**

- Gibt es in unserem Unternehmen ein Konzept zum Thema Content-Marketing?
- Welche Ziele werden mit unserem Content-Marketing angestrebt?
- Wie erfolgreich und konsequent sind wir bei der Zielerreichung?
- Ist der Prozess der Content-Erarbeitung schon professionell umgesetzt?
- Können wir diesen Prozess durch die Integration von externen Ressourcen – durch Agenturen oder Kunden – verbessern?

- Haben wir kanal- und zielgruppenübergreifende Redaktionspläne für das Content-Marketing?
- Anhand welcher KPIs messen wir den Erfolg unseres Content-Marketings?
- Welche Erfolge und Misserfolge haben unsere Wettbewerber in diesem Bereich zu „feiern“?
- Was können wir von diesen lernen?
- Wer ist Benchmark-Leader des Content-Marketings – innerhalb und außerhalb unserer Branche?
- Was können wir von diesem lernen?
- Haben wir schon versucht, themenorientierte Denkstrukturen – zielgruppen- und kanalübergreifend – zu entwickeln?
- Wie gut gelingt uns bereits heute ein Omni-Channel-Storytelling?
- In welcher Phase des Content-Marketing-Maturity-Modells befindet sich mein Unternehmen?
- Sind wir mit der erreichten Position zufrieden?
- Wo liegt die Gesamtverantwortlichkeit für Content-Marketing in meinem Unternehmen?

## 6.8 Trends im Content-Marketing

Oracle (2016) ermittelte in einer Studie der *Oracle Marketing Cloud* zentrale Trends des Content-Marketings. Dabei wurde noch einmal herausgearbeitet, dass ein hoher Budgeteinsatz alleine noch nichts darüber aussagt, ob die Gelder tatsächlich zielführend eingesetzt werden. Die zentralen **Trends im Content-Marketing** lauten (vgl. Oracle 2016):

- **Content** muss heute in viel höherem Maße als früher **maßgeschneidert** ausgestaltet sein, um auf Interesse zu stoßen.
- Die Nutzer erwarten neben einer personalisierten Ansprache Inhalte, die auf ihre aktuellen Interessen und Wünsche ausgerichtet sind. Der Trend geht zum **One-to-one-Content-Marketing**.
- Damit Content relevant ist, muss dieser auf die **Region abgestimmt** sein, in der der Nutzer ansässig ist. Zusätzlich sind die wesentlichen Inhalte – ob über E-Mail, Posts oder Website vermittelt – in der jeweiligen **Landessprache** zu präsentieren.
- Content-Marketing darf zu **keinen neuen Daten-Silos** führen; bei der Content-Erstellung ist das ganze Unternehmen gefordert – und nicht nur die Kommunikationsabteilung. Die Content-Erstellung fordert das gesamte Unternehmen und gelingt nur in einer abteilungsübergreifenden Zusammenarbeit. Dabei ist eine **Content-Strategie** als Leitfaden unverzichtbar.

- Eine zunehmende Bedeutung kommt in diesem Umfeld auch der **Marketing-Automation** zu. Es ist zu prüfen, welche Funktionen Algorithmen in diesem Umfeld übernehmen können. Diese können bspw. wichtige Aufgaben bei der Erhebung und Auswertung von Nutzerdaten, aber auch bei der Bereitstellung relevanter Inhalte leisten. Damit dies möglichst präzise gelingt, sind die über möglichst alle oder zumindest viele Customer-Touchpoints gewonnene Daten in Realtime auszuwerten. Hier wird die Verbindung zum **dreidimensionalen CRM** deutlich (vgl. Kap. 4).
- Gleichzeitig dient Content – wie bereits aufgezeigt – als wichtiger Köder, um weitere **Daten über die Nutzer zu sammeln**, um noch mehr über deren Interessen und Wünsche zu erfahren – um das CRM-System weiter mit spannenden Daten zu füttern.
- **Content-Marketing** darf dabei **nicht als Einbahnstraße** angelegt sein. Ein professioneller Content-Manager sendet nicht nur! Guter Content soll zum Dialog anregen – auf den die Unternehmen auch reagieren können müssen!
- **Social-Media-Plattformen** können gut genutzt werden, um einen persönlichen Kontakt zu Nutzern aufzubauen und zu pflegen (vgl. weiterführend zum Social-Media-Marketing Holmes 2015; Kreutzer 2014, S. 338–461).
- Zukünftig wird **Messaging Apps** eine große Bedeutung zukommen. Dabei ist eine Zukunft absehbar, in der sich *Facebook* und *Instagram* zu „elektronischen Wandzeitungen" entwickeln, während reale Gespräche über Kanäle wie *WhatsApp* und *Snapchat* geführt werden.
- Einen besonders ressourcenintensiven, aber ggf. auch besonders wertschöpfenden Weg des Content-Marketings stellen **One-to-one-Gespräche** dar, bspw. in Chats. Hier ist zu prüfen, ob **Chat Bots** bei dieser One-to-one-Kommunikation unterstützen können. Die Anwendungen *Siri* von *Apple, Google Home, Cortana* von *Microsoft* und *Alexa* von *Amazon* – auch **Smart Speakers** genannt – zeigen heute schon die Möglichkeiten und Grenzen solcher Anwendungen, um Nutzer längerfristig an die Marke zu binden. Mit dem zunehmenden Einsatz der künstlichen Intelligenz werden solche Anwendungen immer bessere Ergebnisse liefern. Hier wird in Zukunft ein **Concierge-Service für jedermann** möglich werden, der bisher nur wenigen Gehaltsklassen zugänglich war.

► **Food for Thought** Haben Sie schon einmal darüber nachgedacht, wie der Content in die Anwendungen *Siri, Google Home, Cortana* und *Alexa* kommt? Wer führt hier Regie? Wer entscheidet, welche Informationen über solche Sprachassistenten verfügbar gemacht werden? Wer wählt aus, welche Produkte bei der Frage nach günstigen Krankenversicherungen, einer neuen Küche oder der Wahl der Zahnpasta genannt werden? Wie kommen wir in den Redaktionsstab dieser Anwendungen, um unseren Platz im Content zu sichern – und von den Algorithmen auch angemessen berücksichtigt zu werden? Um damit ggf. unser weiteres Überleben als Unternehmen zu sichern! Die **digitalen Assistenten** werden bei Millionen von Menschen zum **digitalen Gatekeeper** werden und darüber entscheiden, welche Informationen „zugestellt" werden!
Spannend ist auch die Frage, was passiert, wenn die digitalen Assistenten nicht nur Produkt- und Service-Empfehlungen abgeben, sondern auch **normative**

**Antworten** liefern. Welcher **Wertekanon** wird dann zugrunde liegen? Werden wird dann überhaupt noch aus unserer persönlichen **Filter Bubble** herauskommen, die wir uns durch unsere Online-Suchen, unsere Likes, unsere Shares, unserer Comments selbst geschaffen haben – und die immer stärker ein „Mehr vom Gleichen" unterstützt?

► **Merk-Box** Bei der Ausgestaltung des Content-Marketings darf man eines nicht vergessen: Entscheidend für den Erfolg des Content-Marketings ist, dass der (potenzielle) Kunde aus der Kommunikation **für sich** einen Nutzen ziehen kann. Dabei müssen wir berücksichtigen, dass häufig Algorithmen darüber entscheiden, welche markenbezogenen Informationen ausgespielt werden. Es geht folglich um eine **Markenführung in einer Welt, die zunehmend von Algorithmen dominiert wird**.
Gleichzeitig müssen wir vermeiden, dass die Nutzer den Eindruck erlangen, dass im **Content-Zeitalter** aller Content „gekauft" und damit schon wieder beliebig und irrelevant ist. Eine große Aufgabe für alle, die Content-Marketing betreiben.

Wie bei allen spannenden Entwicklungen muss man sich auch die möglichen Konsequenzen vor Augen führen, wenn alle Unternehmen nicht nur auf „Mobile", sondern auch auf „Content" setzen. Schon heute zeichnen sich erste Tendenzen eines **Content-Schocks** ab, weil Nutzer zunehmend mit Content auf allen Kanälen bombardiert werden (vgl. HubSpot und Smart Insights 2015, S. 3). Zusätzlich stellt sich die Frage nach der **Glaubwürdigkeit der präsentierten Inhalte**, wenn diese primär mit einem verkäuferischen Ziel verbreitet werden. Hier kann es zu **Pro-domo-Effekten** kommen. „Pro domo" kann übersetzt werden als „für das (eigene) Haus". Damit ist gemeint, dass von Unternehmen präsentierte Inhalte bewusst in einer Art und Weise aufbereitet bzw. interpretiert werden, um die eigenen Leistungen als passender, wichtiger, werthaltiger etc. zu präsentieren. Damit ginge aber genau die Glaubwürdigkeit verloren, die für „gutem Content" aus Sicht der Nutzer unverzichtbar ist.

**Think-Box**

- Wie gut sind wir auf die Trends im Content-Marketing vorbereitet?
- Können wir heute schon ein One-to-one-Content-Marketing realisieren?
- Wie stark ist unser CRM-System mit dem Content-Marketing vernetzt?
- Wer ist bei uns für die Content-Entwicklung zuständig – eine einzelne Person, eine Abteilung oder das ganze Unternehmen?
- Welches Ausmaß an Marketing-Automation haben wir in diesem Bereich schon erzielt?
- Haben wir Content-Marketing als Einbahnstraße oder als Dialog-Kommunikation konzipiert?

- Haben wir bereits Erfahrungen mit Chat Bots gemacht?
- Liegen solche von anderen Unternehmen unserer Branche vor?
- Welche Bedeutung messen wir – heute und morgen – Messaging Apps zu?
- Können wir Live-Chats schon anbieten – und wenn ja, mit welchen Ergebnissen?
- Wer befasst sich bei uns mit diesen Fragestellungen?

## 6.9 Gastbeitrag: Ein Prognosemodell für die Wirkung von Content auf *Facebook* am Beispiel der Kosmetik-Branche – *Facebook* als Kommunikationskanal für Unternehmen

Heike Jochims

Mehr als drei Viertel der deutschen Unternehmen setzen bereits Social Media für die interne oder externe Kommunikation ein (vgl. Bitkom 2015). Ein Großteil verfügt über eine *Facebook*-Präsenz. Die Bedeutung von *Facebook* für die Markenkommunikation haben also bereits viele Unternehmen erkannt. **Hauptziele der Kommunikation über *Facebook*** sind eine höhere **Markenbekanntheit, stärkere Kundenbindung** und die **Verbesserung des Markenimages** (vgl. Bitkom 2012). Entscheidend für den Erfolg einer *Facebook*-Präsenz ist der Content, der in den Beiträgen gepostet wird.

In den letzten Jahren ist zu beobachten, dass in vielen Unternehmen die Gestaltung und Pflege der *Facebook*-Seite zunehmend professionalisiert und durch eigene Abteilungen und Agenturen betreut wird (vgl. Theisen 2013). Allerdings herrscht auch große Unsicherheit darüber, welche Inhalte auf *Facebook* erfolgreich sind. Ein *Facebook*-Beitrag bietet verschiedene Möglichkeiten der Gestaltung, wie das Format, die Tonalität, den Mehrwert, den sie dem Nutzer bieten, die Art, wie sie den Nutzer aktivieren sollen oder das Thema des Beitrags selbst. Hinzu kommen die Uhrzeit und auch der Wochentag des Posts. In der Regel basiert die Art des Contents auf Erfahrungswerten und Bauchgefühl. Eine Messung des Erfolgs in Abhängigkeit von der Art des Contents und damit die Möglichkeit der Prognose des Erfolgs zukünftiger Beiträge wird nur selten durchgeführt. Aus diesem Grund wurde an der *FH Wedel* in Zusammenarbeit mit *Solveta* eine Studie durchgeführt, in der der Erfolg von *Facebook*-Beiträgen in Abhängigkeit von den Inhalten gemessen wurde.

### 6.9.1 Welcher Content ist erfolgreich? – Studie zur Wirkungsmessung am Beispiel der Kosmetikbranche

Exemplarisch für die **Wirkungsmessung von Content** wird die Studie für die Kosmetik-Branche dargestellt. Im Rahmen der Studie wurden die *Facebook*-Präsenzen in der

**Tab. 6.1** Erhobene Merkmale der *Facebook*-Beiträge

| Kategorie | Ausprägungen |
|---|---|
| **Nutzen** | Information, Unterhaltung, Vorteil, Inspiration |
| **Format** | Foto, Grafik, Text, Video |
| **Tonalität** | Sachlich, aktivierend, humorvoll, kumpelhaft, provokativ |
| **Branding** | Mit Branding, ohne Branding |
| **Aktivierung** | Engagement, Traffic, Branding |
| **Thema** | Produkt, Kalender, Unternehmen, Gewinnspiel, Service, Community, Rätsel, Brancheninfo, Zitat, Event, Karriere, CSR |

Kosmetik-Branche im Jahr 2014 betrachtet. Ausgewählt wurden die 20 größten Kosmetik-Marken in Deutschland mit der Zielgruppe „Konsumenten, die über eine deutsche *Facebook*-Seite verfügen und mindestens 1000 Fans haben" (*Avon, Axe Effekt, Clinique, Colgate, Dove, Essence, Estée Lauder, Garnier, Gillette, Labello, Lancôme, L'Oréal, Max Factor, Maybelline, Neutrogena, Nivea, Olaz, Oral-B, Pantene, Weleda*).

Für diese Marken wurde im Zeitraum vom 1. Januar bis 31. Dezember 2014 für jeden der insgesamt 4344 Beiträge die **Interaktion der Fans**, also alle Likes, Shares und Kommentare, gemessen. Um die Einflussfaktoren auf den Erfolg der einzelnen Beiträge ermitteln zu können, wurde zusätzlich jeder Beitrag anhand der in Tab. 6.1 dargestellten Kategorien typisiert.

Als Erfolgsmaß für die Messung der Wirkung von Content wird die **Interaktionsrate** herangezogen. Die Frage, ob ein „Gefällt mir" (Like), „Teilen" (Share) oder „Kommentar" (Comment) die wichtigste Form der Interaktion ist, hängt von der Zielsetzung der Seite und den Merkmalen der Nutzer ab. Da eine **objektive Gewichtung** der Likes, Shares und Comments nicht möglich ist, werden sie gleichgewichtet aufsummiert. Die Anzahl an Interaktionen besteht also aus der Summe der Likes, Shares und Comments eines Beitrags. Da die absolute Anzahl der generierten Interaktionen auch abhängig von der Anzahl der Fans einer *Facebook*-Präsenz ist, werden zur Vergleichbarkeit der Ergebnisse die Interaktionen zur Anzahl der Fans einer Seite ins Verhältnis gesetzt. Als Erfolgsmaß wird somit die **Interaktionsrate eines *Facebook*-Beitrags** verwendet:

$$\text{Interaktionsrate} = \frac{(\text{Anzahl Likes} + \text{Anzahl Shares} + \text{Anzahl Kommentare})}{\text{Anzahl Fans der Facebook-Seite}} * 100.$$

Insgesamt wurden für die insgesamt 4344 Beiträge genau 2.986.665 Likes, 320.978 Shares und 214.407 Kommentare gemessen. Durchschnittlich entfallen auf jeden Beitrag 655 Likes, 49 Shares und 68 Kommentare, wobei die Varianz dieser Werte sehr hoch ist. Die Anzahl der Likes schwankt bspw. zwischen 0 und mehr als 50.000. Die durchschnittliche Interaktionsrate in der Kosmetikbranche liegt bei 2,9 ‰. Von 1000 Fans reagieren also etwa drei mit einem Like, Share oder Kommentar.

Die Erhebung der Merkmale lässt die **Gegenüberstellung der Interaktionsraten** der verschiedenen Merkmalsausprägungen zu. In der Darstellung der Ergebnisse wird jeweils

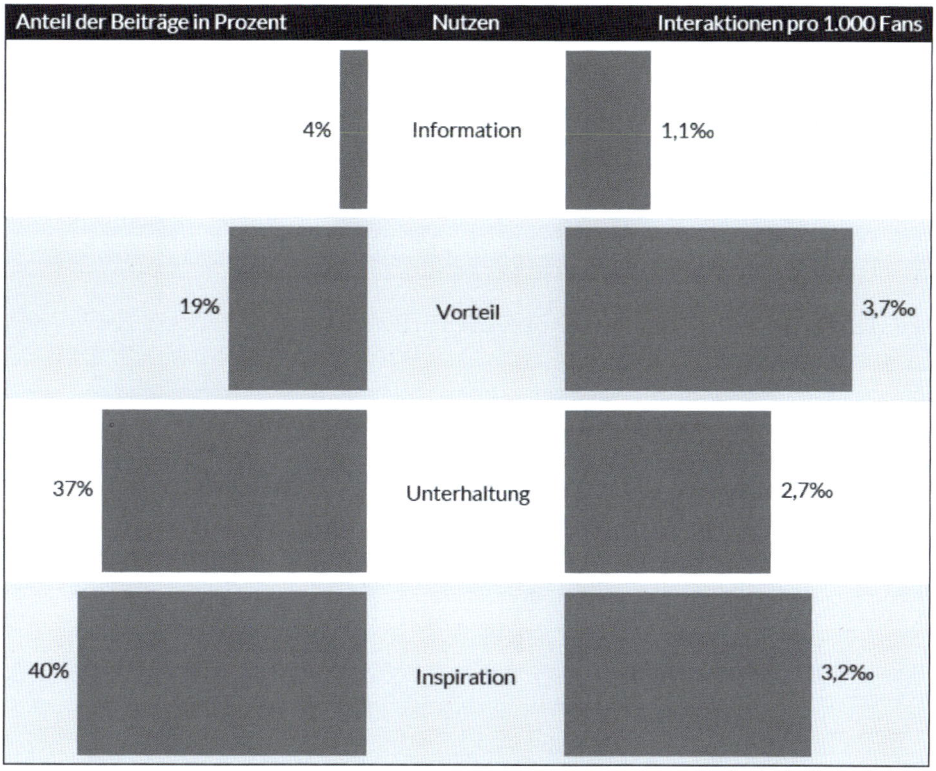


**Abb. 6.12** Interaktionsrate und Anteil der Beiträge nach Format

die Interaktionsrate der Häufigkeit des Auftretens gegenübergestellt und mit der durchschnittlichen Interaktionsrate von 2,9 ‰ verglichen. Betrachtet man zunächst das Merkmal **Format**, so ist zu sehen, dass Grafiken und Fotos im Kosmetik-Bereich am häufigsten verwendet werden, die aufwendigeren Videos deutlich weniger. Die Interaktionsraten für Grafiken und Fotos und Videos liegen auf demselben Niveau. Videos erzeigen also nicht grundsätzlich stärkere Interaktionen. Lediglich reine Textbeiträge sind zur Auseinandersetzung mit einem Beitrag in der Kosmetik-Branche nicht geeignet (vgl. Abb. 6.12).

Das Merkmal **Nutzen** zeigt deutlichere Abhängigkeiten der Interaktionsrate von den Merkmalsausprägungen. Am häufigsten kommen inspirierende Beiträge vor, die den Nutzer zur Auseinandersetzung mit der Marke oder dem Produkt anregen sollen. Diese Beiträge erzeugen auch eine überdurchschnittliche Interaktionsrate. Die höchste Interaktionsrate jedoch generieren Beiträge, die dem Nutzer einen Vorteil bringen, wie Gewinnspiele oder Rabattaktionen. Dies liegt auf der Hand, da bspw. Gewinnspiele häufig eine explizite Aufforderung zur Interaktion beinhalten, wie das Teilen oder die Abgabe von Kommentaren. Rein informative Beiträge und auch unterhaltsame Beiträge führen dagegen zu unterdurchschnittlicher Interaktion.

Die **Tonalität der Ansprache** liefert ebenfalls Informationen über die Generierung von Interaktionen. Zunächst ist festzuhalten, dass provokative, humorvolle und sachliche Beiträge in der Kosmetik-Branche kaum vorkommen. Der Großteil der Beiträge spricht die Nutzer eher kumpelhaft an, was aber nur zu durchschnittlicher Interaktion führt. Zu einer stärkeren Auseinandersetzung der Nutzer mit dem Beitrag wird durch eine aktivierende Ansprache aufgefordert, die entsprechend auch eine höhere Interaktionsrate erzeugt.

In der Kategorie **Branding** wurde untersucht, ob Beiträge mit oder ohne Branding im Beitrag eine höhere Interaktionsrate erzielen. Hier sind keine signifikanten Unterschiede festzustellen. Die häufig geäußerte Zurückhaltung gegenüber Beiträgen mit Branding ist also unbegründet.

Das Merkmal **Thema** ist deutlich komplexer. Hier ergibt sich die höchste Interaktionsrate für Gewinnspiele, Produktinformationen und Kalenderevents, wie bspw. Vatertag oder Weihnachten. Gewinnspiele erfordern häufig eine Aktivität und erklären somit die erhöhte Interaktionsrate. Aber auch die Auseinandersetzung mit dem Produkt animiert den Nutzer zum Liken, Teilen und Kommentieren des Beitrags.

Die **Art der Aktivierung** des Beitrags hat ebenfalls einen Einfluss auf die Interaktionsrate. Beiträge mit einem reinen Branding erzeugen weniger Interaktion als Beiträge, die zu einer Aktion auffordern.

Zusammengefasst lässt sich festhalten, dass in der Kosmetikbranche Beiträge mit Grafiken und Fotos eine genauso hohe Interaktion erzielen wie Videos. Die erfolgreichsten Beiträge beinhalten fast ausschließlich Videos. Hier liegt also eine starke Streuung vor. Weiterhin erzeugen vor allem aktivierende Inhalte, die den Nutzer zu einer Aktivität auffordern, Interaktion. Da die Aktivierung der Nutzer auf den Markenseiten unterschiedlich ist und auch von den Eigenschaften der Nutzer abhängt, gibt eine Analyse nach Markenpräsenz noch mehr Aufschluss über die Wirksamkeit der Merkmale.

### 6.9.2 Prognosemodell

Die Ergebnisse zeigen, dass die verschiedenen Merkmalsausprägungen zu unterschiedlich starker Interaktion führen. Allerdings ist in der Betrachtung von Mittelwerten nicht zu erkennen, wie stark der Einfluss der einzelnen Merkmalsausprägungen ist und ob Kombinationen der einzelnen Merkmale eine besondere Rolle spielen.

Zur **Ermittlung der Einflussstärke der Merkmalsausprägungen** wird ein **Regressionsmodell** verwendet, in das als zu erklärende Variable die Interaktionsrate eingeht. Als erklärende Variable werden die Merkmalsausprägungen des jeweiligen Beitrags (inklusive Wochentag und Uhrzeit des Beitrags) sowie die Interaktionseffekte, also die möglichen Kombinationen der erklärenden Variablen, in das Modell aufgenommen. Ziel ist es, die Einflussstärke der einzelnen Variablen zu ermitteln und aus den Ergebnissen ein Modell zu erzeugen, mit dem die Interaktionsrate eines Beitrags prognostiziert werden kann. Da die Merkmalsausprägungen nominalskaliert sind, die Regressionsanalyse aber metrisch skalierte unabhängige Variablen erfordert, wird eine Regression mit Dummy-Variablen durchgeführt. Dazu werden die erklärenden Variablen in binäre Variablen umcodiert (vgl. Urban und Mayerl, 2011, S. 276 f.).

Als Regressionsmodell ergibt sich damit die folgende Gleichung:

$$\begin{aligned}\text{Interaktionsrate} = \alpha &+ \beta_{1i}\text{Format}_i + \beta_{2j}\text{Tonalität}_j + \beta_{3k}\text{Nutzen}_k \\ &+ \beta_{4l}\text{Aktivierung}_l + \beta_{5m}\text{Thema}_m + \beta_{6n}\text{Branding}_n \\ &+ \beta_{7o}\text{Wochentag}_o + \beta_{8p}\text{Uhrzeit}_p + \beta_{9q}\text{Interaktionseffekte}_q.\end{aligned}$$

Interaktionsrate: Anteil Interaktionen der Fans

$\alpha$: Konstante (mittlere Interaktionsrate)
$\beta_{1i}$: Regressionskoeffizienten des Merkmals 1 mit der Ausprägung $i$

Die Durchführung der Regressionsanalyse geschieht mithilfe der Kleinstquadrat-Schätzung im Programm *SPSS Statistics*. Die Regression wird schrittweise durchgeführt. Es werden nacheinander die Variablen mit dem höchsten Erklärungsanteil in das Regressionsmodell einbezogen und ausschließlich signifikante Variablen in das Modell aufgenommen (vgl. Backhaus et al. 2016, S. 55 f.).

Da es große Unterschiede der Interaktionsraten nach den teilnehmenden Marken gibt und sich die Markenauftritte teilweise stark unterscheiden, werden auch unterschiedliche Treiber unterstellt. In Abb. 6.13 sind die **Interaktionsraten nach Marken** dargestellt –

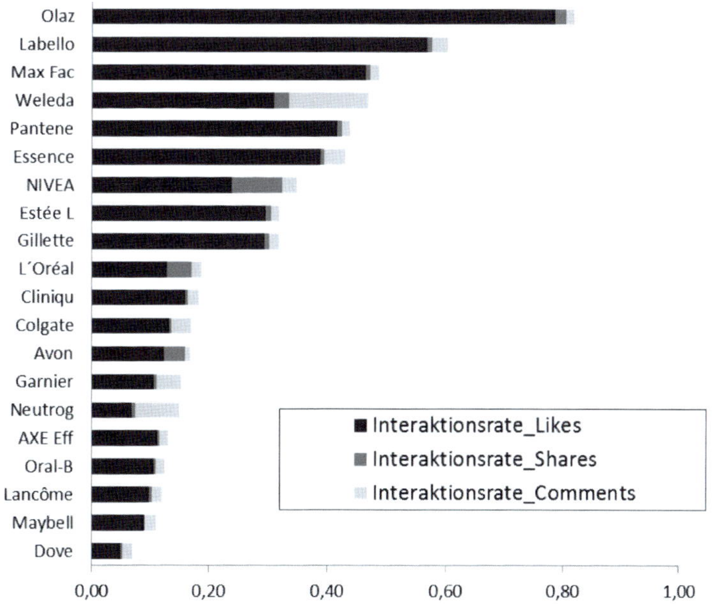


**Abb. 6.13** Interaktionsraten nach Marken – in %

**Abb. 6.14** Regressionsmodell für die *Facebook*-Präsenz von *Nivea*

differenziert nach Likes, Shares und Comments. Dabei ist zu sehen, dass Marken-Präsenzen unterschiedliche Schwerpunkte haben. In der Regel haben die Likes den größten Anteil an den Interaktionen und sind stark korreliert mit den Shares. Es gibt aber auch Seiten wie die von *Weleda*, die einen besonders hohen Anteil an Kommentaren haben. Die Größe der Fanbase spielt dagegen keine Rolle, kleinere Seiten, wie bspw. die von *Olaz*, erzielen hohe Interaktionsraten ebenso wie große Seiten, etwa von *Labello* oder *Nivea*.

Wegen der starken Unterschiede zwischen den Marken-Präsenzen wird die **Einflussstärke der Merkmale** für jede Marke bestimmt, also ein Regressionsmodell für jede Marke aufgestellt. An dieser Stelle wird die Ermittlung der Einflussstärken exemplarisch für die Marken *Nivea, Essence* und *Weleda* beschrieben, bei denen es sich um sehr unterschiedliche Markenauftritte mit verschiedenen Nutzern handelt, um die Herleitung des Prognosemodells zu erläutern. Merkmale, die keinen signifikanten Einfluss auf die Interaktionsrate haben, führen zu einer mittleren Interaktionsrate. Die dargestellten Regressionskoeffizienten erklären die Steigerungsmöglichkeiten der Interaktionsrate durch die jeweilige Merkmalsausprägung.

Betrachtet man die Ergebnisse der Regressionsanalyse für *Nivea* (vgl. Abb. 6.14), ist zu erkennen, dass ein starker Treiber der Interaktionsrate das Format „Video" ist. Beiträge zu besonderen Anlässen, wie zu Weihnachten oder Muttertag, erzielen überdurchschnittliche Interaktionen (vgl. auch Kap. 5). Dazu kommt, dass *Nivea* sehr erfolgreich mit Kalenderevents (wie eben Muttertag oder Weihnachten) arbeitet. Interessant ist, dass die Uhrzeit eine große Rolle bei der Erzeugung von Interaktionen spielt. Beiträge, die zwischen 16 und 18 Uhr gepostet werden, führen zu einer deutlich höheren Interaktionsrate. Humorvolle und unterhaltsame Beiträge führen bei *Nivea* dagegen sogar zu unterdurchschnittlicher Interaktion. Insgesamt können 31,4 % der Unterschiede in den Interaktionsraten durch die acht signifikanten Einflussfaktoren erklärt werden. Interaktionseffekte, also Kombinationen zwischen den Merkmalen, spielen keine Rolle zur Erklärung der Streuung.

Die Einflussvariablen auf die Interaktionen der *Facebook*-Seite von *Essence* unterscheiden sich von *Nivea*. Insgesamt sind hier nur schwache Treiber zu identifizieren. Einzig die Kombination aus Beiträgen, die eine Grafik enthalten und unterhaltend sein sollen, dazu ein Branding enthalten und zum Liken oder Teilen auffordern, hat einen stärkeren positiven Einfluss auf die Interaktionsrate. Einen schwach positiven Einfluss haben Gewinnspiele und damit zusammenhängend Beiträge, die einen Vorteil versprechen. Hingegen wirken sich Videos und reine Textbeiträge sogar negativ auf die Interaktionsrate aus. Insgesamt können 32,8 % der Streuung erklärt werden.

Für *Weleda* lassen sich wiederum andere Treiber identifizieren und insgesamt sogar 51 % der Streuung der Interaktion durch die betrachteten Einflussfaktoren erklären. Den stärksten Einfluss hat interessanterweise die Uhrzeit des Postens. Beiträge zwischen 6 und 8 Uhr erzeugen eine deutlich stärkere Interaktion im Vergleich zu den übrigen Uhrzeiten. Ebenso und anders als bei den anderen Marken führen Gewinnspiele zu überdurchschnittlicher Interaktion. Sie sind vor allem verantwortlich für den hohen Anteil an Kommentaren, die die *Facebook*-Beiträge von *Weleda* aufweisen, da die Teilnahme an Gewinnspielen häufig das Abgeben eines Kommentars erfordert. Beiträge mit einem Branding beeinflussen die Interaktionsrate von *Weleda* dagegen sogar negativ.

Die Ergebnisse der Untersuchung der drei vorgestellten *Facebook*-Präsenzen zeigen, dass keine pauschale Aussage über die **Vorteilhaftigkeit einer bestimmten Art von *Facebook*-Beiträgen** getroffen werden kann, sondern dass die Aktivierung der Nutzer sehr stark von den Marken und den unterschiedlichen Nutzern abhängt. Während bei *Nivea* insb. Videos gut funktionieren, reagieren die Nutzer der *Essence*-Seite stärker auf unterhaltsame Grafiken mit Branding, die Nutzer von *Weleda* vor allem auf Gewinnspiele. Innerhalb der Marken lässt sich die unterschiedlich starke Interaktion, die durch verschiedenartige Beiträge generiert wird, durch die erhobenen Merkmale sehr gut erklären.

Aus den Ergebnissen der Regressionsrechnungen über alle Marken lässt sich ein **Prognosemodell** aufbauen, in dem anhand der berechneten Einflussstärken die Interaktionsrate und damit die Zahl der Fans, die zu einer Aktion bewegt werden konnten, vorhergesagt werden können. In das Prognosemodell fließen für die Stärke des Einflusses die Regressionskoeffizienten ein. Die Regressionskoeffizienten einer Dummy-Regression geben an, um wie viel höher oder geringer die Interaktionsrate durch die jeweilige Merkmalsausprägung gegenüber der mittleren Interaktionsrate ist. *Nivea* kann durch den Einsatz von Videos bspw. die durchschnittliche Interaktionsrate von 3,5 ‰ auf 6,2 ‰ steigern. So kann durch die Eingabe der Merkmale eines geplanten Beitrags in Kombination mit der Marke, Kategorie und Fanbase die mögliche Interaktionsrate dieses Beitrags bestimmt werden. Abb. 6.15 zeigt die Input- und die Outputfaktoren des Modells am Beispiel eines Beitrags auf der *Facebook*-Präsenz von *Weleda*.

| Eingabe | |
|---|---|
| Marke | Weleda |
| Produktkategorie | Kosmetik |
| Number of Fans | 134.711 |
| Typ | Grafik |
| Aktivierung | Engagement |
| Nutzen | Gewinnspiel |
| Tonalität | kumpelhaft |
| Branding | ohne |
| Wochentag | Dienstag |
| Uhrzeit | 6 bis 8 Uhr |

| Output | |
|---|---|
| Interaktionsrate_gesamt (‰) | 5,8 |
| Interaktionsrate_Likes (‰) | 4,2 |
| Interaktionsrate_Shares (‰) | 1,2 |
| Interaktionsrate_Comments (‰) | 0,4 |
| Interaktionen gesamt | 781 |
| Likes | 566 |
| Shares | 162 |
| Comments | 54 |

**Abb. 6.15** Prognosemodell für die Interaktion von *Facebook*-Beiträgen

### 6.9.3 Fazit und Ausblick

Zusammenfassend ist festzuhalten, dass grundsätzliche **Aussagen über die Vorteilhaftigkeit bestimmter Merkmale** nur in wenigen Fällen gemacht werden können. Ein grundlegendes Ergebnis ist, dass in der Kosmetikbranche illustrierende Formate wie Foto-, Grafik- und Videobeiträge mehr Interaktion erzeugen als reine Textbeiträge. Beiträge, die inspirieren oder einen Vorteil bieten, sind erfolgreicher als rein unterhaltende Beiträge. Eine Aufforderung zu Aktivitäten erzeugt grundsätzlich mehr Interaktion des Nutzers. Branding hat generell keinen negativen Einfluss auf die Interaktion.

Die Bestimmung der **Treiber der Interaktion der Markenpräsenzen** zeigt, dass innerhalb der Auftritte die Treiber gut identifiziert werden können und die Interaktionsrate zu einem hohen Teil erklärt werden kann. Innerhalb der *Facebook*-Strategie einer Marke lässt sich also gut prognostizieren, was die Nutzer zur Interaktion mit der Seite bewegt.

Für die Zukunft ist geplant, den Erklärungsanteil der Regressionsmodelle durch die Aufnahme weiterer Merkmale (wie die Länge eines Beitrags) und auch weiche Kriterien (wie die Qualität) weiter zu erhöhen. Eine crossmediale Betrachtung verschiedener Kommunikationskanäle ist eine weitere angestrebte Erweiterung.

► *Heike Jochims* ist Professor of Marketing, Hamburg University of Applied Sciences.

## Quick Wins

# 7 Rating- und Review-Management – oder „Krieg der Sterne"

Der Begriff **Rating- und Review-Management** beschreibt ein Handlungsfeld, dessen Bedeutung viele Unternehmen heute noch nicht ausreichend erkannt haben. Da Kundenbewertungen einen signifikanten Einfluss auf den Kaufentscheidungsprozess haben, sind alle Unternehmen gut beraten, die Bedeutung des Rating- und Review-Managements für die digitale Markenführung zu ermitteln und ein entsprechendes Konzept aufzubauen. Im Kern geht es beim Rating- und Review-Management darum, möglichst viele qualitativ hochwertige und positive sogenannte **Social Signals** zu gewinnen. Dazu gehören Kommentare, Shares, Likes und Bewertungen, die auf verschiedenen Plattformen abgegeben werden können. Hier geht es im Kern um eines: den Vertrauensaufbau für die Marke!

Der Umfang der relevanten Reviews und Ratings beginnt beim Produkt bzw. bei der Dienstleistung, geht über die Marke, den On- oder Offline-Shop und das Unternehmen zu den dahinterstehenden Leistungsträgern und hört bei der App noch nicht auf. Wie Abb. 7.1

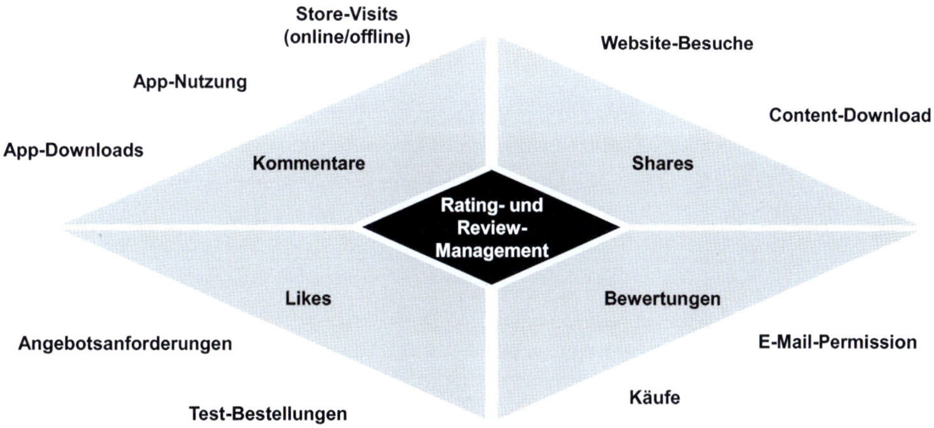


**Abb. 7.1** Handlungsfelder und Wirkungsdimensionen des Rating- und Review-Managements



R. T. Kreutzer und K.-H. Land, *Digitale Markenführung*, DOI 10.1007/978-3-658-08547-6_7

zeigt, wirken sich diese Social Signals auf die unterschiedlichsten Conversions aus, die ein Unternehmen anstreben kann: vom Website-Besuch über den Content-Download, die Gewinnung einer E-Mail-Permission bis zu Store-Visits (online wie offline), die idealerweise zu Angebotsanforderungen, Testbestellungen oder Käufen führen. Auch die Anzahl der App-Downloads sowie die App-Nutzung werden durch Ratings und Reviews massiv gefördert. Die Relevanz der verschiedenen Faktoren – bspw. auf die Position in der organischen Trefferliste der Suchmaschinen – wird regelmäßig von Searchmetrics erhoben und als kostenlose Studie (ein gelungenes Beispiel für Content-Marketing!) bereitgestellt.

► **Food for Thought** **Recommendation is the new search!**

Die Zukunft der Suche ist die (maßgeschneiderte) Empfehlung. Diese kann als **Social Recommendation** direkt von den Freunden kommen – oder als **Targeted Recommendation** von Algorithmen, die unseren digitalen Schatten auslesen und immer mehr über uns wissen.
Die Kraft der Algorithmen wird immer größere Auswirkungen zeigen – und diejenigen an den Schalthebeln der Algorithmen reich und mächtig machen! Ob wir wollen oder nicht!

## 7.1 Analyse der Relevanz von Kundenbewertungen aus der Unternehmensperspektive

Immer mehr potenzielle Kunden konsultieren vor dem Kauf eines Produktes oder einer Dienstleistung die Meinung Dritter. Diese hat in der Online-Welt einen entscheidenden Einfluss auf die Kaufentscheidung und ist insb. im Wettbewerb mit anderen Anbietern relevant. Hat ein Produkt des Anbieters A bspw. nur zwei von fünf Sternen bei dem Onlinehändler *Amazon* erhalten, ein vergleichbares Produkt von Anbieter B jedoch 4 oder sogar 5 Sterne, ist die Wahrscheinlichkeit, dass sich der potenzielle Kunde für das Produkt von Anbieter B entscheidet, wesentlich höher.

Trotz dieser enormen Bedeutung scheitern Unternehmen oft noch daran, Kunden durch gezieltes **Rating- und Review-Management** im schon angesprochenen Zero Moment of Truth (ZMOT) an sich zu binden (vgl. Kap. 2). Im Kern versteht man unter Rating- und Review-Management die zielorientierte Stimulierung, Steuerung und Nutzung von Kundenbewertungen. Die dadurch angestrebten Ziele stellen zum einen die **informatorische Unterstützung der Vorbereitung und des Abschlusses eines Kaufvorgangs** durch Bewertungen Dritter dar. Zum anderen wird durch Rating- und Review-Management angestrebt, möglichst viele (zufriedene) Kunden zur **Abgabe einer (positiven) Bewertung der eigenen Leistungen** zu motivieren, um auf diese Weise zukünftige Kaufentscheidungen im Sinne des Unternehmens positiv zu unterstützen.

Wie können Unternehmen ganz konkret von Kundenbewertungen profitieren? Eine Studie von eKomi (2015) zeigt, dass mit der Anzahl der Bewertungen eines Produkts

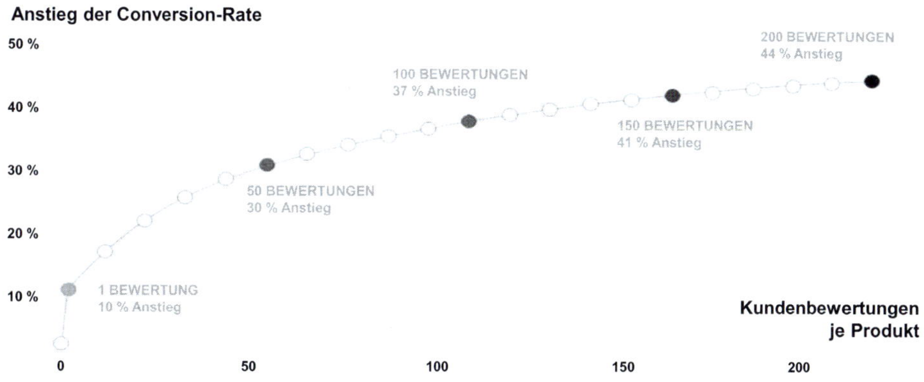


**Abb. 7.2** Entwicklung der Conversion-Rate in Abhängigkeit von der Anzahl der Bewertungen. (Quelle: eKomi 2015)

bzw. einer Dienstleistung die **Conversion-Rate** (Umwandlungsquote von Interessenten zu Kunden) und somit die Anzahl der **Kaufabschlüsse** steigt (vgl. Abb. 7.2):

- Eine einzige Produktbewertung führt nach diesen Ergebnissen bereits zu einem Anstieg der Conversion-Rate um 10 %.
- 50 Bewertungen führen zu einem Anstieg von 30 %.
- Haben 200 Kunden das Produkt bewertet, so ist ein Anstieg der Conversion-Rate auf bis zu 44 % zu erwarten.

Es wird deutlich: Auch bei den Kundenbewertungen ist mit einem abnehmenden Grenznutzen zu rechnen. Unternehmen, die bereits über eine Vielzahl von positiven Bewertungen verfügen, können ihre Maßnahmen zur Erzielung weiterer Kundenbewertungen etwas zurücknehmen. Allerdings ist darauf zu achten, dass die letzten Bewertungen ausreichend „frisch" sind. Bewertungen, die mehrere Monate oder sogar Jahre alt sind, erwecken nicht den Eindruck, sich mit einem aktuellen Angebot zu beschäftigen.

Neben der direkten Umsatzsteigerung können Unternehmen auch in hohem Maße von dem **Feedback** profitieren, das mit (seriösen) Kundenbewertungen einhergehen kann. Vielfach sind technische Mängel, fehlende Leistungen oder unfreundliches Personal Gegenstand negativer Bewertungen (vgl. eKomi 2015). Unternehmen sind gut beraten, wenn sie dieses Feedback ernst nehmen, die jeweils Verantwortlichen informieren und **Fehler sowie Fehlerquellen** schnellstmöglich abstellen. Dafür ist es wichtig, dass ein sauberer Informationsfluss im Unternehmen aufgebaut wird, der die Informationen an die jeweiligen Verantwortungsträger weiterleitet. Es kommt immer wieder vor, dass wichtiges Kundenfeedback im Customer-Service vorliegt – sich aber keiner der betroffenen Unternehmensbereiche dafür interessiert.

Kundenbewertungen können Unternehmen darüber hinaus zu einer besseren **Rankingposition in Suchmaschinen** verhelfen (vgl. eKomi 2015). Bewertungen der Kunden stellen User-Generated Content dar, welcher von den Suchmaschinenbetreibern (wie *Google*) als neuer, relevanter und wertvoller Content gesehen wird. Deshalb erzielen diese Inhalte häufig gute Positionen auf den organischen Trefferlisten der Suchmaschinen (vgl. weiterführend Kreutzer 2014, S. 250–285). Zu beachten ist hierbei, dass auch negative Bewertungen in der organischen Trefferliste hoch positioniert werden können und sich diese Rangpositionen durch die Unternehmen nur schwer beeinflussen lassen.

Nach Erkenntnissen von eKomi (2015) können Unternehmen mit einem effektiv eingesetzten Rating- und Review-Management die Kaufwahrscheinlichkeit ihrer Produkte und Leistungen um bis zu 186 % steigern. Selbst wenn solche Werte nicht für alle Unternehmen erreichbar sein werden, unterstreichen diese Ausführungen die Bedeutung eines professionellen Rating- und Review-Managements.

## 7.2 Wirkungen und Prozess der Rezeption von Kundenbewertungen

Wie wirken sich Kundenbewertungen auf die Leser und schließlich auf die Unternehmen aus? Abb. 7.3 zeigt die vielfältigen Effekte, die von einer Kundenbewertung ausgehen – und nicht nur auf das konkrete Kaufverhalten ausstrahlen. Schulten (2016) hat die Erkenntnisse von Bickart und Schindler 2001, Chevalier und Mayzlin 2006, Nambisan und Baron 2007 sowie Paylou und Ba 2002 in diese Darstellung eingearbeitet. Eine positive Bewertung steigert danach das **Vertrauen** in das anbietende Unternehmen. Hierdurch steigen die **Zahlungsbereitschaft** sowie die **Kaufabsicht**. Beide wirken sich unmittelbar

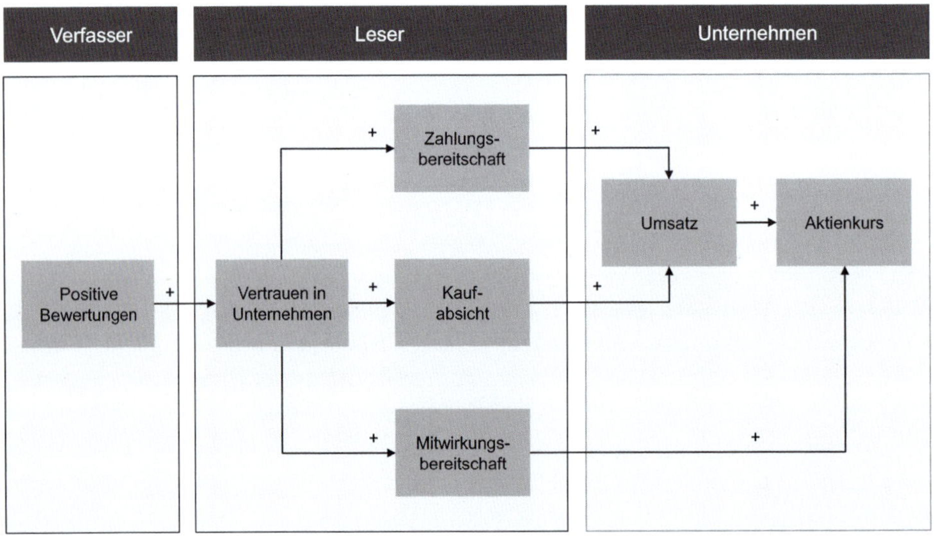


**Abb. 7.3** Einfluss von Kundenbewertungen auf Kaufverhalten und Unternehmen. (Quelle: Schulten 2016, S. 7)

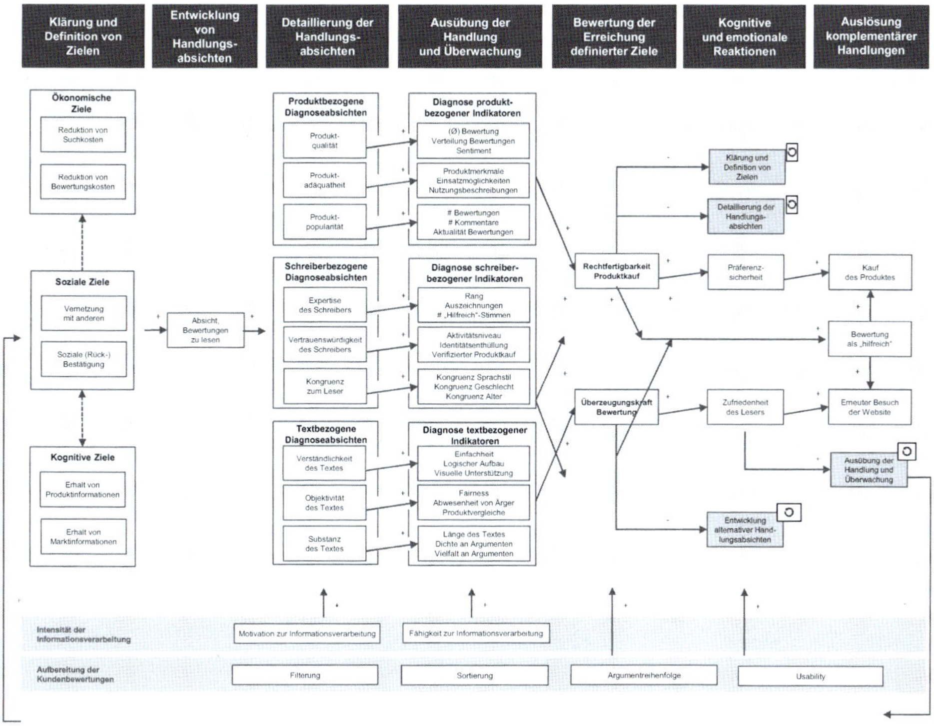


**Abb. 7.4** Rezeptionsprozess von Kundenbewertungen. (Quelle: Schulten 2016, S. 17)

positiv auf den Umsatz aus. Positive Bewertungen erhöhen aber auch die **Mitwirkungsbereitschaft**, die wiederum positive Effekte auf den Aktienkurs hat; diese Wirkungen werden durch umsatzinduzierte Effekte noch verstärkt.

Möchte man in der Tiefe verstehen, wie Bewertungen wirken, muss man sich den **Rezeptionsprozess von Kundenbewertungen** vor Augen führen. Dieser wurde von Schulten (2016) in Abb. 7.4 visualisiert. Zunächst einmal ist zu klären, aufgrund welcher Ziele sich ein (potenzieller) Kunde mit Bewertungen von dritten Personen auseinandersetzt. Hier sind drei Zielkategorien zu berücksichtigen:

- **ökonomische Ziele** (Reduktion von Such- und Bewertungskosten),
- **soziale Ziele** (Vernetzung mit anderen, soziale Rückbestätigung),
- **kognitive Ziele** (Erhalt von Produkt- und Marktinformationen).

Diese Ziele wirken auf die generelle Bereitschaft, sich mit Bewertungen Dritter auseinanderzusetzen, und determinieren hierdurch die Handlungsabsichten.

Jetzt gilt es zu präzisieren, welche **Handlungsabsichten beim Leser** vorliegen und wie dominant diese jeweils ausgeprägt sind. Auch hier können wieder drei verschiedene Kategorien unterschieden werden:

- **Produktbezogene Diagnoseabsichten:** Was wird zum Produkt berichtet?
- **Schreiberbezogene Diagnoseabsichten:** Welche Qualitäten weist der Verfasser auf und wie passt dieser zu mir?
- **Textbezogene Diagnoseabsichten:** Welche Qualität zeigt die vorliegende Bewertung auf?

Die Antworten auf diese Fragen wirken sich auf die nächste Kategorie aus – die **Ausübung der Handlung und deren Überwachung**. Je positiver die Antworten auf die aufgeworfenen Fragen ausfallen, desto relevanter werden die Bewertungen für die eigene Kaufentscheidung. Sie wirken sich folglich auf die **Rechtfertigung des Produktkaufs** sowie auf die **Überzeugungskraft der Bewertung** aus. Damit werden sie zu **Treibern der kognitiven und emotionalen Reaktionen**. Weitere Detaileffekte zeigt Abb. 7.4.

Eine intervenierende Variable dieses Prozesses ist zum einen die gewünschte bzw. angestrebte **Intensität der Informationsverarbeitung**. Bei Personen, die im kritischen Umgang mit Informationen weniger geschult sind, fällt diese Auseinandersetzung häufig weg oder wird nur verkürzt durchgeführt. Zum anderen wirkt sich die **Art der Aufbereitung von Kundenbewertungen** auf deren Rezeption aus. Wenn diese gut verständlich, leicht zugänglich und fundiert erscheinen, ist mit einer höheren Kenntnisnahme zu rechnen. Schließlich wirkt sich auch die **Komplexität der Entscheidungssituation** auf das Rezeptionsverhalten aus. Bei habituellen Käufen sowie bei Impulskäufen ist diese minimal ausgeprägt – weshalb der Blick auf Kundenbewertungen folglich häufig entfällt. Ganz anders ist dies bei teuren und langfristig bindenden Kaufentscheidungen, bei denen Risiken begrenzt werden müssen.

Wie groß ist der **Einfluss von Kundenbewertungen auf die Kaufentscheidung** und welche weiteren Aspekte bei Bewertungen sind zu berücksichtigen? Antworten auf diese Frage liefert eine Studie von TomorrowFocusMedia (2014, S. 9 f., 23 f.). Hierzu wurden 3023 Personen in Deutschland zum Thema Kundenbewertungen befragt:

- 78 % der Befragten gaben an, sich bei ihrer Kaufentscheidung auf Kundenbewertungen aus dem Internet zu verlassen.
- 74 % haben bereits selber eine Online-Bewertung abgegeben.
- Dabei fallen 78 % der Bewertungen positiv aus.
- Die Top-Themen von Bewertungen sind Urlaub und Reise, Online-Händler sowie Restaurants, Cafés und Bars.
- Während Frauen schwerpunktmäßig Reisen, Restaurants, Ärzte und Kleidung bewerten, dominieren bei Männern die Bewertungen von Elektronik und Online-Händlern.

Weitere interessante Ergebnisse zur **Relevanz von Kundenbewertungen** liefert eine Studie von eKomi (2015):

- 63 % der Befragten kaufen bevorzugt in Shops, die Kundenbewertungen anbieten.
- 65 % haben ein Produkt, welches sie ursprünglich nicht kaufen wollten, nach dem Lesen einer positiven Bewertung gekauft.
- 68 % haben durch Kundenbewertungen zu einer besseren Meinung über das Produkt gefunden.

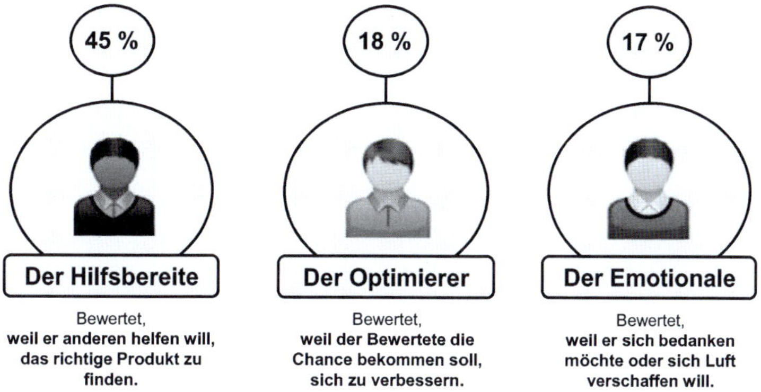


**Abb. 7.5** Typologie der Bewerter. (Quelle: Daten basierend auf TomorrowFocusMedia 2014, S. 11; $n = 2248$)

Beim Aufbau eines Rating- und Review-Managements ist der **Glaubwürdigkeit der Kundenbewertung** eine große Bedeutung beizumessen. Eine Studie von *BIG Social Media* zeigt folgendes Bild: Produkte, die konsequent mit fünf Sternen bewertet wurden, veranlassen den Konsumenten häufig dazu, an der Ehrlichkeit der Bewertung zu zweifeln. Deshalb ist es nicht ratsam, immer eine Bestbewertung anzustreben. Vielmehr ist zu berücksichtigen, dass sich Produkte und Dienstleistungen, die mit 4,5 Sternen bewertet werden, dreimal besser verkaufen als Angebote mit fünf Sternen (vgl. Sellin 2014a).

Bewertungen durch andere Personen sind bei den Kunden vor allem deshalb beliebt, weil sie ihnen **Orientierung im Informationsdschungel** des Internets bieten. Sie dienen zusätzlich dem **Aufbau von Vertrauen** zu einem Hersteller oder einem Online-Shop, bei dem bisher noch nicht eingekauft wurde. Zudem können Kundenbewertungen eine **Quelle der Inspiration** für die Leser sein. Sie liefern Anregungen zum Kauf bzw. zur Nutzung von Produkten oder Dienstleistungen und vermitteln zusätzliche Hinweise für den Gebrauch (vgl. TomorrowFocusMedia 2014, S. 22). Zusätzlich tragen Kundenbewertungen auch wesentlich zur **Risikominimierung beim Kauf** bei. Entsprechende Bewertungen helfen dabei, dass Käufer nicht auf Anbieter hereinfallen, von denen andere Kunden bereits enttäuscht wurden.

Wenn Unternehmen verstärkt Kunden zur Bewertung einladen möchten, stellt sich die Frage nach der **Motivation der Online-Bewerter**. Basierend auf der Studie von TomorrowFocusMedia (2014, S. 11) können vier Intentionen unterschieden werden, die in Abb. 7.5 visualisiert sind. 45 % der Bewerter fallen in die Kategorie der **Hilfsbereiten**. Sie bewerten Produkte und Dienstleistungen, um anderen zu helfen, das richtige Angebot zu finden. Die **Optimierer** (18 % Anteil) wollen den Bewerteten eine Chance geben, sich zu verbessern. Ein weiterer Bewertungstyp ist mit 17 % Anteil an der Gesamtheit der **Emotionale**. Er bewertet, weil er sich für das Produkt oder den Service bedanken oder – was häufig zu finden ist – „Dampf ablassen" möchte. Der vierte Bewertungstyp ist der **Motivator** (11 % Anteil). Er möchte durch seine Bewertung andere dazu verleiten, die

Leistungen des Anbieters zu erwerben. Diese unterschiedlichen Motivationen sind bei der Ansprache (potenzieller) Bewerter zu berücksichtigen.

## 7.3 Aufbau eines Rating- und Review-Managements

Für den **Aufbau eines Rating- und Review-Managements** sind sechs Arbeitsschritte erforderlich, die in Abb. 7.6 dargestellt sind.

### 7.3.1 Zieldefinition des Rating- und Review-Managements (inkl. Bereitstellung entsprechender Ressourcen)

In diesem ersten Schritt zum Aufbau eines Rating- und Review-Managements sind unternehmensintern die folgenden Fragestellung zu klären:

- Was genau soll durch den Aufbau eines Rating- und Review-Managements erreicht werden?
- Welches sind die relevanten Plattformen, auf denen sich das Unternehmen bewertet sehen möchte?
- Welche Zielgruppen sind für das Unternehmen besonders wichtig und sollten deshalb vorrangig zur Abgabe von Bewertungen motiviert werden?

**Abb. 7.6** Sechs Handlungsfelder des Rating- und Review-Managements

- Welche Motive dominieren bei den potenziellen Bewertern und wie kann eine hohe Beteiligungsquote erreicht werden?
- Welche Kriterien i. S. von KPIs sind einzusetzen, um die Zielerreichung zu überprüfen?
- Wo ist das Rating- und Review-Management organisatorisch zu verankern (Brand-Management, Marketing, Vertrieb, Kunden-Service, Produkt-Management)?
- Wer ist dafür personell verantwortlich?
- Welches Budget steht dafür zur Verfügung?

### 7.3.2 Anlegen eines Profils in den relevanten Bewertungsportalen

Zunächst muss geprüft werden, welche Plattformen die (potenziellen) Kunden nutzen, wenn sie nach dem Leistungsangebot des jeweiligen Unternehmens oder der Branche suchen. Unternehmen sind gut beraten, sich zunächst auf wenige große – für die Zielgruppe relevante – Plattformen zu konzentrieren, um hier möglichst schnell Erfolge zu erzielen. Wenn die unternehmensinternen Prozesse stehen, können anschließend weitere wichtige Plattformen in die Bearbeitung integriert werden.

Anschließend müssen auf den meisten Plattformen Unternehmensprofile erstellt werden. Dies gilt bspw. für Ärzte bei *jameda* oder für Hotels bei booking.com, *tripdadvisor* und *holidaycheck*. Eine Bewertung bei *Google* setzt auf dem unternehmerischen Profil von *Google My Business* auf. Dort wird den Nutzer gleich die Möglichkeit zur Bewertung angeboten.

► **Empfehlungs-Marketing – ja, eigene Bewertungen – nein!**

Unternehmen dürfen Kunden zur Bewertung auffordern und sie dürfen diese auch für Bewertungen belohnen. Manipulationen in Form von selbstverfassten Kundenbewertungen sollten Unternehmen jedoch unterlassen. Sie schaden bei einer häufig nicht zu vermeidenden Aufdeckung nicht nur dem eigenen Image, sondern stehen auch im Widerspruch zum Verbot „Irreführende Werbung" nach § 5 UWG. Mancher Manager musste schon seinen Hut nehmen, nachdem öffentlich bekannt wurde, dass Online-Bewertungen manipuliert wurden.

Viel eleganter ist es dagegen, wenn Kunden bspw. durch Visitenkarten mit QR-Codes und Web-Adressen stimuliert werden, eine Bewertung des Unternehmens abzugeben. Zwei Beispiele hierfür finden sich in Abb. 7.7. Im oberen Feld findet sich dort eine Karte des *Arte Hotels* in *Krems* mit den Hinweis auf den WLAN-Zugang. Auf der Rückseite dieser vom Gast häufig geschätzten Karte findet sich ganz elegant die Bitte um eine Bewertung.

Im zweiten Beispiel der Abb. 7.7 ist der Anstoß zur Bewertung durch den *Friedrichstadt-Palast* in *Berlin* zu sehen. Im Online-Auftritt findet sich dort auch die beachtenswerte Zahl, dass schon mehr als 2000 Gäste eine Bewertung bei *TripAdvisor* vorgenommen

**Abb. 7.7** Beispiele für den Anstoß von Kundenbewertungen

haben. Erreicht wird dies u. a. dadurch, dass jeder Besucher des *Friedrichstadt-Palastes* wenige Tage später per E-Mail zu einer Bewertung aufgefordert wird.

Diese Möglichkeit, seine eigenen Kunden per E-Mail zu einer Bewertung nach dem Verkauf eines Produktes oder einer Dienstleistung aufzufordern – auch ohne vorherige Permission – hat jedes Unternehmen, das sich an die Anforderungen von § 7 III UWG hält (vgl. vertiefend Kreutzer 2014, S. 285–320).

Stationäre Einzelhändler, die die Relevanz von Kundenbewertungen verstanden haben, fordern ihre Kunden aktiv zur Bewertung auf. Ein standardmäßig verfügbares „Instrument" dafür ist der Kassenbon. In Abb. 7.8 ist ein Beispiel von *Foot Locker* zu sehen. Wer innerhalb von 14 Tagen nach dem Erstkauf eine Bewertung auf http://www.howpen.com/www-footlockersurvey-eu-get-foot-locker-customer-satisfaction-survey-coupon/ abgibt, erhält einen 10-€-Coupon für seinen nächsten Kauf. So kann eine aktivierende Ansprache der Kunden zur Bewertung aussehen.

Es wird deutlich: Unternehmen müssen aktiv Kundenbewertungen einfordern. Die Gewinnung von Kundenbewertungen ist hierbei kein Projekt. Es handelt sich vielmehr um einen andauernden Prozess, der – wenn richtig durchgeführt – nachhaltig zum Erfolg führt.

Ein Beispiel für erfolgreiches Rating- und Review-Management ist der Versandhändler und Online-Shop *bonprix*. Durch die aktive Einforderung von Kundenbewertungen erreichte *bonprix* bereits 2014 eine Million Kundenbewertungen. Bei einer sehr großen Zahl von Produkten sind hier Bewertungen zu finden, die eine Nutzerrelevanz aufweisen. So kann ein professionell aufgesetztes Rating- und Review-Management nach außen wirken.

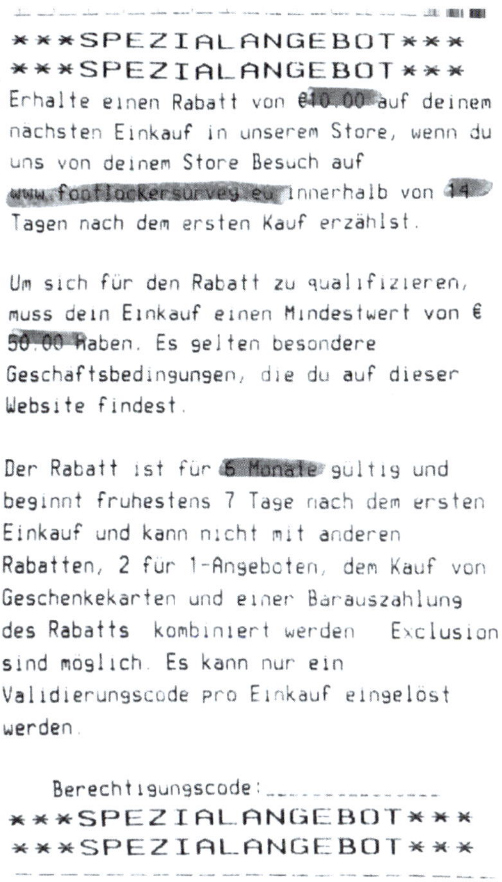

***SPEZIALANGEBOT***
***SPEZIALANGEBOT***
Erhalte einen Rabatt von €10.00 auf deinem nächsten Einkauf in unserem Store, wenn du uns von deinem Store Besuch auf www.footlockersurvey.eu innerhalb von 14 Tagen nach dem ersten Kauf erzählst.

Um sich für den Rabatt zu qualifizieren, muss dein Einkauf einen Mindestwert von € 50.00 haben. Es gelten besondere Geschäftsbedingungen, die du auf dieser Website findest.

Der Rabatt ist für 6 Monate gültig und beginnt frühestens 7 Tage nach dem ersten Einkauf und kann nicht mit anderen Rabatten, 2 für 1-Angeboten, dem Kauf von Geschenkekarten und einer Barauszahlung des Rabatts kombiniert werden. Exclusion sind möglich. Es kann nur ein Validierungscode pro Einkauf eingelöst werden.

Berechtigungscode:______________
***SPEZIALANGEBOT***
***SPEZIALANGEBOT***

**Abb. 7.8** Incentivierung einer Kundenbewertungen auf dem Kassenbon von Foot Locker

### 7.3.3 Feedback der Kunden ernst nehmen, beantworten und nutzen

Immer wieder kommt es vor, dass Kunden, die über ihre negativen Erfahrungen mit einem Unternehmen online berichten, von diesem aufgefordert werden, die Kommentare zu ändern oder gar zu entfernen. Teilweise werden von den bewerteten Unternehmen sogar rechtliche Schritte angedroht, wenn die Bewertungen nicht gelöscht werden. Dieses Verhalten ist kein adäquater **Umgang mit negativen Bewertungen**. Die Fehlerquelle sollte hier grds. nicht beim Verfasser des Kommentars, sondern beim Unternehmen selbst ermittelt werden. Es sollte möglichst schnell analysiert werden, ob die Kritik des Kunden zu Recht besteht – oder ob ein Nutzer nur eine Kulanz oder andere Vorteile durch eine negative Bewertung „erzwingen" möchte.

Wie ist jedoch zu reagieren, wenn **negative Bewertungen** das Online-Feedback der Kunden dominieren? Zunächst einmal ist es wichtig, dass Unternehmen auch ihren Kritikern gegenüber mit Respekt und Wertschätzung begegnen – auch wenn dies von Fall zu Fall eine Herausforderung darstellen könnte. Wichtig ist auch, möglichst schnell zu reagieren – und auf den Einsatz inhaltsleerer Textbausteine zu verzichten. Eine Nichtreaktion kann ggf. als „Schuldeingeständnis" missverstanden werden – und einem unerwünschten Shitstorm führen. Fühlt sich der „Kritiker" dagegen ernstgenommen und wird – soweit sachlich angemessen – eine Lösung angeboten, kann viel „negative Energie" absorbiert werden. Dies gilt bspw. in den Fällen, wenn berechtigte Kritik an die verantwortlichen Manager weitergeleitet wird und diese ggf. sogar direkt mit dem Feedback-Geber Kontakt aufnehmen (vgl. vertiefend zum Thema Social-Media-Fails Kreutzer 2014, S. 439–443; Sellin 2014b).

Eine von vielen Unternehmen praktizierte Vorgehensweise besteht darin, zunächst öffentlich auf die Kritik zu reagieren, um den „Kritiker" anschließend in eine nicht-öffentliche Kommunikation per Telefon, Direct Message oder E-Mail zu überführen. Hier können auch persönliche Daten etc. ausgetauscht werden, ohne dass diese für die Öffentlichkeit sichtbar werden. Wenn sich der „Kritiker" anschließend – dann wieder öffentlich – lobend über das Unternehmen und dessen „Beschwerde-Management" äußert, können alle interessierten Personen feststellen, dass hier ein kundenorientiertes Verhalten an den Tag gelegt wird.

Soweit das **Kunden-Feedback** ehrlich ist, eröffnet es den Unternehmen oft ein wichtiges **Verbesserungspotenzial**. Um das oft sehr schnell verfügbare Feedback effektiv zu nutzen, muss das Beobachten und Erfassen von Bewertungen zum Tagesgeschäft in Unternehmen werden. Kundenservice, Vertrieb, Marketing, Brand- und Produkt-Management sind in den Rating- und Review-Prozess umfassend zu integrieren. Darüber hinaus müssen Prozesse zur Eskalation bei extrem kritischen Bewertungen frühzeitig definiert werden, um ggf. auch in der generellen Unternehmenskommunikation als Teil des Corporate-Reputation-Managements auf diese Ereignisse zu reagieren (vgl. Wüst und Kreutzer 2012).

### 7.3.4 Bewertungsergebnisse sichtbar machen

Sobald positive Kundenbewertungen der Produkte und Dienstleistungen des Unternehmens vorliegen, sollten diese den Kunden prominent auf der Website oder im Online-Shop angezeigt werden. Ein Beispiel hierfür liefert die *Friedrichstadt-Palast*-Website in Abb. 7.7. Kundenbewertungen können darüber hinaus in die Produktdarstellung in E-Mail-Newslettern eingebunden werden. In Abb. 7.9 wird sichtbar, wie die Kundenbewertungen auf der Plattform von *Trusted Shops* ausgewiesen werden. So wird konsequent auf einen Vertrauensaufbau hingewirkt.

### 7.3.5 Controlling des Rating- und Review-Managements

Zur Messung des Erfolgs eines Rating- und Review-Managements können verschiedene KPIs herangezogen werden. Die wichtigsten KPIs zu Ermittlung der **Präsenz von relevanten Bewertungen** auf unterschiedlichen Plattformen werden nachfolgend präsentiert:

**Abb. 7.9** Ausweis von Kundenbewertungen von mediamarkt.de auf *Trusted Shops*. (Quelle: Trusted Shops 2016)

- Auf wie vielen Plattformen finden sich Bewertungen zu den Produkten und Dienstleistungen des eigenen Unternehmens?
- Wie viele Plattformen werden aktiv beobachtet?
- Wie viele neue Plattformen wurden in den letzten drei Monaten in das Monitoring übernommen?
- Wie viele Bewertungen der Produkte und Dienstleistungen des eigenen Unternehmens gibt es auf den beobachteten Plattformen?
- Wie verteilt sich die Tonality dieser Bewertungen auf die Kategorien „negativ", „neutral" und „positiv"?

- Wie hat sich diese Tonality pro Bewertungsplattform in den letzten drei Monaten verändert?
- Wie viele Bewertungen der Produkte und Dienstleistungen der relevanten Wettbewerber gibt es auf den beobachteten Plattformen?
- Wie verteilt sich die Tonality dieser Wettbewerber-Bewertungen auf die Kategorien „negativ", „neutral" und „positiv"?
- Wie hat sich die Tonality dieser Wettbewerber-Bewertungen pro Plattform in den letzten drei Monaten verändert?

KPIs zu Ermittlung des **Impacts von relevanten Bewertungen** auf den Kaufprozess:

- Auf welchen Plattformen sind die potenziellen Kunden primär unterwegs?
- Welche Glaubwürdigkeit wird den verschiedenen Plattformen zugeordnet?
- Wie viele Bewertungen lesen die potenziellen Käufer vor dem Kaufakt?
- Wie verändert sich die Conversion-Rate, wenn ein Nutzer vorher Bewertungen gelesen hat, im Vergleich zur „normalen" Conversion-Rate?
- Lassen sich bei der Conversion-Rate Unterschiede im Hinblick auf die genutzten Plattformen erkennen?

KPIs zur Ermittlung des **Verfassens von relevanten Bewertungen** durch die Kunden:

- Wie viel Prozent aller Kunden eines Monats geben durchschnittlich eine Bewertung ab?
- Konnte diese Zahl in den letzten drei Monaten gesteigert werden?
- Wie verteilt sich die Tonality dieser neuen Bewertungen auf die Kategorien „negativ", „neutral" und „positiv"?
- Welche Anreize wurden zum Verfassen von Bewertungen gesetzt?
- Welche Anreize haben dabei – aus welchen Gründen – besonders gut oder besonders schlecht funktioniert?

Ermittlung der **Kosten des Rating- und Review-Managements:**

- Welche Kosten fallen für das Rating- und Review-Management an?
- Auf welche Abteilungen und welche Funktionen entfallen diese Kosten?

Ermittlung von **Erlöspotenzialen des Rating- und Review-Managements:**

- Welche Ideen für Produkt-/Service-Verbesserungen wurden durch das Rating- und Review-Management in den letzten drei Monaten ermittelt?
- Welche Ideen für neue Produkte und Services wurden durch das Rating- und Review-Management in den letzten drei Monaten ermittelt?
- Konnten Kosten durch die frühzeitige Identifikation von Schwachstellen der Produkte/Services vermieden werden?

Die Zahl der für die Erfolgsanalyse notwendigen Kriterien zeigt, welches umfassende Potenzial durch ein effektives Rating- und Review- Management ausgeschöpft werden kann. Jedes Unternehmen ist gut beraten, für sein eigenes Leistungsfeld zu ermitteln, wo bei der Umsetzung des Rating- und Review- Managements die Schwerpunkte zu setzen sind.

Daher gilt: Auch die längste Reise beginnt mit dem ersten Schritt. Deshalb sollte zunächst einmal durch ein konsequentes Web-Monitoring festgestellt werden, welche Bewertungen bereits vorliegen und wie diese ausfallen. So können ggf. besonders aktive digitale Meinungsführer identifiziert werden, die es für das eigene Rating- und Review-Management zu gewinnen gilt (vgl. weiterführend Kap. 8).

► **Merk-Box** **Rating- und Review-Management** ist kein Projekt mit einem definierten Ende. Es ist vielmehr ein Prozess, der möglichst bald gestartet wird und nie zu Ende sein wird!

**Think-Box**

- Welchen Stellenwert nimmt das Rating- und Review-Management in meinem Unternehmen ein?
- Gibt es in meinem Unternehmen ein Konzept zum Thema Rating- und Review-Management?
- Welche Ziele werden mit unserem Rating- und Review-Management angestrebt?
- Wie erfolgreich und konsequent sind wir bei der Zielerreichung?
- Wie systematisch überprüfen wir, was über uns online berichtet wird – und auf welchen Plattformen?
- Motivieren wir unsere (zufriedenen) Kunden, uns auf verschiedenen Plattformen zu bewerten?
- Wer ist für den Auf- oder Ausbau des Rating- und Review-Managements verantwortlich? Marketing oder Vertrieb?
- Sind für das Rating- und Review-Management entsprechende Ressourcen verfügbar?
- Anhand welcher KPIs messen wir den Erfolg unseres Rating- und Review-Managements?
- Welche Erfolge und Misserfolge haben unsere Wettbewerber in diesem Bereich zu „feiern“?
- Was können wir von diesen lernen?
- Wer ist Benchmark-Leader des Rating- und Review-Managements – innerhalb und außerhalb unserer Branche?
- Was können wir von diesem lernen?
- Wo liegt die Verantwortlichkeit für das Rating- und Review-Management in meinem Unternehmen?

**Quick Wins**

# 8 Influencer-Marketing – andere für sich sprechen lassen

Ein wichtiges Themenfeld des Digital Brandings stellt das **Influencer-Marketing** bzw. das **Social-Influencer-Management** dar (vgl. auch Trost und Seitz 2016; Esch et al. 2012a; Kilian 2012b). Im Kern handelt es sich hierbei um eine wichtige Ausprägung des **zweistufigen Kommunikationsmodells** („Two-Step-Flow-Model"). Während beim einstufigen Kommunikationsmodell eine Verbreitung von Informationen an die Zielpersonen unmittelbar über die klassischen Medien erfolgt, werden beim zweistufigen Kommunikationsmodell Meinungsführer gezielt in den Informationsprozess zu den „finalen" Zielpersonen eingebunden. Da ein Meinungsführer häufig mehrere Personen erreichen kann, nimmt er die Funktion eines Multiplikators ein. Damit kann diese Person durch positive Stellungnahmen Wert für das Unternehmen schaffen – oder durch negative Statements vernichten.

Nach einer Studie von Launchmetrics (2015, S. 5) in 32 Ländern dominieren die folgenden **Ziele des Influencer-Marketings** (jeweils Top-Box-Angaben):

- 93 %: Steigerung der Brand Awareness,
- 76 %: Erhöhung der Kundenloyalität,
- 75 %: Gewinnung von Sales Leads.

Um diese Ziele zu erreichen, werden die Influencer in unterschiedlicher Form „eingebunden" (vgl. Launchmetrics 2015, S. 7). 67 % der Unternehmen binden die Influencer in die **Content Promotion** ein. 59 % setzen jeweils beim **Produkt-Launch** bzw. bei **Content Creation** auf diese Personen. Beim **Event-Management** nutzen 45 % der Unternehmen Meinungsführer; 32 % binden sie in die **Corporate Communications** ein. Nur 23 % setzen bei **SEO** auf die Influencer – beim **Krisenmanagement** sind es sogar lediglich 14 %. Hier gilt es wohl, nicht mehr indirekt, sondern direkt mit den betroffenen Personen zu sprechen.

In Summe wird deutlich, dass Influencer-Marketing eine dominante verkaufsunterstützende Funktion einnimmt. Dieses wichtige Aufgabenfeld des Influencer-Marketings



R. T. Kreutzer und K.-H. Land, *Digitale Markenführung*, DOI 10.1007/978-3-658-08547-6_8

gehört deshalb zum wertorientierten Kundenmanagement, da die Empfehlungsaktivitäten eines Kunden dessen Wert für das Unternehmen (Stichwort „Kundenwert“) erhöhen. Unter einem **wertorientierten Kundenmanagement** ist die Entwicklung von Konzepten zu verstehen, die zur Auswahl und Bearbeitung profitabler Kundenbeziehungen beitragen. Das wertorientierte Kundenmanagement besteht aus zwei Aufgaben:

- Auswahl der zu gewinnenden und zu haltenden Kunden,
- Ausgestaltung der Kundenbetreuung, die sich am Kundenbeziehungslebenszyklus orientiert.

Zusammenfassend können die Aufgaben eines wertorientierten Kundenmanagements gekennzeichnet werden als Selektion, Aufbau, Gestaltung, Erhaltung und Beendigung von Geschäftsbeziehungen zu einzelnen Kunden oder Kundengruppen auf Basis ihrer Wertbeiträge zu definierten Unternehmenszielen. Diese Wertbeiträge werden auch als **Kundenwert** bezeichnet. Eine Ausprägung des Kundenwerts stellt der Customer Lifetime Value dar, welcher versucht, den Wert eines Kunden über die erwartete Dauer der Beziehung zu ermitteln (vgl. vertiefend Helm et al. 2017; Kreutzer 2016, S. 21–33).

## 8.1 Relevanz des Kundenwertes

Die Kundenwertermittlung selbst sollte den Dreh- und Angelpunkt des bereits angesprochenen Kundenbeziehungsmanagements darstellen (vgl. Abb. 4.1). Erst die Kenntnis des **Kundenwerts** ermöglicht eine Fokussierung der Akquisition und Betreuung auf die für ein Unternehmen besonders werthaltigen Kunden – heute und in Zukunft. Die **Kundenwertermittlung** war bisher auf die folgenden Zielgruppen ausgerichtet:

- **Wunsch- oder Ziel-Kunden**, die ein Unternehmen für sich gewinnen möchte (mit einem „prospektiven Kundenwert“),
- **Interessenten**, d. h. Personen, die bereits ein generelles Interesse an den Leistungen des Unternehmens gezeigt haben und von denen Kommunikationsdaten (E-Mail, Telefonnummer, Adresse) vorliegen (mit einem „prospektiven Kundenwert“),
- gegenwärtige und ehemalige **Kunden**, die nach dem Kaufakt weiter zu betreuen und für zusätzliche Käufe zu gewinnen sind (mit dem „bereits realisierten“ sowie dem „prospektiven Kundenwert“).

Ist- und Wunsch-Kunden wie auch Interessenten können sowohl Konsumenten als auch Unternehmen bzw. deren Repräsentanten sein.

Die klassischen Kriterien zur Kundenwertermittlung können in unterschiedlicher Form zu Kundenwertkonzepten zusammengeführt werden. Ein Beispiel stellt der schon angesprochene **Customer Lifetime Value** (CLV) dar. Hierbei handelt es sich i. d. R. um die Summe der monetären Wertbeiträge (Umsatz/Deckungsbeitrag) eines Kunden, aggregiert über die mögliche oder angestrebte Dauer der Beziehung zu einem Unternehmen. Anhand des CLVs kann darüber entschieden werden, welche Investitionen in die langfristige Bindung eines Kunden getätigt werden sollten. Um den Kundenwert – basierend auf verschiedenen Kriterien – zu ermitteln, können sogenannte Scoring- bzw. Punktbewertungsmodelle oder Nutzwertanalysen zum Einsatz kommen (vgl. Kreutzer 2016, S. 30).

Die bisherige Stoßrichtung eines wertorientierten Kundenmanagements hat nach wie vor ihre Gültigkeit. Allerdings ist heute festzustellen, dass bei den bisher schon bewerteten Interessenten und Kunden bestimmte Handlungsfelder stärker in die Wertermittlung zu integrieren sind. Hierbei ist insb. an die **Aktivitäten von Interessenten und Kunden in den sozialen Medien** zu denken, die damit ihre Verbundenheit wie ihre Ablehnung gegenüber Unternehmen zum Ausdruck bringen. Deshalb ist der Customer Lifetime Value durch einen **Customer Reference Value** (CRV) zu ergänzen.

## 8.2 Bedeutung der digitalen Meinungsführer

Eine Zielgruppe gewinnt für Unternehmen besonders an Relevanz – die **digitalen Meinungsführer**. Hiermit sind Personen gemeint, die weder Interessenten noch Kunden eines Unternehmens sein müssen, gleichwohl einen hohen Einfluss auf dessen Erfolg haben. Denn diese Personen können mit ihren Meinungsäußerungen auf Blogs und Communitys, auf *YouTube* sowie in den sozialen Netzen einen maßgeblichen Einfluss auf das Meinungsbild vieler Menschen ausüben. Hierbei können sich regelrechte **Meinungsführer-Meinungsfolger-Beziehungen** entwickeln. Digitale Meinungsführer, die als Power-Blogger, Twitterer, Organisatoren von Online-Communitys und/oder als Betreiber von eigenen *YouTube*-Channels auftreten, gilt es für die eigenen Marken zu identifizieren und idealerweise kommunikativ „einzubinden". Im Kontext der Communitys wird heute auch der Begriff **Fandom** verwendet. Hiermit wird die Gesamtheit der Fans eines Produktes, einer Marke, eines Autors oder eines Künstlers bezeichnet.

Da es sich bei diesen digitalen Meinungsführern nicht um Interessenten oder Kunden handeln muss, wird hier nur vom **Reference Value** gesprochen. Vor diesem Hintergrund wird nachfolgend – um beiden Zielgruppen gerecht zu werden – vom **(Customer) Reference Value** gesprochen. Beide Personengruppen sind in ihrer Bedeutung für die Meinungsführung und Meinungsbildung in der Online-Welt generell und insb. beim Digital Branding zu berücksichtigen.

Hierdurch wird dem Aspekt Rechnung getragen, dass sich die **Bedeutung bisheriger Meinungsbildner** in der Öffentlichkeit verändert hat. Bis vor wenigen Jahren wurde die (öffentliche) Meinung primär durch Darstellungen in den durch (professionelle) Meinungsbildner geführten Diskussionen in (Massen-)Medien geprägt. Es dominierten die Stimmen der (vermeintlichen) Experten, die sich auch als solche verstanden und der Menschheit qua „eigener Berufung" die Welt vermittelten und erklärten. Durch die höhere Verbreitung und immer umfassendere Nutzung der sozialen Medien durch ganz „normale" Nutzer und selbsternannte Experten wird es zukünftig nicht nur bisherigen Experten schwerer fallen, ihre Meinungsmonopole zu vermitteln, sondern es wird sich eine viel größere Meinungsvielfalt abzeichnen.

Gleichzeitig etablieren sich ganz **neue (digitale) Meinungsführer**, die bspw. auf *YouTube* – in ihrer Community – zu Stars werden und viele Nutzer beeinflussen, ohne dass dies viele Unternehmen bisher mitbekommen haben. Hier drei Beispiele von neuen (digitalen) Meinungsführern, die oft nur in der jüngeren Generation bekannt sind:

- Die *YouTuber*innen *Bibi* oder *Nilam Farooq* alias *Daaruum* sind für die Kosmetik- oder Modebranche relevant! Ende 2016 hat *Bibis Beauty Place* knapp vier Millionen Abonnenten und fast eine Million Abrufe erzielt, was eine große Relevanz in der Zielgruppe junger Mädchen dokumentiert. *Bibi* gibt u. a. Schmink- und Fashion-Tipps. *Daaruum* stellt Lifestyle-, Beauty- und Fashion-Informationen bereit und hat bereits über eine Million Abonnenten und über 200 Mio. Aufrufe erreicht.
- Der *YouTube*-Kanal von *LeFloid* spricht ebenfalls junge Menschen an. Einem breiteren Publikum wurde er erst bekannt, als er im Juli 2015 als erster YouTuber *Angela Merkel* im Kanzleramt interviewen durfte. Auch hier beeindrucken die Zahlen: drei Millionen Abonnenten und mehr als 500 Mio. Aufrufe.

Solche Meinungsführer sind zu identifizieren, um sie idealerweise für die eigene Kommunikation zu gewinnen. Das gilt in gleicher Weise für die Personen, die eigene Blogs betreiben, auf *Twitter*, *Pinterest*, *Instagram* oder *Facebook* aktiv sind oder Online-Communitys gestalten, die für die eigene Branche oder das eigene Unternehmen relevant sind.

Der **Referenzwert** dieser Menschen – seien sie Kunden oder Nicht-Kunden – ist im Zuge des Digital Brandings von besonderer Bedeutung. Warum dieser so wichtig ist, dass er zwingend in Konzepte zur Kundenwertermittlung zu integrieren ist, zeigt Abb. 2.5 im 2. Kapitel. Dort wurde herausgearbeitet, dass „Online-Empfehlungen" mit 60 % nach den „persönlichen Empfehlungen" mit 78 % die vertrauenswürdigste Werbeform darstellen. Deshalb ist der **(Customer) Reference Value** so bedeutsam geworden.

Die vielfältigen Interaktionsmöglichkeiten des Internets machen es auch immer wichtiger, zusätzlich den **Informationswert** von Kunden und Nicht-Kunden zu bewerten. Heute hat jeder Mensch mit Internet-Verbindung die Möglichkeit, durch eine direkte Kontaktaufnahme zu Unternehmen oder durch ein Engagement auf einschlägigen Plattformen (bspw. *TchiboIdeas*) als Ideengeber oder Kreativpartner von Unternehmen tätig zu werden. Eine noch intensivere Beziehung wird durch den **Produktionswert** zum Ausdruck gebracht, wenn der Kunde zum Co-Producer wird. Hierzu können die unterschiedlichsten Konzepte und (Online-)Plattformen zum Einsatz kommen (vgl. Kap. 5 und weiterführend Kreutzer 2013, S. 220–232). Für diese beiden Formen des onlinebasierten Engagements von Kunden und Nicht-Kunden werden nachfolgend allerdings keine eigenständigen (Kunden-)Wertmodelle präsentiert. Der Grund hierfür liegt darin, dass es häufig nur wenige hundert oder wenige tausend Personen sind, die sich auf den entsprechenden Plattformen bewegen. Deshalb bedarf es hierfür keiner eigenständigen Wertermittlungen.

Das **Management von digitalen Meinungsführern und Marken-Botschaftern** umfasst vier Schritte:

- **Identifizieren** (Relevanz aus der Zielgruppe heraus ableiten),
- **Hofieren** (durch Wertschätzung/Anerkennung),
- **Motivieren** (mit der Bereitstellung eigener Produkte/Dienstleistungen und/oder einer Vergütung für ihre Aktivitäten),
- **Monetarisieren** (positive Stellungnahmen in Umsätze für das eigene Unternehmen umwandeln).

Dieser Viersprung ist für die digitale Markenführung konsequent umzusetzen, um die viralen Potenziale dieser Zielgruppen auszuschöpfen. Dabei sollte man sich vor Augen führen, was die Influencer letztendlich zu ihrem Tun motiviert. Nach der schon zitierten Studie von Launchmetrics (2015, S. 10) zeigt sich folgendes Bild:

- 55 % möchten ihren Einflussbereich und damit ihre Zuhörerschaft vergrößern.
- 45 % möchte qualitative Inhalte für das Auditorium schaffen.
- 29 % möchten ihr Image schärfen.
- 25 % sind an Vergünstigungen wie Discounts und kostenlosen Mustern interessiert.
- 24 % machen es zum Geldverdienen.
- 22 % möchten neue Erfahrungen sammeln (bspw. durch Trips und Veranstaltungen).

Die für das Influencer-Marketing verantwortlichen Manager tun gut daran, die Motivlage der einzubindenden Meinungsführer frühzeitig zu erkennen, um das Hofieren und Motivieren daran auszurichten. Zusätzlich ist zu prüfen, ob die von den Meinungsführern für ihr Engagement präferierten Kanäle mit den Unternehmenszielen korrespondieren. Allgemein dominiert hier mit 68 % *Twitter* vor Blogs (54 %), *Facebook* (51 %), klassischen Medien (42 %), *Instagram* (24 %) und *LinkedIn* (20 %). Welchen Plattformen die größte Bedeutung zukommt, ist dabei von der jeweiligen Branche abhängig (vgl. Launchmetrics 2015, S. 8).

Doch in welcher Form sollen welche Kriterien herangezogen werden, um die wirklich wichtigen digitalen Meinungsführer zu identifizieren? Hier ist zwischen individuellen und standardisierten Konzepten zur Ermittlung des (Customer) Reference Values dieser Personen zu unterscheiden.

**Think-Box**

- Gibt es in unserem Unternehmen ein Konzept zum Thema Social-Influencer-Management?
- Welche Ziele werden mit unserem Social-Influencer-Management angestrebt?

- Wie erfolgreich und konsequent sind wir bei der Zielerreichung?
- Anhand welcher KPIs messen wir den Erfolg unseres Social-Influencer-Managements?
- Welche Erfolge und Misserfolge haben unsere Wettbewerber in diesem Bereich zu „feiern"?
- Was können wir von diesen lernen?
- Wer ist Benchmark-Leader des Social-Influencer-Managements – innerhalb und außerhalb unserer Branche?
- Was können wir von diesem lernen?
- Wo liegt die Verantwortlichkeit für das Social-Influencer-Management in meinem Unternehmen?

## 8.3 Individuelle Konzepte zur Ermittlung des (Customer) Reference Values (CRV)

Zur Ermittlung des **(Customer) Reference Values** (CRV) können unternehmensspezifisch entwickelte Konzepte zum Einsatz kommen. Personen, die mit besonders positiven Berichten und Kommentaren zum eigenen Unternehmen hervorstechen, werden häufig als **Advocates** oder **Brand Lover** bezeichnet. Welche Wege können zu ihrer Wertbestimmung beschritten werden (vgl. auch Xevelonakis 2015)?

Zunächst können eigenständige **Modelle zur Erfassung dieses Beeinflussungspotenzials** eingesetzt werden. Tab. 8.1 zeigt ein entsprechendes Konzept. Um ein solches Scoring-Modell zu entwickeln, muss zunächst festgelegt werden, anhand welcher **Merkmale** der Kunde bewertet werden soll. Im Hinblick auf den **(Customer) Reference Value** wurde zunächst das Kriterium **Größe des Netzwerkes** (Reach) ausgewählt, das eine Person aufweisen kann. In einer Ausbaustufe könnte zusätzlich die Qualität des Netzwerks im Hinblick auf die Relevanz der dort erreichbaren Personen bewertet werden. Denn wer als digitaler Meinungsführer wiederum andere Meinungsführer über sein Netzwerk erreicht, ist für Unternehmen von größerer Bedeutung. Zusätzlich ist zu ermitteln, wie groß die **Anzahl der durchschnittlich erreichten Personen** ist. Auch die **Zahl der kommunikativen Anstöße pro Woche** stellt ein wichtiges Kriterium dar. Von größter Bedeutung ist allerdings die **Engagement-Rate der Empfänger**, der deshalb auch das größte Gewicht zukommt. Denn welche Bedeutung hat ein Sender, der viele erreicht, doch ohne diese zu mobilisieren? In einer Ausbaustufe dieses Modells kann auch die Art des erreichten Engagements – unterschiedlich gewichtet – in das Wertmodell einfließen.

Wie schon angedeutet, müssen diese Merkmale mit einer **Gewichtung** versehen werden, um deren unterschiedliche Bedeutung einfließen zu lassen. Die Gewichtungsfaktoren müssen sich zu 1,0 addieren. Im Zuge dieser Festlegung finden in den Unternehmen häufig intensive Diskussionen statt, weil bei einer solchen Modellentwicklung die bisher eher in-

**Tab. 8.1** Individuelles Modell zur Ermittlung des (Customer) Reference Values

| Kriterium | Punktwert | | | | | | |
|---|---|---|---|---|---|---|---|
| | Gewicht | 1 | 2 | 3 | 4 | 5 | Multiplikation von Gewicht und Punktwert |
| **Reach/Größe des Netzwerkes** | 0,2 | ≤1000 | 1000 < x < 5000 | 5000 ≤ x < 10.000 | 10.000 ≤ x < 50.000 | X ≥ 50.000 | |
| **Durchschnittlich erreichte Anzahl an Personen** | 0,2 | ≤1 % | 1 % < x < 7 % | 7 % ≤ x < 10 % | 10 % ≤ x < 13 % | x ≥ 13 % | |
| **Anzahl der Anstöße (Posts etc.) pro Woche** | 0,2 | ≤1 | 1 < x < 5 | 5 ≤ x < 10 | 10 ≤ x < 20 | x ≥ 20 | |
| **Engagement-Rate der Empfänger (Likes, Shares, Comments etc.)** | 0,4 | ≤1 % | 1 % < x < 3 % | 3 % ≤ x < 5 % | 5 % ≤ x < 7 % | x ≥ 7 % | |
| **Summe** | 1,0 | | | | | | |

**Abb. 8.1** Kontinuum der Social Influencer

tuitiven Bewertungsmuster transparent und damit diskutierbar werden. Allein hierin liegt bereits ein großer Wert dieses Ansatzes. Die in einem Scoring-Modell aufgeführten Kriterien müssen unabhängig voneinander sein, um gleiche Sachverhalte nicht mehrfach zu erfassen. Im nächsten Schritt müssen alle **Kriterien operationalisiert**, d. h. messbar gemacht und gemäß ihrer unterschiedlichen Ausprägungen mit Punkten (Scores) versehen werden. Aus der **Multiplikation** der vergebenen Punkte mit den jeweiligen Gewichten, summiert über alle Kriterien, ergibt sich für jeden Kunden ein Gesamtpunktwert. Abhängig vom Punktwert können alle Meinungsführer in eine Rangreihe gebracht werden. Hier werden – häufig erstmalig – interessante Einflussstrukturen sichtbar.

Der Vorteil von solchen Scoring-Modellen ist, dass qualitative und quantitative Kriterien in eine Bewertung einfließen können. Außerdem werden subjektive Einschätzungen (das berühmte „Bauchgefühl") durch die Einbindung mehrerer Personen zu einer Gesamtbewertung verdichtet. Die Dokumentation der Bewertungsmechanik erlaubt es, bspw. nach einem Jahr zu überprüfen, wie zutreffend die Einschätzungen der Einflussstärke waren und ob daraus die richtigen Schlüsse für die Multiplikatorenbetreuung gezogen wurden. So werden wichtige Voraussetzungen für eine „lernende Organisation" geschaffen, denn die Erfahrungen mit dem Scoring-Ansatz können zur Optimierung weiterer Prozesse genutzt werden.

Auf Basis des Modells in Tab. 8.1 kann ein **(Customer) Reference Value** zwischen 1 und 5 erreicht werden. Allerdings kommuniziert nicht jeder digitale Meinungsführer in einer Tonalität, die den Unternehmenszielen entspricht. Bei denjenigen, die dominant negativ über ein Unternehmen, dessen Marken, Produkte oder Dienstleistungen berichten, erhält der (Customer) Reference Value das Vorzeichen „–". Bei denjenigen, die zwischen positiven und negativen Botschaften schwanken, wird das Vorzeichen „±" vergeben. Nur diejenigen, die kontinuierlich positive Referenzen abgeben, erhalten das Vorzeichen „+". Hier wird deutlich, dass eine **Sentiment-Analyse** notwendig ist, um die Tonalität der Stellungnahmen zu berücksichtigen. Diese Bewertung kann in ein Kontinuum der Social Influencer eingebunden werden (vgl. Abb. 8.1).

Allerdings ist darauf hinzuweisen, dass heute nur wenige Unternehmen über die zur Umsetzung eines solchen eigenen Modells notwendigen Daten verfügen. Deshalb bieten sich die nachfolgend beschriebenen Möglichkeiten an, um digitalen Meinungsführern informatorisch auf die Spur zu kommen. Es bestehen zwei verschiedene Wege, die mit unterschiedlichen rechtlichen Herausforderungen einhergehen: Social Enrichment und Social Connect. Die Zielsetzung besteht in beiden Fällen darin, das Social Web nach relevanten Kommunikatoren und relevanten Inhalten für das eigene Unternehmen zu durchsuchen.

### 8.3.1 Social Enrichment als Weg zur Datengewinnung

**Social Enrichment** basiert auf der Beobachtung der Kommunikation in den sozialen Medien. Durch den Einsatz von Crawlern wird versucht, bspw. konkrete Erkenntnisse über die Fan- und Follower-Struktur des eigenen Unternehmens sowie von Wettbewerber zu erhalten. Dabei kann bspw. auf das Open-Source-Konzept *Nutch* zugegriffen werden. Die systematische Auswertung der Informationen – soweit sie öffentlich online verfügbar sind – erlauben Rückschlüsse darauf, welche Art von Personen sich zu welchen Unternehmen und welchen Angeboten hingezogen fühlt und entsprechend darüber kommuniziert. Die Kernaufgabe besteht darin, besonders kommunikationsstarke Personen zu identifizieren, um diese anschließend – idealerweise – für die Kommunikation (positiver) Inhalte zum eigenen Leistungsprogramm zu gewinnen. Zielsetzung ist es, genau die Gespräche, Menschen und Orte zu finden, die für den eigenen Verkaufserfolg wichtig sind.

Unternehmen wie Brandwatch (2015) sprechen hier von **Enterprise Social Intelligence**. Entsprechende Konzepte tragen dazu bei, wichtige Insights aus Social Data zu extrahieren und für die Identifikation von digitalen Meinungsführern nutzbar zu machen. Hierzu können die relevanten Dialoge in Echtzeit überwacht werden. Außerdem können genau die Personen identifiziert werden, die die Wahrnehmung der eigenen Marken und des eigenen Unternehmens am stärksten beeinflussen. Die Konzepte zur Enterprise Social Intelligence basieren auf vier Komponenten (vgl. Brandwatch 2015):

- **Gespräche** – die „Was"-Frage wird durch den Einsatz einschlägiger Keywords beantwortet, die für das eigene Unternehmen relevante Inhalte in den sozialen Medien sichtbar machen.
- **Menschen** – präzise definierte Zielgruppenprofile beantworten die Frage nach dem „Wer".
- **Orte** – die „Wo"-Frage verbindet Menschen mit ihren jeweiligen Standorten durch entsprechende Merkmale, die bspw. über ein Geo-Tagging sichtbar werden (hier lassen sich Posts in den sozialen Medien mit einem Standort verbinden).
- **Bilder** – die Integration von Bildern und Videos beantwortet die „Wie"-Frage – und ein Bild sagt bekanntlich mehr als 1000 (Key-)Worte.

Die Herausforderung des **Social Enrichments** besteht darin, die Kundengespräche in den sozialen Medien nicht nur „mitzuhören", fallweise in den Dialog einzusteigen und den Austausch – bspw. auf *Facebook* und *Twitter* – unmittelbar in Umsätze zu überzuführen. Im Kern geht es beim Social Enrichment darum, die in den sozialen Medien identifizierten Inhalte unmittelbar den CRM-Profilen einzelner Personen zuzuordnen und in der (Kunden-)Wertermittlung zu berücksichtigen. Hierzu sind auch die Nicht-Kunden, die als Referenzgeber in den sozialen Medien aktiv sind, als weitere wichtige Kategorie in die CRM-Systeme zu integrieren.

Bei allen Formen des Social Enrichments sind die jeweiligen **rechtlichen Rahmenbedingungen** zu berücksichtigen. Teilweise können aufgrund rechtlicher Restriktionen keine 1:1-Informationen übernommen werden. In diesen Fällen kann die Bildung von Typologien über datenschutzrechtliche Grenzen hinweg helfen.

### 8.3.2 Social Connect als Königsweg zur Datengewinnung

Auf der rechtlich sicheren Seite bei einer 1:1-Zuordnung von Informationen aus den sozialen Medien ist man, wenn das Konzept **Social Connect** eingesetzt wird: Hierbei handelt es sich um eine permissionbasierte Anreicherung der CRM-Daten um Inhalte aus den sozialen Medien. Dies gelingt durch Social-Log-ins sowie durch Permissions, die durch die Nutzung von Apps eingeholt werden. Liegen solche Permissions vor, kann eine kontinuierliche Synchronisation zwischen den Aktivitäten in den sozialen Medien oder auf unternehmenseigenen Plattformen und dem CRM-System vorgenommen werden, um so (zusätzlich) den (Customer) Reference Value zu ermitteln. Auch hierfür müssen die digitalen Meinungsführer als weitere relevante Zielgruppe im CRM-System angelegt werden. Alle einschlägigen CRM-Anbieter beschäftigen sich mit dieser Form der Datenintegration.

Auch beim Social Connect sind die jeweiligen **rechtlichen Rahmenbedingungen** zu berücksichtigen. Hier kann es notwendig werden, jeweils Permissions für unterschiedliche Einsatzbereiche einzuholen. Rechtlich wird generell verlangt, dass die Nutzer wissen, wofür sie jeweils ihre Erlaubnis gegeben haben.

Es wird deutlich, wie aufwändig es ist, die zur Füllung eigenständiger Konzepte zur Ermittlung des (Customer) Reference Values notwendigen Daten zu ermitteln. Vor diesem Hintergrund gewinnen Konzepte an Relevanz, die von Drittparteien – sogenannten **Social-Scoring-Services** – im Online-Umfeld schon entwickelt wurden und die deshalb nachfolgend in ihrer Bedeutung für Unternehmen beleuchtet werden.

## 8.4 Standard-Konzepte zur Ermittlung des (Customer) Reference Values (CRV)

Im Online-Bereich wurden in den letzten Jahren verschiedene Konzepte entwickelt, um den sozialen Einfluss von Menschen in den sozialen Medien zu ermitteln. Die bekanntesten **Social-Scoring-Konzepte** sind *Klout* und *PeerIndex* (Bestandteil von *Brandwatch Audiences*). Bei diesen Messmethoden des „Social Impacts" kommen analoge Kriterien wie in Tab. 8.1 zum Einsatz. Auch hier müssen die digitalen Meinungsführer ein Publikum haben, das ihre Botschaften empfängt. Die Messkriterien sind Follower, Fans etc. Außerdem wird versucht, die Reaktionen auf die Beiträge zu erfassen.

Bei diesen **Social-Scoring-Services** gilt es, zunächst viele Daten aus der Online-Sphäre zu sammeln. Hierzu werden Crawler eingesetzt, die die sozialen Netzwerke, Microblogs (insb. *Twitter*), Blogs, Foren, Communitys, Q & A-Portale und weitere Plattformen nach relevanten Meinungsbeiträgen durchsuchen. Es wird teilweise der Weg des geringsten Widerstands beschritten, indem nur leicht zugreifbare Quellen ausgewertet werden. Gleichzeitig ist zu berücksichtigen, dass bspw. *Facebook*-Daten nur ausgewertet werden dürfen, wenn die Nutzer dem zugestimmt haben.

Die gewonnenen Daten müssen im nächsten Schritt kategorisiert und strukturiert werden. Schließlich kommen unterschiedlichste Algorithmen zum Tragen, um Muster in den gewonnenen Daten zu erkennen. Die Social-Scoring-Services verwenden unterschiedliche Methoden, die von den Anbietern nur teilweise transparent gemacht werden. So werden bspw. für Posts in den sozialen Medien, für Kommentare, Likes, Shares etc. unterschiedliche Gewichte vergeben. Es ist etwa abzuwägen, ob ein Kommentar eine höhere oder niedrigere Gewichtung als ein Share bekommen sollte. Außerdem ist ein Kommentar wie auch ein Share eines gut vernetzten digitalen Meinungsführers höher zu bewerten als der eines Mr. Nobody! Es ist auch darauf hinzuweisen, dass die Algorithmen der Anbieter von **Social Influencer Scores** – genau wie die von *Google* – nicht statisch sind.

### 8.4.1 Konzept des *Klout Scores*

Klout (2016) wirbt auf der Website damit, mehr als 400 Signale aus acht verschiedenen Netzwerken täglich auszuwerten, um den ***Klout Score*** täglich zu aktualisieren. *Klout* greift nicht nur auf die sozialen Netzwerke zu, sondern wertet auch Websites wie *Bing* und *Wikipedia* aus. In Summe werden pro Tag mehr als zwölf Milliarden Einträge ausgewertet. Welche Verfahren werden dabei zur Ermittlung des *Klout Scores* eingesetzt? Eine große Bedeutung kommt der Reaktionsquote auf geteilte Inhalte zu. So wirken sich etwa 100 Retweets auf 100 Tweets stärker auf den jeweiligen Score aus als 100 Retweets auf 1000 Tweets. Zusätzlich wird berücksichtigt, wie selektiv die Personen agieren, die auf geteilte Inhalte reagieren. Je mehr Likes und Retweets ein Meinungsführer von einer einzigen Person an einem Tag erhält, desto weniger wirken sich die einzelnen Interaktionen auf den Score des Senders aus.

Außerdem wird berücksichtigt, wie viele Personen insgesamt zu einem Engagement angeregt werden. Dabei werden 100 Retweets von 100 verschiedenen Personen bei der Score-Ermittlung höher bewertet als 100 Retweets von einer einzigen Person. *Klout* weist selbst darauf hin, wie wichtig es ist, die Integrität des *Klout Scores* zu wahren. Deshalb überwacht das Unternehmen die gemessenen Signale und prüft, ob bestimmte Verhaltensmuster authentisch oder ggf. auf Spambots zurückzuführen sind. Außerdem wird darauf hingewiesen, dass der Ansatz zur Score-Ermittlung laufend weiterentwickelt wird, um ggf. neue Netzwerke und weitere Signale zu berücksichtigen (vgl. Klout 2016). Die Grundstruktur des *Klout Scores* findet sich in Abb. 8.2.

Nach Unternehmensangaben hat Klout (2016) über 620 Mio. Benutzer bewertet; mehr als 200.000 Unternehmen nutzen den *Klout Score*. Zusätzlich weist das Unternehmen darauf hin, dass die Anzahl der Retweets auf Inhalte von *Klout*-Beeinflussern viermal so hoch ist wie bei anderen Personen. Nach Eigenangaben werden auch zweimal so viele Klicks generiert, wenn die Inhalte von *Klout*-Beeinflussern stammen. Schließlich würden

**Abb. 8.2** Grundstruktur des *Klout Scores*. (Quelle: Klout 2016)

die Online-Nutzer auch doppelt so viel Zeit auf Webseiten verbringen, die von *Klout*-Beeinflussern empfohlen werden. Um dies zu erreichen, versucht *Klout* selbst die Personen zu erreichen, die sehr kommunikativ sind und wiederum viele andere beeinflussen. Basierend auf diesen Informationen ermöglicht es *Klout*, **Marken mit digitalen Meinungsführern zu verbinden**.

Die von *Klout* eingesetzte Skala – der sogenannte *Klout Score* – reicht von 1 bis 100 und bringt den Online-Einfluss einer Person zum Ausdruck. Politiker können häufig einen hohen *Klout Score* erreichen, wenn sie sich intensiv in den sozialen Medien bewegen. So beträgt der *Klout Score* von *Barack Obama* zurzeit (Ende 2016) 98. Der durchschnittliche Wert des *Klout Scores* liegt bei ca. 40.

Wie schon angesprochen, sind die dem *Klout Score* zugrunde liegenden Algorithmen nicht bekannt. Zusätzlich ist kritisch festzuhalten, dass sich die Auswertung der Aktivitäten in den sozialen Medien eher auf deren Quantität als auf die Qualität bezieht. Der Schwerpunkt von *Klout* liegt außerdem auf dem englischsprachigen Netz.

### 8.4.2 Konzept des *PeerIndex*

Beim *PeerIndex* geht es ebenfalls um die Einflussstärke von Personen im Netz, die durch eine Analyse der Aktivitäten in den sozialen Netzen ermittelt wird. Dieses Konzept wurde 2014 vom schon zitierten Unternehmen *Brandwatch* übernommen und in das Analyseinstrumentarium *Brandwatch Audiences* integriert (vgl. Brandwatch 2016). Beim **Influencer-Marketing** setzt *Brandwatch* auf die folgenden Schwerpunkte (vgl. Taylor 2016):

- **Instant Search**
  Unter Einsatz von soziodemografischen Merkmalen in Verbindung mit Standort, Interessen und Beruf können die zu analysierenden Zielgruppen definiert werden.
- **Real Influencers**
  Es können die Personen identifiziert werden, die ein hohes Maß an Engagement auslösen – und nicht nur eine große Zahl an Followern aufweisen.
- **Smart Networks**
  Die einzelnen Meinungsführer können in ihrem jeweiligen Umfeld analysiert werden, indem deutlich wird, wen sie beeinflussen und von wem sie selbst beeinflusst werden.

- **Tracking**
  Die Liste der Meinungsführer kann für *Brandwatch Analytics* hochgeladen werden, um deren Einfluss auf die eigene Marke oder auf Wettbewerber laufend zu analysieren.

In den Grundlagen ist der *PeerIndex* dem *Klout Score* verwandt. Auch hier sind die Algorithmen, die zur Ermittlung der Einflussstärke in den sozialen Netzen eingesetzt werden, nicht im Detail bekannt. Ein spannender Ansatz zur Identifikation von Brand Advocats findet sich im Gastbeitrag Flath/Bachem in Abschn. 8.6.

**Think-Box**

- Gibt es in unserem Unternehmen ein individuelles Modell zur Ermittlung des (Customer) Reference Values?
- Sollten wir ein solches Modell entwickeln?
- Haben wir uns schon mit dem Konzept des Social Enrichments bzw. des Social Connects befasst?
- Könnte dieses für unsere Aufgabenstellung hilfreich sein?
- Sollten wir eher standardisierte Konzepte zur Ermittlung von digitalen Meinungsführern einsetzen?
- Wer bearbeitet diese Fragen in meinem Unternehmen?

**Case: Social Bots**

In den Kreis der digitalen Meinungsführer hat sich eine neue Art eingeschlichen, die sogenannten Social Bots. Mit dem Begriff **Bot** (Kurzform vom englischen Begriff „robot" für Roboter) wird ein Computerprogramm bezeichnet, das automatisiert bestimmte Aufgabenstellungen bearbeitet, ohne dazu auf menschliche Nutzer angewiesen zu sein. Ein für alle Internet-Nutzer besonders wichtiger Einsatz solcher Bots sind die sogenannten Webcrawler der Suchmaschinen-Anbieter. Diese indizieren die online verfügbaren Inhalte, um diese bei der Eingabe bestimmter Suchbegriffe auffindbar zu machen.

In den sozialen Medien werden heute zunehmend sogenannte **Social Bots** von Politiker, Unternehmen und Marken eingesetzt, um dem Informationsaustausch einen bestimmten Spin (i. S. einer bestimmten Richtung) zu geben. Ganze Armeen von Social Bots sind bspw. bei *Twitter* darauf abgerichtet, auf spezifische Hashtags zu reagieren und dann vordefinierte Inhalte zu posten. Verwerflich sind diese Aktivitäten, weil diese Botschaften von echt wirkenden Accounts stammen – mit Profilfoto, normalen Posts und (echten) Followern. Für die anderen *Twitter*-Nutzer sind diese Bot-Statements folglich häufig nicht als solche zu erkennen – und können deshalb ihre manipulative Kraft entfalten. Diese gefälschten Social-Media-Accounts werden **Fake Accounts** und die entsprechenden Meldungen **Fake News** genannt. Häufig kommen diese mit attraktiven Profilbildern daher, um möglichst viele Nutzer als Freund, Fan oder Follower zu gewinnen. Wurde einmal eine (virtuelle) Beziehung aufgebaut, können die Bots private Informationen des Nutzers auslesen und diese bspw. für Werbezwecke nutzen. Der Einsatz solcher Social Bots ist deshalb auf Partnerschaftsportalen besonders ausgeprägt. Das Perfide ist, dass die intelligenten Social Bots mittlerweile fähig sind, auch einfache Konversationen zu führen, ohne von ihrem Gegenüber als Bot erkannt zu werden.

**Social Bots** kann man auch als die **dematerialisierte Form von Trollen** bezeichnen. Während Trolle echte Menschen sind, die jeden Tag hunderte (vergifteter) Posts absetzen, um Personen, Marken, Unternehmen oder Länder in einem guten oder schlechten Licht darzustellen, machen Social Bots dies – nach Definition der relevanten Hashtags und Inhalte durch Menschen – automatisiert, 24/7. Social Bots werden zunehmend dafür eingesetzt, werbliche Inhalte zu verbreiten. Da diese – allerdings nur scheinbar – von echten Menschen kommen, wird ihnen – wie schon in Kap. 2 dargelegt – ein besonders hohes Vertrauen entgegengebracht. Im Wahlkampf *Clinton/Trump* im Jahr 2016 wurden diese Social Bots auf beiden Seiten intensiv zur Beeinflussung der Wähler eingesetzt. Eine Studie der *Oxford University* konnte ermitteln, dass nach der ersten TV-Debatte am 26.10.2016 mehr als jeder dritte Tweet (37,2 %) mit einer Pro-*Trump*-Aussage von einem Social Bot abgesetzt wurde. Bei *Hillary Clinton* lag der Bot-Anteil bei 22,3 % (vgl. o. V. 2016b).

Hier gilt: Das **Vertrauen in die Kommunikation der sozialen Netze** wird durch die Aktivitäten der Social Bots leiden. Vielleicht kommt die Zeit, in der man wieder nur den „Freuden" vertraut, die man auch persönlich kennt. Man könnte sie dann die **Freunde 4.0** nennen – Menschen aus Fleisch und Blut!

Das führt zu einer Entwicklung, die mit dem Begriff **„post-truth"** bezeichnet wird. Die sogenannte **postfaktische Kommunikation** beeinflusst das Denken und Handeln nicht mehr durch Fakten; auf die Wahrheit einer Botschaft kommt es nicht mehr an. Es geht vielmehr um die Wirkungen, die eine Aussage – sei sie noch so verkehrt und wiederlegt – in der relevanten Zielgruppe erreichen kann. In einem postfaktischen Diskurs wird vorsätzlich gelogen – aber das ist dem Publikum zunehmend gleichgültig. Hauptsache, der gewünschte Effekt tritt ein – häufig auf eher emotionaler Basis. Die Wahlkampagne von Donald Trump im Jahr 2016 ist ein Tiefpunkt dieser Entwicklung – mit den entsprechenden Wirkungen auf Wirtschaft, Politik und Gesellschaft.

► **Food for Thought** Was macht alle diese Entwicklungen so gefährlich? Konzepte der **Psychometrie** zeigen heute schon erschreckend faszinierende Ergebnisse, um das Meinungsbild – mit Faktoren oder post-faktisch – zu beeinflussen bzw. zu manipulieren. Ein Modell – entwickelt von *Michal Kosinski* – leistet heute bereits Folgendes (vgl. Grassegger und Krogerus 2016):

- Das Modell kann anhand von zehn *Facebooks*-Likes eine Person besser einschätzen als ein durchschnittlicher Arbeitskollege.
- 70 Likes reichen bereits aus, um die Menschenkenntnis eines Freundes zu überbieten; mit 150 Likes wird auch die Menschenkenntnis der Eltern geschlagen.
- Mit 300 Likes kann die Maschine das Verhalten einer Person eindeutiger vorhersagen als deren Partner.
- Mit noch mehr Likes weiß das Modell mehr über den Menschen, als dieser selbst von sich zu wissen glaubt.

Die hier ausgewerteten Likes von vielen Millionen Menschen sind für (fast) jedermann auswertbar in den sozialen Netzwerken vorhanden. Wenn man weiß, wie die Personen „ticken", können individualisierte Botschaften so gestaltet werden, dass bestehende Weltbilder erschüttert oder unterstützt werden – je nach Ziel des Kommunikators. Der Manipulation durch Dritte sind damit Tür und Tor geöffnet. Dafür hat *Facebook* die ideale Plattform aufgebaut.

## 8.5 Herausforderung: „Management" der digitalen Meinungsführer

Die nächste Herausforderung für Unternehmen im Zuge des Digital Brandings liegt darin, die identifizierten digitalen Meinungsführer zu motivieren, sich positiv zum eigenen Unternehmen, zu den eigenen Marken und Angeboten zu äußern. Hier gilt es bspw., weitere Informationen, insb. aber Produkte in die Hände der Meinungsführer zu legen bzw. diese zur Nutzung der eigenen Services zu motivieren.

Solange Unternehmen ihre Meinungsführer selbst identifiziert haben, können sie unmittelbar auf die Zielpersonen zugehen und diese kommunikativ einbinden. Werden allerdings **Social-Influence-Services** in Anspruch genommen, so erfolgt eine Kontaktaufnahme zu diesen Personen häufig über den entsprechenden Anbieter. Kommen Belohnungen zum Einsatz, um ein hohes Engagement sicherzustellen, muss man sich über mögliche negative Ausstrahlungen bewusst sein. Denn das Kapital der Online- und Offline-Meinungsführer ist ihre **Glaubwürdigkeit**, die nicht nur auf ihrer **thematischen Kompetenz** basiert, sondern auch auf der **Unabhängigkeit ihrer Urteile**. Wird jetzt sichtbar – oder auch nur vermutet –, dass die Bewertungen und Kommentare auf den verschiedenen sozialen Plattformen durch Belohnungen „erkauft" werden, ist die Glaubwürdigkeit gefährdet. Ein überzeugendes Beispiel für die glaubwürdige Einbindung eines digitalen Meinungsführers zeigt das folgende Beispiel von *Vodafone*.

**Case: *Vodafone – CallYa***

*Vodafone* stand vor der Herausforderung, der **Prepaid-Marke** *CallYa* neuen Schwung zu verleihen. Da die Kernzielgruppe für diesen Tarif Jugendliche sind, wurde ein adäquater Kanal zu ihrer Ansprache gesucht. Die zentrale Erkenntnis lautete: „YouTuber sind ihre Helden. Was sie produzieren, funktioniert in allen sozialen Netzwerken." Insbesondere bei den Kriterien Glaubwürdigkeit, Authentizität und Nähe schlagen *YouTube*-Stars die klassischen Medien. So wurde für *CallYa* das Ziel formuliert: „Holen wir uns die besten ihrer Klasse und entwickeln die größte interaktive *YouTube*-Kampagne aller Zeiten."

Ausgewählt und für die Kampagne gewonnen wurden *Melina Sophie*, ein *YouTube*-Star, der 2016 durch den Web-Videopreis als Person of the Year (f) ausgezeichnet wurde. Zusätzlich wurde *ApeCrime*, ein deutsches Musik- und Comedy-Trio eingebunden, das mit 3,2 Mio. Subscribern den fünftgrößten *YouTube*-Kanal-Channel in Deutschland betreibt. Durch eine digitale Präsenz dieser *YouTube*-Stars wurde nicht nur eine hohe Awareness, sondern insb. ein hohes Maß an Engagement erreicht, das durch den Hashtag *#CallYeah* unterstützt wurde. Ein Erfolgsfaktor der Aktion war, dass nicht die Manager von *Vodafone* die Aktionen vorgegeben haben, sondern die *YouTube*-Stars befragt wurden, an welchen Aktionen für ihre Fans diese interessiert wären. So blieben Authentizität und Glaubwürdigkeit der *YouTube*-Stars erhalten.

Welche Ideen wurden umgesetzt? Die Fans konnten sich bspw. um einen **FanCall** bewerben – und wurden im Idealfall von ihrem *YouTube*-Star persönlich angerufen. Der Aufruf, dazu per *Twitter* seine Telefonnummer bekannt zu geben, wurde dort zum **Trending Topic** und zeigt das große Engagement der Zielgruppe. Ein aus diesen Fan-Calls – die natürlich mit einer *CallYa*-Karte geführt wurden –zusammengeschnittenes Video (Länge ca. 17 min) erreichte über 500.000 Views. Die **View-Through-Rate** (VTR) lag bei über 90 %. Damit wird der prozentuale Anteil derer Betrachter eines Videos ausgewiesen, die das Video bis zum Ende betrachten. Normalerweise liegt dieser Wert bei 20 %.

Ein weiterer Anstoß zum Engagement wurde durch **FanFiction** erzielt. Die Fans werden hierbei dazu aufgerufen, eigene Geschichten zu verfassen und einzureichen. In diesen Geschichten kamen Begriffe wie Smartphone und Internet wie selbstverständlich vor – bei der Zielgruppe Generation Z nicht überraschend. In Summe wurden 4000 FanFictions eingereicht – mit einer Durchschnittslänge von 1,8 Seiten. Die besten Geschichten wurden sogar unter Anwesenheit der Autoren verfilmt. Natürlich wurde auch über dieses Event in den sozialen Medien berichtet – und entsprechend gelikt! Der Zusammenschnitt dieser Verfilmungen erzielte eine Million organische Views. Das bedeutet, dass die Zielgruppe im Netz aktiv nach diesem Video gesucht hat.

Als sich *Melina Sophie* schließlich auf einer von *Vodafone* gesponserten **TubeCon** (einer *YouTube Convention*) – natürlich vor einer *Vodafone/CallYa*-gebrandeten Wand – den Fans präsentierte, wurde die Halle gestürmt und musste zeitweilig wegen Überfüllung geschlossen werden (vgl. Abb. 8.3). Durch dieses Event sollte der direkte Draht zwischen der Zielgruppe und den YouTubern hergestellt und Nähe geschaffen wer-

**Abb. 8.3** YouTuberin *Melina Sophie* bei der Autogramm-Stunde. (Quelle: Dumke 2016)

den. Was gelungen ist! Während der Kampagne wurden durchschnittlich 384 **Social Mentions pro Tag** erzielt. Das entsprach einem **Uplift bei Social Buzz** von 3942 %. Unterstützt durch diese Aktion konnte *Vodafone* seinen Marktanteil als größter deutscher Prepaid-Anbieter von 22 auf 31 % ausbauen. Sicherlich nicht die letzte Aktion im Spielfeld des Influencer-Marketings bei *Vodafone* (vgl. Dumke 2016).

Welche Bedeutung dem Influencer-Marketing heute zukommt, zeigt eine Studie von Launchmetrics (2015, S. 1, 3). Basierend auf einer Befragung von 600 Marketing- und Kommunikationsverantwortlichen in 32 Ländern wurde von 84 % der Interviewten angegeben, dass sie innerhalb der nächsten zwölf Monate zumindest eine **Influencer-Marketing-Kampagne** starten.

## 8.6 Gastbeitrag: Brand-Advocate-Management: Markenbotschafter auf *Facebook* und *Twitter* gewinnen und binden

Herbert Flath und Christian Bachem

**Persönliche Empfehlungen** stellen für die Markenkommunikation ein wertvolles Gut dar. Zahlreiche Studien haben in den letzten Jahren einen Zusammenhang zwischen der Empfehlungsbereitschaft oder tatsächlich geäußerten Empfehlungen und Umsatz bzw. Absatz beschrieben (vgl. Mei-Pochtler und Schürmann 2014; Keller und Fay 2012). Der überwiegende Teil solcher persönlichen Empfehlungen wird im direkten Gespräch zwischen Bekannten geäußert. Keller und Fay (2012) beziffern den Anteil der Online-Empfehlungen für die USA auf etwa 10 %, in Deutschland dürft er noch etwas niedriger ausfallen. Trotz des vergleichsweise geringen Anteils gegenüber direkten Gesprächen sind Empfehlungen auf Online-Plattformen und in sozialen Medien nicht zu unterschätzen: Sie können eine viel größere Reichweite erzielen und sind in der Regel langfristig verfügbar (vgl. Abb. 2.5).

Welche Rolle spielen nun Empfehlungen konkret im Social Web und wer tritt hier als **Botschafter einer Marke** auf? Das *Web Excellence Forum*, eine Unternehmensinitiative zur Leistungsbewertung von Kommunikation, hat sich damit in der Studie *Digital Brand Advocate Management* beschäftigt. Untersucht wurden die *Facebook*-Fanpages und *Twitter*-Kanäle von sieben deutschen Marken. Ziel war es, **Markenbotschafter** – sogenannte **Brand Advocates** – zu identifizieren, von anderen Nutzergruppen abzugrenzen und ihre Motivation näher zu beleuchten. Bei diesen Brand Advocates handelt es sich um Nutzer, die sich ohne Gegenleistung (kein Geld, keine Incentives) positiv zu einer Marke äußern und eine gewisse Kontinuität in ihrem Verhalten erkennen lassen (vgl. Fuggetta 2012).

### 8.6.1 Wenige Fans und Follower zeigen Bindungsverhalten

Über alle in der Studie untersuchten Markenkanäle hinweg wird deutlich: Die meisten Fans und Follower bleiben vollkommen passiv (vgl. Abb. 2.11). Wer sich doch zu einer Aktivität auf einer Fanpage oder einem *Twitter*-Kanal animieren lässt, tut dies meist nur ein einziges Mal. Lediglich ein Bruchteil der Nutzer zeigt ein Bindungsverhalten und engagiert sich wiederholt auf einem Kanal. Im Durchschnitt gehörten 0,8 % aller Fans einer *Facebook*-Seite dieser Gruppe der engagierten Nutzer an. Bei *Twitter* waren es immerhin 1,6 % der Follower.

Nur ein Teil der engagierten Nutzer tritt als **Brand Advocates** in Erscheinung – empfiehlt eine Marke also aktiv weiter (vgl. Abb. 8.4). Bei den untersuchten *Facebook*-Fanpages trifft dies auf durchschnittlich 17 % der Engagierten zu (entspricht 0,2 % aller Fans). *Twitter*-Kanäle verzeichnen mit durchschnittlich 42 % Brand Advocates unter den Engagierten einen wesentlich höheren Anteil (entspricht 0,7 % aller Follower).

Neben den Brand Advocates wurden inhaltsanalytisch vier weitere Gruppen engagierter Abonnenten auf Markenkanälen identifiziert (vgl. Abb. 8.4):

- **Stille Multiplikatoren** beschränken sich bei *Facebook* auf kontinuierliches Liken bzw. sie retweeten regelmäßig bei *Twitter*; sie verfassen aber keine eigenen Inhalte auf Markenkanälen.
- **Kritiker** äußern sich wiederholt negativ. Sie sind nur in geringer Zahl auf Fanpages oder *Twitter*-Kanälen von Marken aktiv.

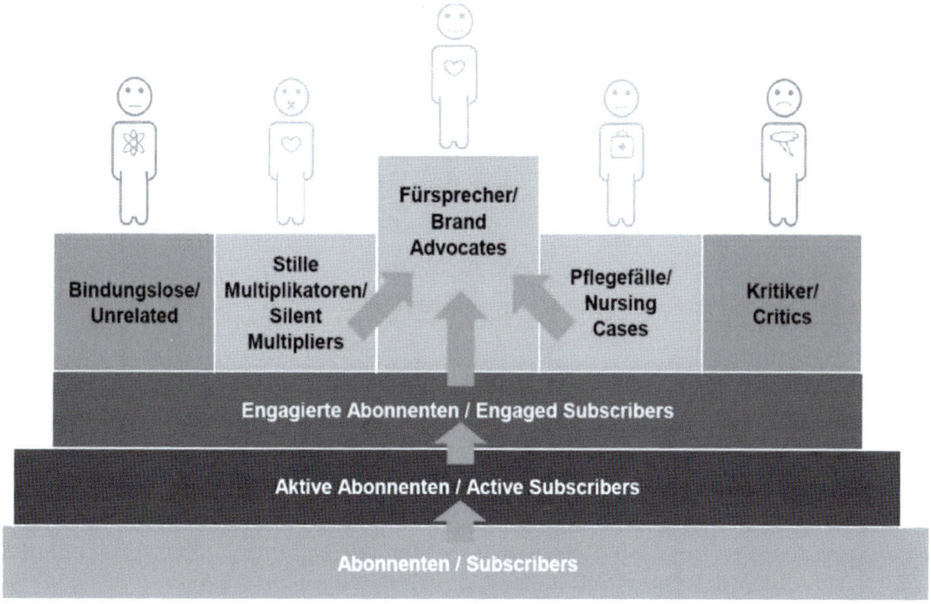


**Abb. 8.4** Typische Verteilungsmuster von Nutzergruppen auf Social-Media-Kanälen

- Die sogenannten **Pflegefälle** treten wiederholt mit Service-Anliegen in Erscheinung und erfordern eine gute Betreuung durch den Kanalbetreiber.
- **Bindungslose** interagieren wiederholt mit einem Markenkanal, nehmen in ihren Beiträgen aber keinen Bezug auf die Marke oder lassen keinerlei Standpunkt erkennen. Oft handelt es sich um Nutzer, die sich ausschließlich an Spielen, Knobelaufgaben und ähnlichen Aktionen der Marke beteiligen.

Je nachdem, in welchen Größenordnungen Brand Advocates und die übrigen Nutzergruppen auf einer Fanpage oder einem *Twitter*-Kanal vertreten sind, lassen sich **Handlungsfelder für den Kanalbetreiber** ableiten (vgl. Tab. 8.2).

## 8.6.2 Brand Advocates sind oftmals die eigenen Mitarbeiter

Es ist ein Paradoxon sozialer Medien aus Marketing-Sicht: Obwohl der einzelne Nutzer viele Informationen über sich preisgibt, weiß der Betreiber einer Fanpage oder eines *Twitter*-Accounts oftmals nicht, mit welchen Zielgruppen er tatsächlich kommuniziert. Im Durchschnitt sind 47 % der Brand Advocates auf den untersuchten *Facebook*-Fanpages eigene **Mitarbeiter**. Für *Twitter* wurde der Mitarbeiteranteil nur für drei Kanäle erhoben. In diesen Fällen spiegelte sich die Verteilung der Fanpage wider: Wer bei *Facebook* einen hohen Mitarbeiteranteil besitzt, hat ihn auch bei *Twitter* und umgekehrt. Hier ist jedoch

**Tab. 8.2** Handlungsfelder für den Kanalbetreiber

| Muster | Beschreibung | Einordnung | Handlungsfeld |
|---|---|---|---|
| Starke Fürsprache | Viele Engagierte, darunter viele Brand Advocates | Vorhandenes Potenzial wird optimal ausgeschöpft | Fan-/Followerbasis erweitern |
| Stille Unterstützung | Viele stille Multiplikatoren, wenige Brand Advocates | Kanal erreicht viele treue Anhänger, die allerdings stumm bleiben | Kommunikationsanlässe schaffen (z. B. Erfahrungsberichte, Feedback erbitten) |
| Interaktion ohne Markenbezug | Starke Aktivierung, aber kaum dauerhaftes Engagement und viele Bindungslose | Muster deutet auf Aktionen mit geringem Markenbezug hin (Spielaktionen, Wettbewerbe) | Aktivierung in dauerhaftes Engagement überführen und Nutzer an markenrelevante Inhalte heranführen |

die enorme Streuung der Ergebnisse zu berücksichtigen: Der Mitarbeiteranteil schwankt zwischen elf und 89 %. Bei durchschnittlich 42 % der Brand Advocates handelt es sich um Kunden (Minimum vier, Maximum 85 %). Auf einigen Social-Media-Kanälen findet der öffentliche Dialog also fast ausschließlich oder zumindest überwiegend mit den eigenen Mitarbeitern statt.

### 8.6.3 Stille Multiplikatoren bieten Potenzial für mehr Empfehlungen

Eine wichtige Nutzergruppe neben den Brand Advocates stellen die stillen **Multiplikatoren** dar. Diese Anhänger einer Marke vergeben treu ihre Likes oder lösen Retweets aus, sie äußern sich aber nie selbst. Mit einem Anteil von 62 % der engagierten Abonnenten stellen sie auf *Facebook* die größte aktive Nutzergruppe dar. Bei *Twitter* liegen sie mit 26 % hinter den Brand Advocates. Bereits in ihrer stummen Rolle helfen stille Multiplikatoren der Marke, indem sie Markenbotschaften weitergeben und so deren Viralität unterstützen. In einer Nutzerbefragung auf den untersuchten Unternehmenskanälen zeigte sich zudem: Auch die scheinbar Stillen sprechen über ihre Lieblingsmarken – aber nur offline. 31 % von ihnen sagen jedoch, dass sie gern bereit wären, einen Erfahrungsbericht zu verfassen. 58 % wären zumindest „vielleicht" bereit. Viele Anhänger einer Marke schreiben also nicht von sich aus ihre positive Erfahrung auf oder äußern ihre Meinung. Sie sind zwar grundsätzlich bereit, sich öffentlich zu äußern, benötigen dafür aber einen geeigneten Anlass oder eine Aufforderung.

### 8.6.4 Fazit: Unterstützer kennen und Kommunikationsanlässe schaffen

Es ist ein positives Signal und gibt nach außen ein gutes Bild ab, viele Likes und positive Kommentare zu gewinnen. Zugleich sollte der Betreiber eines Social-Media-Kanals aber wissen, ob sich hinter diesen Interaktionen zufriedene Kunden, eigene Mitarbeiter oder andere Anspruchsgruppen verbergen. Nur so lässt sich die Interaktion vor dem Hintergrund der Kommunikationsziele beurteilen und die Content-Strategie richtig auf die tatsächlichen Nutzer ausrichten.

Ist analysiert, welche Zielgruppen auf dem Markenkanal aktiv sind, lohnt ein genauerer Blick auf die Nutzungsmuster und verschiedenen Nutzertypen. So lässt sich erkennen, wo **Handlungspotenziale** liegen.

Bei manchen Kanälen geht es zunächst darum, überhaupt **Nutzeraktivität** zu erzeugen. Andere Auftritte zeigen gute Interaktionsraten, die Fans oder Follower agieren aber einmalig und kommen nie wieder. Hier stehen die **Bindung aktiver Nutzer** und die **Überführung in ein dauerhaftes Engagement** im Vordergrund. Wieder andere Kanäle haben viele treue Anhänger, die sich offenbar der Marke verbunden fühlen, jedoch stumm bleiben und keine eigenen Inhalte produzieren. Geeignete Kommunikationsanlässe können diese Personen dazu bewegen, positive Inhalte mit Markenbezug zu verfassen und sich so zu Brand Advocates zu entwickeln.

► Dr. *Herbert Flath* ist Leiter Insights bei der *Web Excellence GmbH* in Berlin. Dr. *Christian Bachem* ist Geschäftsführer der *Web Excellence GmbH* und Partner der Strategieberatung *.companion* in *Berlin*.

**Quick Wins**

# 9 Eco-Systems – ein Kokon um den Kunden

Es wurde bereits deutlich, wie komplex die Markenführung im digitalen Zeitalter inzwischen geworden ist. Die Markenführung muss und kann heute in vielen Bereichen allerdings noch wesentlich größer und revolutionärer gedacht werden. Verschiedene Unternehmen bemühen sich darum, sogenannte **Eco-Systems** oder **Öko-Systeme** aufzubauen (vgl. grundlegend hierzu Moore 1993). Um die hier wesentlichen wirtschaftsrelevanten Formen von den klassischen biologischen Öko-Systemen zu unterscheiden, wird auch von **Eco-Business-Systems** bzw. von **Digital Eco-Systems** gesprochen. Teilweise wird hierfür auch der Begriff **digitale Plattformen** verwendet. Deshalb wird immer häufiger auch von **Plattform-Ökonomie** gesprochen, weil diese Plattformen wesentliche Grundlagen des heutigen Wirtschaftens verändern und verändern werden (vgl. auch IE.F und Roland Berger 2016).

Mit diesen Begriffen wird ein Ansatz beschrieben, bei dem Unternehmen versuchen, die Nutzer – bei einer Vielzahl von unterschiedlichen Diensten – innerhalb der eigenen Leistungsangebote zu halten. Hierzu werden oft Software, Hardware und Verkaufsplattformen sowie Lösungen für alle möglichen Fragestellungen des täglichen Lebens aus einer Hand angeboten. Die Herausforderung heißt hier: **Seamless Integration**. Darunter versteht man die „nahtlose Integration" verschiedener Anwendungen, deren gemeinsame Nutzung bisher nur durch die Überwindung unterschiedlich komplexer Schnittstellen zu erreichen war. Im Idealfall entsteht ein für die Nutzer interessantes **Eco-System** – gleichsam ein Kokon, in den der Kunde eigesponnen ist.

## 9.1 Entwicklung unternehmensinterner Eco-Systems

Solche Eco-Systems können zunächst im Innenverhältnis des Unternehmens eingesetzt werden. In diesem Kontext wird bspw. die **Configure-Price-Quote-Lösung** (CPQ) eingesetzt. Die CPQ-Lösung unterstützt die Vertriebsmitarbeiter während des gesamten Angebotsprozesses. Dieser beginnt bei der Produkt-Konfiguration und leitet die Mitarbeiter

 
R. T. Kreutzer und K.-H. Land, *Digitale Markenführung*, DOI 10.1007/978-3-658-08547-6_9

im Idealfall über die Preisfindung (orientiert an den jeweiligen Preisvorgaben pro Mitarbeiter) zur Auftragsanlage bis zur Eintaktung in die Produktionsplanung, um dadurch auch Liefertermine zu ermitteln. Der gesamte Prozess kann durch die digitale Dokumentenerstellung abgerundet werden.

Der Einsatz einer solchen Lösung kann relevant werden, wenn zumindest einige der folgenden **Kriterien für den Aufbau einer Configure-Price-Quote-Lösung** vorliegen (vgl. Bucholtz 2015, S. 4 f.):

- **Große Produktvielfalt und Produktkomplexität**
  Durch eine CPQ-Lösung kann der Vertriebsmitarbeiter zielsicher durch komplexe Angebotsstrukturen geführt werden, um für die Kunden die beste Lösung zu generieren. Diese Art der Unterstützung ist dann besonders wertvoll, wenn es nicht nur viele Produkte gibt, sondern diese auch noch einer großen Innovationsdynamik unterliegen und in umfassendere Solutions-Angebote integriert sind. Eine solche prozessuale Unterstützung kann die eigenen Mitarbeiter auch von zeitaufwändiger Papierarbeit entlasten – die zugunsten weiterer Kundenbesuche genutzt werden kann.
- **Unzureichende Ausschöpfung von Up- und Cross-Sell-Potenzial**
  Eine CPQ-Lösung kann die Vertriebsmitarbeiter auch konsequent auf mögliche Up- und Cross-Sell-Potenziale aufmerksam machen (bspw. durch ein Next Best Offer). Auch der beste Vertriebsmitarbeiter hat nicht alle Verknüpfungsmöglichkeiten vor Augen, die für den Kunden hilfreich und für das Unternehmen wertschöpfend sein können. Die Unterstützung des Vertriebsprozesses durch eine solche Recommendation Engine ist bei einer hohen Angebotskomplexität bzw. bei einer hohen Innovationsgeschwindigkeit der Produkte und Dienstleistungen unverzichtbar.
- **Hohe Fehleranfälligkeit bei komplexen Angeboten**
  Durch integrierte Konsistenzprüfungen können CPQ-Lösungen zur Fehlervermeidung in Angeboten beitragen. Solche Fehler ziehen oft zeitintensive – und weder für Anbieter noch Kunden wertschöpfende – Abstimmungsprozesse nach sich. Im schlimmsten Fall werden diese Fehler aber erst bei Auslieferung und/oder Installation entdeckt und können dann hohe Folgekosten mit sich bringen. Diese können im Idealfall für entsprechend konfigurierte CPQ-Ansätze vermieden werden.
- **Vernichtung von Marge durch unkoordinierte Rabattgewährung**
  Ein wichtiges Vertriebsinstrument – insb. aus Sicht der Vertriebsmitarbeiter – stellt die Rabattgewährung dar. Allerdings geht mit jeder Rabattgewährung ein Margenverlust einher, der in seiner Gesamtheit bewertet werden sollte. Diese komplexe Aufgabenstellung kann durch CPQ-Lösungen unterstützt werden – insb. wenn es sich um komplexe Angebote handelt.
- **Zeitintensive Autorisierungsprozesse**
  Idealerweise beinhalten CPQ-Lösungen bereits integrierte Autorisierungsroutinen, die den Freigabeprozess von Angeboten erhöhen. Hierdurch können längere Wartezeiten, die ein potenzieller Kunde ggf. zum Abspringen nutzen könnte, vermieden werden.

Jedes Unternehmen, auf das zumindest einige der genannten Sachverhalte zutreffen, sollte sich mit der Fragestellung einer **Configure-Price-Quote-Lösung** auseinandersetzen.

**Think-Box**

- Welche Bedeutung kann eine Configure-Price-Quote-Lösung für unseren Vertrieb haben?
- Kommen solche Lösungen bereits bei Wettbewerbern unserer Branche zum Einsatz?
- Gibt es dazu schon Erfahrungsberichte?
- Wer prüft bei uns den möglichen Einsatz einer Configure-Price-Quote-Lösung?

## 9.2 Bedeutung bereits etablierter Eco-Systems

Relevante **Eco-Systems** verschiedener Unternehmen sind in Abb. 9.1 zu finden. Ein Anbieter, der bereits ein sehr umfassendes Eco-System aufgebaut hat, ist *Google*. Die zentrale Datenquelle hierfür stellen die über 100 Mrd. **Suchanfragen** dar, die weltweit getätigt

**Abb. 9.1** Ausgewählte Eco-Systems

werden – pro Monat. Außerdem werden durch die **Werbeangebote** *AdWords* und *AdSense* spannende Informationen über die Akzeptanz von werblichen Angeboten gewonnen – entweder auf Personenbasis oder zumindest auf der Basis von IP-Adressen. Die Wertschätzung von **„Content"** kann durch die Auswertung der Zugriffe auf die zu *Google* gehörende Video-Plattform *YouTube* ermittelt werden. Zusätzlich nutzen über 80 % der weltweit im Einsatz befindlichen Smartphones das *Google*-**Betriebssystem** *Android*. Außerdem sind Armbanduhren im Angebot, die ebenfalls *Android* verwenden. 2016 steigt *Google* auch selbst in das Angebot von Smartphones und Virtual-Reality-Brillen mit dem Angebot *Daydream* ein. Damit sind bereits die Grundpfeiler für das *Google*-eigene Eco-System gelegt. Ergänzt werden diese für die Internet-Infrastruktur mit eigenen Satelliten und dem Zugriff auf Privathäuser über den Dienstleister *Nest*, der bspw. das Heimklima überwachen und steuern kann. Hierdurch entsteht eine ***Google*-eigene Plattform**, die prädestiniert ist, die **Smart Landscape** mit einer Vielzahl eigener Entwicklungen zu füllen: von der umfassenden Vernetzung von Fahrzeugen (Smart Cars), Häusern (Smart Homes), Verwaltungen (Smart Government) und Fabriken (Smart Factories) bis zum bargeldlosen Zahlungsverkehr (Smart Cash). Und natürlich vor allem: **Smart Advertising** – Werbung maßgeschneidert für jede einzelne Person.

Auch *Apple* bietet mit *iTunes* (mit integrierten Cloud-Anwendungen) sowie der Nutzung neuer *Apple*-Produkte ohne Integrationsaufwand unmittelbare Nutzervorteile eines Eco-Systems. In diesen Kokon sind auch die Angebote *Apple Music* und *Apple TV* eingebunden. Der Nutzer soll sich hierdurch möglichst lange und ungestört in der *Apple*-Welt aufhalten – umso keine Touchpoints zu anderen Marken und Unternehmen in Anspruch nehmen zu müssen. *Amazon* und *Facebook* sind ebenfalls erfolgreich dabei, hochentwickelte Eco-Systems aufzubauen. *Amazon* stößt dabei mit stationären Geschäften wie *Amazon Books* und *Amazon Go* sowie der drohnenbasierten Zustellung über *Amazon Prime Air* sogar in die Offline-Welt vor, um die Kunden auch hier umfassend mit eigenen Leistungen zu erreichen (vgl. Abb. 10.2; Shontell 2014).

Es kann folglich nicht erstaunen, dass die Unternehmen *Apple, Alphabet/Google, Amazon* und *Facebook* zu den fünf Unternehmen mit dem höchsten Börsenwert im Jahr 2016 zählen. Bei *Amazon* war der Börsenwertzuwachs mit 201 % am höchsten. Aber auch *Facebook* (+86 %) und *Alphabet/Google* (+68 %) legten deutlich zu (vgl. o. V. 2016 f, S. 61).

Die **Leistungsbandbreite dieser Eco-Systems** umfasst **Produktangebote** (Hardware/Software) und **Services**. Die Service-Palette beinhaltet klassische Logistikaufgaben, Zahlungsfunktionen bis hin zu einer Vielzahl von Cloud-Services. Gleichzeitig entwickeln sich die genannten Konzerne immer stärker in Richtung Media-Unternehmen, denn sie distribuieren nicht nur Inhalte, sondern steigen verstärkt in die Content-Produktion ein (vgl. Oremus 2015).

Ein Ende der Ausweitung dieser Leistungsangebote ist noch nicht abzusehen. Für Kunden bieten diese Eco-Systems einen entscheidenden Vorteil: **Convenience**. Denn die Leistungen, die diese Unternehmen innerhalb ihrer eigenen Eco-Systems anbieten, sind in hohem Maße miteinander vernetzt und liefern die bereits angesprochene „Seamless

Integration". Für die anbietenden Unternehmen selbst gehen diese Systeme mit entscheidenden Vorteilen einher:

- Es entsteht eine hohe **Kundenbindung für die eigene Marke**, da ein Eco-System die **Wechselbarrieren** enorm erhöht. Aufgrund der tatsächlichen oder nur gefühlten **Switching Costs** werden die eigenen Kunden für Wettbewerberangebote weniger empfänglich.
- Es kann hier zu regelrechten **Lock-in-Systemen** kommen, in die Kunden eingebunden werden und aus denen es (fast) kein Entkommen mehr gibt. Wer einmal mit *Amazon* – aus welchen Gründen auch immer – brechen wollte und alle Kontakte abgekappt hat, musste feststellen, dass danach auf die bei *Amazon* gekauften E-Books kein Zugriff mehr bestand. Härter kann man das Lock-in als Kunde nicht fühlen. Wer sich als Unternehmen einmal für *SAP* entschieden hat, weiß auch, was ein Lock-in-System ist!
- Zusätzlich werden hohe **Markteintrittsbarrieren für alternative Anbieter** aufgebaut; schließlich müssen Kunden aus den entsprechend umfangreichen Kokons erst einmal hausgeschält werden, um sich auf neue Angebot einzulassen.

► **Merk-Box** Leistungsstarke Eco-Systems bauen gravierende Wettbewerbshürden auf und binden Kunden besser als die meisten klassischen Kundenbindungskonzepte. Zusätzlich gilt: **The winner takes it all**. Der Grund hierfür liegt darin, dass Eco-Systems häufig mit positiven **Netzwerkeffekten** einhergehen. Man spricht auch von **Systemen mit positiver Rückkopplung**. Das bedeutet: Je mehr Anbieter und/oder Nachfrager bzw. Nutzer innerhalb eines Netzwerks eingebunden sind, desto größer fallen die Vorteile für alle Beteiligten aus – nicht zuletzt für den Netzwerk-Betreiber.

► **Food for Thought** Plattformen dominieren immer mehr Branchen. Einzelne Produkte und Services verlieren an Relevanz, wenn Plattformen auf den Markt treten. Durch Plattformen können häufig viel umfassender Skalenerträge erzielt werden als durch einzelne Produkte oder Services. Eine besondere Gefahr besteht für etablierte Anbieter dann, wenn sich diese Plattformen zwischen diese Unternehmen und deren Kunden schieben – und die Unternehmen somit aus der direkten Kundenbeziehung drängen. Viele Online-Geschäftsmodelle machen genau dies!
**Die Herausforderung lautet folglich: Plattformen gegen Produkte/Services!**

## 9.3 Entwicklung von eigenen Eco-Systems

Für alle **Anbieter außerhalb der schon bestehenden Eco-Systems** stellt sich zum einen die Frage, wie die eigene Relevanz – in Abgrenzung zu diesen Anbietern – sichtbar gemacht werden kann und ob ggf. eigene (thematische) Eco-Systems aufgebaut werden können. Zum anderen sollte ernsthaft geprüft werden, ob das eigene Unternehmen oder

**Abb. 9.2** *Nike* – Vom Produkt zur Problemlösung. (Quelle: Nike 2016)

eigene Angebote in die bestehenden Eco-Systems „eingewoben" werden können, um auf diese Weise von synergetischen Effekten zu profitieren.

**Case: *Nike***

Entwicklungen zu **thematischen Eco-Systems** sind bspw. im Fitnessbereich festzustellen. Viele Sportartikelhersteller beschränken sich schon länger nicht mehr auf die Produkte alleine – so auch *Nike*. Die *Nike+ Running App* ermöglicht das kontinuierliche Aufzeichnen und Auswerten der eigenen Fitness-Aktivitäten über eine App. Einen Schritt weiter geht die *Nike+ Sportwatch*, die den Datenkranz ergänzt. Das umfassendste Programm liefert der *Nike+ Training Club*, der zum Personal Trainer wird (vgl. Abb. 9.2). So werden Produkte durch zusätzliche Serviceleistungen zu echten Problemlösungen.

Solche **Markenstrategien** verfolgen mehrere **Ziele**. Zum einen wird das Produkt aus der Vergleichbarkeit (hier Laufschuhe) mit alternativen Angeboten herausgehoben. Zum anderen erschließen sich weitere Erlöspotenziale, wenn diese Dienstleistungen profitabel vermarktet werden. Außerdem wird der Kunde über die Dienstleistung stärker an das Unternehmen gebunden, weil die Wechselkosten (Switching Costs) zunehmen. Denn durch den Wechsel zu einer anderen Marke können alle bisher gewonnenen Daten verlorengehen. Schließlich hat das Unternehmen selbst einen nicht zu vernachlässigenden Vorteil: Es generiert eine Vielzahl an Daten über die eigenen Kunden und deren Produktnutzungsverhalten – und dies kostenlos (bzw. sogar mit Gewinn) und in Realtime! Durch Realtime Analytics können daraus wiederum passende Vorschläge generiert werden.

**Case: Smart Kitchen**

Stellen Sie sich folgende Situation vor: Sie laden Freunde per *Facebook* oder *WhatsApp* zu einem gemeinsamen Abendessen ein. Welche **Informationsströme** werden dadurch generiert und welche **Services** werden folglich möglich?

- **Wer hat zugesagt?**
  Es geht somit schon nicht mehr um die Frage, wer eingeladen wurde, sondern wer – per *Facebook* oder *WhatsApp* – zugesagt hat.
- **Mit welchen Essenspräferenzen und Trinkpräferenzen?**
  Der (permissionbasierte) Zugriff auf die *Facebook*-Profile von Gästen und Gastgeber lässt die Präferenzen unschwer erkennen.
- **Was wird gekocht und getrunken?**
  Basierend auf den Präferenzen von Gästen und Gastgeber werden online optimierte Rezepte für das Selberkochen oder Angebote der Online-Delivery-Services unterbreitet. Natürlich weiß *Facebook* um die Vorlieben des Kochens oder Nicht-Kochens des Gastgebers.
- **Füllgrad von Kühlschrank und Weinkeller?**
  In Abhängigkeit der gewählten Koch-/Nicht-Koch-Option werden Kühlschrank und Weinkeller digital durchstöbert und Fehlbestände identifiziert.
- **Anstoß der Einkäufe**
  Basierend auf den *Facebook* bekannten Einkaufsstätten- und Marken-Präferenzen werden online die notwendigen Einkäufe angesteuert (mit den jeweils hinterlegten Zahlungspräferenzen des Gastgebers).
- **Einbuchung Reinigungskraft**
  Für den Tag danach kann online ein Putztrupp von *helpling* oder *book a tiger* bestellt werden. Vielleicht zeigen einschlägige Partyfotos auf *Facebook*, wie „wild" die Partys jeweils ausfallen und welcher Handlungsbedarf folglich bestehen wird.
- **Rückholung von Pfandflaschen etc**.
  Dieser Service rundet das Leistungsprofil für den Gastgeber ab. Die Rückholung von Pfandgut stellt für die klassischen Logistikdienstleister eine besondere Herausforderung dar und wird deshalb wenig angeboten. Diese letzte Logistikmeile in beide Richtungen abzudecken, stellt eine zentrale Herausforderung für Anbieter wie *Amazon* dar, insb. bei *Amazon fresh*.
- **Geschenkvorschläge für Gastgeber**
  Als besonderer Service für die Gäste können aus den Präferenzen des Gastgebers in *Facebook* Geschenkvorschläge für die Eingeladenen unterbreitet werden. Dabei werden diese Vorschläge nach Art der Beziehung zum Gastgeber und nach der eigenen Kaufkraft optimiert. Gleichzeitig wird sichergestellt, dass sich nicht zwei Personen für identische Geschenke entscheiden.

Der weiteren Kreativität zur Ausgestaltung der Party – über weitere Online-Services – sind keine Grenzen gesetzt.

**Case: *Schindler*-Aufzüge**

Auch der Aufzugbauer *Schindler* arbeitet an einem spannenden Eco-System, um Menschen und Technik im eigenen Geschäftsmodell intelligent miteinander zu verknüpfen. *Schindler* verfügt über zwei Standbeine: den Anlagenbau und den Service. Service ist für 60 % des Umsatzes, aber für 80 % des Gewinns verantwortlich. Wer hierzu täglich 1,3 Mrd. Menschen mit Aufzügen und Fahrtreppen bewegt, stellt sich die Frage, wie der damit verbundene Datenschatz zu heben ist. *Michael Nilles*, CEO von *Schindler Digital Business*, der IT-Tochter des Aufzugs- und Fahrtreppenherstellers *Schindler*, hat sich folglich zunächst um die durch Digitalisierung erreichbare Optimierung der Serviceleistungen gekümmert. Eine wichtige Voraussetzung für die seit 2013 erfolgte **Digitalisierung der Wertschöpfungskette** war die vorgelagerte Zentralisierung von IT-Systemen, einschließlich der Einführung einer globalen Prozessplattform.

Mit diesem Schritt ging auch ein **Rebranding** einher: Aus der *IT Schindler Informatik* wurde 2013 *Schindler Digital Business*. Dabei standen zunächst die Servicetechniker im Zentrum der Digitalisierungsstrategie. Hier wurde erkannt, dass diese über nur wenige Informationen verfügten, was sie am Point of Service erwarten würde. Es galt, einen **digitalen Werkzeugkoffer** zu erstellen (vgl. Lixenfeld 2015). Durch eine App wurden zunächst zentrale Informationen bereitgestellt: Wo ist der neue Aufzug – bspw. auf einer Großbaustelle – zu installieren? Und wo stecken bspw. Menschen in einem Aufzug fest? Die Digitalisierung hat hier die Transparenz erhöht und macht sie auf dem mobilen Device verfügbar. Wertvolle Suchzeit wurde eingespart. Zusätzlich wurden auch die für Bau und Wartung notwendigen Dokumentationen, die früher nur analog verfügbar waren, per *iPad* zur Verfügung gestellt. Die Handhabung durch den Kunden wurde ebenfalls über Apps erleichtert. Die verantwortlichen **Facility Manager** können digital erkennen, wo welche Fehler aufgetreten sind. Zusätzlich zeigt ihnen *MySchindler* an, ob bereits ein Servicetechniker unterwegs ist.

Grundlage für die Entwicklungen ist die **Maschine-zu-Maschine-Kommunikation**. Hierbei nutzt *Schindler* pro Aufzug ungefähr 30 Datenpunkte, um relevante Daten über den Zustand der Anlagen zu erheben. Der Servicetechniker ist dadurch als Schnittstellenmanager in der Lage, mit der Anlage, dem Kunden sowie dem eigenen Backoffice zu kommunizieren. Die Usability der Apps war ein besonders wichtiger Erfolgsfaktor, der die Effizienz der Servicetechniker deutlich erhöht hat (vgl. Lixenfeld 2015). Der nächste Schritt ist **Predictive Maintenance:** Informations- und SW-basiert werden hierbei Wartungsschritte vorhergesagt und potenziell ausfallende Teile etc. ersetzt, noch bevor diese zu einem Ausfall der Maschinen führen. Hierdurch werden Kosten für Notfalleinsätze und die Nichtverfügbarkeit von Anlagen minimiert. Umfassende Systeme des Predictive Maintenance decken die Bereiche Wartungsvorhersage, Wartungsmanagement, Wartungsdurchführung und Wartungsdokumentation in einem integrierten System ab.

Aber ein **intelligenter Aufzug** kann noch mehr: Die Herausforderung besteht darin, die Daten der Nutzer, die auf dem Weg zum Aufzug sind, zu erfassen. Wenn erkannt wird, welche Personen mit welchen Stockwerkwünschen zu welchem Zeitpunkt vor dem Aufzug eintreffen werden, können bei größeren Gebäuden ggf. einige der häufig über eine Million teuren Aufzüge eingespart werden – durch eine effizientere Nutzung. Die Intelligenz der Datenverarbeitung kann hier zu reduzierten Bau- und Servicekosten für die Gebäudeeigentümer führen. Außerdem werden hierdurch Flächen frei, die bisher für die Aufzüge benötigt wurden.

## 9.4 Konzepte zur Monetarisierung von Leistungen in Eco-Systems

Vor dem Hintergrund dieses Fallbeispiels kann geprüft werden, auf welche Weise eine **Monetarisierung für Leistungen im Eco-System** erbracht werden kann. Hier bieten sich die folgenden Alternativen an, die unterschiedliche **Komplexitätsgrade des Monetarisierungsmodells** sowie die **Art der Kundenbeziehung** berücksichtigen (vgl. Abb. 9.3; Capgemini 2014, S. 4; vertiefend zu den relevanten Geschäftsmodellen im Online-Kontext Kreutzer et al. 2017, S. 66–68).

- **Hardware-Premium**
  Hier wird im Rahmen einer transaktionsbasierten Beziehung lediglich ein Aufpreis auf die Hardware entrichtet, um die durch die Vernetzung zusätzlich bereitgestellten Leistungen zu vergüten. Eine intensivere Kundenbeziehung wird hierdurch nicht hergestellt. Dies ist bspw. der Fall, wenn zur LED-Beleuchtung eine App zu deren Steuerung gegen Aufpreis angeboten wird (bspw. von *Lifx*).
- **Service-Gebühr**
  Ist eine intensivere Kundenbeziehung gegeben, können die erbrachten Dienstleistungen speziell vergütet werden. Solche Leistungen sind bspw. bei *Audi Connect, Uber und Airbnb* gegeben.
- **Bezahlung durch Datenbereitstellung**
  Die Vergütung erfolgt hier durch eine – häufig einseitige – Datenbereitstellung. Die Formel lautet: Dienstleistungen gegen Daten. Dieser Ansatz liegt bspw. dem Konzept von *Michelin Solutions* zugrunde.

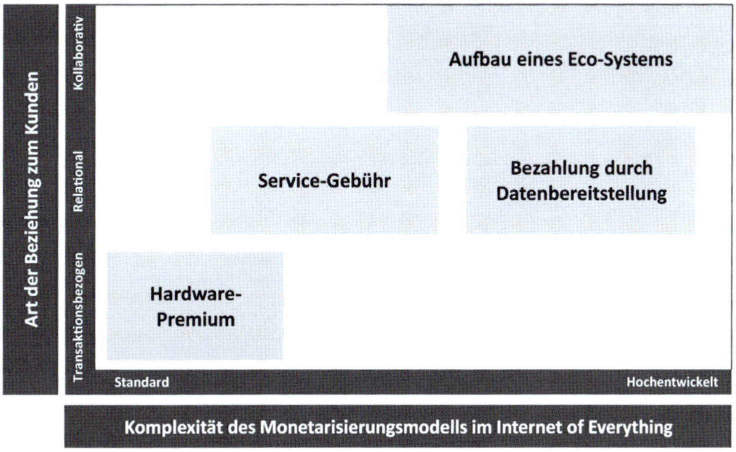


**Abb. 9.3** Monetarisierungsmodelle des Internet of Everything. (Quelle: Nach Capgemini 2014, S. 4)

- **Aufbau eines Eco-Systems**
  Dem Aufbau eines Eco-Systems liegt eine kollaborative Kundenbeziehung zugrunde. Das bedeutet, dass sich Anbieter und Nachfrager auf eine umfassendere Zusammenarbeit einlassen und hierzu eine Vielzahl von Daten zum gemeinsamen Nutzen austauschen. Hier ist die höchste Komplexität des Monetarisierungsansatzes erreicht, weil diesem Modell häufig eine Plattform zugrunde liegt, auf der die jeweiligen Transaktionen stattfinden. Hier kann an die Eco-Systems von *Apple, Google* und *Facebook* gedacht werden.

## 9.5 Chancen durch die Quantified-Self-Entwicklung

Vor diesem Hintergrund sind die Unternehmen gut beraten zu prüfen, welche Bedeutung die international zu beobachtende Entwicklung **„The Quantified Self"** für das eigene Unternehmen hat. Mit diesem Begriff werden Entwicklungen bezeichnet, bei denen Nutzer unter Einsatz von Hard- und Software-Lösungen umwelt- und personenbezogene Daten aufzeichnen und auswerten. Diese sogenannten **Self-Tracking-Lösungen** diesen dazu, sich quasi „selbst zu vermessen". Die Datengewinnung erfolgt über sogenannte **Wearables**.

Bei Wearables handelt es sich um tragbare Computersysteme, die entsprechend Wearable Computer bzw. in Kurzform Wearables genannt werden. Das Besondere an diesen Systemen ist, dass sie während der Anwendung am Körper des Nutzers getragen werden. Hierzu kommen bspw. Smart Watches, Smart Clothes und weitere Acitivity Tracker zum Einsatz, die über Sensoren eine Vielzahl von Daten erheben. Die Anwendungsbereiche solcher Technologien reichen von den beschriebenen Fitnesslösungen bis hin zur Überwachung des Schlafs, des Blutzuckerspiegels, des Pulsschlags und der Essgewohnheiten. Hierdurch wird angestrebt, die eigene Gesundheit zu fördern. Inwieweit das tatsächlich gelingt, wird durchaus kontrovers diskutiert (vgl. Rosenbach et al. 2015).

Jedes Unternehmen ist gut beraten, die möglichen Auswirkungen der Quantified-Self-Bewegung auf die eigene Leistungspalette zu prüfen. Teilweise bieten **Versicherungsunternehmen** schon heute die Möglichkeit zu Beitragsvergünstigungen, wenn die Versicherer auf diesen Datengrundlagen den Fitnesszustand der Versicherten überprüfen können. So offeriert bspw. der Versicherungskonzern *Generali* einen Fitness-Tarif *Vitality* in der Risiko-Lebensversicherung sowie in der Berufsunfähigkeitsversicherung, der „gesund lebenden" Personen Prämienvorteile einräumt (vgl. Generali 2016).

Wenn Kunden daran interessiert sind, ihr Schlafverhalten selbst zu überwachen, kann dies ein Hinweis auf die Entwicklung von Smart Beds oder ergänzenden Dienstleistungen sein – bis hin zur optimalen Ausleuchtung des Schlafzimmers. Diese Herausforderung sollte die **Möbel- und Lampenindustrie** nicht „verschlafen". Die **Bekleidungshersteller** sollten prüfen, ob der Trend zu Smart Clothes durch eigene Angebote aufzugreifen ist.

▶ **Food for Thought** Jedes Pharmaunternehmen ist gut beraten, einmal darüber nachzudenken, ob das **Problem der fehlenden Compliance** – das bedeutet die unzureichende Befolgung der medikamentösen Therapie (etwa gefördert durch *„Dr. Google"*) – nicht über diese Entwicklungen abgemildert werden kann. Lässt sich die regelmäßige Einnahme wichtiger Medikament über die „Selbstvermessung" feststellen? Mit Erlaubnis des Patienten können dann entsprechende Push-Nachrichten versandt werden, um die regelmäßige Einnahme sicherzustellen. Gleichzeitig können auch Überdosierungen erkannt und diesen ggf. frühzeitig entgegengesteuert werden.

**Case: *Virgin Pulse***

Das Unternehmen *Virgin Pulse (verginpulse.com)* hat ein eigenes Geschäftsmodell auf Wearables aufgebaut. Es bietet Unternehmen **Gesundheitswettbewerbe** an, um die eigenen Mitarbeiter zu mehr sportlichen Aktivitäten zu motivieren. Über die Wearables werden die Fitnessaktivitäten der teilnehmenden Mitarbeiter erfasst, die in Gruppen gegeneinander antreten. Die Daten werden über *Virgin Pulse* ausgewertet und die Gewinner-Teams ermittelt. Im Idealfall gewinnen alle: das Unternehmen fittere Mitarbeiter, die Mitarbeiter selbst verbessern ihr Fitness-Level, und *Virgin Pulse* erzielt wertschöpfende Umsätze.

▶ **Merk-Box** Alle Unternehmen sollten sich um eine erfolgversprechende Startposition in thematischen Eco-Systems bemühen, weil für die meisten Unternehmen der Aufbau umfassender Eco-Systeme à la *Apple, Facebook* & Co. schwer zu stemmen sein dürfte.
Die Herausforderungen heißen:

- **Denken und Handeln in Eco-Systems!**
- **Entwicklung weg von einer reinen Produkt-Marke über Solutions hin zu einer Eco-System-Marke**.

Selbst der Weg zum **gechippten Menschen** ist nicht mehr weit! Schon jetzt haben sich die ersten Menschen Chips unter die Haut einpflanzen lassen. Diese Personen werden **Cyborgs** genannten, weil es sich quasi um Mischwesen aus Mensch und Maschine handelt. Der Begriff Cyborg entsteht aus den Teilen **Cyb**(ernetic) und **Org**(anism), d. h. dem kybernetischen Organismus. Der in Glas eingebundene Chip kann als Visitenkarte, Eintrittskarte und perspektivisch auch zum Bezahlen eingesetzt werden. Den Anwendungen sind technisch kaum Grenzen gesetzt – nur ethisch!

**Think-Box**

- Können wir uns in bestehende Eco-Systems einklinken?
- Was haben wir dafür zu bieten?
- Haben wir die Chance, auf Basis unseres Leistungsangebots selbständig überzeugende Eco-Systems aufzubauen?
- Können wir eigene – themenspezifische – Eco-Systems aufbauen?
- Welche Konsequenzen hat die Quantified-Self-Bewegung für meine Branche und mein Unternehmen?
- Welche Entwicklungen lassen sich hier schon absehen, die berücksichtigt werden müssen?
- Wer beschäftigt sich in meinem Unternehmen mit solchen Fragestellungen?

**Quick Wins**

# Sharing Economy – Nutzung statt Eigentum 10

Die zunehmende Digitalisierung bringt eine weitere hochinteressante Ausgestaltung mit sich, die mit dem Begriff **Share Economy** bezeichnet wird. Der schon 1984 von *Martin Weitzman* (1984) eingeführte Begriff besagt im Kern, dass sich der Wohlstand für alle erhöhen kann, wenn Marktteilnehmer Ressourcen teilen und damit gemeinsam nutzen. Allerdings haben es erst Online-Plattformen geschafft, Anbieter und Nutzer von bestimmten Gütern über die engste Nachbarschaft oder den Freundeskreis hinaus in einer relevanten Größenordnung zusammenzuführen.

Mit den auch **Sharing Economy** bzw. **Shared Economy** bezeichneten Entwicklungen wird das systematische Ausleihen von Gegenständen bzw. das gegenseitige Bereitstellen von Räumen und Flächen durch Privatpersonen beschrieben. Im Kern handelt es sich um **Collaborative Consumption** und damit um einen **Gemeinschaftskonsum** (vgl. Bendel 2016). Dabei geht es in der Sharing Economy nicht um den Eigentumserwerb, sondern um die vorübergehende Nutzung fremden Eigentums, wie sie bereits früher bei Mietverträgen erfolgte (vgl. hierzu den Gastbeitrag Munzinger in Abschn. 10.1). Diese Entwicklung wird durch vier Aspekte gefördert (vgl. auch Telles 2016):

- Partielle **Verschiebung der Kundenpräferenzen** vom „Eigentum" zur „Nutzung".
- **Vereinfachter „informatorischer" Zugriff** auf das Eigentum anderer Menschen oder Unternehmen über das Internet.
- **Entstehung von Plattformen**, die eine Zusammenführung von Eigentümern und (potenziellen) Nutzern ermöglichen.
- **Vertrauensaufbau über Rating-Systeme**, die Betrüger auf beiden Seiten schnell sichtbar machen.

Auch bezüglich dieser Entwicklung sind Markeninhaber aufgerufen, sich mit der Frage auseinanderzusetzen, wie eine derartige Entwicklung zu bewerten ist. Zunächst kann festgestellt werden, dass ein kollaborativer Konsum, der dem Eigentum an bestimmten Produkten entgegensteht, die Verkaufszahlen verringert und damit dem ureigensten Ziel

 
R. T. Kreutzer und K.-H. Land, *Digitale Markenführung*, DOI 10.1007/978-3-658-08547-6_10

von Anbietern entgegensteht. Doch welche Chancen sind im Zuge der digitalen Markenführung zu nutzen?

Die Möglichkeiten des beschriebenen Gemeinschaftskonsums wurden durch **Online-Plattformen** massiv und global ausgeweitet. Plattformen wie *Airbnb* revolutionieren die Vermittlung von Unterkünften, *Uber* und *Gett* fordern das Taxi-Gewerbe heraus, und Anbieter wie *Car2Go, DriveNow* und *Flinkster* verändern den Autovermietermarkt. *Getaround* will das *Airbnb* für Autos werden (inkl. Versicherung). Hierfür benötigen die anbietenden Plattformen keine einzige eigene Wohnung, kein Taxi und auch kein „normales" Auto. Die Plattformanbieter können sich auf die Zusammenführung von Angebot und Nachfrage konzentrieren – ein plattformbasiertes Online-Geschäftsmodell. Zusätzlich tragen die Möglichkeiten der **Online-Kommunikation** dazu bei, dass über derartige Angebote umfassend berichtet werden kann. Die **sozialen Medien** erlauben es, dass Anbieter und Nachfrager gleichermaßen bewertet werden können, wodurch missbräuchliche Nutzungen leichter sanktionierbar sind. Eine Vielzahl derartiger Transaktionen kann mit **minimalem zeitlichem Vorlauf** getätigt werden – bspw. die Anforderung eines *Uber*-Taxis oder der Zugriff auf ein *Car2Go*-Fahrzeug um die Ecke.

► **Merk-Box** Die Wettbewerber der Sharing Economy stammen oft aus anderen Branchen bzw. wurden als Start-up ohne eigene Historie im entsprechenden Markt bzw. in der entsprechenden Branche gestartet. Die neuen Anbieter decken Angebotslücken ab, die etablierte Anbieter nicht berücksichtigt haben – oft, weil sie das bestehende Geschäftsmodell kannibalisiert hätten.

► **Food for Thought** Die Menschen suchen heute verstärkt nach Mobilität – nicht nach Pkws oder Zug- bzw. Flugverbindungen.
Welche analogen Verschiebungen in der Erwartungshaltung lassen sich in meiner Branche feststellen?

- Vom Fitness-Studio zum Gesundheits-Coaching?
- Vom Bekleidungskauf zur Lifestyle-Beratung?
- Vom Nahrungsmittelkauf zur umfassenden Ernährungsberatung?
- Von der Abwicklung von Schadensfällen bei Versicherungen zur Vermeidung des Schadenseintritts?
- Vom Küchenkauf zum Gesundheitstempel?
- …

Welche Bedeutung ist meiner Marke beizumessen, wenn diese in der Sharing Economy genutzt wird? Nutze ich die Möglichkeiten der Sharing Economy wie die *Deutsche Bahn*, die sich durch das Angebot *Flinkster* zum schienenunabhängigen Mobilitätsanbieter weiterzuentwickeln sucht? Oder nutze ich sie wie *Daimler* in Verbindung mit *Europcar* bei *Car2Go*, um beim Trend „weg vom eigenen Auto in der jüngeren Generation" beim kannibalisierenden Geschäftsmodell eigene Erfahrungen zu sammeln und auch eigene Fahrzeuge einzusetzen? Aus der Sicht von *Europcar* geht es um die Aufgabe, bei der

Alternative zur klassischen Autovermietung frühzeitig Präsenz zu zeigen – auch wenn man sich selbst kannibalisiert. Ähnliche Überlegungen stehen beim Angebot *DriveNow* von *BMW* und *Sixt* im Zentrum. *VW* ist 2016 mit einem 300 Mio. US-Dollar Investment beim *Uber*-Wettbewerber *Gett* eingestiegen und will unter der neuen Marke *Moia* zu einem der drei weltweit führenden Anbieter von Mobilitätsdienstleistungen aufsteigen (vgl. Kyriasoglou 2016; o. V. 2016c, S. 12).

Bei solchen strategischen Entscheidungen sind die eigene Unternehmens- und Markenmission auf diese veränderten Rahmenbedingungen auszurichten. Kein Automobilhersteller sollte es sich mehr leisten, seine **Business Mission** nur mit „Produktion und Vertrieb von Automobilen" zu kennzeichnen. Das Denken und Handeln in vernetzten Systemen verlangt von den Automobilherstellern, aber auch von den Eisenbahn-Organisationen oder den Fluggesellschaften, sich vielmehr als **Mobilitätsdienstleister** zu positionieren, die vernetzte Lösungen anbieten.

► **Food for Thought** Um im veränderten Wettbewerbsumfeld als Anbieter sichtbar zu bleiben, muss die Differenzierung über die Marke an Schärfe gewinnen. Es gilt, insb. den Customer Advantage deutlich zu machen, der sich als Überlegenheit gegenüber Wettbewerberangeboten darstellt.

**Think-Box**

- Ist es branchenfremden Anbietern schon gelungen, Lösungen der Sharing Economy für meine Branche zu entwickeln?
- Wie erfolgreich sind diese branchenfremden Wettbewerber?
- Ist es Anbietern in meiner Branche selbst schon gelungen, Lösungen der Sharing Economy zu entwickeln?
- Wie erfolgreich sind diese direkten Wettbewerber?
- Wenn solche Entwicklungen noch nicht sichtbar sind: Wo böten sich Einflugschneisen für entsprechende Konzept und wie verbundbar sind die etablierten Anbieter und insb. mein Unternehmen hier?
- Welche Konsequenzen wurden aus diesen Entwicklungen bisher gezogen – welche sind zu ziehen?
- Wer beschäftigt sich in meinem Unternehmen mit diesen Fragestellungen?

## 10.1 Entwicklung zum Internet of Everything

Welche Potenziale in diesen Feldern liegen, wird sichtbar, wenn man sich die Entwicklung bei der Vernetzung zwischen den Dingen (**„Internet of Things"**), aber zunehmend auch eine Vernetzung zwischen allem (**„Internet of Everything"**) vor Augen führt. Welche Treiber hinter dieser Entwicklung stehen, zeigt Abb. 10.1. Die Kombination von

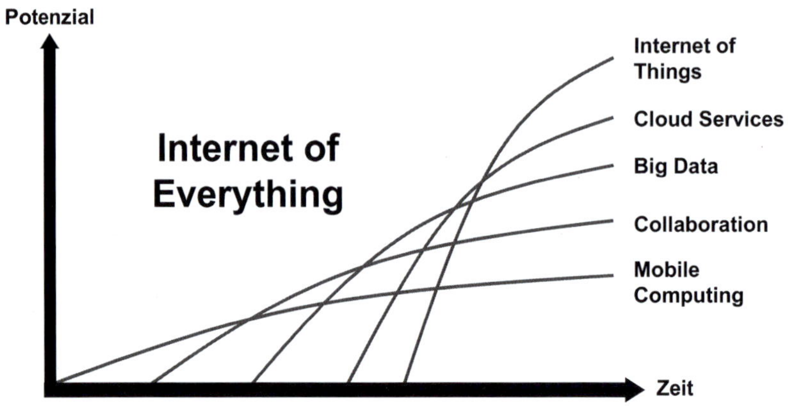


**Abb. 10.1** Entwicklung zum Internet of Everything

**Mobile Computing**, der Zusammenarbeit über Zielgruppen-, Unternehmen-, Industrie- und Ländergrenzen hinaus (**Collaboration**), die Gewinnung von mehr und mehr Daten (**Big Data**), der zunehmende Einsatz von **Cloud Services** sowie das in der Entwicklung befindliche **Internet of Things** verschmelzen in zunehmendem Maße zum **Internet of Everything**.

► **Merk-Box** Das Internet of Everything bietet das Potenzial, zum **digitalen Fließband der Produkte und Services** zu werden, wobei Produkte und Services immer stärker miteinander verschmelzen. Hiervon können die Kunden profitieren, wenn es tatsächlich zu einer **Seamless Integration** kommt, zum Verschmelzen bisher getrennter Leistungsfelder und zum Abbau der Informations- und Prozess-Silos – auch unternehmensübergreifend. Das digitale Fließband erzwingt geradezu das Einreißen dieser Silos. Die Unternehmen können hierfür durch eine **höhere Wertschöpfungstiefe** und eine **größere Effizienz in der Wertschöpfung** belohnt werden.

Welche Auswirkungen diese **Entwicklungen zum Internet of Everything** haben werden, zeigt eine Prognose von Cisco (2015). Bis zum Jahr 2022 wird das Internet of Everything weltweite Gewinne und Einsparungen in folgenden Größenordnungen erzielen:

- 2,5 Billionen US-$ durch eine bessere Anlagennutzung,
- 2,5 Billionen US-$ durch gesteigerte Mitarbeiterproduktivität,
- 2,7 Billionen US-$ durch Verbesserungen in der Supply Chain,
- 3,7 Billionen US-$ durch optimierte Kundenerlebnisse,
- 3,0 Billionen US-$ durch Innovationen.

In Summe sollen sich durch die Entwicklungen Gewinne und Einsparungen von 14,4 Billionen US-$ ergeben. Es wird eine Steigerung der Unternehmensgewinne von bis

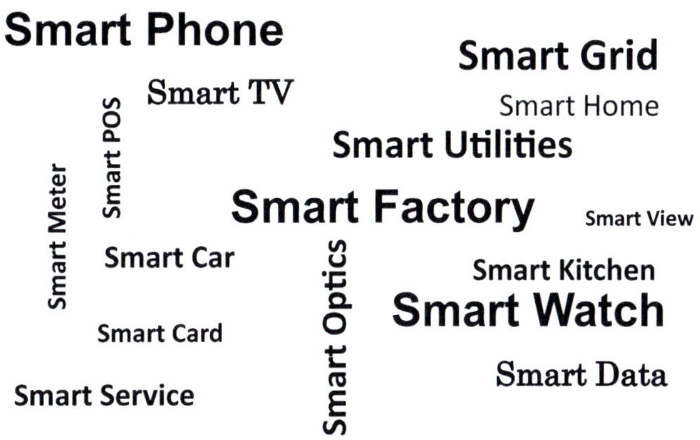


**Abb. 10.2** Entstehung einer Smart Landscape

zu 21 % vorhergesagt (vgl. Cisco 2015). Auch wenn man den Zahlen nur bedingt Glauben schenken mag – eine nachhaltige Auswirkung auf alle Geschäftsfelder ist absehbar. Schließlich wird prognostiziert, dass im Jahr 2030 bereits 500 Mrd. Objekte miteinander verbunden sein werden (vgl. Robbins 2015, S. 70).

Diese Entwicklung wird noch an Dramatik gewinnen, wenn man sich die **Smartisierung von Objekten** vor Augen führt. In Abb. 10.2 findet sich eine **Smart Landscape**, in der die wichtigsten Objekte aufgezeigt sind, denen heute schon ein „smart" vorangestellt ist. Im Kern geht es um Anwendungen, die durch Online-Verbindungen eine „zusätzliche" Intelligenz erhalten haben. Und diese Landkarte stellt erst den Anfang dar. Von Smart Phone, Smart TV und Smart Watch haben wir schon eine konkrete Vorstellung. In welche Richtung sich der Smart POS, ein Smart Home, Smart Kitchen, Smart Service oder das Smart Grid entwickeln kann, bleibt noch weitgehend offen. Eine spannende Herausforderung für alle Marken, hier mit überzeugenden Lösungen hineinzustoßen.

Was bedeuten diese Entwicklungen für die Markenführung? Marke muss heute viel umfassender und komplexer gedacht werden, als dies noch vor wenigen Jahren der Fall war. Zur erforderlichen **Expertise als Markenspezialist** kommt die Notwendigkeit einer **Expertise als Vernetzungsspezialist**. Es gilt, die eigene enge Markendefinition zu überwinden und in komplexen Anwendungsszenarien zu denken und zu handeln. Schnittstellen von Produkten und Dienstleistungen zu anderen Systemen sind schon in der Markenkonzeption anzulegen, um bspw. Teil der relevanten Eco-Systems zu werden. Es gilt, auch und gerade branchenfremde Dienstleistungspartner und ggf. auch Wettbewerber in solchen Systemen zusammenzuführen.

► **Merk-Box** Die **Perspektive der Markenführung** muss deutlich ausgedehnt werden und darf nicht an der Grenze etablierter Geschäftsmodelle enden. Die Markenspezialisten müssen sich im Zuge des Digital Brandings zu **Vernetzungsspezialisten** entwickeln, um eine ganzheitliche Brand Experience zu schaffen. Innovativen Serviceangeboten kommt eine besondere Rolle zu. Stand-alone-Marken, die kein übergreifendes Serviceerlebnis bieten, werden sich folglich in Zukunft immer schwerer tun. Die Aufgabe lautet auch hier: Seamless Integration – die Vernetzung verschiedener Leistungsfelder rund um eine Marke in einer relevanten und leicht zu bedienenden Umgebung (Stichwort: Eco-System).

**Think-Box**

- Welche Auswirkungen wird das Internet of Everything auf meine Branche haben?
- Wo sind die ersten Auswirkungen des Internet of Everything schon zu sehen?
- Welche Bedrohungen sind mit dem Internet of Everything verbunden?
- Wo ergeben sich ganz neue Chancen?
- In wessen Aufgabenbereich fallen die entsprechenden Aufgaben in meinem Unternehmen?

## 10.2 Gastbeitrag: Die Share Economy – ein neues Modell des Wirtschaftens im digitalen Zeitalter

Uwe Munzinger

Die Gäste sind geladen, die Kirche ist festlich geschmückt und die Braut wunderschön. Doch plötzlich bekommt der Bräutigam kalte Füße, und die Hochzeit platzt. Allein in den USA werden 250.000 Hochzeiten pro Jahr kurzfristig abgesagt. Aus diesem romantischen Desaster machen unter cancelweddings.com und abgesagtehochzeiten.de clevere Unternehmer ein neues Geschäftsmodell: Hochzeitsdeko, DJ, Kleid und andere Hochzeitsutensilien können von anderen Heiratswilligen ersteigert werden. So bekommt Sharing eine ganz neue Dimension.

**Teilen und Tauschen** gab es zwar schon immer. Denn es gibt zahllose Dinge, die herumliegen und selten benutzt werden. Wie die Bohrmaschine, die durchschnittlich nur 13 min im Jahr genutzt wird. Oder das Auto, das am Tag eine Stunde fährt und 23 h herumsteht. Die Digitalisierung schafft hier neue Möglichkeiten. **Carsharing** und **Couchsurfing** waren nur der Anfang, beinahe täglich kommen neue Angebote hinzu.

Die Grundidee: Teilen und Tauschen sind nachhaltig und schonen die Ressourcen. Geteilt und getauscht wird mittlerweile fast alles, mal mehr, mal weniger professionell, von Werkzeugen, Sportgeräten, Gärten, Musik bis zu Kleidung und Fahrkarten. Es gibt mittlerweile kaum noch eine Branche, die nicht vom Tausch- und Teilen-Fieber erfasst wird und sich über digitale Plattformen organisiert. Mittlerweile hat die **Share Economy** selbst die Luxusindustrie erreicht. Mit *Prêt-à-Louer* ging bspw. ein Portal online, das ein Problem vieler modebewusster Frauen löst: Warum 2000 € oder mehr für ein Kleid ausgeben, das man nur zwei- bis dreimal trägt? Warum nicht einfach bei jeder Gelegenheit den neuesten Trend tragen und dafür nicht tausende Euros ausgeben?

Die Share Economy adressiert einen grundsätzlichen Wertewandel – insb. bei jungen, urbanen Menschen. Eine von *Ernst & Young* (2013) veröffentlichte Studie über die **Generation Y** zeigte auf, dass Familie und soziales Umfeld oberste Priorität genießen, während Karriere und gehobener Lebensstandard ziemlich weit unten auf der Wunschliste der jungen Deutschen stehen (vgl. Kap. 3). Auch was das Thema Besitz angeht, schlägt diese Generation einen neuen Weg ein. Das Interesse daran sinkt, Besitz wird sogar mitunter als Bürde empfunden. Der Zugang zu Produkten und Dienstleitungen ist heute wichtiger, als Dinge zu besitzen. Anstelle des Besitzens rückt der **Lifestyle des Tauschens und Teilens** als identitätsstiftendes Merkmal in den Vordergrund. Vor diesem Hintergrund erklärt sich etwa der Erfolg von Tausch- und Sharing-Angeboten wie *Kleiderkreisel* oder *Airbnb*, wo selbst Luxusunterkünftige in den Metropolen dieser Welt für eine begrenzte Zeit für jeden erreichbar sind. Die neue Sharing-Generation hat es nicht mehr nötig, sich über den Besitz bestimmter Produkte und Marken zu definieren. Durch die Nutzung von Sharing-Angeboten grenzen sie sich als cool, trendy und umweltbewusst ab.

Für Unternehmen bietet die Share Economy vielfältige geschäftliche Möglichkeiten. Von zentraler Bedeutung sind relevante **Geschäftsmodelle**, die auf echten Nutzerbedürfnissen basieren, sowie die Einbettung in soziale Netzwerke. So hat etwa *Asos* eine Second-Hand- und Vintage-Rubrik eingeführt und ermutigt die User, ihre angebotenen Kleidungsstücke im Streetstyle-Look hochzuladen. So wird der Verkauf von Mode, die man loswerden will, gleichzeitig zur Möglichkeit, sich lässig selbst zu inszenieren und dies mit Freunden zu teilen. Dadurch gelingt es *Asos*, neue Kunden auf die Plattform zu ziehen, die sich nicht nur das Second-Hand-Segment anschauen.

Egal welche Branche, Marken müssen garantieren, dass die Prozesse des Teilens und Tauschens einwandfrei funktionieren. Für *DriveNow* oder *Car2Go* ist es elementar, das die **Customer Journey** an jedem Punkt hundertprozentig funktioniert. Der User muss das Auto einfach auffinden und möglichst unkompliziert und ohne Hindernisse öffnen, nutzen und zurückgeben können. Nicht funktionierende Apps, ein leerer Tank oder ein verdrecktes Auto können zu einem negativen Markenerlebnis und zur Abkehr vom Anbieter führen.

Ein weiterer Faktor, der für die Share Economy immer wichtiger wird, ist die **gesellschaftliche Relevanz**. Menschen erwarten nicht nur nützliche und zu ihrer Lebenswelt passende Angebote, sondern sie sollen auch noch gesellschaftlich relevant sein. So kann man auf foodsharing.de oder lebensmittelretten.de Menschen seine Lebensmittel anbieten und verschenken, um sie nicht wegwerfen zu müssen. Die englische Textilkette *Marks & Spencer* regt Kunden an, ihre alte Kleidung zum Recycling zur Hilfsorganisation *Oxfam* zu tragen. Als Dankeschön bekommen sie einen 5-§-Einkaufsgutschein. In *Norwegen* hat der Möbelanbieter *IKEA* Menschen dabei geholfen, ihre alten Möbel zu verkaufen, indem diese nicht nur abgeholt, sondern sogar beworben wurden. Via taskrabbit.com kann man für andere Menschen Aufgaben übernehmen.

Es gibt zahlreiche Ansätze für Unternehmen und Marken, vom **Trend zum Teilen und Tauschen** zu profitieren. Drei wesentliche Aspekte sollten Unternehmen und Marken in der Share Economy jedoch beachten:

- Unternehmen müssen rechtzeitig **Kapazitäten und Potenziale erkennen**. Fast jede Branche bietet mittlerweile Ansatzpunkte für Sharing-Modelle, die etablierte Geschäftsmodelle gefährden können.
- Das **Sharing-Angebot** muss **funktional, emotional und gesellschaftlich relevant** sein. Für Menschen müssen der eigene Vorteil sowie der Nutzen für die Gemeinschaft klar erkennbar sein. Darüber hinaus ist es zielführend, die Marke und den Nutzenfaktor in der Interaktion erlebbar zu machen. Die besten Angebote sind die, über die Kunden Geschichten erzählen können.
- **Vertrauen und Reputation** sind im Kontext von Sharing-Angeboten fundamental. Daher sollte man sich über die Treiber für Vertrauen in einer Kategorie bewusst werden. So trägt etwa *Airbnb* dafür Sorge, dass Spielregeln und gewisse Standards eingehalten werden, um das Vertrauen bei Mietern und Vermietern nicht zu enttäuschen. Mit ihrer starken Community als selbstregulatorischer Instanz haben sie eine gute Basis zur Vertrauensbildung etabliert, die permanent weiterentwickelt werden muss.

Der **Erfolg vieler Sharing-Plattformen** wird weitere Unternehmen dazu ermuntern, neue Geschäftsmodelle zu probieren, die ein **intelligentes Teilen** sowie eine optimale Auslastung von Gebrauchsgütern und Ressourcen auf Basis der digitalen Vernetzung ermöglichen und somit klassische Geschäftsfelder erweitern. Die Share Economy ist somit auch in Zukunft ein Wachstumsmarkt im digitalen Zeitalter.

► *Uwe Munzinger* ist Geschäftsführer der *Sasserath Munzinger Plus GmbH, Berlin.*

**Quick Wins**

# 11 Unternehmensinterne Verankerung einer (digitalen) Markenführung

Der Prozess der unternehmensinternen Verankerung der (digitalen) Markenführung ist zielorientiert auszugestalten, um einen Ansatz à la „Jugend forscht" zu vermeiden. Zentrale Voraussetzung, um eine digitale bzw. besser eine ganzheitliche Markenführung im Unternehmen erfolgreich zu verankern, ist eine umfassende **Analyse des Status quo der aktuellen Markenführung**. Basierend auf den Fragen, die in den Think-Boxen der vorangegangenen Kapitel aufgeworfen wurden, kann diese Bestandsaufnahme Schritt für Schritt erfolgen.

Aus den so gewonnenen Erkenntnissen können die Anforderungen an die **Markenstrategie** und die **Markenziele** abgeleitet werden. Ganz entscheidend ist die Frage, ob das eigene Leistungsangebot und die eigene Marke langfristig genug **Substanz** bieten, um attraktive und damit für die Nutzer relevante Inhalte zu liefern. Dabei ist zu beachten, dass die **strategische Positionierung der Marke** auch im digitalen Umfeld langfristig ausgerichtet sein muss, um bei den (potenziellen) Kunden Vertrauen gewinnen zu können. Gleichzeitig ergibt sich die Herausforderung, agiler zu agieren als in der Vergangenheit (vgl. Heim 2015).

## 11.1 Konzept der agilen Markenführung

Die **Grundideen der agilen Markenführung** – schnell, flexibel und agierend statt langfristig geplant, strukturiert und reagierend aufzutreten – stehend auf den ersten Blick im absoluten Widerspruch zu den Grundlagen einer strategisch ausgerichteten Markenführung. Doch warum müssen wir bei der Markenführung schneller sein als bisher? Für die digitale Markenführung ist zu berücksichtigen: Ein Online-Jahr verläuft so schnell, dass es anscheinend nur drei Monate dauert – ein Social-Media-Jahr dauert sogar anscheinend nur einen Monat, weil sich jeden Tag größere Veränderungen abzeichnen. Deshalb muss die digitale Markenführung eine andere Geschwindigkeit zeigen als im vordigitalen Zeitalter.

 
R. T. Kreutzer und K.-H. Land, *Digitale Markenführung*, DOI 10.1007/978-3-658-08547-6_11

**Abb. 11.1** Agile Markenführung bei *Oreo*. (Quelle: Oreo Cookie 2013)

Nur so lassen sich Relevanz und Reichweite über einen längeren Zeitraum sicherstellen – allerdings ohne dass die Kernwerte der Marke vernachlässigt werden.

Wer Agilität erreichen möchte, muss mehr Verantwortung auf verschiedene Schultern innerhalb und außerhalb des eigenen Unternehmens (d. h. bei den Dienstleistungspartnern) verteilen. Eine **restriktive Freigabepolitik**, bei der eine Online-Nikolaus-Promotion im Sommer beantragt werden muss und nicht sicher ist, dass bis zum 06.12. des gleichen Jahres eine Freigabe vorliegt (so das Beispiel aus einem großen deutschen Konzern), steht dieser Agilität im Wege. Wir müssen **mehr Verantwortung delegieren** – und dann im Zweifel auch mit gemachten Fehlern leben. So weh dies auch tun mag. Damit das Fehlerrisiko minimiert wird, muss die Markenvision umso stärker und überall im Unternehmen und auch bei den Dienstleistern bekannt sein. Nur wenn diese Arbeitsteilung – eingebunden in die Markenvision – gegeben ist, können agile Ideen gelingen, wie sie mit dem inzwischen schon zur Ikone stilisierten Spruch „You can still dunk in the dark" von *Oreo* anlässlich des Blackouts beim Superbowl gelungen ist (vgl. Abb. 11.1).

Die **Grundüberlegungen der agilen Markenführung** sind der Software-Entwicklung entlehnt. Der Begriff „Agilität" leitet sich vom lateinischen Begriff „agilis" für „schnell" bzw. „beweglich" ab. In der Software-Entwicklung hatte sich schon früher gezeigt, dass heute kein Pflichten- und Lastenheft für ein Programm mehr geschrieben werden kann, dessen Ergebnis in drei Jahren zur Anwendung kommen soll. Deshalb wurden hier alternative Entwicklungskonzepte erarbeitet, die „Agilität" sicherstellen sollen, um die in der Entwicklung befindliche Software laufend an sich verändernde Rahmenbedingungen anzupassen – und idealerweise schnell schon erste Anwendungen zu unterstützen. Eine agile Software-Entwicklung lässt sich dabei mit folgenden Begriffen kennzeichnen: weniger Bürokratie, weniger vordefinierte Regeln/Formalismus und ein iteratives Vorgehen.

### Case: Software-Entwicklung bei *Pivotal*

Wer einmal die Chance hatte, das *Pivotal Lab* im *Silicon Valley* zu besuchen, begreift und spürt förmlich, wie **agile Software-Entwicklung** gelingen kann. Der Office-Tag beginnt bei *Pivotal* mit einem gemeinsamen Frühstück um 8:00 Uhr – natürlich gesponsert vom Unternehmen. Dieses dient drei Zielen:

- Alle sind pünktlich zum Arbeitsbeginn im Unternehmen.
- Keiner geht ohne Frühstück ans Werk und hat dann nach einer Stunde Hunger und muss die Arbeit unterbrechen.
- Das gemeinsame Frühstück dient dem Networking, weil man die Kollegen aufgrund der sehr konzentrierten Arbeitsweise im Laufe des Tages kaum sprechen kann.

Um 9:00 Uhr findet ein **Stand-up** statt. Innerhalb von fünf Minuten reflektieren die Mitglieder eines Teams die Arbeitsergebnisse von gestern und die Planung für den anstehenden Tag. Dann geht man ans Werk. Das bedeutet hier, dass ab jetzt eine **E-Mail-**, ***WhatsApp-***, ***Facebook-***, ***Twitter*-freie Zone** herrscht. Die Nutzung dieser Kanäle ist während der Arbeit schlicht untersagt. Diese Arbeitsdisziplin wird dadurch verstärkt, dass ein **Pair-Programming** stattfindet (vgl. Abb. 11.2). Die Programmierung findet immer in Zweierteams statt. Eine Person programmiert, die andere kontrolliert. So wird gemeinsam das beste Ergebnis angestrebt. Gleichzeitig findet hier ein umfassendes

**Abb. 11.2** Agile Software-Entwicklung durch Pair-Programming bei *Pivotal*

**Training on the Job** zwischen Pilot (der programmiert) und Co-Pilot (der überwacht) statt. Die Rolle wechselt dabei innerhalb eines Zweier-Teams und im Team generell von Tag zu Tag. So wird dem Entstehen von Wissens-Silos systematisch vorgebeugt. Der Arbeitstag endet regelmäßig gegen 18:00 Uhr.

Um zusätzliche Schnelligkeit in der Arbeit zu erreichen, arbeiten die Mitarbeiter von *Pivotal* mit den Kunden in den jeweiligen Teams zusammen. Im Unternehmen selbst ist die Herkunft der hier arbeitenden Menschen – von *Pivotal* oder bspw. *BMW, VW, Mercedes* oder *Dell* nicht zu erkennen. Alle sind integrierter Teil des Teams. Gleichzeitig müssen die Delegierten der Auftraggeber autorisiert sein, im laufenden Prozess Entscheidungen zu treffen – ohne langwierige interne Abstimmungsprozesse im beauftragenden Unternehmen. Das bedeutet, dass die Agilität hier auch deshalb gelingt, weil die Auftraggeber **mehr Verantwortung** und **mehr Entscheidungsfreiheiten** in die jeweiligen Teams delegieren. Dadurch werden die Entscheidungen von der Spitze der Unternehmenshierarchie stärker in Teams verlagert. Gleichzeitig werden durch die tägliche Zusammenarbeit mit dem Auftraggeber im Team sogenannte **Service-Silos** vermieden. Damit sind bspw. Entwicklungen durch Dienstleister gemeint, die sich – losgelöst vom Auftraggeber – weitgehend verselbständigen. Solche Fehlentwicklungen stellt man im Extremfall erst viele Monate und Rechnungen später fest.

Um den Wissensstand der verschiedenen Team-Mitglieder zusammenzuführen und um gleichzeitig – für alle sichtbar – zentrale Fragen aufzuwerfen, kommen ganz klassisch **Post-its** zum Einsatz. Jedes Team-Mitglied hat eine Farbe und kann seine Punkte für alle sichtbar adressieren (Abb. 11.3).

Ein weiterer **Treiber der agilen Software-Entwicklung** ist die **hohe Zahl an Iterationen**, um **kontinuierliche Verbesserungen** zu erreichen. Dazu findet die gesamte Entwicklung in einem **Test-driven Environment** statt. Die hier festzustellende Performance ermöglicht es, eine bisher nicht zu leistende Geschwindigkeit zu erreichen.

Werden die hier sichtbaren Prozesse und Mechaniken für die Markenführung genutzt, kann eine **agile Markenführung** erreicht werden. Diese beschreibt die Fähigkeit des Marken-Managements, innerhalb der definierten Markenvision schnell und markenadäquat auf Veränderungen der Marktgegebenheiten zu reagieren, um die Marke interessant und wertschöpfend zu gestalten. Dabei gilt es, nie die Grundwerte der eigenen Marke infrage zu stellen. Um dies zu ermöglichen, bedarf es einer **Reduktion der Komplexität in der Markenführung** vieler Unternehmen, die häufig noch umfassende **Brand Rules** definiert haben und dadurch ein flexibles Handeln erschweren (vgl. weiterführend Bruce und Jeromin 2016, S. 1–3). Wichtig ist allerdings auch der Hinweis, dass Agilität nicht mit Aktionismus verwechselt werden darf.

Im bereits 2012 erarbeiteten *Agile Marketing Manifesto* werden die folgenden Leitideen für die Umsetzung der **Agilität im Marketing** definiert, die heute noch die gleiche Gültigkeit – auch für die Markenführung – aufweisen (Agile Marketing Manifesto 2012):

**Abb. 11.3** Dynamische Sammlung von Insights

- „Validated learning over opinions and conventions
- Customer focused collaboration over silos and hierarchy
- Adaptive and iterative campaigns over Big-Bang campaigns
- The process of customer discovery over static prediction
- Flexible vs. rigid planning
- Responding to change over following a plan
- Many small experiments over a few large bets“

Zusätzlich wurden folgende **Agile Marketing Principles** erarbeitet (Agile Marketing Manifesto 2012):

- „Our highest priority is to satisfy the customer through early and continuous delivery of marketing that solves problems.
- We welcome and plan for change. We believe that our ability to quickly respond to change is a source of competitive advantage.
- Deliver marketing programs frequently, from a couple of weeks to a couple of months, with a preference to the shorter timescale.
- Great marketing requires close alignment with the business people, sales and development.

- Build marketing programs around motivated individuals. Give them the environment and support they need, and trust them to get the job done.
- Learning, through the build-measure-learn feedback loop, is the primary measure of progress.
- Sustainable marketing requires you to keep a constant pace and pipeline.
- Don't be afraid to fail; just don't fail the same way twice.
- Continuous attention to marketing fundamentals and good design enhances agility.
- Simplicity is essential."

Diese Guidelines liefern wichtige Anhaltspunkte dafür, wie das **Konzept der Agilität** für die (digitale) Markenführung genutzt werden kann. Zur Erreichung einer gleichermaßen **agilen wie ganzheitlichen Sichtweise in der Markenführung** gehört folglich auch, dass die Blockaden in den Köpfen der Führungskräfte und Mitarbeiter überwunden werden. Hierbei handelt es sich oftmals um regelrechte **kognitive Firewalls**, die einer abteilungs-, bereichs- und/oder länderübergreifenden Zusammenarbeit in der Markenführung im Wege stehen. Das führt zu der gefürchteten **Silo-Mentalität**, die dem oftmals – insb. bei strategischen Marken-Fragestellungen – geforderten „Blick fürs große Ganze" im Wege steht. Denn Leistungsträger sind zu oft in ihren Ressort-Egoismen verhaftet und eher daran interessiert, ihr „eigenes Klein-Klein" zu optimieren – immer die nächste Tantieme-Runde vor Augen. Und leider beginnt diese Silo-Mentalität oft bereits auf Vorstands- oder Geschäftsführungsebene – und wird von den nachgelagerten Führungsebenen durch Modelllernen gerne übernommen und ausgelebt. Folgende Arten von Silos sind zu vermeiden, weil sie heute zu den größten Wertevernichtern in Unternehmen zählen:

- **Daten-Silos**
  Hier werden im Unternehmen vorhandene Daten über Kunden und Marken nicht zusammengeführt, um einen „einheitlichen Blick auf den multidimensionalen Kunden" und seine „Wahrnehmung der Marke" zu erreichen. Da Kunden on- und offline auf verschiedenen Plattformen aktiv sein können, stellt die markenorientierte Zusammenführung eine große Herausforderung dar. So sind bspw. online gewonnene Daten über Kundenpräferenzen oder Billing-Daten mit dem CRM-System ebenso zu verzahnen wie die Daten der sozialen Netzwerke.
- **Prozess-Silos**
  Von Prozess-Silos kann gesprochen werden, wenn unternehmensinterne Prozesse nicht sauber aufeinander abgestimmt sind. Dies betrifft häufig die Bereiche Produktentwicklung und Markenführung. Es fehlt ebenfalls häufig eine prozessuale Schnittstelle zwischen dem Customer-Service-Center und der Produkt- und Kommunikationsentwicklung, um Anregungen und Kritik der Kunden aufzugreifen. Aber auch zwischen Marketing und Vertrieb sowie Marketing und PR selbst existieren vielfach Gaps, die zu überwinden sind.

  Einen wichtigen Beitrag, um solche Daten- und Prozess-Silos zu überwinden, können Lösungen von *splunk* oder die Open-Source-Angebote von *elastic* liefern. Die

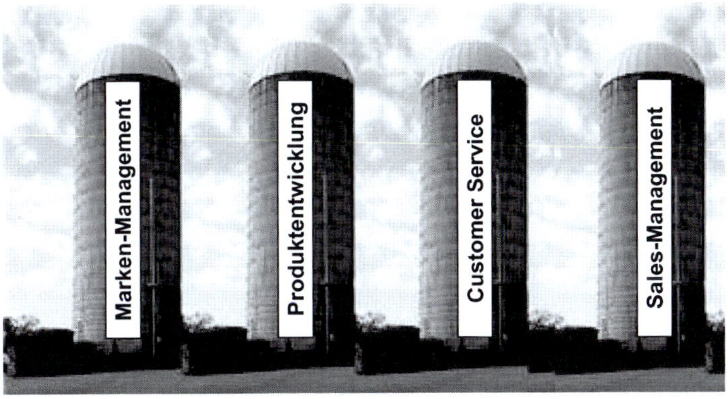


**Abb. 11.4** Silo-Mentalität – Hindernis einer ganzheitlichen Markenführung

entsprechenden Software-Tools unterstützen dabei, die an verschiedenen Stellen im Unternehmen vorhandenen Daten nutzerfreundlich zusammenzuführen.

- **Silos in den Köpfen der Menschen**
  Am gravierendsten sind allerdings die Silos in den Köpfen der Führungskräfte und Mitarbeiter (die „kognitive Firewall"), weil diese vielfach die Ursache für die vorgenannten Daten- und Prozess-Silos darstellen. Hier stellt sich ganz einfach die Frage, ob eine unternehmensinterne Kooperation von der eigenen Unternehmenskultur eher gefördert oder behindert wird.

Wir sollten uns fragen, ob wir uns eine – teilweise sogar in Zement gegossene – **Organisationsstruktur mit Silo-Mentalität** leisten können, wie sie in Abb. 11.4 exemplarisch dargestellt ist. Denn was folgt aus einer solchen Silo-Mentalität? Zum einen bleiben unternehmensinterne **Kooperationsmöglichkeiten** ungenutzt. Zum anderen entstehen regelrechte **Datenfriedhöfe** – geschützt, aber nicht genutzt! All dies steht einer ganzheitlichen Markenführung im Wege.

► **Food for Thought** Start-ups werden weder durch Informations- noch durch Prozess-Silos blockiert. Auch fehlen hier – gefördert die die häufig flache Hierarchie und die stattdessen dominante Netzwerk-Struktur – die kognitiven Firewalls.

► **Merk-Box** Wenn uns die **Umsetzung einer neuen digitalen Kultur** im eigenen Unternehmen gelingen soll, dürfen keine markenbezogenen Schritte unternommen werden, ohne die digitalen Aspekte gleich mit zu beleuchten. Nur so kann die geforderte ganzheitliche Markenführung gelingen.

Auch die zunehmende **Macht der Algorithmen** erzwingt eine Agilität der Markenführung. Die Ausspielung von Werbung beim Realtime Bidding, die Anzeige von Suchergebnissen bei *Google* und *YouTube*, das Erscheinen eigener (unbezahlter) Post im

Newsfeed bei *Facebook* – all das basiert auf Algorithmen. Diese sind im Detail nicht bekannt – und auch nicht statisch. Obwohl – oder gerade weil – das Markenumfeld teilweise aus Treibsand besteht, darf die Markenführung nicht beliebig werden und sich allein an den wechselnden Winden ausrichten. **Standhaftigkeit in der Markenführung** – bei aller Flexibilität im Detail – kann und wird hier eine Tugend bleiben.

**Think-Box**

- Haben wir uns bereits mit Ideen der agilen Markenführung auseinandergesetzt?
- Welche Vor- und Nachteile wären mit der agilen Markenführung in unserem Unternehmen verbunden?
- Welche Art von Silos – Informations- oder Prozess-Silos – blockieren bei uns die übergreifende Zusammenarbeit?
- An welchen Stellen sind kognitive Firewalls zu überwinden?
- In wessen Verantwortungsbereich gehört die Frage, ob die Ideen der agilen Markenführung für uns nutzbar gemacht werden sollten?

## 11.2 Etablierung von Newsroom-Konzepten

Die digitale Markenführung erfordert eine regelrechte **Newsroom-Lösung**. Darunter ist ein Konzept zu verstehen, bei dem – analog zum Vorgehen in den Redaktionen von Zeitungen und TV-/Radio-Kanälen – alle aktuellen Meldungen zur Marke an einer zentralen Stelle zusammenlaufen, um schnell und konsistent darauf reagieren zu können. An diesem Ort können die Inhalte der Kommunikation in den sozialen Medien, aus dem Customer-Service-Center zusammen mit den Erkenntnissen des Web-Monitorings zusammengeführt und in Verbindung mit den weiteren Herausforderungen des Marktes analysiert werden. Dann gilt es, auch proaktiv zentrale Themen zu definieren und die zu ihrer Bearbeitung relevanten Kanäle und konkreten Inhalte unternehmensweit abzustimmen. Auf diese Weise kann der vielfach geforderte **360°-Blickwinkel auf die Märkte** sichergestellt werden.

Der **Vorteil von Newsrooms** besteht darin, schneller auf kommunikative Herausforderungen des Marktes reagieren und kraftvoll nach vorne agieren zu können. Das Konzept des Newsrooms, das Verantwortungsträger aus den relevanten Unternehmensbereichen zusammenführt, vermeidet langwierige Abstimmungsprozesse, wie sie gerade in großen Unternehmen häufig noch anzutreffen sind. So kann – trotz hoher Reaktionsgeschwindigkeit – eine **One-Voice-Policy** sichergestellt werden. Diese kann sowohl bei schnellen Reaktionen auf Marktchancen (vgl. das *Oreo*-Beispiel in Abb. 11.1) wie auch bei der kurzfristigen Umsetzung von Aktionen gelingen (vgl. vertiefend Lauth 2016).

Durch die **Zusammenführung von Wissens- und Verantwortungsträgern** in ein (virtuelles) Team können die Unternehmen schnell und konsistent regieren – über alle Kommunikationskanäle hinweg. Hierzu werden die eingehenden Informationen kontinuierlich analysiert und hinsichtlich ihrer Relevanz bewertet. Gleichzeitig können aufgrund der Ergebnisse dieses Screenings wichtige Anhaltspunkte für die Entwicklung eigener Inhalte für das Content-Marketing gewonnen werden (vgl. Kap. 6). So werden die Unternehmen Schritt für Schritt selbst zu Medienhäusern. Hierzu ist es erforderlich, dass bestehende Strukturen aufgebrochen und neue Verantwortlichkeiten definiert werden, um die häufig anzutreffende Trennung zwischen Themen- und Kanalverantwortlichen aufzuheben (vgl. Abb. 6.9).

Die **Implementierung eines Newsroom-Konzepts** geht folglich für die meisten Unternehmen mit einem Change-Prozess einher. Schließlich müssen langjährig etablierte Prozess- und Daten-Silos aufgebrochen und zu einem Gesamtkonzept zusammengeführt werden. Auch hier werden die größten Schwierigkeiten in den kognitiven Firewalls bei den betroffenen Mitarbeitern liegen. Diese kann man für die Veränderung nur dann erfolgreich gewinnen, wenn sichtbar gemacht wird, welche Chancen der (digitalen) Markenführung mit einem solchen Vorgehen verbunden sind. Um die notwendige Veränderung auch physisch sichtbar zu machen, kommen bei Newsrooms häufig sogenannte **Open-Space-Büros** zum Einsatz. Hierdurch werden auch – optisch für alle sichtbar – Kommunikationsbarrieren eingerissen.

Trotz aller gewünschten Agilität, die mit solchen Konzepten angestrebt wird, kommen auch Newsroom-Konzepte nicht ohne Strukturen aus. **Formelle Besprechungsroutinen** (etwa in Form von Strategiekonferenzen oder Meetings zur Diskussion der Morgenlage) tragen zur Strukturierung der Arbeit bei und bieten den kommunikativen Raum, sich über größere Projekte auszutauschen. Daneben kommen – für die Bewältigung der Routineaufgaben – **informelle Absprachen** zum Einsatz. Die Gesamtverantwortung für den Newsroom hat häufig – wie in klassischen Redaktionen – ein **Chef vom Dienst** (CvD). Seine Aufgabe besteht darin, die Themenagenda verantwortlich zu erarbeiten und kommunikative Handlungsschwerpunkte zu setzen. Er stellt auch die Letztinstanz für kritische Abstimmungsprozesse dar. Zusätzlich ist durch den CvD und sein Team sicherzustellen, dass die Informationen, die aus den Märkten generiert werden, auch an die betreffenden Stellen im Unternehmen weitergeleitet werden, um den Outside-in-Prozess zu unterstützen (vgl. Abb. 11.5; weiterführend Kap. 5).

Unternehmen wie *Siemens* und *Microsoft* haben schon 2012 mit dem Aufbau von Newsrooms begonnen. Inzwischen sind mit *Merck, RWE* und *Datev* weitere Unternehmen gefolgt. Bei der Umsetzung von Newsroom-Konzepten ist mit Vorlaufzeiten zwischen einem und zwei Jahren zu rechnen (vgl. Lauth 2016).

**Think-Box**

- Haben wir uns schon einmal mit dem Konzept von Newsrooms auseinandergesetzt?
- Welche Wettbewerber haben schon entsprechende Lösungen erarbeitet – und mit welchem Ergebnis?

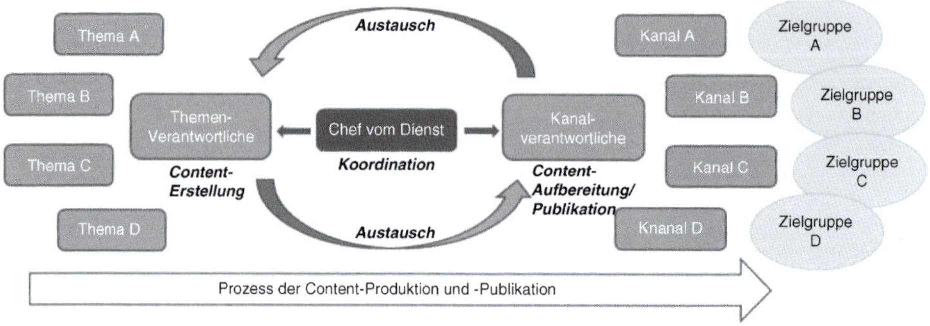


**Abb. 11.5** Arbeitsprozess von Themen- und Kanal-Verantwortlichen im Newsroom. (Quelle: Lauth 2016)

- Wer ist Benchmarkführer für Newsrooms – innerhalb und außerhalb unserer Branche?
- Wer sollte sich bei uns mit der Frage des Newsroom-Konzepts beschäftigen?

## 11.3 Messung von Markenstärke

Für die Fundierung der **digitalen Markenführung** ist es unverzichtbar, leistungsfähige **Instrumente für die Bewertung von Marken** einzusetzen. Dies gilt für Ge- und Verbrauchsgütermarken wie auch für Dienstleistungsmarken. Neben Informationen zu Umsatz und Deckungsbeitrag, die durch Produkte und Dienstleistungen erwirtschaftet werden, sind es komplexere Konstrukte von **Markenstärke** und **Markenwert**, die wichtige Steuerungsimpulse für die Ausgestaltung des Marken-Managements liefern können. Bei den diskutierten Ansätzen können zwei grundsätzliche Konzepte unterschieden werden (vgl. Esch 2008, S. 627):

- **Konzepte zur Erfassung der Markenstärke „in den Köpfen der Kunden"**
  Mit solchen verhaltenswissenschaftlichen Konzepten wird zunächst ermittelt, warum die Markenstärke in einem Fall hoch und in einem anderen gering ausgeprägt ist. Basierend auf den dadurch gewonnenen Ergebnissen können anschließend Maßnahmen zur Steigerung der Markenstärke abgeleitet werden.
- **Konzepte zur Ermittlung eines monetären Markenwertes**
  Liegt der Fokus auf dem monetären Markenwert, so wird eine wertmäßige Bewertung der Marke angestrebt. Dies kann bspw. für internationale Markenrankings oder bei einem Verkauf von Marken relevant sein. Konkrete Anhaltspunkte für die weitere Markenführung stehen bei diesen finanziellen Markenwert-Konzepten nicht im Mittelpunkt des Interesses.

Eine Übersicht über verschiedene **Konzepte zur Erfassung der Markenstärke** findet sich bei Baumgarth (2014, S. 419–435) und Schmidt (2016, S. 87–111). Heutzutage sind **Metriken zur Erfolgsmessung** ein integraler Bestandteil der Markenstrategie – oder sollten es zumindest sein. Denn sie sind unverzichtbar, um die Wirkungen der Marke auf die Zielgruppen zu ermitteln.

Einen interessanten Ansatz zur **Erfolgsmessung der digitalen Markenführung** hat *diffferent* mit der **Digital Brand Scorecard** erarbeitet (vgl. diffferent 2014). Hier werden durch KPIs vier Bereiche der Markenführung abgedeckt. Bei der **Digital Brand Integrity** wird untersucht, wie gelungen die Touchpoint-Architektur ist und ob eine Vernetzung der relevanten Touchpoints besteht. Zusätzlich wird die Konsistenz in Marken-Botschaften und Marken-Verhalten geprüft. Bei den **Digital Brand Assets** geht es darum, die relevanten Nutzwerte der Produkte und Services zu erfassen. Außerdem wird ermittelt, wie gut die Kreation von Aufmerksamkeit und das Management der Nutzerinteraktion gelingt. Der **Digital Relationship Value** widmet sich dem Aufbau und der Pflege kundenorientierter Beziehungen entlang des Kundenlebenszyklus. Hier wird auch erfasst, wie erfolgreich der Dialog mit der und über die Marke geführt wird. Im Bereich **Digital Innovation Leadership** schließlich wird analysiert, in welchem Ausmaß die Marke ein Innovationstreiber ist und ob neue Trends erkannt und neue Technologien genutzt werden (vgl. Abb. 11.6). Durch diese Scorecard werden alle wesentlichen KPIs zur **Erfassung der Qualität der digitalen Markenführung** abgedeckt.

Ein weiterer Ansatz sieht bei der Erfolgsmessung vor, die **Beziehung zwischen einer Person und einer Marke** als ganz **persönliche Beziehung** zu sehen und zu analysieren

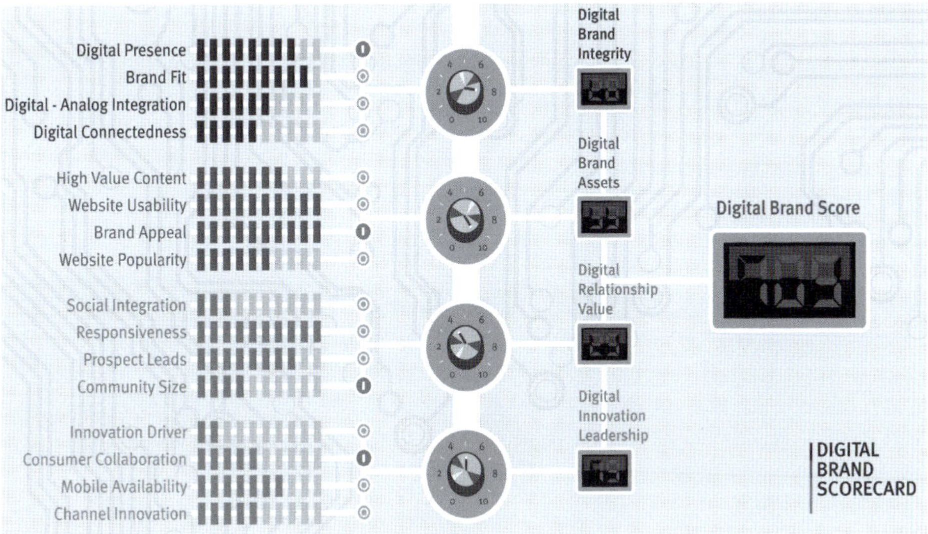


**Abb. 11.6** Digital Brand Scorecard von *diffferent*. (Quelle: diffferent 2012)

(vgl. DeLane 2016). Eine Idee, die lange den Slogan von *Henkel* beflügelt hat: *A brand like a friend!* Tut man dies, dann stellen sich Fragen wie:

- Freuen Sie sich darauf, diese Person (Marke) zu sehen?
- Kümmern Sie sich um sie (die Marke)?
- Teilt sie (die Marke) Ihre Werte?
- Sprechen Sie gut von ihr (der Marke) zu anderen?

Um die eigene **Markenwahrnehmung** aus dieser Perspektive zu verstehen, sind Antworten auf die folgenden Fragen aus Unternehmenssicht hilfreich:

- Wie gelungen bewerten Sie Ihren eigenen Markenauftritt im letzten Jahr, wenn man ihn mit der Entwicklung klassischer menschlicher Beziehungen vergleicht?
- Wie könnte einer solchen Beziehung (wieder) zu einer positiven Dynamik verholfen werden?
- Welche Schritte wären hilfreich, um Ihre eigene Marke zu den „Lieblings-Freunden" zu machen?

Die Markenführung wird aus dieser Perspektive zum **Relationship-Marketing**. Es existieren vier Gründe, warum Kunden Marken eher aus dem Beziehungsblickwinkel betrachten und deshalb auch Unternehmen einmal diese Perspektive einnehmen sollten:

- **Der traditionelle Kaufprozess hat sich vielfach zu einer organischen Entdeckungsreise entwickelt**
  Diese Entwicklung wurde bereits bei der Darstellung der Customer Journey in Abb. 1.8 gezeigt. Hier könnte man behaupten: Die Gesamtheit des Marketings führt uns nicht mehr zu Marken; es sind vielmehr die Beziehungen, die wir miteinander teilen, die uns zu den Marken führen. Einen entscheidenden Beitrag hierzu kann das Content-Marketing (vgl. Kap. 6) leisten.
- **Klassische Marketing-Ansätze haben sich bereits partiell zum User-Generated Demand verschoben**
  Im Zuge des Rating- und Review-Managements (vgl. Kap. 7) wurde bereits deutlich, dass nutzergenerierte Inhalte und Bewertungen als viel vertrauenswürdiger erlebt werden als herkömmliche Medien. Hierdurch wurden die Unternehmen in vielen Bereichen gezwungen, deutlich transparenter zu werden und die Kunden umfassender in Marketing-Prozesse zu integrieren (vgl. Kap. 5).
- **Traditionelle Service-Transaktionen verändern sich in vielen Bereichen zu persönlichen Interaktionen**
  Service-Transaktionen haben sich in vielen Branchen verändert. Die Service-Einforderung findet heute vielfach in den sozialen Medien statt. Allerdings sind viele Unternehmen auf diesen sogenannten **Social Service** noch nicht ausreichend vorbereitet. Auf den sozialen Plattformen wie *Facebook* und *Twitter* adressiert man sein Anliegen

häufig anders – eher wie in einer Partnerbeziehung (im Positiven wie im Negativen). Dabei können virale Effekte entstehen – wie im privaten Umfeld auch. Kunden erwarten teilweise sogar einen **proaktiven Service** – insb. dann, wenn eine Vernetzung im Rahmen des Internet of Everything oder in unternehmenseigenen Eco-Systems vollzogen wurde. Außerhalb solcher Konzepte kann ein aktives Zuhören spannende Impulse für ein proaktives Handeln liefern. Die in Kap. 11 diskutierten **Newsroom-Konzepte** können hierzu einen wichtigen Beitrag leisten.

- **Transaktionen bezogen auf Produkte und Services mutieren zunehmend zu Transaktionen zwischen Menschen**
  Während das Internet of Everything die Maschine-zu-Maschine-Kommunikation fördert, gibt es gleichzeitig einen Gegentrend hierzu: den Ausbau der ganz klassischen Mensch-zu-Mensch-Beziehung. Hier verdeutlicht bspw. *Nike*, wie deren Produkte zur Steigerung der persönlichen Fitness beitragen können (vgl. Kap. 9).

Führt man sich diese Entwicklung vor Augen, erlangt eine Prognose zusätzliches Gewicht:

► Analog ist das neue Bio!

Vor diesem Hintergrund lohnt es sich folglich, die **Kunden-Marken-Beziehung** einmal aus der Perspektive einer menschlichen Beziehung zu betrachten. So können interessante **Impulse zur Markenführung** – on- wie offline – gewonnen werden. Denn gute menschliche Beziehungen sind dauerhaft, belastbar in Krisenzeiten, anregend, anspornend, helfend, lehrreich, unterhaltsam, verlässlich! So, wie es eine Kunden-Marken-Beziehung idealerweise auch sein sollte!

**Think-Box**

- Was sehen wir, wenn wir die Beziehung unserer Kunden zu unseren Marken einmal aus der Perspektive menschlicher Beziehungen betrachten?
- Welche blinden Flecke werden sichtbar?
- Wo können wir schon wunderbar punkten?
- Welche Handlungsfelder tun sich dabei auf?
- Wer kümmert sich um eine solche Betrachtungsweise in meinem Unternehmen?

## 11.4 Aufgaben zur Verankerung einer ganzheitlichen Markenführung

Zusammenfassend können die im Zuge der unternehmensinternen **Verankerung einer ganzheitlichen Markenführung** zu meisternden Aufgaben wie folgt definiert werden (vgl. Aaker et al. 2015; Kupetz und Meier-Kortwig 2015; Holland 2014):

- **Entwicklung einer überzeugenden Markenvision**
  Die Markenvision muss ein für die (potenziellen) Kunden attraktives Leistungsversprechen darstellen, welches Kontinuität und Adaptionsfähigkeit in volatilen Märkten für einen längeren Zeitraum gleichzeitig sicherstellen kann. In Kap. 2 wurden Konzepte präsentiert, wie dies gelingen kann. Wichtig ist, dass diese Vision unternehmensweit verankert wird und jedem Mitarbeiter bekannt ist.
- **Gewährleistung einer ganzheitlichen Customer Experience**
  Der Auftritt der Marke muss über alle Touchpoints – on- wie offline – auf die Schaffung einer vorab definierten Customer Experience ausgerichtet sein. Dieses – in vielen Unternehmen noch fehlende – Zielbild ist unternehmensintern zu definieren und allen Mitarbeitern zu kommunizieren. Insbesondere diejenigen, die an den Kontaktpunkten mit den Kunden agieren, sollten genau wissen, was von ihnen im Kundenverkehr erwartet wird (vgl. Kap. 4).
- **Sicherstellung einer interaktiven Markenführung**
  Die Kunden und weitere (digitale) Meinungsführer werden sich verstärkt darum bemühen, bei der Markenführung „mitzureden". Hierfür sind entsprechende Dialog- und Mitmachangebote zu unterbreiten: Dialog statt Monolog, Mitmachen statt nur Empfangen! Gleichzeitig muss allerdings vermieden werden, die Verantwortlichkeit für die Markenführung an die „Masse" abzugeben. Denn dieser Verantwortung kann und wird die „Masse" nicht gerecht werden – dazu sind deren Interesse, Wünsche und Bedürfnisse zu beliebig. Eine interaktive Markenführung kann sich von diesen inspirieren lassen; einem „Diktat der Masse" ist allerdings vorzubeugen (vgl. Kap. 5).
- **Aufbau eines Content-Marketings zur Kommunikation über Bande**
  Um (potenzielle) Kunden heute zu erreichen und für das eigene Leistungsangebot zu begeistern, reichen einfache Werbeformate alleine nicht mehr aus. Die Marke sollte sich stärker auch als Berater und inspirierende Informationsquelle darstellen, um für die Nutzer relevant zu werden. Dies kann Herstellern von Haarpflegemitteln mit Beiträgen zur „Welt der Schönheit" genauso gelingen wie Nahrungsmittelkonzernen, die Beiträge zum Themenfeld „Gesundes Essen und Fitness" präsentieren. Einzelhändler können ebenfalls thematische Schwerpunkte setzen, die sie kompetent abdecken. So kann ein Koffergeschäft sich dem Thema „Reisen" mit Tipps und Tricks widmen. Bei B2B-Unternehmen sind die thematischen Felder – von Logistik über CRM bis hin zur „Welt der Chemie" – häufig einfacher zu definieren (vgl. Kap. 6).
- **Installierung eines Rating- und Review-Managements**
  Da Online-Bewertungen für den Erfolg einer Marke immer wichtiger werden, ist deren Generierung gezielt einzusetzen und zu überwachen. Viele Unternehmen legen auf dieses Arbeitsfeld noch wenig Wert; deshalb können hier relativ einfach Wettbewerbsvorteile erzielt werden (vgl. Kap. 7).
- **Nutzung von Influencer-Marketing – Entwicklung eines Social-Influencer-Managements**
  Jedes Unternehmen ist bei der Markenführung gut beraten, besonders wichtige (digitale) Meinungsführer zu identifizieren und für das eigene Unternehmen zu gewinnen.

Hierfür sind entsprechende Konzepte im Hinblick auf ihre Relevanz für das eigene Unternehmen zu prüfen (vgl. Kap. 8).

- **Aufbau eigener bzw. Integration in bestehende Eco-Systems**
  Um die Marken immer stärker im Nutzungsumfeld der Kunden – sowie in deren Herzen – zu verankern, ist zu prüfen, welche ergänzenden Dienstleistungen und Produkte zur Arrondierung des eigenen Angebots eingesetzt werden können (vgl. Kap. 9).
- **Ausloten von Handlungsfeldern in der Sharing Economy**
  Neue Wettbewerber der Sharing Economy können bestehende Markenkonzepte arrondieren oder substituieren. Jeder Markenverantwortlich ist gut beraten, die Chancen und Risiken dieser Konzepte im Hinblick auf das eigene Leistungsangebot und das eigene Markenversprechen auszuloten (vgl. Kap. 10).

**Think-Box**

- Wie weit sind wir beim Aufbau einer ganzheitlichen Markenführung bereits vorangekommen?
- Wurde bei uns bereits eine überzeugende Markenvision entwickelt?
- Haben wir das Ziel formuliert, eine ganzheitliche Customer Experience zu schaffen?
- Können und wollen wir eine interaktive Markenführung sicherstellen?
- Existiert ein konsequentes Content-Marketing zur Kommunikation über Bande?
- Wurde bereits ein Rating- und Review-Management installiert?
- Wie ist unser Stand bei der Entwicklung eines Social-Influencer-Managements?
- Planen wir den Auf- oder Ausbau eigener bzw. die Integration in bestehende Eco-Systems?
- Wurden die Handlungsfelder in der Sharing Economy bereits ausgelotet?
- Wer befasst sich bei uns übergreifend mit diesen Fragestellungen?
- Bis wann sollen Antworten auf diese Fragen gefunden sein?

## 11.5 Wie der Einstieg gelingen kann

**Überzeugende Erfolgsstrategien und Erfolgskonzepte für eine digitale Markenführung** sind in vielen Bereichen noch nicht entwickelt. Man muss annehmen, dass es auch längerfristig nicht gelingen wird, universelle Erfolgsmodelle zu finden, weil sich das Umfeld und auch die Präferenzen der Zielgruppen laufend ändern. Das Internet ermöglicht Unternehmen und Nutzern eine Arbeit mit einer solchen Vielzahl von Freiheitsgraden bei der konzeptionellen Ausgestaltung, dass Wandel das einzig Stabile sein wird. Deshalb gilt: Jedes Unternehmen ist aufgefordert, mehr oder weniger umfassende **Fingerübungen bei der digitalen Markenführung** zu machen.

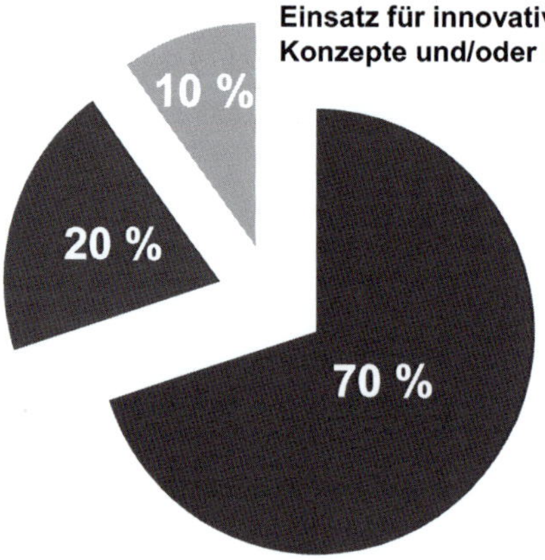


**Abb. 11.7** Goldene Regel der Marketing-Kommunikation – 70:20:10

Unternehmen tun gut daran, sich an der **Goldenen Regel der Marketing-Kommunikation** zu orientieren: **70:20:10** (vgl. Abb. 11.7). **70 % des Kommunikationsetats** sollten für **bekannte Medien und Kanäle** eingesetzt werden, die sich bereits in der Vergangenheit bewährt haben. **20 % des Etats** sollten für die **Optimierung des bestehenden Media-Mixes** eingeplant werden. Schließlich sollten **10 % des Etats** für **innovative Formate, Konzepte und/oder Kanäle** verwendet werden, um kreatives Neuland – vorsichtig – zu erschließen. Hier gilt es – basierend auf der Listen – Learn – Act – Control-Konzeption –, eine kontinuierliche Verbesserung der eigenen Kommunikationsmaßnahmen sicherzustellen.

Ein Grund dafür, dass die große Werbeetats betreuenden Agenturen wenig begeistert sind, auf neue (digitale) Werbeformat zu setzen, hat häufig einen einfachen Grund: die **Vergütung der Agenturleistung**. Solange Agenturen bspw. von der Werbeschaltung in TV, Rundfunk und Print provisionsmäßig profitieren, werden sich gute Argumente gegen einen Budgetshift finden – zumindest aus der Sicht der Agenturen!

► **Food for Thought** Hinter den Grenzen beginnt das Wachstum!

Die Nutzung unterschiedlichster Formen von **Markt-, Marken- und Marketing-Forschung** sowie die **Einbindung der Crowd** in die Markenarbeit dürfen – wie bereits angedeutet – nicht dazu führen, dass die Verantwortung für Markenführung von den Managern auf andere verlagert werden – ganz im Gegenteil. Die Arbeit an einer identitätsbasierten Markenführung setzt den **Mut der Manager** nach wie vor zwingend voraus. Die Aufgaben der Markenführung werden immer komplexer und deshalb anspruchsvoller. Denn wenn die Welt sowie der Arbeits- und Handlungsalltag der Kunden immer komplexer wird, sollte – ja muss – die Marke einen **Beitrag zur Komplexitätsreduktion** leisten.

Das bedeutet, dass die Manager im Zuge der Markenführung ein höheres Maß an Komplexität meistern müssen, um die Marke – in den Augen der Kunden – als in sich stimmig und „einfach“ (aber gleichzeitig werthaltig) wahrzunehmen.

Und der Mut der Manager ist durch ein weiteres Verhaltensmerkmal zu ergänzen: **Ehrlichkeit bei der Markenführung!** Diese Ehrlichkeit beginnt schon damit, dass dem Nutzer im Zuge einer **Opt-in-Gewährung** für die E-Kommunikation oder den Zugriff auf Daten bei *Facebook* sehr deutlich gemacht wird, in welcher Form die Marke eine Nutzung dieser Daten vornehmen wird. Hier ist eine besondere **Transparenz** gefordert, um das Vertrauen in die Marke – auch bzgl. der Datennutzung – weiter zu steigern. Hierzu gehört auch eine **Datensparsamkeit** in dem Sinne, dass nicht mehr Daten abgefordert werden, als für eine individuelle Betreuung des Kunden erforderlich sind. Die Verhältnismäßigkeit von Datengewinnung und Datennutzung kann auf das Vertrauenskonto der Marke einzahlen. Deshalb sollte auch der **Prozess der Opt-in-Gewinnung** – visuell und inhaltlich – die Werte der Marke reflektieren! Schließlich bedarf es – und das ist in Zeiten von *NSA* und wöchentlichen Attacken auf die Passwörter von Millionen von Menschen unverzichtbar – einer hohen **Sicherheit der Datenhaltung** bei den Markenanbietern. Immer wieder werden hier IT-Versäumnisse sichtbar, die den Vertrauensaufbau gefährden. Dem gilt es rechtzeitig vorzubeugen, damit der Aufbau von Vertrauen in die (digitale) Marke gelingen kann.

► **Food for Thought** Um risikofreudiger und damit auch erfolgreicher zu werden, sollten wir auch unsere Glaubenssätze überdenken!
**„It's not you who failed! It's the idea which failed!“**

## 11.6 Gastbeitrag: Der Feind moderner Ziele ist der Weg dahin: Warum eine moderne Kommunikationsarchitektur vor allem eine Frage der Organisation und ihrer Prozesse ist

Meik-Oliver Vogler

Digitalisierung, Paradigmenwechsel, Customer Centricity, Big oder noch besser Smart Data – diese und viele ähnliche Schlagworte fegen durch die moderne Wirtschaftswelt. Es gibt kaum noch Unternehmen, die nicht von sich behaupten, die digitale Transformation mit voller Kraft anzugehen und aus der Perspektive ihrer Kunden zu handeln oder zu kommunizieren. Allein an spürbaren Ergebnissen mangelt es. Warum ist dem so? Fehlt das Verständnis einer moderneren Kommunikationsarchitektur oder stehen sich Unternehmen, wenn es um ihre eigene Zukunftsfähigkeit geht, selbst im Weg?

### 11.6.1 Früher war alles besser

Schön war die gute alte Werbewelt. Im vergangenen Jahrhundert konnten sich Marken auf eine Sache verlassen: genügend **Werbedruck** über **klassische Kanäle** ebnet den Weg zu einem Großteil der „werberelevanten Zielgruppe". **Aufmerksamkeit** funktionierte vor allem dann, wenn man die eigene Werbebotschaft laut genug in den Markt „drückte". In der Folge verankerte diese sich schon im Kopf der Menschen. „*Meister Proper* putzt so sauber, dass man sich drin spiegeln kann ..."

Ein verlockend einfaches Prinzip, nach dem viele Verantwortliche heute noch handeln oder das sie sich zumindest insgeheim zurückwünschen. Denn dieser Art der Kommunikation lag eine **simple, lineare Kampagnenplanung** zugrunde. Anfang des Jahres wurden die Kampagnenschwerpunkte festgelegt – dann wurde die Planung abgearbeitet. In den meisten Fällen verbunden mit **komplexen Freigabeprozessen** über mehrere Hierarchie-Ebenen und entsprechend langen Vorlaufzeiten – mit der Entwicklung der Herbstkampagne konnte man so schon im Februar anfangen.

Ein Idyll mit nur einem Haken: **Die Zeit einer linearen Kommunikations- und Mediaplanung ist längst vorbei**. Während der deutsche Bürger in den 1980er-Jahren noch mit durchschnittlich 650 Werbebotschaften am Tag konfrontiert wurde, so sollen es heute – die Schätzungen schwanken – täglich mehr als 15.000 Botschaften sein. Diese Entwicklung hat dazu geführt, dass Menschen gelernt haben, Reize (und nichts anderes ist Werbung bzw. Markenkommunikation) zu filtern und nur noch die Inhalte durchzulassen, die wirklich ihr Interesse wecken (vgl. Abb. 1.4). Damit steigen erstens die Anforderungen an die **Relevanz der kommunizierten Inhalte** – aus Sicht der Konsumenten. Und zweitens stehen Marken heute Menschen gegenüber, die sehr selbstbewusst und vor allem selbstbestimmt mit ihnen interagieren. Marken bzw. Marketer sind damit inhaltlich und planerisch mehr gefordert denn je.

### 11.6.2 Digitalisierung bringt Effizienz- und Effektivitätsprobleme

Beginnend Mitte der 1990er-Jahre und beschleunigt durch das sogenannte Web 2.0 Anfang der 2000er-Jahre ergeben sich immer neue Möglichkeiten, mit Menschen in Kontakt zu treten und – fast noch wichtiger – in Kontakt zu bleiben. Während es nach der Einführung des Fernsehens nahezu ein halbes Jahrhundert dauerte, bis durch das Internet ein neuer „Kanal" massenfähig wurde, entwickeln sich seitdem immer neue Endgeräte und Anwendungen, über die Inhalte transportiert werden können. Das Ergebnis ist eine **Kanalfragmentierung**, die es Marken ermöglicht, immer kleinere Zielgruppen individuell anzusprechen.

Das macht vor allem eines deutlich: Bei in der Regel schrumpfenden Kommunikationsbudgets besteht die Gefahr, dass die eingesetzten Gelder nicht mehr den gewünschten Effekt bringen. Die Vielzahl der eingesetzten Maßnahmen hat massive Auswirkungen auf die Kostenseite und sorgt damit für eine geringere **Effizienz in der Marketing-Organisation**. Ein Problem, vor dem ein Großteil der deutschen Unternehmen steht.

### 11.6.3 Pilotprojekte werden zum verdeckten „Weiter so!"

Mit sogenannten **Pilotprojekten** versucht man, das Problem zu lösen. Diese Art von Projekt charakterisiert sich dadurch, dass es einen neuen Kanal oder eine neue Form der Kommunikation parallel zum **kommunikativen Regelbetrieb** austestet. Eigentlich eine gute Idee, wäre da nicht das Problem, dass hierzulande dem Piloten meistens so unrealistische Ziele aufgegeben werden, dass er gar nicht anders kann als zu scheitern. Das Ergebnis ist **„Wusste ich doch, habe ich schon immer gesagt"** in Verbindung mit **„Lasst uns so weitermachen wie bisher"**. Statt einer vorwärtsgewandten Philosophie des Trial Error erfolgt so eine Rückbesinnung auf die deutsche **Kultur der Risikovermeidung**. Denn was früher funktioniert hat, ist heute auch nicht schlecht. Und an dieser Stelle sei gesagt: Es funktioniert in vielen Branchen auch noch.

Diese Einschätzung lässt aber leider vergessen, dass die **beste Zeit zur Weiterentwicklung** die **Phase des Erfolges** ist. Gerät eine Marke erst unter Druck, weichen langfristig tragfähige Konzepte schnell der Fokussierung auf kurzfristige Absatzhebel. Getrieben durch den blanken Überlebenskampf.

### 11.6.4 Eine moderne Kommunikationsarchitektur bedient drei Erfahrungsebenen

Der deutsche Angestellte braucht **strukturelle Sicherheit**. Hilft sie doch, Entscheidungen zu treffen, zu rechtfertigen und (vermeintliche) Fehler zu vermeiden. In der Vergangenheit half dabei der Dreiklang „Paid – Owned – Earned". Eine schlaue Strukturierung der Kommunikationskanäle, die in der Folge aber zu einer reinen Prozessbeschreibung verkommen ist: Erst wird die Kampagne über Paid Media ausgespielt, dann entsprechend über die eigene Website verlängert (Owned) und auf *Facebook* und Co. gibt es noch ein bisschen „Fun Stuff" obendrauf (Earned).

**Moderne Kommunikation** ist aber **kein linearer Prozess** (vgl. Abb. 2.2). Sie funktioniert nicht mehr medien- oder senderorientiert, sondern speist sich aus den Interessen und der Erwartungshaltung unterschiedlichster Zielgruppen. **Weg vom Kanal, hin zum Menschen**.

Was bedeutet dies für die **Kommunikationsarchitektur?** Gibt es ab sofort keine klaren Strukturen mehr? Mitnichten! Die einfachste und tragfähigste Lösung ist die Orientierung an den Menschen und den unterschiedlichsten Erfahrungsebenen, auf denen sie Marken gegenübertreten. So muss moderne Kommunikation **von Zeit zu Zeit** für **herausragende Aufmerksamkeit, hohe emotionale Anteilnahme** (bspw. Begeisterung) und entsprechend starke **Weiterverbreitung** innerhalb der Zielgruppen sorgen. Sie muss Zielgruppen **regelmäßig** über das informieren, was die Produkte hinsichtlich ihrer Interessen und Bedürfnisse zu bieten haben. Sie braucht **Inhalte** bzw. **Maßnahmen**, die dem Einzelnen innerhalb einer Zielgruppe **jederzeit** alles bieten, was ihn im Kontext des Themas interessiert. Was ihm hilft, sich zu orientieren und Entscheidungen vereinfacht. Aus diesem

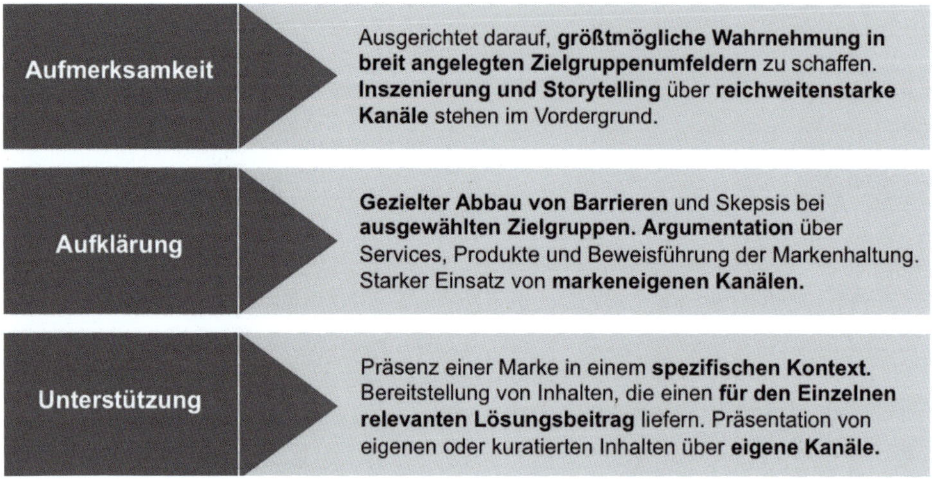


**Abb. 11.8** Erfahrungsebenen der Kommunikation

Ansatz entstehen **drei Erfahrungsebenen**, an denen sich eine moderne Kommunikationsarchitektur ausrichten lässt (vgl. Abb. 11.8).

**Erfahrungsebene 1: „Aufmerksamkeit"**
Die erste Erfahrungsebene spricht die **Begeisterungsfähigkeit der Menschen** für Marken an. Denn unabhängig davon, ob man es wahrhaben möchte oder nicht: Jeder Mensch verleiht seinen persönlichen Einstellungen und Werten nicht nur durch sein Verhalten und seine Sprache Ausdruck, er nutzt dazu auch die Marken und Produkte, die er tagtäglich verwendet. Eine erfolgreiche Marke wird **Teil des persönlichen Wertekosmos** der für sie relevanten Zielgruppen. Ein wesentlicher Schritt auf dem Weg dahin ist es, in der Kommunikation die zentralen Handlungstreiber der Zielgruppe in der jeweiligen Markenkategorie zu adressieren und aufmerksamkeitsstark zu inszenieren.

Das bedeutet, die **Inszenierung einer Marke** steht auf dieser Erfahrungsebene im Vordergrund. Entsprechend werden die Maßnahmen dahingehend ausgewählt, dass sie viel Raum für **Markenstorys** und vor allem die Möglichkeit des **Reichweitenaufbaus** bieten. Wir sprechen also von Kanälen wie TV und Print, aber auch von digitalen Werbeträgern wie brandingorientierten Displaywerbemitteln und Bewegtbild-Inszenierungen, bspw. auf Video-Plattformen.

Spannende Beispiele gibt es im Markt zuhauf. Das liegt vor allem daran, dass diese Erfahrungsebene sehr nah an der klassischen Werbung des letzten Jahrtausends liegt bzw. aus ihr entstanden ist. Möchte man ein Unternehmen mit guten Beispielen für aufmerksamkeitsstarke Inszenierung und prägnante Markenstorys hervorheben, dann lohnt sich der Blick nach *Baltimore, USA*: Gestartet als Garagenfirma Mitte der 1990er-Jahre setzt *Under Armour* heute den Weltmarktführer *Nike* massiv unter Druck – insb. in dessen Heimatmarkt *USA*. Dabei hat *Under Armour* aus seiner Entstehungsgeschichte eine spitze

Markenpositionierung entwickelt, die sich klar von den Wettbewerbern abgrenzt. *Under Armour* agiert mit einem Underdog-Image, das es auch in der Kommunikation pflegt. Alles dreht sich darum, Hindernisse zu überwinden und das (Sport-)Feld als Gewinner zu verlassen. Ausdruck findet dies im Markenclaim („I will"), in der Wahl der Testimonials (selten große Sportstars, immer Kämpfer aus der zweiten Reihe), wie auch in den Kampagnen, die vor allem in den *USA* immer wieder für große Aufmerksamkeit sorgen.

So inszeniert bspw. die *„I will what I want"*-Kampagne aus dem Jahr 2014 die Geschichte und den Werdegang von *Misty Copeland*. Abgelehnt als Kind und in der Jugend für den Balletttanz als ungeeignet befunden, wurde sie 2015 als erste Afroamerikanerin zur Primaballerina des *American Ballet Theatre*. Mit *Misty* im Zentrum in TV-Spots und Printanzeigen startete die Kampagne. Ihre digitale Heimat fand sie auf der Seite iwillwhatiwant.com. Auf ihr wurden Frauen mit einem besonders starken Willen präsentiert und zu Markenbotschafterinnen gemacht, die über einen entsprechenden *Twitter*-Kanal (@UAWomen) regelmäßig Botschaften an die Fans absenden. *Under Armour* zeigt mit dieser und auch mit der Folgekampagne *„Rule yourself"* eindrucksvoll, wie eine Markenpositionierung in starke Bilder und Stories übertragen werden kann (vgl. Abb. 11.9).

**Abb. 11.9** *Under Armour*: Kampagnenmotive und Website. (Quelle: Under Armour 2016)

Im deutschen Werbemarkt hat im vergangenen Jahr ein Unternehmen einen ganz besonderen Fußabdruck hinterlassen: der Elektronikhändler *Media Markt* mit seinem zu Recht als Kampagne des Jahres 2015 ausgezeichneten *Osterhasen Rasen*. Wobei sich bei *Media Markt* der Blick aufs große Ganze lohnt. *Media Markt* agiert in einem Wettbewerbsumfeld, das sich nicht wirklich durch Marken-, sondern vor allem durch **knallharte Preiskommunikation** auszeichnet. Der Kunde kauft dort, wo das Produkt am günstigsten ist. Und so zeichnete sich die aufmerksamkeitsorientierte Kommunikation in der Vergangenheit vor allem durch eine reine Fokussierung auf Angebote in Reichweitenmedien aus (vor allem Postwurf und Beilagen in Tageszeitungen). *Media Markt* geht seit einigen Jahren einen anderen Weg. Sie bespielen in ihren TV-Kampagnen konsequent die Positionierung, die sich um die Freude des Unternehmens an Service und Kundenberatung dreht. Produkte und Preis werden dabei schlüssig in die Kampagnen integriert.

Zu Ostern 2015 setzte *Media Markt* nun mit dem *Osterhasen Rasen* neue Maßstäbe in der Reichweitenkommunikation. Sie organisierten ein Hasenrennen, das an allen Ostertagen live im Werbeblock der neun wichtigsten Privatsender, auf *YouTube*, der eigenen Website und auf Bild.de zu sehen war. Das Prinzip: Beim Einkauf erhielten die *Media-Markt*-Kunden einen Wettschein mit einer individuellen Nummer. Nun liefen die Hasen das Rennen gegeneinander. Stimmte die Startnummer des Gewinner-Hasen mit der Nummer auf dem Wettschein überein, bekam der Kunde 50 % seines Einkaufswertes zurück (vgl. Abb. 11.10).

Mit diesem Live-Event erreichte *Media Markt* über die Rennen direkt 21 Mio. Zuschauer. Zum Vergleich: Das sind fast zehn Millionen Zuschauer mehr als der durchschnittliche *Tatort* vor den Fernseher erzielt. Es gab sogar eine große Anzahl Menschen, die aufgrund der Vorankündigungen extra den Werbeblock eingeschaltet haben. Eine wahre Seltenheit. Insgesamt wurden 21 Mio. Live-Zuschauer erreicht – und auch für die Anzahl der Marktbesucher gab es einen positiven Effekt. Laut *Media Markt* stieg die Zahl der Besucher um 18 %. Hierzu wurden Zuschauer im Alter von 14 bis 59 Jahren befragt (vgl. AGF und GFK 2016).

**Erfahrungsebene 2: „Aufklärung"**

Die **Aufklärungsebene** widmet sich gezielt dem Abbau von Barrieren und der Skepsis, die Menschen trotz Interesses einer Marke gegenüber haben können. Sehr prägnante Beispiele für diese Barrieren sind die negative Einstellung der Menschen gegenüber Kaffee-Kapseln (teuer, umweltschädlich) oder auch Banken (schlechte Beratung, mangelnde Ehrlichkeit, unseriös). Eine reine Fokussierung auf Imagekommunikation mit bunten Bildern und großen Versprechen wird nicht ausreichen, um die Menschen nachhaltig zu überzeugen. Ein Grund, warum *Nespresso* abseits der TV-Kommunikation immer wieder intensiv auf die Themen Umweltverträglichkeit und Nachhaltigkeit anspielt, unter anderem mit der Inszenierung des eigenen Umweltprogramms *The Positive Cup* (vgl. Nespresso 2016). Unter der Erfahrungsebene „Aufklärung" lassen sich alle Maßnahmen und Aktivitäten zusammenfassen, die Menschen regelmäßig über Services und Produkte einer Marke informieren bzw. die eine Beweisführung der Marken-Haltung liefern.

**Abb. 11.10** Website vom *Media Markt* Hasenrasen. (Quelle: Media Markt 2016)

Das bekannte Möbelhaus aus Schweden ist auch in kommunikativen Dingen ein Vorreiter und zeigt, wie eine Marke diese Erfahrungsebene über unterschiedliche Kanäle hinweg bedienen kann. Bei *IKEA* dreht sich nicht nur in der Firmenphilosophie alles darum, die Menschen zu inspirieren und mehr aus ihrem Zuhause zu machen. Sie haben auch ihre gesamte Marketing-Planung diesem Ziel untergeordnet und handeln strikt danach.

Die Kommunikation zielt einerseits darauf, die Menschen durch immer neue Produktideen zum Besuch in den Märkten und damit zum Kauf zu animieren. Andererseits baut *IKEA*, wie wenige andere Unternehmen, eine inhaltliche Welt um ihre Marke, bei der ein direkter Produktverkauf nicht im Vordergrund steht. Vielmehr geht es um Inspiration und

Hilfestellung rund um die Verschönerung der eigenen vier Wände. Oder aber um schlichte Problemlösung bei einem fehlgeschlagenen Produktkauf.

Das Zentrum der Kommunikation (mit harten Abverkaufszielen versehen) bildet der Katalog mit den vielen Spezialkatalogen (Küche, Bad, Schlafzimmer, Business etc.) sowie den aus dem CRM-System gesteuerten Mailings und E-Mails. Interessant ist der Fakt, dass *IKEA* – anders als seine Wettbewerber – kaum platte Preiskommunikation in den Markt drückt. Vielmehr gelingt es ihnen fast immer, Inspiration mit Kaufaufforderung intelligent zu verbinden. Ein Zeichen dafür sind bspw. die vielen Features, die der aktuelle Hauptkatalog in Verbindung mit der Katalog-App bietet: Zimmer in 360-Grad-Ansicht, Videos und vor allem die Möglichkeit, Möbel im eigenen Zuhause „testweise" zu platzieren (vgl. zur Augmented Reality Kap. 4).

Auch in Sachen Content hat *IKEA* einiges zu bieten. Ein spannendes Beispiel hierfür liefert das *First:59*-Programm in den *USA*. Dort hat *IKEA* im Rahmen einer Untersuchung herausgefunden, dass bei circa 72 % der Menschen der Tagesbeginn massiven Einfluss auf den weiteren Verlauf des Tages hat. Also beschäftigten sie sich intensiv mit der ersten Stunde des Tages unterschiedlicher Personen und geben zusammen mit Experten Tipps, wie diese gestaltet werden kann. Natürlich nicht ohne an der einen oder anderen Stelle den Hinweis auf Produkte zu platzieren. Gespielt werden die Inhalte über eine eigene Website (*first59.com*), ein eigenes Pinboard bei *Pinterest* (vgl. Abb. 11.11) und vor allem über ein sehr ausgefeiltes Blogger-Konzept, um innerhalb einrichtungsinteressierter Zielgruppen Reichweite aufzubauen und Glaubwürdigkeit zu erlangen. Denn wenn vermeintlich unabhängige Blogger positiv über eine Marke sprechen, muss diese gut sein. Ein schöner Beitrag findet sich unter http://organizeyourstuffnow.com/wordpress/first59-starting-the-morning-right.

Bei diesem Beispiel sieht man, dass sich die Kanalauswahl im Bereich der „Aufklärung" eher in Richtung der eigenen Kanäle verschiebt. Zentral sind dabei die eigenen Plattformen wie Web- oder Microsites. Aber auch markeneigene Blogs, Communitys oder Social-Media-Auftritte (etwa die *Facebook*-Fanpage) gehören dazu. Auch sehen wir hier viele Maßnahmen, die eher dialogisch ausgerichtet sind, also eine möglichst personalisierte Ansprache der Zielgruppe enthalten und Raum für Argumentation sowie Aktivierung bieten. Werden fremde Kanäle eingesetzt, dann lohnt sich der Blick auf die Umfelder, in denen Menschen sich ausführlich mit bestimmten Produkt(-Kategorien) auseinandersetzen.

#### Erfahrungsebene 3: „Unterstützung"

Die dritte Erfahrungsebene ist diejenige, die sich in den letzten Jahren am dynamischsten entwickelt hat – und bei der ein Ende der Entwicklung bei Weitem noch nicht abzusehen ist. Hier geht es darum, dass Marken immer dann präsent sein sollten, wenn Menschen sich mit einem (für die Marke relevanten) **spezifischen Kontext** auseinandersetzen. Ein einfaches Beispiel: Beschäftigt sich jemand damit, was er zum Abendessen kochen kann, so sind dieser Zeitpunkt und dieses „Mindset" für verschiedenste Marken relevant. Der Grund, warum das Umfeld „Rezepte" nicht nur beliebt, sondern hart umkämpft ist. Von

**Abb. 11.11** *IKEA First:59* auf *Pinterest*. (Quelle: IKEA 2016)

Lebensmittelmarken (*Oetker*, *Maggi*), Händlern (*EDEKA*) oder werbefinanzierten redaktionellen Angeboten (chefkoch.de, kochbar.de, marions-kochbuch.de).

Ein Unternehmen, das sich auf dieser **Erfahrungsebene** hervortut, kommt aus einer Branche, der man Kundenorientierung im Allgemeinen nicht gerade nachsagt. Die *Telekom* betreibt seit 2010 *Telekom hilft* – ein auf die sozialen Kanäle ausgelegtes Serviceangebot für *Telekom*-Kunden. Dabei ist *Telekom hilft* eine Community mit knapp 700.000 Mitgliedern, die über eine eigene Website sowie über *Twitter* und *Facebook* zu erreichen ist. Die *Telekom* hat damit auf intelligente Art und Weise die ohnehin im Web existierenden kritischen Diskussionen und Kommentare (zumindest teilweise) auf ihre eigenen Kanäle überführt und kann diese dort gezielt bearbeiten. Das Interessante daran: Nicht alle Anfragen benötigen eine Reaktion der *Telekom;* oftmals helfen sich Kunden auch untereinander. Eine Arbeit, die sich laut einer Studie auszahlt, die von der *Telekom* zusammen mit der *Universität St. Gallen* durchgeführt wurde. So wird der Service der *Telekom* über Social Media deutlich positiver wahrgenommen als über die anderen Kanäle. Dadurch entsteht nicht nur eine klare **Wettbewerbsdifferenzierung**. Durch die Reduzierung von Churn-Raten entsteht zusätzlich ein wirtschaftlicher Vorteil von circa 100 Mio. €.

Während die *Telekom* sich im genannten Beispiel in einem geschlossenen Umfeld den Fragestellungen seiner Kunden widmet, geht *Schwarzkopf* einen **reichweitenorientierten Weg**. Das Unternehmen aus dem Hause *Henkel* entwickelt Inhalte, die den Bedürfnissen der weiblichen Zielgruppe gerecht werden und es *Schwarzkopf* ermöglichen, über konkrete Produktangebote hinaus einen Kontakt mit den Menschen aufzubauen. So finden sich auf der Startseite der Schwarzkopf.de keine Produktinszenierungen oder Angebote. Dafür trifft man dort auf Inhalte über Trendlooks, Frisuren-Anleitungen, einen Haarbürsten-Guide, verschiedene Ratgeber usw. Produkthinweise kommen erst viel später innerhalb der Artikel und Videos – immer dann, wenn es sinnvoll erscheint. Diese Form der Inszenierung bringt *Schwarzkopf* zweierlei: Erstens zeigt sich die **Marke als Experte** in einer bestimmten Kategorie. Und zweitens liefern die Inhalte der Marke zusätzliche **Sichtbarkeit und Reichweite**. Sucht man z. B. bei *Google* nach „Partyfrisuren" oder „Haare färben", findet sich *Schwarzkopf* mit hilfreichen Inhalten auf der ersten Seite der Suchergebnisse (vgl. zum Content-Marketing Kap. 6).

Die Herausforderung auf dieser Ebene ist riesig. Marken müssen ihr konkretes (inhaltliches) Leistungsangebot und vor allem ihren Lösungsbeitrag in bestimmten Umfeldern definieren. Hinzu kommt, dass die **kontextuelle Ansprache** nicht nur über Suchmaschinen, sondern über eine Vielzahl von Kanälen möglich ist. Ein besonders spannendes Feld tut sich hier mit der **Weiterentwicklung der mobilen Kanäle** auf. Es bietet sich die Möglichkeit, persönliche Informationen (Besitzer des Smartphones) mit lokalen Informationen zusammenzubringen und daraus Kommunikation abzuleiten (vgl. hierzu das dreidimensionale CRM in Abb. 4.3). Wie wäre es, wenn Sie auf dem Weg nach Hause noch ein paar Tipps für das Abendessen bekommen? Und den fertiggestellten Einkaufskorb beim Supermarkt nur noch abholen müssen. Ein Gedanke, der gar nicht mehr so weit weg ist.

Eines ist Fakt: **Planung, Steuerung und die Umsetzung von Kommunikation** haben in den vergangenen Jahren an Komplexität zugenommen. Und da Kommunikation immer nur Mittel zum Zweck (Verkaufen) und damit kein Selbstzweck ist, müssen Unternehmen sich heute die Frage stellen, wie die für sie richtige Mischung der unterschiedlichen Erfahrungsebenen aussieht.

### 11.6.5 Die Strukturen des letzten Jahrtausends werden morgen scheitern

Nun kann man viel darüber philosophieren, wie sich die Welt verändert hat und wie moderne Kommunikation über unterschiedliche Erfahrungsebenen funktioniert. Das Verständnis dieser Veränderung ist sicherlich ein großer Schritt. Es ist aber erst der Anfang. Denn nach dem Reden kommt das Machen. Und das bedeutet vor allem, dass sich die verantwortlichen Personen auf Unternehmens- und Agenturseite endlich darüber klar werden, dass man einer modernen Welt nicht mehr mit Strukturen und Abläufen begegnen kann, die es schon vor 30 Jahren gab. Und genau hier liegt das große **Problem der deutschen Kommunikationslandschaft**. Und es trifft Agenturen wie Unternehmen gleichermaßen.

Verändert man als Unternehmen die Denkrichtung vom Kanal hin zum Menschen, bedeutet dies auch, dass die bestehende Organisation hinterfragt werden muss. Die alten, verlässlich trainierten Prozesse stoßen in der heutigen Zeit immer stärker an ihre Grenzen. Die Zeiten linearer und verlässlicher Langzeitplanung sind vorbei. In der modernen Kommunikation geht es immer mehr darum, Dinge auszuprobieren, zu bewerten und dann zu entscheiden, ob man sie weiterverfolgt oder auch nicht.

Nun gibt es keine **Blaupause für eine moderne Aufstellung** – was in der Konsequenz bedeutet, dass die viel zitierte **digitale Transformation** in jedem Unternehmen selbst beginnt. Je nach individuellen Anforderungen müssen Verantwortung, Prozesse und auch Personalstrukturen neu definiert werden. Ein besonders wichtiger Aspekt ist die Tatsache, dass **Zukunftsfähigkeit** zuallererst eine **Frage der Haltung** und nicht der Organisation ist. Es braucht in der **Führung** Menschen, die Fortschritt und Weiterentwicklung nicht nur fordern, sondern auch fördern. Und einen Mitarbeiterstamm, der diese Weiterentwicklung lebt und mitgeht. Ergänzt man diese Mitarbeiter durch externe Spezialisten, entsteht eine starke, zukunftsgewandte Dynamik. Vor allem dann, wenn sich das Unternehmen gleichzeitig von den Skeptikern und Blockierern trennt (vgl. vertiefend Kreutzer et al. 2017).

Hinzu kommt, dass eine **Trennung vom klassischen Strategieverständnis** ungeahnte Kräfte freisetzen kann. Strategie darf heute nicht mehr als monatelanger Prozess mit einem in ferner Zukunft liegenden Ziel verstanden werden. Strategie muss lebendig und flexibel gestaltet werden und so einfach und prägnant formuliert sein, dass sich die Mitarbeiter daran nicht nur orientieren können, sondern vor allem wollen. Damit werden die Menschen befähigt, in einem vordefinierten Rahmen eigenverantwortlich zu agieren. Selbstverständlich gibt es auch in modernen Unternehmen klare Aufgabenverteilungen – dennoch ist es wichtig, den Menschen für die Erreichung ihrer Ziele eine größtmögliche Freiheit zu gewähren.

Das führt zu dem Appell, dass die **Wertorientierung in Unternehmen** raus muss aus der Rolle von Alibi-KPIs. Heute findet die Erfolgsmessung in vielen Unternehmen immer noch auf der Ebene operativer Kennzahlen statt, was dazu führt, dass in Silos und auf Maßnahmenebene munter vor sich hin optimiert wird. Welchen Wertbeitrag eine Maßnahme aber in Bezug auf eine übergeordnete Marken- oder Marketing-Strategie leistet, geht daraus nicht hervor. Die Lösung liegt in **ganzheitlichen qualitativen und quantitativen Zielen**, an denen die Organisation ausgerichtet wird. Ein interessantes Modell bietet hier das Wirkungsstufenmodell, das 2009 von der *Deutschen Public Relations Gesellschaft* und dem *Internationalen Controller Verein* entwickelt wurde (DPRG und ICV 2016). Es misst den Erfolg eines Unternehmens über insgesamt fünf Stufen und bietet die Möglichkeit, Kommunikationsmaßnahmen entsprechend ihrer individuellen Rolle zu bewerten.

Klar ist, dass die **Weiterentwicklung von Unternehmen** nicht von heute auf morgen geschehen kann. Fakt ist aber auch, dass die gesamte Welt sich rasend schnell verändert. Neue Kommunikationskanäle entstehen und verschwinden, neue Marktteilnehmer treten auf und verändern ganze Branchen, und die Menschen reagieren und interagieren immer selbstbewusster mit Unternehmen und Marken. Was diese Entwicklungen mit dem eigenen Unternehmen und dessen Kommunikation anstellen, muss jeder für sich selbst entscheiden. Zu glauben, dass die Entwicklungen ohne Auswirkung sind, wäre ein fataler Fehler.

### 11.6.6 Zusammengefasst

Die moderne Marketing- und Kommunikations-Planung war noch nie so stark veränderten Rahmenbedingungen ausgesetzt, wie es in der heutigen Zeit der Fall ist. Um auch in Zukunft wirksame Kommunikationsmaßnahmen effizient entwickeln zu können, müssen sich Kunden wie Agenturen gleichermaßen weiterentwickeln.

- Die **Entwicklung der Kommunikationslandschaft** und das daraus entstandene **selbstbewusste Verbraucherverhalten** zwingen Unternehmen zu einer sich aus den Interessen und der Erwartungshaltung unterschiedlichster Zielgruppen speisenden Kommunikation: **weg vom Kanal, hin zum Menschen**.
- Relevante Markenkommunikation arbeitet auf **drei Erfahrungsebenen:** Sie sorgt **von Zeit zu Zeit** für herausragende Aufmerksamkeit und hohe emotionale Anteilnahme (**Begeisterung**). Sie informiert Zielgruppen **regelmäßig** über das, was die Produkte hinsichtlich ihrer Interessen und Bedürfnisse zu bieten haben (**Aufklärung**). Sie liefert Inhalte bzw. Maßnahmen, die dem Einzelnen innerhalb einer Zielgruppe **jederzeit** alles bietet, was ihn im Kontext des gesamten Themas grundsätzlich interessiert und ihm hilft, sich zu orientieren (**Unterstützung**).
- Die **Organisationsmodelle** und **Prozesse** der letzten Jahre müssen dringend überarbeitet werden. Ansonsten bleiben Begriffe wie Innovation oder Digitalisierung nur inhaltsleere Worthülsen.

► *Meik-Oliver Vogler* ist Geschäftsführer Beratung bei *Yours Truly*, einer Kommunikationsagentur, die eine Vielzahl von nationalen und internationalen Marken auf dem Weg der Digitalisierung berät.

► **Food for Thought** Keine der großen Revolutionen wurde durch die jeweils herrschenden Mächte ausgelöst. Es waren weder die Kaiserinnen oder die Kaiser, weder die Königinnen noch die Könige, noch andere Herrscherinnen oder Herrscher, die Revolutionen ausgelöst haben. Es waren vielmehr oft einzelne Personen, die die Initialzündung vornahmen und dann Anhänger um sich herum geschart haben. So wie heute viele der Start-ups, die dabei sind, immer mehr und immer tiefergehend etablierte Geschäftsmodelle zu „disrupten" – d. h. zu zerstören.
**Lasst uns wachsam sein! Und agil im Handeln!**

## Quick Wins

# Literaturverzeichnis


Aaker, D., Stahl, F., & Stöckle, F. (2015). *Marken erfolgreich gestalten. Die 20 wichtigsten Grundsätze der Markenführung*. Wiesbaden: Springer Gabler.

Adidas (2014). adidas Originals ZX FLUX – Limitless Possibilities with miadidas. http://news.adidas.com/global/Latest-News/ALL/ADIDAS-ORIGINALS-ZX-FLUX---LIMITLESS-POSSIBILITIES-WITH-MI-ADIDAS/s/df696d74-b0f4-4507-9259-218ed2f02386. Zugegriffen: 30. August 2016.

AGF, & GFK (2016). *Erfolgskennzahlen Media Markt Hasenrasen: IP Begleitforschung, Case-Study Media Markt Live-Spot-Hasenrasen, TV-Scope 6.0*, 1. April 2015.

Agile Marketing Manifesto (2012). Values – Principles – Resources. http://agilemarketingmanifesto.org/. Zugegriffen: 6. Oktober 2016.

Albrand, C. (2015). Jim Beam nutzt für die Vermarktung des neuen Bourbons „Devils Cut“ Virtual Reality. https://vrodo.de/sei-der-whiskey/ (Erstellt: 1. Juni 2015). Zugegriffen: 30. Oktober 2016.

Allen, C. T., Fournier, S., & Miller, F. (2008). Brands and Their Meaning Makers. In C. P. Haugtvedt, P. M. Herr & F. R. Kardes (Hrsg.), *Handbook of Consumer Psychology* (S. 781–822). New York: Psychology Press.

Anthony, S. (2012). How to Anticipate a Burning Platform. https://hbr.org/2012/12/how-to-anticipate-a-burning-platform (Erstellt: 11. Dezember 2012). Zugegriffen: 6. Juli 2016.

ARD, & ZDF (2016). ARD/ZDF-Onlinestudie 2016. http://www.ard-zdf-onlinestudie.de/. Zugegriffen: 18. Oktober 2016.

Backhaus, K., Erichson, B., Plinke, W., & Weiber, R. (2016). *Multivariate Analysemethoden – eine anwendungsorientierte Einführung*. Wiesbaden: Springer Gabler.

Barca, A. (2014). Unlocking the Power of Content Marketing with SAP's VP of Global Audience Marketing. http://www.curata.com/blog/unlocking-the-power-of-content-marketing-with-saps-vp-of-global-audience-marketing. Zugegriffen: 29. August 2016.

Bastian, M. (2015). Wie virtuelle Welten die Kommunikation von Organisationen und Unternehmen verändern können. https://vrodo.de/virtual-reality-in-marketing-und-kommunikation/ (Erstellt: 16. April 2015). Zugegriffen: 30. Oktober 2016.

Batt, V. (2013). *Qualität der Internen Markenführung*. Wiesbaden: Springer Gabler.

Baumgarth, C. (2014). *Markenpolitik. Markenwirkungen – Markenführung – Markencontrolling* (4. Aufl.). Wiesbaden: Springer Gabler.

Becker, P., & Weinand, K. (2016). *Kia AdWords Kampagne – SEM neu gedacht*. Präsentation bei MIIA, Berlin, 11. Oktober 2016.


 
R. T. Kreutzer und K.-H. Land, *Digitale Markenführung*, DOI 10.1007/978-3-658-08547-6

Bendel, O. (2016). Sharing Economy. http://wirtschaftslexikon.gabler.de/Definition/sharing-economy.html. Zugegriffen: 6. Juni 2016.

Berger, C., Blauth, R., Boger, D., Bolster, C., Burchill, G., DuMouchel, W., Pouliot, F., Richter, R., Rubinoff, A., Shen, D., Timko, M., & Walden, D. (1993). Kano's Methods of Understanding Customer-defined Quality. *Center for Quality of Management Journal*, *2*(4), 3–36.

Bickart, B., & Schindler, R. M. (2001). Internet forums as influential sources of consumer information. *Journal of Interactive Marketing*, *15*(3), 31–40.

Biesalski, A., & Kilian, K. (2016). Markenbewertung im Praxis-Check. *Markenartikel*, *4*, 68–71.

Bitkom (2012). *Social Media in deutschen Unternehmen*. Berlin: Bitkom.

Bitkom (2015). *Drei von vier Unternehmen nutzen Social Media*. Berlin: Bitkom.

Blades, F., & McDevitt, R. (2016). Measure Share of Experience. *Admap magazine*.

Bock, A. H. (2012). *Kundenservice im Social Web*. Köln: O'Reilly.

Böcker, J. (2015). Die Customer Journey – Chance für mehr Kundennähe. In DDV (Hrsg.), *Dialogmarketing Perspektiven 2014/2015* (S. 165–177). Wiesbaden: Springer Gabler.

Boyarsky, B., Enger, W., & Ritter, R. (2016). Developing a customer-experience vision. http://www.mckinsey.com/business-functions/marketing-and-sales/our-insights/developing-a-customer-experience-vision. Zugegriffen: 16. Juni 2016.

Bradley, J., Loucks, J., Macaulay, J., Noronha, A., & Wade, M. (2015). Digital Vortex. How Digital Disruption Is Redefining Industries. http://www.imd.org/uupload/IMD.WebSite/DBT/Digital_Vortex_06182015.pdf. Zugegriffen: 22. Dezember 2016.

Brandmeyer, K., Pirck, P., Pogoda, A., & Prill, C. (2008). *Marken stark machen. Techniken der Markenführung*. Weinheim: Wiley.

Brandoffice (2015). Digitales Zeitalter: Jede zweite Marke erfindet sich neu. http://Brandoffice.com/Deutscher-Markenreport-Spezial-2015-Digitale-Markenfuehrung/. Zugegriffen: 31. Mai 2016.

Brandwatch (2015). Nutzen Sie Social Intelligence, um bessere Entscheidungen zu treffen. https://www.brandwatch.com/de. Zugegriffen: 1. Juli 2015.

Brandwatch (2016). PeerIndex + Brandwatch. https://www.brandwatch.com/peerindex-and-brandwatch/. Zugegriffen: 31. August 2016.

Braun, G., & Schwarz, T. (Hrsg.). (2015). *Leitfaden Data Driven Marketing*. Waghäusel: Marketing Börse.

Brenner, M. (2012). SAP Invites Businesses To Envision What's Possible With New Campaign. http://blogs.sap.com/innovation/innovation/sap-invites-businesses-to-envision-whats-possible-with-new-campaign-02779. Zugegriffen: 31. August 2016.

Bruce, A., & Jeromin, C. (2016). *Agile Markenführung – Wie Sie Ihre Marke stark machen für dynamische Märkte*. Wiesbaden: Springer Gabler.

Bruhn, M., & Hadwich, K. (Hrsg.). (2012). *Customer Experience*. Wiesbaden: Springer Gabler.

Bucholtz, C. (2015). *THE CPQ-BUYER'S GUIDE*

Buehler, D. (2015). The digital delusion. http://thedigitaldelusion.com/online-60-seconds-infographic-digital-marketing. Zugegriffen: 8. Januar 2016.

Bulander, R., & Fries, F. (2015). Neue Möglichkeiten im Kundendialog durch Kontextsensitives Marketing. In DDV (Hrsg.), *Dialogmarketing Perspektiven 2014/2015* (S. 229–259). Wiesbaden: Springer Gabler.

Burberry (2016). Burberry Regent Street. http://retail-innovation.com/burberry-regent-street/. Zugegriffen: 9. September 2016.

Burcher, N. (2012). *Paid, Owned, Earned. Maximizing Marketing Returns in a Socially Connected World*. London: Kogan Page.

Burmann, C., & Meffert, H. (2005a). Theoretisches Grundkonzept der identitätsorientierten Markenführung. In H. Meffert, C. Burmann & M. Koers (Hrsg.), *Markenmanagement. Identitätsorientierte Markenführung und praktische Umsetzung* (2. Aufl., S. 37–72). Wiesbaden: Springer Gabler.

Burmann, C., & Meffert, H. (2005b). Managementkonzept der identitätsorientierten Markenführung. In H. Meffert, C. Burmann & M. Koers (Hrsg.), *Markenmanagement. Identitätsorientierte Markenführung und praktische Umsetzung* (2. Aufl., S. 73–114). Wiesbaden: Springer Gabler.

Burmann, C., Halaszovich, T., Schade, M., & Hemmann, F. (2015). *Identitätsbasierte Markenführung. Grundlagen – Strateige – Umsetzung – Controlling* (2. Aufl.). Wiesbaden: Springer Gabler.

BVDW (2016). *State of Programmatic Advertising – 2016. Ergebnisse einer qualitativen Expertenbefragung*. Düsseldorf/Zürich. http://www.bvdw.org/medien/state-of-programmatic-advertising--2016?media=8259. Zugegriffen: 22. Dezember 2016.

Caffyn, G. (2016). Marriott brings its social media war room to Europe. http://digiday.com/publishers/marriott-brings-social-media-war-room-europe/ (Erstellt: 27. Juli 2016). Zugegriffen: 12. September 2016.

Canvanizer (2016). Shop. https://canvanizer.com/canvas/XVVqFPFAKqI. Zugegriffen: 2. August 2016.

Capgemini (2014). Monetizing the Internet of Things: Extracting Value from the Connectivity Opportunity. https://www.capgemini-consulting.com/resource-file-access/resource/pdf/iot_monetization_0.pdf. Zugegriffen: 22. Dezember 2016.

Chevalier, J. A., & Mayzlin, D. (2006). The Effect of Word of Mouth on Sales: Online Book Reviews. *Journal of Marketing Research*, *43*, 345–354.

Cisco (2015). *Cisco Internet Business Solutions Group (IBSG). Report*. San Francisco.

Coca-Cola (2016a). Trink 'ne Coke mit individuellem Namen – Coca-Cola Shop. https://www.meinecoke.de/. Zugegriffen: 5. Oktober 2016.

Coca-Cola (2016b). Mit Coca-Cola genießen. https://www.cocacola.de/de/home/. Zugegriffen: 5. Oktober 2016.

Content Marketing Institute (2015). B2B Content Marketing Benchmarks, Budgets and Trends. http://de.slideshare.net/CMI/2015-b2b-content-marketing-benchmarks-budgets-and-trends-north-america-by-content-marketing-institute-and-marketingprofs. Zugegriffen: 20. August 2016.

Coppenrath & Wiese (2016). Fan-Dessert – kleiner Ausblick. http://www.fan-dessert.de. Zugegriffen: 12. September 2016.

Dahan, E., & Hauser, J. (2002). The virtual customer. *Journal of Product Innovation Management*, *5*, 332–353.

DeLane, J. (2016). *4 Reasons Why Consumers View Brands As Relationships*. Digital Branding Institute. http://digitalbrandinginstitute.com/4-reasons-why-consumers-view-brands-as-relationships/?utm_source=email&utm_medium=email&utm_campaign=social_share. Zugegriffen: 25. Oktober 2016.

Dennhardt, S. (2014). *User-Generated Content and its Impact on Branding*. Wiesbaden: Springer Gabler.

diffferent (2012). Digital Brand Champion von WirtschaftsWoche und diffferent. https://www.diffferent.de/digital-brand-champion-von-wirtschaftswoche-und-diffferento2-ist-digitaler-champion-2012 (Erstellt: 6. Dezember 2012). Zugegriffen: 1. November 2016.

diffferent (2014). *DIGITAL BRAND CHAMPION 2014*. Berlin.

Disselhoff, F. (2011). Die peinlichsten Facebook-Pannen. http://meedia.de/internet/die-peinlichsten-facebook-pannen/2011/06/06.html. Zugegriffen: 15. Juni 2016.

DMI (2016). Public & Private Screens 2016/2017. http://www.dmi-org.com/Digital-Media-Institute-Public-Private-Screens.html. Zugegriffen: 15. Dezember 2016.

Douglas (2016). Die Douglas-App. https://www.douglas.de/douglas/Douglas-Aktuell/Mobile-App/index_c0058.html. Zugegriffen: 30. August 2016.

DPRG, & IVC (2016). Wirkungsstufenmodell. http://www.communicationcontrolling.de/wissen/wirkungsstufenevaluation.html. Zugegriffen: 18. Oktober 2016.

Drengner, J. (2014). *Paradigmenwechsel in der Markenführung? – Der Beitrag der Service-Dominant Logic*. AfM-Tagung, Mannheim, 22. Mai 2014.

Drengner, J., Jahn, S., & Gaus, H. (2013). Der Beitrag der Service-Dominant Logic zur Weiterentwicklung der Markenführung. *DBW*, *73*(2), 143–160.

Duhigg, C. (2012). How Companies Learn Your Secrets. http://www.nytimes.com/2012/02/19/magazine/shopping-habits.html?pagewanted=6&_r=3&hp&pagewanted=all (Erstellt: 16. Januar 2012). Zugegriffen: 23. Juli 2016.

Dumke, J. (2016). *Von CallYa zu CallYeah! Vom „Boreout" zum Mitmachen – die erfolgreiche Integration der Zielgruppe in die CallYa Kampagne*. Präsentation beim MIIA, Berlin, 11. Oktober 2016.

Edelman, D. C., & Singer, M. (2015). Competing on Customer Journeys. *Harvard Business Review, November*. https://hbr.org/2015/11/competing-on-customer-journeys. Zugegriffen: 30. August 2016.

Eichhorn, P. (2001). Konstitutive Merkmale von Non-Profit-Organisationen. In D. Witt, C. Eckstaller, P. Faller & P. Eichhorn (Hrsg.), *Non-Profit-Management im Aufwind?* (S. 45–52). Wiesbaden: Deutscher Universtitäts-Verlag.

eKomi (2015). Mit Kundenbewertungen den Umsatz steigern, 2015. http://insights.ekomi.com/wp-content/uploads/2016/01/eKomi_infographic.png. Zugegriffen: 2. September 2016.

Elliott, S. (2013). L'Oréal. *The New York Times*. http://www.nytimes.com/2013/10/30/business/media/stand-clear-of-closing-doors-protect-your-manicure.html?_r=0. Zugegriffen: 22. April 2016.

Emaze (2016). Geo-Fencing & iBeacons. https://www.emaze.com/@AFWZWTLC/Geo-Fencing. Zugegriffen: 5. November 2016.

Ernst & Young (2013). *Absolventenstudie 2012-2013*. Hamburg.

Errichiello, O., & Zschiesche, A. (2013). *Markenkraft im Mittelstand. Was jeder Manager von Dr. Klitschko und dem Papst lernen kann* (2. Aufl.). Wiesbaden: Springer Gabler.

Esch, F.-R. (2008). *Strategie und Technik der Markenführung* (5. Aufl.). München: Vahlen.

Esch, F.-R. (2015). Customer Touchpoint Management. http://www.esch-brand.com/markenfuehrung/customer-Touchpoint-management.php. Zugegriffen: 23. Juni 2016.

Esch, F.-R., & Knörle, C. (2016). Omni-Channel-Strategien durch Customer-Touchpoint-Management erfolgreich realisieren. In L. Binckebanck & R. Elste (Hrsg.), *Digitalisierung im Vertrieb* (S. 123–137). Wiesbaden: Springer Gabler.

Esch, F.-R., Langner, T., & Rempel, J. E. (2005). Ansätze zur Erfassung und Entwicklung von Markenidentität. In F.-R. Esch (Hrsg.), *Moderne Markenführung, Grundlagen – Innovative Ansätze – Praktische Umsetzungen* (4. Aufl., S. 103–129). Wiesbaden: Gabler.

Esch, F.-R., von Einem, E., Gawlowski, D., Isenberg, M., & Rühl, V. (2012a). Vom Konsumenten zum Markenbotschafter – Durch den gezielten Einsatz von Social Media die Konsumenten an die Marke binden. In M. Schulten, A. Mertens & A. Horx (Hrsg.), *Social Branding. Strategien – Praxisbeispiele – Perspektiven* (S. 147–165). Wiesbaden: Springer Gabler.

Flocke, L., & Holland, H. (2014). Die Customer Journey Analyse im Online Marketing. In DDV (Hrsg.), *Dialogmarketing Perspektiven 2013/2014* (S. 213–242). Wiesbaden: Springer Gabler.

FoxBlock (2014). Apples neue Technologie iBeacon im Portrait. blog.webfox01.de/apple-ibeacon-bluetooth-technologie-informationsversand. Zugegriffen: 11. August 2014.

Fuggetta, R. (2012). *Brand Advocates – Turning Enthusiastic Customers into a Powerful Marketing Force*. Hoboken: Wiley.

Gelernter, D. (2010). Die Zukunft des Internet. *Frankfurter Allgemeine Sonntagszeitung, 8*. 28. Februar 2010, S. 23, 25.

Generali (2016). Generali Vitality. https://www.generali.de/privatkunden/beruf-vorsorge/vitality. Zugegriffen: 31. August 2016.

Göbel, F., & Bartsch, S. (2016). Open Source Branding – Nutzergenerierte Markenkommunikation auf Social Media-Applikationen am Beispiel YouTube. In S. Regier, H. Schunk & T. Könecke (Hrsg.), *Marken und Medien. Führung von Medienmarken und Markenführung mit neuen und klassischen Medien* (S. 323–348). Wiesbaden: Springer Gabler.

Goderbauer-Marchner, G., & Büsching, T. (2015). *Social-Media-Content*. München: UVK.

Google (2016). Besuche im Ladengeschäft als Conversions erfassen. https://support.google.com/adwords/answer/6100636?hl=de. Zugegriffen: 18. Oktober 2016.

Gourville, T. (2006). Wann Kunden neue Produkte kaufen. *Harvard Business Manager*, *8*, 44–57.

Grassegger, H., & Krogerus, M. (2016). Ich habe nur gezeigt, dass es die Bombe gibt. *Das Magazin*, *48*. https://www.dasmagazin.ch/2016/12/03/ich-habe-nur-gezeigt-dass-es-die-bombe-gibt/. Zugegriffen: 15. Dezember 2016.

Grässel, R., & Weinberg, J. (2014). Social CRM – Umsetzungsmöglichkeiten in der Praxis. In DDV (Hrsg.), *Dialogmarketing Perspektiven 2013/2014* (S. 105–125). Wiesbaden: Springer Gabler.

Grässel, R., & Weinberg, J. (2015). Praktischer Einsatz von Social CRM-Systemen. In DDV (Hrsg.), *Dialogmarketing Perspektiven 2014/2015* (S. 103–128). Wiesbaden: Springer Gabler.

Grönroos, C., & Voima, P. (2013). Critical service logic: making sense of value creation and co-creation. *Journal of Academic Marketing Science*, *41*, 133–150.

Hack, C. (2013). Die digitale Markenführung im Spagat zwischen „offline" und „online" erfolgreich gestalten. In K.-D. Koch (Hrsg.), *No 1 Brands: Die Erfolgsgeheimnisse starker Marken* (S. 213–231). Zürich: Orell Füssli.

Haller, P., & Twardawa, W. (2014). *Die Zukunft der Marke. Handlungsempfehlungen für eine neue Markenführung*. Wiesbaden: Springer Gabler.

Handley, A., & Pulizzi, J. (2015). *B2B Content Marketing Benchmarks, Budgets, and Trends – North America report*. Content Marketing Institute. http://contentmarketinginstitute.com. Zugegriffen: 30. August 2016.

Harris, M. (2013). CEO of SAP recruits a Chief Storyteller – why? http://insightdemand.com/storyselling/sap-recruits-chief-storyteller-why. Zugegriffen: 31. August 2016.

Haug, A. (2015). *DIY Social Media Content Strategy*. CreateSpace Independent Publishing Platform.

Heim, A. (2015). Digital Branding. http://www.digitalwiki.de/digital-branding. Zugegriffen: 8. Januar 2016.

Heinemann, G. (2016a). *Der neue Online-Handel. Geschäftsmodelle und Kanalexzellenz im Digital Commerce* (7. Aufl.). Wiesbaden: Springer Gabler.

Heinemann, G. (2016b). Digital zerstört alte Kundenbeziehungen. *Frankfurter Allgemeine Zeitung*, 26. Oktober 2016, S. 16.

Helios, A. (2015). Studie zur dmexco: Kundenerlebnis wird Chefsache. https://blogs.adobe.com/digitaleurope/de/digital-marketing-de/studie-wird-dmexco-kundenerlebnis-zur-chefsache/. Zugegriffen: 18. Juni 2016.

Helm, S., Günter, B., & Eggert, A. (Hrsg.). (2017). *Kundenwert* (4. Aufl.). Wiesbaden: Springer Gabler.

Helmig, B. (2015). *Nonprofit-Organisation*. Gabler Wirtschaftslexikon. Springer Gabler. http://wirtschaftslexikon.gabler.de/Definition/nonprofit-organisation-npo.html?referenceKeywordName=NBO. Zugegriffen: 26. September 2015.

Hennig-Thurau, T., vor dem Esche, J., & Bloching, B. (2012). Flippern statt Bowling – Marketing im Zeitalter von Social Media. *Marketing Review St. Gallen*, *4*, 8–15.

Hermes, V. (2011). Wer führt die Marke. *absatzwirtschaft Marken*, 34–40.

Heun, T. (2016). Funktion, Emotion, Kommunikation – Der Beitrag von digitalen Medien zum Nutzen von Marken für Konsumenten. In S. Regier, H. Schunk & T. Könecke (Hrsg.), *Marken und Medien, Führung von Medienmarken und Markenführung mit neuen und klassischen Medien* (S. 79–93). Wiesbaden: Springer Gabler.

Hill-Wilson, M., & Blunt, C. (2013). *Delivering Effective Social Customer Service: How to Redefine the Way You Manage Customer Experience and Your Corporate Reputation*. Padstow: Wiley.

Holland, H. (2014). Crossmediale Kommunikation. In H. Holland (Hrsg.), *Digitales Dialogmarketing – Grundlagen, Strategien, Instrumente* (S. 795–823). Wiesbaden: Springer Gabler.

Holland, H., & Koch, B. (2015). Mobile Marketing im Kaufentscheidungsprozess. In DDV (Hrsg.), *Dialogmarketing Perspektiven 2014/2015* (S. 71–102). Wiesbaden: Springer Gabler.

Holland, H., & Ramanathan, N. (2016). Customer Experience Management. In DDV (Hrsg.), *Dialogmarketing Perspektiven 2015/2016* (S. 83–101). Wiesbaden: Springer Gabler.

Holmes, S. (2015). *Social Media Marketing 2016: Steigern Sie Ihren Unternehmenserfolg mit Facebook, Twitter, Xing & Co.* Nürnberg: Webmasters Press.

Homburg, C., Jozic, D., & Kühnl, C. (2013). Customer-Experience-Management. http://imu2.bwl.uni-mannheim.de/fileadmin/files/imu/files/ap/ri/RI_019.pdf. Zugegriffen: 20. Juni 2016.

Horzetzky, D. (2015). *Content Marketing & Native Advertising – Not the same, however inseparable!* Vortrag an der HWR Berlin, 27. Mai 2015.

HubSpot, & Smart Insights (2015). *2016 European Content Marketing Report*

Hurrelmann, K., & Albrecht, E. (2014). *Die heimlichen Revolutionäre: Wie die Generation Y unsere Welt verändert*. Weinheim: Beltz.

Hurrelmann, K. (2016). Die Generation Y verhält sich fahrlässig. *Die Welt kompakt,* 1. September 2016, S. 28.

IBM (2016a). 10 Common Barriers to Understanding the Customer Journey and How to Overcome Them. https://silverpop.com/marketing-resources/white-papers/all/2016/customer-journey-barriers/. Zugegriffen: 24. Juni 2016.

IBM (2016b). Hilton and IBM Pilot "Connie", The World's First Watson-Enabled Hotel Concierge. https://www-03.ibm.com/press/us/en/pressrelease/49307.wss. Zugegriffen: 16. Dezember 2016.

IE.F, & Roland Berger (2016). Fair Play in der digitalen Welt. https://www.ie.foundation/blog/fair-play-in-der-digitalen-welt. Zugegriffen: 18. Oktober 2016.

IKEA (2016). First:59. https://de.pinterest.com/IKEAUSA/first59/. Zugegriffen: 19. Februar 2016.

Interbrand (2016). Best Global Brands 2016. http://interbrand.com/best-brands/best-global-brands/2016/. Zugegriffen: 3. November 2016.

Jefferson, S., & Tanton, S. (2015). *Valuable Content Marketing. How to make quality content your key to success* (2. Aufl.). London: Kogan Page.

Johanssen + Kretschmer Strategische Kommunikation GmbH (2013). *Wir haben Verstanden. Texte im Gedanken an Klaus-Peter Johanssen 1938-2012*. Berlin: poli-c-books.

Kammerer, P. (2015). Coca Cola: „Die klassische Corporate Website ist nicht mehr zeitgemäß". http://www.absatzwirtschaft.de/coca-cola-die-klassische-corporate-website-ist-nicht-mehr-zeitgemaess-53009/. Zugegriffen: 17. Dezember 2016.

Kappler, M. A. (2016). *Proximity Services & Analytics für mobile Applikationen*. Berlin.

Keller, E., & Fay, B. (2012). Word-of-Mouth Advocacy, a new key to advertising effectiveness. *Journal of Advertising Research, 12*, 459–464.

Kilian, K. (2009). So bringen Sie Ihre Marke auf Kurs. *Absatzwirtschaft, 4*, 42–43.

Kilian, K. (2012a). Markenwerte, welche Markenwerte? *Markenartikel, 5*, 64–66.

Kilian, K. (2012b). Die Bedeutung selbstbestimmter Markenführsprecher in den sozialen Medien. In M. Schulten, A. Mertens & A. Horx (Hrsg.), *Social Branding. Strategien – Praxisbeispiele – Perspektiven* (S. 167–180). Wiesbaden: Springer Gabler.

Kilian, K. (2016). Das Würzburger Marken-Management-Modell. *Marke41, 4*, 54–58.

Kleiner & Bold (2011). *Wer bin ich? Unternehmenswerte im Mittelstand auf dem Prüfstand. Studie, November 2011*. Frankfurt a. M.: Financial Gates.

Kleiner & Bold (2012). Defizite in der Markenwelt: Mittelstand muss Löcher in der Kommunikation stopfen. kleinerundbold.com/fileadmin/medien/kub_studie_2012/KUB_PM_Mittelstandsstudie.pdf. Zugegriffen: 15. September 2016.

Klout (2016). Der Klout Score. https://klout.com/corp/score. Zugegriffen: 31. August 2016.

Konrad, P. (2016). Darum sinkt die organische Reichweite bei Facebook ständig! http://www.startupakademie.de/marketing/facebook/organische-reichweite-facebook/ (Erstellt: 13. Juni 2016). Zugegriffen: 9. September 2016.

Kreutzer, R. (2006). *Praxisorientiertes Marketing. Grundlagen – Instrumente – Fallbeispiele*. Wiesbaden: Springer Gabler.

Kreutzer, R. (2014). *Praxisorientiertes Online-Marketing. Konzepte – Instrumente – Checklisten*. Wiesbaden: Springer Gabler.

Kreutzer, R. (2016). *Kundenbeziehungsmanagement im digitalen Zeitalter. Konzepte – Erfolgsfaktoren – Handlungsideen*. Stuttgart: Kohlhammer.

Kreutzer, R. (2017). Ansätze zur (Kunden-)Wert-Ermittlung im Online-Zeitalter. In S. Helm, B. Günter & A. Eggert (Hrsg.), *Kundenwert* 4. Aufl. Wiesbaden: Springer Gabler.

Kreutzer, R., & Land, K.-H. (2015). *Dematerialisierung – Die Neuverteilung der Welt in Zeiten des digitalen Darwinismus*. Köln: FutureVisionPress.

Kreutzer, R., & Land, K.-H. (2016). *Digitaler Darwinismus. Der stille Angriff auf Ihr Geschäftsmodell und Ihre Marke* (2. Aufl.). Wiesbaden: Springer Gabler.

Kreutzer, R., & Merkle, W. (2015). *Ausgewählte Aspekte des Digital Branding. Handlungskonzepte für die digitale Markenführung*. Wiesbaden: Springer Gabler.

Kreutzer, R., Rumler, A., & Wille-Baumkauff, B. (2015). *B2B-Online-Marketing und Social Media. Ein Praxisleitfaden*. Wiesbaden: Springer Gabler.

Kreutzer, R., Neugebauer, T., & Pattloch, A. (2017). *Digital Business Leadership. Digitale Transformation – Geschäftsmodell-Innovation – agile Organisation – Change-Management*. Wiesbaden: Springer Gabler.

Kroeber-Riel, W., & Esch, F.-R. (2015). *Strategie und Technik der Werbung* (8. Aufl.). Stuttgart: Kohlhammer.

Kroeber-Riel, W., & Gröppel-Klein, A. (2013). *Konsumentenverhalten* (10. Aufl.). München: Vahlen.

Kunz, R., & Elsässer, F. (2016). Crossmediale Markenführung durch „Branded Entertainment". In S. Regier, H. Schunk & T. Könecke (Hrsg.), *Marken und Medien. Führung von Medienmarken und Markenführung mit neuen und klassischen Medien* (S. 53–77). Wiesbaden: Springer Gabler.

Kupetz, A., & Meier-Kortwig, H. (2015). *Deutscher Markenmonitor 2015, German Brand Monitor 2015. Entscheiderstudie zu Trends und Erfolgsfaktoren der Markenführung*. Frankfurt: Rat für Formgebung.

Kyriasoglou, C. (2016). VW investiert 300 Millionen Dollar in einen Uber-Konkurrenten. http://www.gruenderszene.de/automotive-mobility/vw-gett-300-millionen. Zugegriffen: 31. August 2016.

Launchmetrics (2015). State of Influencer Engagement 2015. https://www.launchmetrics.com/resources/whitepapers/the-state-of-influencer-engagement-2015. Zugegriffen: 23. Dezember 2016.

Lauterhahn, F. (2015). Customer-Experience-Management – Strategien zur Einführung von CEM. http://www.marketing-boerse.de/Fachartikel/details/1503-Customer-Experience-Management---Strategien-zur-Einfuehrung-von-CEM/50642. Zugegriffen: 24. Juni 2016.

Lauth, L. (2016). Der Newsroom im Unternehmen: Facts aus einer ausgezeichneten Masterarbeit. https://www.mcschindler.com/2016/03/13/der-newsroom-im-unternehmen-facts-aus-einer-ausgezeichneten-masterarbeit/. Zugegriffen: 6. Oktober 2016.

Lecinski, J. (2011). *ZMOT – Winning the zero moment of truth*. Chicago: Google.

Lieb, R. (2012). *Content Marketing. Think like a Publisher – How to Use Content to Market Online and in Social Media*. Indianapolis: Que Publ.

Linxweiler, R. (2001). *BrandScoreCard, ein neues Instrument erfolgreicher Markenführung*. Groß-Umstadt: Sehnert.

Lischka, C. (2016). Wie sich auch Marken auf die Generation Y einstellen. http://page-online.de/branche-karriere/wie-sich-auch-marken-auf-die-generation-y-einstellen (Erstellt: 13. Januar 2016). Zugegriffen: 19. Oktober 2016.

Lixenfeld, C. (2015). Schindler: Aufwärts durch Digitalisierung. http://www.cio.de/a/schindler-aufwaerts-durch-digitalisierung (Erstellt: 6. Februar 2015). Zugegriffen: 18. Oktober 2016.

Löffler, M. (2014). *Think Content!* Bonn: Rheinwerk.

Maehner, J. (2016). Abzocke auf Knopfdruck. http://www.chip.de/artikel/Amazon-Dash-Button-erklaert-So-funktioniert-s-und-so-gefaehrlich-ist-er-wirklich_99571252.html. Zugegriffen: 16. September 2016.

Mahrdt, N. (2016). *Multichanneling im Modehandel. Von der Instore-Digitalisierung bis zum Cross-Channel-Management*. Köln: Institut des deutschen Textileinzelhandels GmbH.

Mathew (2008). If the news is important, it will find me. http://www.mathewingram.com/work/2008/03/27/if-the-news-is-important-it-will-find-me/. Zugegriffen: 27. Juli 2016.

Mattgey, A. (2013). Digitale Markenführung: Das können Sie von Axe und dm lernen. http://www.lead-digital.de/aktuell/social_media/digitale_markenfuehrung_das_koennen_sie_von_axe_und_dm_lernen (Erstellt: 28. April 2014). Zugegriffen: 20. Dezember 2016.

Mäurer, D. K. (2016). Schweizer Supermarkt testet neues Rabattsystem Wer viel hat, zahlt auch mehr. http://www.tagesschau.de/ausland/schweiz-preise-reiche-101.html (Erstellt: 24. Oktober 2016). Zugegriffen: 29. Oktober 2016.

Mayer-Johanssen, U. (2007). *Über Identität*. Berlin.

Maynes, J., & Rawson, A. (2016). Linking the customer experience to value. http://www.mckinsey.com/business-functions/marketing-and-sales/our-insights/linking-the-customer-experience-to-value?cid=other-eml-alt-mip-mck-oth-1603. Zugegriffen: 2. Juli 2016.

McCann (2015). MAMMUT BEACON.STORE Ecosystem. https://vimeo.com/92820616. Zugegriffen: 29. August 2016.

McKendrick, J. (2013). Coca-Cola reports no impact from social media 'buzz': surprise? http://www.smartplanet.com/blog/bulletin/coca-cola-reports-no-impact-from-social-media-8216buzz-surprise/15615. Zugegriffen: 20. August 2016.

Media Markt (2016). Osterhasen Rasen. http://www.mediamarkt.de/de/shop/osterhasenrasen.html. Zugegriffen: 19. Februar 2016.

Meffert, H., Burmann, C., & Kirchgeorg, M. (2015). *Marketing. Grundlagen einer marktorientierten Unternehmensführung, Konzepte – Instrumente – Praxisbeispiele* (12. Aufl.). Wiesbaden: Springer Gabler.

Mehler-Bicher, A., & Steiger, L. (2014). *Augmented Reality: Theorie und Praxis* (2. Aufl.). München: De Gruyter.

Mei-Pochtler, A., & Schürmann, J. (2014). Erfolg hat, wer empfohlen wird. *Kommunikationsmanager*, *1*, 50–52.

Meixner, J. (2014). emolyzr und NIVEA sagen: Danke, Papa! Fröhlichen Vatertag! http://emolyzr.de/emolyzr-und-nivea-sagen-danke-papa-froehlichen-vatertag. Zugegriffen: 30. August 2016.

Merkle, W., & Kreutzer, R. (2014). Markenführung im digitalen Zeitalter. *Markenartikel – Sonderheft*, 60–65.

von Meysenbug, C. (2013). „Danke Mama" – NIVEA lanciert digitale Dachmarkenkampagne zum Muttertag. http://www.beiersdorf.de/presse/news/local/de/all-news/2013/05/2013-05-03-pm-nivea-lanciert-digitale-dachmarkenkampagne. Zugegriffen: 30. August 2016.

Minodes (2016). Erreichen Sie Ihre Storebesucher über digitale Kanäle. http://www.minodes.com/de/solutions/targetad. Zugegriffen: 22. Oktober 2016.

Mischke, R. (2015). Denken statt googeln. *Bonner Generalanzeiger Journal*, 1.

Moore, J. F. (1993). Predators and Prey: A New Ecology of Competition. *Harvard Business Review*, 75–86.

Moth, D. (2013). *The top 16 social media fails of* 2013. http://www.econsultancy.com/blog/63901-the-top-16-social-media-fails-of-2013 (Erstellt: 26. März 2014). Zugegriffen: 20. Dezember 2016.

Munzinger, U., & Wenhart, C. (2012). *Marken erleben im digitalen Zeitalter. Markenerleben messen, managen, maximieren*. Wiesbaden: Springer Gabler.

Nambisan, S., & Baron, R. A. (2007). Interactions in virtual customer environments: Implications for product support and customer relationship management. *Journal of Interactive Marketing*, *21*(2), 42–62.

Nespresso (2016). The Positive Cup. https://www.nespresso.com/ncp/positive/de/de#!/Nachhaltigkeit/Ziele/coffee. Zugegriffen: 18. Oktober 2016.

New York Times Customer Insight Group (2011). Research on Psychology. https://uk.reuters.com/article/idUS148016+13-Jul-2011+BW20110713. Zugegriffen: 29. Dezember 2016.

Nielsen (2015). Vertrauen in Werbeformen 2015. https://de.statista.com/statistik/daten/studie/470209/umfrage/vertrauen-in-werbeformen-in-europa/. Zugegriffen: 31. Mai 2016.

Nike (2016). Dein Personal Trainer. https://secure-nikeplus.nike.com/plus/. Zugegriffen: 6. Juni 2016.

Nivea (2016a). www.youtube.com/watach?v=AlMgU5wsps0. Zugegriffen: 30. August 2016.

Nivea (2016b). Nivea Shop Beratung. https://www.nivea.de/shop/beratung/. Zugegriffen: 30. August 2016.

Nivea (2016c). Nivea für mich. https://www.nivea.de/nivea-fuer-mich/nivea-fuer-mich-0289. Zugegriffen: 30. August 2016.

Nufer, G., & Bühler, A. (2016). Markenmanagement mit Facebook. In S. Regier, H. Schunk & T. Könecke (Hrsg.), *Marken und Medien. Führung von Medienmarken und Markenführung mit neuen und klassischen Medien* (S. 301–313). Wiesbaden: Springer Gabler.

o. V. (2016c). VW will Wandel in der Mobilität vorantreiben. *Bonner Generalanzeiger*, 6. Dezember 2016, 12.

o. V. (2016d). Automatisierung nach Plan. *Horizonte Mediaguide, Digital Out-Of-Home*, November, 10–12.

o. V. (2016e). Daten-Ping-Pong für das Tracking. *Horizonte Mediaguide, Digital Out-Of-Home*, November, 13.

o. V. (2013). Interview: „Wir wollen auf Augenhöhe mit dem Kunden sein". http://www.bloggerszene.de/interview-otto-two-for-fashion/. Zugegriffen: 25. April 2016.

o. V. (2015). Always #LikeAGirl. http://www.marketingmagazine.co.uk/article/1366870/always-likeagirl. Zugegriffen: 14. April 2016.

o. V. (2016a). Companion. http://www.companions.de/otto-two-for-fashion/. Zugegriffen: 25. April 2016.

o. V. (2016b). Social Bots im Wahlkampf: Nur die AfD will auf „Meinungsroboter" setzen. https://www.tagesschau.de/inland/social-bots-afd-101.html (Erstellt: 22. Oktober 2016). Zugegriffen: 31. Oktober 2016.

o. V. (2016f). Europa bleibt abgehängt. *Der Spiegel, 42*, 61.

Opresnik, M. O., & Yilmaz, O. (2016). *Die Geheimnisse erfolgreichen YouTube-Marketings, von YouTubern lernen und Social Media Chancen nutzen*. Wiesbaden: Springer Gabler.

Oracle (2015). Customer Experience (CX) Metrics and Key Performance Indicators. http://www.oracle.com/us/products/applications/cx-metrics-kpi-dictionary-1966465.pdf. Zugegriffen: 20. Juni 2016.

Oracle (2016). Die wichtigsten Trends im Content Marketing. http://www.marketing-boerse.de/News/details/1638-Oracle-Studie-zeigt-die-wichtigsten-Trends-im-Content-Marketing/134909 (Erstellt: 21. September 2016). Zugegriffen: 5. Oktober 2016.

Oremus, W. (2015). Facebook Is Eating the Media. How auto-play videos could put news websites out of business. http://www.slate.com/articles/technology/technology/2015/01/facebook_s_auto_play_ads_why_they_could_be_very_bad_news_for_the_media.html. Zugegriffen: 1. Juni 2016.

Oreo Cookie (2013). You can still dunk in the dark. https://twitter.com/oreo/status/298246571718483968?lang=de. Zugegriffen: 6. Oktober 2016.

Otto (2016). Content Marketing und Corporate Blogs. otto.de/unternehmen/de/newsroom/dossiers/corporateblogs.php. Zugegriffen: 25. April 2016.

Paperlein, J. (2015). Online überrundet Print. *Horizont*, 17. Dezember 2015, 4.

Parment, A. (2013). *Die Generation Y: Mitarbeiter der Zukunft motivieren, integrieren* (2. Aufl.). Wiesbaden: Springer Gabler.

Paylou, P. A., Ba, S. (2002). Evidence of the Effect of Trust Building Technology in Electronic Markets: Price Premium and Buyer Behavior. *MIS Quarterly, 26*(3), 243–268.

Pechmann, J. (2016). Auf dem langen Weg zum autonomen Marketing. *Horizont, 47*, 22.

Peppers, D., Rogers, M. (2011). *Managing Customer Relationships. A Strategic Framework* (2. Aufl.). Hoboken: Wiley.

Petouhoff, N. I. (2011). Crowd Service: Customers Helping Other Customers. In D. Peppers M. Rogers (Hrsg.), *Managing Customer Relationships. A Strategic Framework* (2. Aufl., S. 227–234). Hoboken: Wiley.

Procter Gamble (2014). Always #LikeAGirl. http://www.youtube.com/watch?v=XjJQBjWYDTs. Zugegriffen: 18. April 2016.

Procter Gamble (2015). Always #LikeAGirl Cover Photos. http://www.facebook.com/always/photos/a.808602789193340.1073741829.150541151666177/808602879193331/?type=3amp;theater. Zugegriffen: 18. April 2016.

Pruitt, J., Adlin, T. (2006). *The Persona Lifecycle – Keeping People in Mind throughout Product Design*. Amsterdam: Elsevier.

Pulizzi, J. (2013). *Epic Content Marketing. How to tell a different story, break through the clutter, and win more customers by marketing less*. New York: McGraw-Hill.

PwC (Hrsg.). (2012). *Markenstudie 2012*. Frankfurt a. M.: PwC.

QVC (2016). QVC Zukunftsstudie Handel 2036: „Wie kauft Deutschland übermorgen ein?". http://qvc-zukunftsstudie.de/. Zugegriffen: 31. Oktober 2016.

Regier, S., Schunk, H., Könecke, T. (Hrsg.). (2016). *Marken und Medien. Führung von Medienmarken und Markenführung mit neuen und klassischen Medien*. Wiesbaden: Springer Gabler.

Reichwald, R., Piller, F. (2006). *Interaktive Wertschöpfung – Open Innovation, Individualisierung und neue Formen der Arbeitsteilung*. Wiesbaden: Gabler.

Reidel, M. (2014). Schau doch einfach mal rein. *Horizont, 24*, 5.

Robbins, C. (2015). Nie mehr Schlange stehen. *Der Spiegel, 31*, 70–71.

Rosenbach, M., Schmergal, C., Schmundt, H. (2015). Der gläserne Patient. *Der Spiegel, 50*, 10–18.

Rowles, D. (2014). *Digital Branding. A complete step-by-step guide to strategy, tactics and measurement*. London: Kogan Page.

Ruthus, J. (2014). *Arbeitgeberattraktivität aus Sicht der Generation Y*. München: GRIN.

Saluk, F. (2015). Taking a Look at The Most Impressive Command Centers. https://www.brandwatch.com/2015/01/taking-look-impressive-command-centers (Erstellt: 23. Januar 2015). Zugegriffen: 12. September 2016.

SAP (2016a). The Customer Edge. http://scn.sap.com/community/customer-edge. Zugegriffen: 5. Oktober 2016.

SAP (2016b). Run Like Never Before. http://www.youtube.com/watch?v=fZsENJ4uPNQ; blog.wiwo.de/look-at-it/2012/04/17/sap-startet-neue-globale-marketingkampagne; socialmediab2b.com/2012/07/b2b-social-media-sap-campaign. Zugegriffen: 1. September 2016.

Schaffner, D. (2016). *Online Communities: Was die User motiviert und wie sie aktiviert werden*. 11. wissenschaftlicher interdisziplinärer Kongress für Dialogmarketing, Wiesbaden, 21. September 2016.

Schallmo, D., Rusnjak, A., Anzengruber, J., Werani, T., Jünger, M. (Hrsg.). (2017). *Digitale Transformation von Geschäftsmodellen. Grundlagen, Instrumente und Best Practices*. Wiesbaden: Springer Gabler.

Schart, D., Tschanz, N. (2015). *Praxishandbuch Augmented Reality für Marketing, Medien und Public Relations*. Konstanz: UVK.

Schmidt, H. J. (2016). *Markenführung. Studienwissen kompakt*. Wiesbaden: Springer Gabler.

Schüller, A. M. (2012). *Touchpoints: Auf Tuchfühlung mit dem Kunden von heute, Managementstrategien für unsere neue Businesswelt*. Offenbach: Gabal.

Schulten, M. (2012). Return on Social Branding. In M. Schulten, A. Mertens A. Horx (Hrsg.), *Social Branding. Strategien – Praxisbeispiele – Perspektiven* (S. 371–389). Wiesbaden: Gabler.

Schulten, M. (2016). *Kundenbewertungen erfolgreich in der Praxis einsetzen*. 11. wissenschaftlicher interdisziplinärer Kongress für Dialogmarketing, Wiesbaden, 21. September 2016.

Schwarz, T. (2014). *Leitfaden Marketing Automation – Digital neue Kunden gewinnen: Vom Lead Management über Big Data zum Lifecycle Marketing*. Waghäusel: marketing-Börse.

Sellin, H. (2014a). *Die Macht der Kundenbewertungen: Produkte mit positivem Rating verkaufen sich um 200 % besser*. http://onlinemarketing.de/news/kundenbewertungen-produkte-mit-positivem-rating-verkaufen-sich-um-200-prozent-besser. Zugegriffen: 2. September 2016.

Sellin, H. (2014b). 5 Tipps, wie du mit negativen Kundenbewertungen umgehen solltest. http://onlinemarketing.de/news/5-tipps-wie-du-mit-negativen-kundenbewertungen-umgehen-solltest. Zugegriffen: 5. September 2016.

Shontell, A. (2014). Mark Zuckerberg Just Revealed His Grand Vision For The Next 10 Years Of Facebook. http://uk.businessinsider.com/zuckerbergs-3-5-and-10-year-facebook-plan-2014-10?r=USamp;IR=T#ixzz3hq1HqdJI. Zugegriffen: 1. Juni 2016.

Simmet, H. (2014). Context-Marketing: Mehr Effizienz durch die richtige Logistik von Content. https://hsimmet.com/2014/01/22/context-marketing-mehr-effizienz-durch-die-richtige-logistik-von-content/. Zugegriffen: 30. Juni 2016.

Simonson, I., Rosen, E. (2014). What Marketers Misunderstand About Online Reviews. https://hbr.org/2014/01/what-marketers-misunderstand-about-online-reviews/ar/1. Zugegriffen: 8. Januar 2016.

Sizmek (2014). Sizmek benchmarks report 2014. www.sizmek.com. Zugegriffen: 3. September 2015.

Solis, B. (2011). *Engage: The Complete Guide for Brands and Businesses to Build, Cultivate, and Measure Success in the New Web*. Hoboken: Wiley.

Stafflage, M. (2016). *In-store Mobile Marketing-Kommunikation*. Wiesbaden: Springer Gabler.

Statista (2016). Anteil von Smartphones und herkömmlichen Handys am Mobiltelefonabsatz in Deutschland in den Jahren 2009 und 2015. https://de.statista.com/statistik/daten/studie/218496/umfrage/absatzanteile-von-smartphones-und-handys-in-deutschland/. Zugegriffen: 22. Dezember 2016.

Steinbrenner, T. (2014). Diese 7 Social-Media-Marketing-Trends müssen Sie 2015 kennenlernen. http://www.haufe.de/marketing-vertrieb/online-marketing/diese-7-social-media-marketing-trends-muessen-sie-2015-kennen_132_283552.html. Zugegriffen: 26. September 2015.

Stempel, P. (2014). „Anticipatory Shipping“ – Amazon liefert schon, bevor Sie bestellen. http://www.rp-online.de/wirtschaft/unternehmen/Amazon-liefert-schon-bevor-sie-bestellen-aid-1.3975390 (Erstellt: 20. Januar 2014). Zugegriffen: 25. Juli 2015.

Stickdorn, M., Schneider, J. (2010). *This is Service Design Thinking – Basics, Tools, Cases*. Amsterdam: BIS Publ.

Suckow, C. (2011). *Markenaufbau im Internet*. Wiesbaden: Gabler.

Taylor, N. (2016). Brandwatch Audiences. https://www.brandwatch.com/de/audiences/. Zugegriffen: 31. August 2016.

Telles, R. Jr. (2016). Digital Matching Firms: A New Definition in the "Sharing Economy". www.esa.gov/.../digital-matching-firms-new-definition-sharing-economy. Zugegriffen: 31. Oktober 2016.

Theisen, C. (2013). Facebook muss professionell gemacht warden. http://www.springerprofessional.de/facebook-marketing-muss-professionell-gemacht-werden. Zugegriffen: 29. Oktober 2015.

TomorrowFocusMedia (2014). Die Psychologie des Bewertens. http://www.tomorrow-focus.de/newsroom/dokumenten-datenbank/pressemitteilung/studie-zum-bewertungsverhalten-im-internet-internetnutzer-bewerten-um-zu-helfen-reisen-ist-top-thema_aid_1331.html. Zugegriffen: 14. Juni 2016.

Trost, K., Seitz, J. (2016). Influencer Marketing und die Medienunternehmen. *MedienWirtschaft, 3*, 28–33.

Trusted Shops (2016). Einfach. Clever. Sicher. http://www.trustedshops.de. Zugegriffen: 23. Dezember 2016.

Under Armour (2016). Zugegriffen. www.underarmour.com/iwillwhatiwant. Zugegriffen: 26. Januar 2016.

Urban, D., Mayerl, J. (2011). *Regressionsanalyse: Theorie, Technik und Anwendung* (4. Aufl.). Wiesbaden: Springer VS.

VML Poland (2014). *Brand Fibres Index Danone*. Warschau.

zu Waldeck, T. (2016). *Warum natives Advertising die Nutzer überzeugt. In OVK-Report für digitale Display-Werbung 2016/02, Online und Mobile – Zahlen und Trends im Überblick* (S. 35–37). Düsseldorf.

Weitzman, M. (1984). *The share economy: conquering stagflation*. Harvard: Harvard University Press.

Wellcom (2009). *International Index of Corporate Values, 2009*.

Wiesner, K. (2016). *Faires Management und Marketing*. Berlin: De Gruyter.

Wüst, C., Kreutzer, R. (Hrsg.). (2012). *Corporate Reputation Management. Wirksame Strategien für den Unternehmenserfolg*. Wiesbaden: Springer Gabler.

Xevelonakis, E. (2015). *Social Influence and Customer Referral Value*. ATINER's Conference Paper Series, MKT2015-1605.

Zalando (2016). Die Zalando Apps. Mobil Shoppen. https://www.zalando.de/zalando-apps/. Zugegriffen: 12. September 2016.

Zomerdijk, L. G., Voss, C. A. (2010). Service Design for Experience-Centric Services. *Journal of Service Research*, *13*(1), 67–82.

# Stichwortverzeichnis

**Z**

# Stimmen zum Buch

*„Schon immer ist der Wandel ein systemimmanenter Bestandteil von Marketing und Markenführung. Doch noch nie war der Wandel so grundsätzlich, so schnell und in seinen Auswirkungen so nachhaltig wie heute. Die Summe aus täglich neuen technologischen Errungenschaften, zunehmend automatisierten und selbststeuernden Prozessen, abnehmender Wirksamkeit ehemals bewährter Tools und Medien, der dringenden Notwendigkeit zur Veränderung organisatorischer Prozesse und dem dramatisch veränderten Selbstbewusstsein der Konsumenten belegt eindrucksvoll, wie komplex die Anforderungen an das Management geworden sind und dass altes Erfahrungswissen zunehmend entwertet ist. Das digitale Zeitalter erfordert in der gesamten Markenführung ein grundlegend neues Bewusstsein, radikal veränderte Herangehensweisen, das Verständnis anderer, bisher unbekannter Gesetzmäßigkeiten sowie neue Formen der Bereichs-übergreifenden integrativen Zusammenarbeit – und das bei immer kürzeren Entscheidungszyklen.*

*Die beiden im Digitalisierungsumfeld besonders erfahrenen und anerkannten Experten Kreutzer/Land legen mit der „Digitale Markenführung" ein beeindruckendes Grundlagenwerk vor, das nicht nur durch den leicht verständlichen Über- und Einblick in alle relevanten Medien, Anwendungen und Prozesse begeistert, sondern insbesondere durch seine überzeugenden Handlungsleitlinien und -empfehlungen für ein integriertes Markenmanagement über alle Disziplinen – inhaltlich ein Meilenstein in der Weiterentwicklung des Marketing."*

Prof. Dr. Wolfgang Merkle BiTS – Business and Information Technology School Hamburg Präsident Marketing Club Hamburg

*„Ein wichtiges Buch, das interessante Fragen aufwirft und neue Perspektiven auf die digitale Markenführung ermöglicht. Die relevanten Handlungsfelder werden fundiert und praxisnah diskutiert."*

Prof. Dr. Holger J. Schmidt, Hochschule Koblenz

*„Land in Sicht? Mit einem Kreutzer immer! Kreutzer und Land sprechen von Digital Customer Delight. Das Praxisbuch der beiden Autoren ist ein Vergnügen, egal ob digital oder analog. Hauptsache Marke – mit Ecken und Kanten, wie dieses Buch. Lesenswert!"*

Prof. Dr. Karsten Kilian, Initiator Markenlexikon.com

*„Analog oder digital? Egal! Hauptsache ‚on brand'. Kreutzer und Land machen deutlich, wie und warum!"*

Prof. Dr. Karsten Kilian, Markenlexikon.com

*„Kreutzer und Land's Werk ist ‚Brand Happiness' zwischen zwei Buchdeckeln bzw. auf dem Bildschirm. Lesenswert von der ersten bis zur letzten Seite!"*

Prof. Dr. Karsten Kilian, Markenlexikon.com

*„Wenn Markenglück die Differenz zwischen Markenerwartungen und Markenerlebnissen ist, dann ist das Buch von Kreutzer und Land das pure Glück zwischen zwischen zwei Buchdeckeln oder auf dem Bildschirm!"*

Prof. Dr. Karsten Kilian, Markenlexikon.com

*„Lesen, lernen, leichter Marken führen im digitalen Zeitalter. Kreutzer und Land zeigen, wie man's richtig macht."*

Prof. Dr. Karsten Kilian, Markenlexikon.com

*„Land in Sicht? Mit einem Kreutzer immer! Tolles Buch, praxisnah und profiliert. Wie starke Marken!"*

Prof. Dr. Karsten Kilian, Markenlexikon.com

*„Das Thema „Digitale Markenführung" ist hochaktuell und stellt Markenverantwortliche vor enorme Herausforderungen – daher kommt dieses Buch zur rechten Zeit. Der hier vorgestellte holistische Markenführungsansatz liefert intelligente Antworten auf drängende Fragen und anschauliche Beispiele zur erfolgreichen Markenführung in Zeiten des digitalen Darwinismus. Dieses Buch sollte Pflichtlektüre für alle sein, die mit Markenführung zu tun haben."*

Uwe Munzinger. Geschäftsführer der Sasserath Munzinger Plus GmbH, Berlin

Printed in Poland
by Amazon Fulfillment
Poland Sp. z o.o., Wrocław

59620441R00196